江苏省高等学校重点教材

（编号：2018-1-103）

中国石油和化学工业
优秀出版物奖
（教材奖）

基础化学

第二版

袁加程　陈玉峰　主编

JICHU
HUAXUE

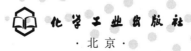

·北京·

内 容 简 介

《基础化学》为"十三五"江苏省高等学校重点教材（编号：2018-1-103），获中国石油和化学工业优秀出版物奖·教材奖。

本书紧紧围绕药学类专业须具备的基础化学知识组织内容，简明阐述基础化学的有关基本理论、化学分析方法和有机物的性质及应用。全书包括无机化学、分析化学和有机化学三部分内容，主要有：绪论、化学基础知识、化学反应速率与化学平衡、电解质溶液、定量分析法概述、酸碱滴定法、氧化还原滴定法、配位滴定法、沉淀滴定法、烃、卤代烃、醇酚醚、醛酮醌、羧酸及其衍生物、含氮有机化合物、杂环化合物、生物分子。本书配有阅读材料以及微课、视频等数字资源，可扫描二维码进行学习，便于提高学生的学习兴趣，也利于知识的拓展。电子课件可从 www.cipedu.com.cn 下载参考。

本书可供高职高专药品生产技术、生物制药技术、药品生物技术、药品质量与安全、药学、中药学、药品经营与管理、食品、生物等相关专业作为教材使用，也适合化学及制药领域的从业人员参考。

图书在版编目（CIP）数据

基础化学/袁加程，陈玉峰主编. —2版. —北京：
化学工业出版社，2021.4（2023.6重印）
江苏省高等学校重点教材
ISBN 978-7-122-38584-0

Ⅰ.①基… Ⅱ.①袁… ②陈… Ⅲ.①化学-高等学校-教材 Ⅳ.①O6

中国版本图书馆 CIP 数据核字（2021）第 032845 号

责任编辑：迟　蕾　李植峰　　　文字编辑：林　丹　骆倩文
责任校对：杜杏然　　　　　　　装帧设计：王晓宇

出版发行：化学工业出版社（北京市东城区青年湖南街13号　邮政编码100011）
印　　刷：北京云浩印刷有限责任公司
装　　订：三河市振勇印装有限公司
787mm×1092mm　1/16　印张20　彩插1　字数517千字　2023年6月北京第2版第4次印刷

购书咨询：010-64518888　　　　售后服务：010-64518899
网　　址：http://www.cip.com.cn
凡购买本书，如有缺损质量问题，本社销售中心负责调换。

定　价：59.80元　　　　　　　　　　　　　　　　　　　　　版权所有　违者必究

《基础化学》（第二版）编审人员

主　　编：袁加程　陈玉峰
副主编：宋传忠
编　　者：（以姓名汉语拼音为序）
　　　　　陈玉峰（石家庄职业技术学院）
　　　　　石　刚（咸宁职业技术学院）
　　　　　宋传忠（沈阳市化工学校）
　　　　　王　莹（黑龙江农垦科技职业学院）
　　　　　杨　萍（长春职业技术学院）
　　　　　袁加程（江苏食品药品职业技术学院）
　　　　　周　敏（江苏食品药品职业技术学院）
　　　　　周学辉（天津渤海职业技术学院）
主　　审：谭佩毅（江苏食品药品职业技术学院）

前言

《基础化学》自2017年出版以来,得到了许多老师、学生的认可,这是对我们最大的鼓励和支持,也鞭策我们在已有的基础上再接再厉,对教材进行不断的完善,以适应职业教育教学改革的需要。

本次修订以国家现行法规、标准为依据,针对高职院校生源变化及高职化学课改面临的一些新情况、新问题,对原有内容进行了更新、完善和拓展。经过修订,新版教材增加了"化学基础知识""沉淀滴定法"等章节,"氧化还原滴定法"一章中增加了"重铬酸钾法"内容;调整了"溶液浓度的表示方法""沉淀和溶解平衡"等知识内容;删除了理论性较强的"原子结构和分子结构"章节和"亲核取代和消除的反应机理"等内容;同时对"溶液""重量分析法"作了删减和调整;另外增加了辩证法、科研历程、励志故事等课程思政内容。上述调整优化组合了无机化学、有机化学及分析化学等内容,全面、系统地反映了基础化学课程教学的现状及改革发展趋势。第二版《基础化学》教材共16章,基本保持了第一版的总体框架和结构,主要介绍了化学基础知识、电解质溶液、化学平衡等基本理论,酸碱滴定法、氧化还原滴定法、配位滴定法、沉淀滴定法等分析方法,烃及其衍生物的结构、命名、性质等知识,总学时数为80学时。

本教材具有以下4个特点。

① 凸显实用性、应用性　该教材与药学类相关专业知识做到有机对接,实用性、客观性强。本着"必需、够用"的原则构建基础化学的课程内容体系,除了必要讲授的化学知识外,书中的学情引入、例题、复习思考题等内容与药学类专业知识或生活相关,突出了服务后续课程,服务学生综合素质、能力提升的特点,体现了绿色化学理念。

② 注重以生为本　该教材贴近药学类专业群核心能力需求,着重撷取被广泛应用、实用价值高的知识,而对于理论性过强的原子结构、分子结构和实用性不强的重量分析法等知识不做重点介绍,减轻了学生的学习压力,激发了学生的学习动力和成就感。

③ 呈现方式多元　根据职业教育的特色和教改要求,进一步结合理论教学与实践教学,从生活中药品检定等案例出发,构建更适合理实一体化教学方式的教学内容,将项目化教学、任务驱动教学融入教学过程,创建了数字化课程资源库,提供电子教案、试题库、微课、阅读材料等,在保证教学质量的基础上,使学习的方式多样化、趣味化,以增强学生的感性认识,激发学生的学习兴趣和热情。

④ 加强课程思政　该教材努力做到与时俱进,拓展了公共健康、疾病、环境污染

与防治、健康生活指导等知识模块，分析了公众关心的与药学科研历程、励志故事和生活化学相关的热点问题，强化了学生关心社会、服务社会等思想政治素养的培育，提高了学生热爱化学、学好化学的积极性。

本书由江苏食品药品职业技术学院袁加程、石家庄职业技术学院陈玉峰任主编，沈阳市化工学校宋传忠任副主编，袁加程统稿，江苏食品药品职业技术学院周敏、咸宁职业技术学院石刚、长春职业技术学院杨萍、黑龙江农垦科技职业学院王莹、天津渤海职业技术学院周学辉参加编写。本书所引用文献资料的原著已列入参考文献，在此一并表示感谢。

本书在编写的过程中，得到了化学工业出版社的大力支持和热情帮助，也得到了江苏食品药品职业技术学院基础化学教学团队的大力支持，并提供了教学微课视频，编者在此表示衷心感谢。由于编者水平有限，书中的疏漏和不妥之处在所难免，热忱欢迎专家和读者给予批评指正。

编者

2021 年 1 月

第一版前言

基础化学是药学类专业的一门专业基础课。在宏观经济调控和医改背景下,未来医药工业将步入新常态,创新将成为行业主旋律。社会和企业对高职人才的培养提出了更高的要求,为适应医药行业的发展需要,组织编写了这本《基础化学》,希望能满足药学类高职人才和医药卫生从业人员的专业需求。

本书是对无机化学、有机化学及分析化学等进行优化组合而成,共17章,主要介绍溶液浓度的计算、电解质溶液、化学平衡、原子结构和分子结构等基本理论,酸碱滴定法、氧化还原滴定法、配位滴定法、重量分析法等分析方法,烃及其衍生物的结构、命名、性质等知识。总学时数为80学时。

本书具有以下4个特点。

① 教材内容注重实用性、应用性　本书与药学类相关专业知识做到有机对接,客观性强。本着"必需、够用"的原则构建《基础化学》的课程内容体系,除了必要讲授的化学知识外,书中的例题、阅读材料、复习题等内容均与药学类专业知识相关,更突出其为后续课程服务以及综合素质、能力提升的特点,体现绿色化学理念。

② 教学实施过程以学生为主体　在内容选择上,着重撷取被广泛应用、实用价值高的知识,而对于理论性过强、实用性不强的知识不做重点介绍,减轻学生的学习压力,提高学生学习动力和成就感。

③ 教材方式方法多元化　根据职业教育的特色和教改要求,进一步结合理论教学与实践教学,从生活中案例出发,构建更适合理实一体化教学方式的教学内容,将项目化教学、任务驱动教学融入教学过程,创建数字化课程资源库,提供电子教案、试题库、视频录像等,在保证教学质量的基础上,使学习的方式多样化、趣味化,以增加学生的感性认识,激发学生的学习兴趣和热情。

④ 体现与时俱进　追踪热点、与时俱进。拓展学生知识广度,分析公众关心的热点问题,如营养健康、疾病等,从化学的角度剖析生产原理、过程、合理生活等问题,贴近生活,更符合高职培养要求。

本书由江苏食品药品职业技术学院袁加程、石家庄职业技术学院陈玉峰任主编,沈阳市化工学校宋传忠任副主编,袁加程统稿,江苏食品药品职业技术学院周敏、咸宁职业技术学院石刚、长春职业技术学院杨萍、黑龙江农垦科技职业学院王莹、天津渤海职业技术学院周学辉参加编写。其中第1、4、15、17章由袁加程编写,第2、10章由陈玉峰编写,第3、11章由宋传忠编写,第5、9章由杨萍编写,第6、12章由王莹编写,第 7、13 章由周学辉编写，第 8 章由石刚编写，第 14、16 章由周敏编写。全书由江苏食品药品职业技术学院谭佩毅教授审阅，并提出了许多宝贵的意见，在此深表谢意。本书所引用文献资料的原著已列入参考文献，在此一并表示感谢。

由于水平有限，书中的疏漏和不妥之处在所难免，热忱欢迎专家和读者给予批评指正。

编者
2017 年 4 月

目 录

绪 论 / 1

0.1 化学的研究对象与内容 …………… 2
    0.1.1 化学的研究对象 …………… 2
    0.1.2 化学变化的基本特征 ………… 2
    0.1.3 化学的分支学科 …………… 2
0.2 基础化学课程的基本内容和任务 …… 3
    0.2.1 基础化学课程的学习内容 …… 3
    0.2.2 基础化学课程的任务 ………… 4

0.3 基础化学课程的学习要求 ………… 4
    0.3.1 充分重视化学实验，逐步树立"量"的概念 …………………………… 4
    0.3.2 抓好各个学习环节，注意掌握重点 … 4
    0.3.3 培养自学能力 ………………… 4
    0.3.4 学点化学史 …………………… 4

第 1 章 化学基础知识 / 5

1.1 化学基本概念和化学用语 ………… 6
    1.1.1 化学基本概念 ……………… 6
    1.1.2 化学用语 …………………… 9
1.2 化学中常用计量及其关系 ………… 12
    1.2.1 化学中常用计量关系 ……… 12

1.2.2 溶液浓度之间的换算 ……… 13
1.3 电子层结构与元素周期系 ………… 14
    1.3.1 电子层结构与元素周期系的关系 … 14
    1.3.2 元素基本性质的周期性 …… 16
复习思考题 ……………………………… 21

第 2 章 化学反应速率与化学平衡 / 22

2.1 化学反应速率 …………………… 23
    2.1.1 化学反应速率表示法 ……… 23
    2.1.2 反应速率的测定方法 ……… 24
    2.1.3 活化分子及活化能 ………… 25
    2.1.4 影响化学反应速率的因素 … 26
2.2 化学平衡 ………………………… 28
    2.2.1 化学平衡的特征 …………… 28

2.2.2 平衡常数 …………………… 28
2.3 化学平衡的移动 ………………… 30
    2.3.1 浓度对化学平衡的影响 …… 30
    2.3.2 温度对化学平衡的影响 …… 30
    2.3.3 压力对化学平衡的影响 …… 30
    2.3.4 有关化学平衡的计算 ……… 31
复习思考题 ……………………………… 32

第 3 章 电解质溶液 / 35

3.1 水的离解和溶液的 pH 值
    3.1.1 电解质 ……………………… 36

3.1.2 酸碱质子理论 ……………… 37
3.1.3 水的离解和溶液的 pH 值 …… 38

3.2 盐类水解 ……………………………… 40
　3.2.1 盐类水解实质 ……………………… 40
　3.2.2 各类盐的水解平衡 ………………… 41
　3.2.3 影响盐类水解的因素 ……………… 41
3.3 缓冲溶液 ……………………………… 42
　3.3.1 缓冲溶液概述 ……………………… 42
　3.3.2 缓冲作用原理 ……………………… 42
　3.3.3 缓冲溶液 pH 值的计算 …………… 43
　3.3.4 缓冲溶液的配制 …………………… 44
复习思考题 ……………………………………… 44

第 4 章　定量分析法概述 / 46

4.1 定量分析过程及方法 ………………… 47
　4.1.1 定量分析过程 ……………………… 47
　4.1.2 定量分析方法的分类 ……………… 48
4.2 定量分析中的误差及分析结果的数据处理 ………………………………………… 49
　4.2.1 误差的来源及减免方法 …………… 49
　4.2.2 测量值准确度与精密度 …………… 51
　4.2.3 有效数字与分析数据处理 ………… 53
4.3 滴定分析法概述 ……………………… 56
　4.3.1 滴定分析的基本术语 ……………… 57
　4.3.2 滴定反应的条件与滴定方式 ……… 57
　4.3.3 标准溶液的配制与标定 …………… 58
复习思考题 ……………………………………… 59

第 5 章　酸碱滴定法 / 61

5.1 酸碱指示剂 …………………………… 62
　5.1.1 酸碱指示剂的变色原理 …………… 62
　5.1.2 酸碱指示剂的变色范围及影响其变色范围的因素 ………………………… 62
　5.1.3 常用酸碱指示剂 …………………… 64
5.2 酸碱滴定法的基本原理 ……………… 65
　5.2.1 一元酸碱滴定曲线和指示剂的选择 … 65
　5.2.2 多元酸碱滴定曲线和指示剂的选择 … 69
5.3 酸碱滴定法在分析中的应用 ………… 71
　5.3.1 酸碱标准溶液的配制和标定 ……… 71
　5.3.2 酸碱滴定法的应用 ………………… 72
复习思考题 ……………………………………… 74

第 6 章　氧化还原滴定法 / 76

6.1 氧化还原反应基本概念 ……………… 77
　6.1.1 氧化与还原 ………………………… 77
　6.1.2 氧化数 ……………………………… 77
　6.1.3 氧化还原反应的速率及影响因素 … 78
6.2 电极电位与能斯特方程式 …………… 79
　6.2.1 原电池 ……………………………… 79
　6.2.2 电极电位与标准电极电位 ………… 79
　6.2.3 能斯特方程式 ……………………… 81
6.3 氧化还原滴定指示剂 ………………… 82
　6.3.1 氧化还原滴定指示剂的分类 ……… 82
　6.3.2 氧化还原指示剂的变色原理 ……… 83
6.4 常见氧化还原滴定法及应用 ………… 84
　6.4.1 高锰酸钾法 ………………………… 84
　6.4.2 碘量法 ……………………………… 86
　6.4.3 重铬酸钾法 ………………………… 89
复习思考题 ……………………………………… 90

第 7 章　配位滴定法 / 91

7.1 配合物概述 …………………………… 92
　7.1.1 配合物的组成 ……………………… 92
　7.1.2 配合物的命名 ……………………… 93
　7.1.3 配合物的类型 ……………………… 94
7.2 配合物的结构 ………………………… 95
　7.2.1 配合物中的化学键 ………………… 95
　7.2.2 配合物的空间构型 ………………… 95
　7.2.3 外轨配合物与内轨配合物 ………… 96

7.3 配位平衡 ·········· 97
　7.3.1 配离子的离解常数和稳定常数 ·········· 97
　7.3.2 配离子稳定常数的应用 ·········· 98
　7.3.3 配位平衡与其他化学平衡的关系 ·········· 99
7.4 配位滴定法 ·········· 101
　7.4.1 配位滴定法概述 ·········· 101
　7.4.2 EDTA 与金属离子配合物的稳定性 ·········· 102
　7.4.3 配位滴定原理 ·········· 105
　7.4.4 金属指示剂 ·········· 108
　7.4.5 提高配位滴定选择性的方法 ·········· 110
　7.4.6 配位滴定的方式及其应用 ·········· 111
复习思考题 ·········· 113

第8章 沉淀滴定法 / 115

8.1 难溶电解质的溶解平衡 ·········· 116
　8.1.1 沉淀和溶解平衡 ·········· 116
　8.1.2 溶解度和溶度积的换算 ·········· 116
　8.1.3 溶度积规则及其应用 ·········· 117
8.2 沉淀滴定法及其应用 ·········· 119
　8.2.1 莫尔法（铬酸钾指示剂法） ·········· 119
　8.2.2 佛尔哈德法（铁铵矾指示剂法） ·········· 120
　8.2.3 法扬斯法（吸附指示剂法） ·········· 120
　8.2.4 银量法应用示例 ·········· 121
复习思考题 ·········· 122

第9章 烃 / 124

9.1 有机化合物概述 ·········· 125
　9.1.1 有机化合物与有机化学 ·········· 125
　9.1.2 有机化合物的结构、特性及分类 ·········· 125
　9.1.3 有机化学与医药的关系 ·········· 129
9.2 烷烃 ·········· 131
　9.2.1 烷烃的分子结构、命名 ·········· 131
　9.2.2 烷烃的物理性质、化学性质 ·········· 134
　9.2.3 重要的烷烃——甲烷 ·········· 137
9.3 烯烃 ·········· 139
　9.3.1 烯烃的结构、命名 ·········· 139
　9.3.2 烯烃的物理性质、化学性质 ·········· 141
　9.3.3 烯烃的制备 ·········· 144
9.4 炔烃和二烯烃 ·········· 144
　9.4.1 炔烃 ·········· 144
　9.4.2 二烯烃 ·········· 150
9.5 环烃 ·········· 152
　9.5.1 脂环烃的分类、命名及结构 ·········· 153
　9.5.2 脂环烃的物理性质、化学性质 ·········· 155
　9.5.3 芳香烃的结构、分类及命名 ·········· 156
　9.5.4 芳香烃的物理性质、化学性质 ·········· 160
复习思考题 ·········· 168

第10章 卤代烃 / 171

10.1 卤代烃的分类和命名 ·········· 172
　10.1.1 卤代烃的分类 ·········· 172
　10.1.2 卤代烃的命名 ·········· 172
　10.1.3 卤代烃的同分异构 ·········· 173
10.2 卤代烷的物理性质 ·········· 173
10.3 卤代烷的化学性质 ·········· 174
　10.3.1 取代反应 ·········· 174
　10.3.2 消除反应 ·········· 175
　10.3.3 与金属镁反应 ·········· 176
10.4 重要的卤代烃 ·········· 176
　10.4.1 三氯甲烷与四氯甲烷 ·········· 176
　10.4.2 氯乙烯与聚氯乙烯 ·········· 177
　10.4.3 二氟二氯甲烷与四氟乙烯 ·········· 177
复习思考题 ·········· 177

第11章 醇、酚、醚 / 180

11.1 醇 ·········· 181
　11.1.1 醇的分类和命名 ·········· 181

11.1.2 醇的物理性质 …………… 182	11.3.1 醚的分类和命名 …………… 193
11.1.3 醇的化学性质 …………… 183	11.3.2 醚的物理性质 …………… 194
11.1.4 重要的醇类化合物 ……… 187	11.3.3 醚的化学性质 …………… 194
11.2 酚 ………………………………… 188	11.3.4 重要的醚类化合物 ……… 195
11.2.1 酚的分类和命名 ………… 188	**11.4 硫醇、硫酚、硫醚** …………… 196
11.2.2 酚的物理性质 …………… 189	11.4.1 硫醇的性质 ……………… 196
11.2.3 酚的化学性质 …………… 190	11.4.2 硫醚的性质 ……………… 197
11.2.4 重要的酚类化合物 ……… 192	**复习思考题** ………………………… 197
11.3 醚 ………………………………… 193	

第12章 醛、酮、醌 / 200

12.1 醛和酮 …………………………… 201	**12.2 醌** ………………………………… 212
12.1.1 醛和酮的结构、分类和命名 …… 201	12.2.1 醌的结构、命名 ………… 212
12.1.2 醛和酮的物理性质 ……… 203	12.2.2 醌的主要性质 …………… 213
12.1.3 醛和酮的化学性质 ……… 204	**复习思考题** ………………………… 214
12.1.4 重要的醛、酮 …………… 211	

第13章 羧酸及其衍生物 / 216

13.1 羧酸 ……………………………… 217	13.2.2 羧酸衍生物的物理性质 … 223
13.1.1 羧酸的结构、分类和命名 …… 217	13.2.3 羧酸衍生物的化学性质 … 223
13.1.2 羧酸的物理性质 ………… 218	13.2.4 重要的羧酸衍生物 ……… 226
13.1.3 羧酸的化学性质 ………… 219	**13.3 取代羧酸** ………………………… 227
13.1.4 重要的一元羧酸 ………… 222	13.3.1 羟基酸 …………………… 227
13.2 羧酸衍生物 ……………………… 223	13.3.2 羰基酸 …………………… 229
13.2.1 羧酸衍生物的命名 ……… 223	**复习思考题** ………………………… 230

第14章 含氮有机化合物 / 232

14.1 硝基化合物 ……………………… 233	**14.3 重氮和偶氮化合物** …………… 244
14.1.1 硝基化合物的分类、命名和结构 … 233	14.3.1 重氮盐的制备 …………… 245
14.1.2 硝基化合物的物理性质 … 233	14.3.2 重氮化合物的性质 ……… 245
14.1.3 硝基化合物的化学性质 … 234	14.3.3 偶氮化合物 ……………… 246
14.1.4 硝基化合物的制法及应用 … 236	**14.4 腈** ………………………………… 247
14.2 胺 ………………………………… 237	14.4.1 腈的分类和命名 ………… 247
14.2.1 胺的分类和命名 ………… 237	14.4.2 腈的物理性质 …………… 247
14.2.2 胺的物理性质 …………… 238	14.4.3 腈的化学性质 …………… 247
14.2.3 胺的化学性质 …………… 239	14.4.4 腈的制法及应用 ………… 248
14.2.4 胺的制法 ………………… 243	**复习思考题** ………………………… 248
14.2.5 季铵盐和季铵碱 ………… 244	

第 15 章　杂环化合物 / 250

- 15.1 杂环化合物的分类和命名 ………… 251
  - 15.1.1 杂环化合物的分类 ………… 251
  - 15.1.2 杂环化合物的命名 ………… 252
- 15.2 五元杂环化合物 ………… 253
  - 15.2.1 吡咯、呋喃和噻吩 ………… 253
  - 15.2.2 吡唑、咪唑、噻唑、噁唑、异噁唑 … 256
- 15.3 六元杂环化合物 ………… 258
  - 15.3.1 吡啶 ………… 258
  - 15.3.2 其他六元杂环化合物 ………… 261
- *15.4 稠杂环化合物 ………… 261
  - 15.4.1 喹啉与异喹啉 ………… 261
  - 15.4.2 吲哚 ………… 263
  - 15.4.3 嘌呤 ………… 263
- 复习思考题 ………… 265

第 16 章　生物分子 / 266

- 16.1 糖类 ………… 267
  - 16.1.1 单糖 ………… 267
  - 16.1.2 二糖 ………… 271
  - 16.1.3 多糖 ………… 273
- 16.2 油脂 ………… 276
  - 16.2.1 物理性质 ………… 276
  - 16.2.2 化学性质 ………… 276
- 16.3 氨基酸 ………… 279
  - 16.3.1 氨基酸的分类、命名和构型 ……… 279
  - 16.3.2 氨基酸的性质 ………… 281
- 16.4 蛋白质 ………… 282
  - 16.4.1 蛋白质的分类 ………… 283
  - 16.4.2 蛋白质的性质 ………… 283
- 16.5 核酸 ………… 286
  - 16.5.1 核酸的组成 ………… 286
  - 16.5.2 核酸的结构 ………… 288
  - 16.5.3 核酸的生物功能 ………… 289
- 16.6 酶 ………… 291
  - 16.6.1 酶的组成 ………… 291
  - 16.6.2 酶的催化反应的特性 ………… 292
  - 16.6.3 酶的分类和命名 ………… 292
- 复习思考题 ………… 293

附录 / 295

参考文献 / 308

绪　论

【学习指南】

　　了解化学研究的对象、基础化学课程的学习内容和方法。

【阅读材料】

　　了解化学先从了解化学发展简史开始。

化学发展简史

0.1 化学的研究对象与内容

0.1.1 化学的研究对象

化学的研究对象和内容是物质及其运动属性。它是在分子、原子或离子等层次上研究物质的组成、结构、性质及其变化规律的一门科学。它涉及存在于自然界的物质以及由化学家创造的新物质；它涉及自然界的变化，还有那些由化学家发明创造的新变化。简单地说，化学是研究物质变化的科学。

化学已发展成为材料科学、生命科学、环境科学和能源科学的重要基础，成为推进现代社会文明和科学技术进步的重要力量，并正在和继续为解决人类面临的一系列危机，如资源、能源、环境和粮食、健康等严峻问题做出积极的贡献。

0.1.2 化学变化的基本特征

(1) 化学变化是"质变" 化学变化的特征是有新物质生成，其实质是化学键的重新改组，即旧的化学键破坏和新的化学键形成的过程。

(2) 化学变化是"定量的"变化 在化学变化中，参加反应的元素种类不会变化，变化的是原子核外电子的运动状态。由于参加反应的各元素的原子核和核外电子的总数不变，所以化学变化前后反应体系中物质的总质量不变，服从质量守恒定律，这是组成化学反应方程式和进行化学计算时的依据。

(3) 化学变化中伴随着能量的变化 在化学反应中，破坏化学键需要吸收能量，形成化学键则放出能量，由于各种化学键的键能不同，所以当化学键改组时，必然伴随有体系和环境之间的能量交换，服从能量守恒定律。

0.1.3 化学的分支学科

20世纪20年代以前，化学分为无机化学、有机化学、物理化学和分析化学。

20世纪20年代以后，由于各学科的深入发展和学科间的相互渗透，形成许多跨学科的新的研究领域。化学可做如下分类。

(1) 无机化学
① 研究内容：研究无机物质的组成、性质、结构和反应，是化学的基础。
② 研究对象：所有元素的单质和非碳氢结构的化合物。
③ 研究方向：元素化学、无机合成化学、无机固体化学、配位化学、生物无机化学、无机材料化学等。
④ 发展趋向：新型化合物的合成和应用以及新研究领域的开辟和建立。

(2) 有机化学
① 研究内容：研究有机物的来源、制备、结构、性质、应用以及有关理论。
② 研究对象：碳氢化合物及其衍生物，所以有机化学又称碳化合物的化学。
③ 研究方向：天然有机化学、有机合成化学、金属和非金属有机化学、物理有机化学、生物有机化学、有机分析化学等。
④ 发展趋向：在生命科学、材料科学和环境科学的发展中起着越来越重要的作用。分子识别、分子设计、自组装等正在渗透到各个领域；新型功能物质的发现、创造和利用，如

材料、药物、农药等，使有机化学在满足人类的需求方面做出了重要的贡献；选择性反应，尤其是不对称合成，已成为有机合成研究的热点和前沿领域；绿色有机合成化学正成为未来化学的一个重要的内容。

(3) 分析化学

① 研究内容：研究物质的化学组成和结构信息的测定方法及相关理论。

② 研究方向：化学分析、仪器分析和新技术分析。

化学分析利用化学反应和它的计量关系来确定被测物质的组成和含量，分析准确、精密、费用少，容易掌握。

仪器分析和新技术分析是根据物质的物理性质和物理化学性质来进行物质分析。分析迅速，能处理大批样品，需要使用比较复杂的仪器，大型仪器价格昂贵，须不断更新仪器。

③ 发展趋向：生命科学、环境科学、新材料等科学发展的要求，生物学、信息科学、计算机技术的引入，越来越多地选择DNA、蛋白质、手性药物和环境毒物等与生命活性相关物质作为分析研究对象。研究体系由简单转向复杂。研究方法除发展各类仪器分析手段外，开始较多地研究酶和免疫学等生物化学方法，注意应用化学计量学对分析结果进行解析和处理。研究层次上已进入单细胞、单分子水平和立体构象。研究区间由主体延伸至表面、微区及形态。

④ 应用：地质普查、矿产勘探、冶金、化学工业、能源、农业、医药、临床化验、环境保护、商品检验等领域。

(4) 物理化学

① 研究内容：从化学变化与物理变化的联系入手，研究物质及其反应，以寻求化学性质与物理性质间本质联系的普遍规律。

② 研究方向：化学热力学（化学反应的方向和限度）、化学动力学（化学反应的速率和机理）和结构化学（物质的微观结构与宏观性质间的关系）三个方面。

③ 发展趋向：随着科学的迅速发展和各门学科之间的相互渗透，物理化学与物理学、无机化学、有机化学在内容上存在着难以准确划分的界限，从而不断地产生新的分支学科，例如物理有机化学、生物物理化学、化学物理等。

(5) 高分子化学

① 研究内容：研究高分子化合物的结构、性能、合成方法、反应机理、应用等。

② 研究方向：主要包括天然高分子化学、高分子合成化学、高分子物理化学、高聚物应用、高分子物理等。

③ 应用：许多高分子材料以其优越的性能广泛用于工农业生产、社会生活和科学研究中。

另外，化学学科在其发展过程中还与其他学科交叉结合形成多种边缘学科，如生物化学、环境化学、农业化学、医学化学、材料化学、地球化学、放射化学、激光化学、计算化学、星际化学等。

0.2 基础化学课程的基本内容和任务

0.2.1 基础化学课程的学习内容

(1) 近代物质结构理论——"结构" 研究原子结构、无机分子结构和晶体结构，了解物质的性质、化学变化与物质结构之间的关系。

(2) **化学反应的基本原理——"平衡"**　研究化学平衡以及平衡移动的一般规律，具体讨论酸碱平衡、沉淀溶解平衡、氧化还原平衡和配位平衡。

(3) **元素化学——"性质"**　在元素周期律的基础上，研究重要元素及其化合物的结构、组成、性质的变化规律及有关应用。

(4) **物质组成的分析方法及有关理论——"应用"**　应用平衡原理和物质的性质，确定物质的化学成分和含量。掌握一些基本的分析方法（滴定分析法、称量分析法和仪器分析的基本方法）和化学计量方法。

(5) **有机化学部分**　各类有机化合物的结构、命名、性质、合成、应用等。

0.2.2　基础化学课程的任务

能够系统、全面、深入地了解化学的基本概念、基本原理、基础理论和元素的性质，掌握鉴定物质的化学结构和化学成分以及测定有关成分含量的方法及方法的原理。掌握重要有机物的结构、性质、合成及应用等。

0.3　基础化学课程的学习要求

0.3.1　充分重视化学实验，逐步树立"量"的概念

巩固、深入、扩大理论知识，掌握实验基本操作技能，认真记录实验现象和实验数据，逐步树立"量"的概念。培养重事实、贵精确、求真相、尚创新的科学精神，实事求是的科学态度以及分析问题、解决问题的能力。

0.3.2　抓好各个学习环节，注意掌握重点

学会运用理论去分析解决实际问题。注意知识的积累，掌握记忆的规律，让"点的记忆"汇成"线的记忆"，切忌死记硬背。

0.3.3　培养自学能力

充分利用图书馆、资料室，参阅各种参考资料、网络课程资源等，帮助自己理解与掌握基本理论和基本知识。

0.3.4　学点化学史

适当地学习有关的化学发展史，可以帮助对所学知识的认识、理解和运用。了解化学前辈成功的经验和失败的教训，分析、比较各种研究方法的优劣，掌握科学分析问题的方法和规律，可以帮助我们在实际工作中少走弯路，提高工作能力，取得更高的工作效率。

第 1 章 化学基础知识

【学习指南】

了解常见的化学基本概念与化学用语；掌握物质的量、摩尔质量等概念；掌握溶液浓度的各种表示方法、换算及应用；理解元素周期表的特征及元素周期律。

【阅读材料】

渗透压的应用是化学基础知识在生活中的一种实际应用。

渗透压的应用

1.1 化学基本概念和化学用语

1.1.1 化学基本概念

化学是一门研究物质的组成、结构、性质以及变化规律的以实验为基础的自然科学。

化学变化（化学反应）是指相互接触的分子间发生原子或电子的转换或转移，生成新的分子并伴有能量的变化的过程，其实质是旧的化学键的断裂和新的化学键的形成。化学变化在生产和生活中普遍存在。如铁的生锈、节日的焰火、酸碱中和、镁条的燃烧等。宏观上可以看到各种化学变化都产生了新物质，这是化学变化的特征。

化学变化和物理变化的根本区别是：有没有新物质的生成。

物理性质和化学性质的区别见表1-1。

表1-1 物理性质与化学性质的区别

	物理性质	化学性质
概念（宏观）	物质不需要发生化学变化就能表现出来的性质	物质在发生化学变化时表现出来的性质
实质（微观）	物质的分子组成和结构没有发生改变时呈现的性质	物质的分子组成和结构发生改变时呈现的性质
性质（包括内容）	颜色、状态、气味、味道、密度、熔点、沸点、溶解性、导电性、导热性等	一般指跟氢气、氧气、金属、非金属、氧化物、酸、碱、盐能否发生反应及热稳定性等

化学反应的分类如下。

① 根据反应物和生成物的类别及反应前后物质种类的多少分为：化合反应、分解反应、置换反应、复分解反应，见表1-2。

表1-2 化合反应、分解反应、置换反应、复分解反应的区别

类型	定义	代表式	特点	化合价变化	备注
化合反应	由两种或两种以上的物质生成另一种物质的反应	A+B⟶C	多变一	可能变化（就某些反应中某些元素而言）	反应物A、B既可代表单质，又可代表化合物
分解反应	由一种物质生成两种或两种以上的其他物质的反应	A⟶B+C	一变多	可能变化（就某些反应中某些元素而言）	生成物B、C既可代表单质，又可代表化合物
置换反应	由一种单质跟一种化合物反应生成另一种单质和另一种化合物的反应	A+BC⟶B+AC	一换一	肯定变化（就所有反应中某些元素而言）	反应范围：①金属和酸；②金属和盐；③氢气、碳和金属氧化物；④碳和水蒸气等
复分解反应	由两种化合物互相交换成分生成另外两种化合物的反应	AB+CD⟶AD+CB	相互交换	肯定不变（就所有反应中某些元素而言）	反应范围：①酸+碱；②酸+盐；③酸+碱性氧化物；④盐+碱；⑤盐+盐

② 根据反应中物质是否有电子转移分为：氧化还原反应、非氧化还原反应。
③ 根据反应是否有离子参加或生成分为：离子反应、非离子反应。
④ 根据反应的热效应分为：放热反应、吸热反应。
⑤ 根据反应进行的程度分为：可逆反应、不可逆反应。

1.1.1.1 分子

分子是能够独立存在并保持物质化学性质的一种微粒。

① 分子同原子、离子一样是构成物质的基本微粒。
② 按组成分子的原子个数可分为：
单原子分子，如：He、Ne、Ar、Kr 等。
双原子分子，如：O_2、H_2、HCl、NO 等。
多原子分子，如：H_2O、P_4、$C_6H_{12}O_6$ 等。

1.1.1.2 原子

原子是化学变化中的最小微粒。确切地说，在化学反应中原子核不发生变化，只有核外电子发生变化。

① 原子是组成某些物质（如金刚石、晶体硅、二氧化硅等原子晶体）和分子的基本微粒。
② 原子是由原子核（质子、中子）和核外电子构成的。

1.1.1.3 离子

离子是指带电荷的原子或原子团。
① 离子可分为
阳离子：Li^+、Na^+、H^+、NH_4^+ 等。
阴离子：Cl^-、O^{2-}、OH^-、SO_4^{2-} 等。
② 存在离子的物质
离子化合物中：NaCl、$CaCl_2$、Na_2SO_4 等。
电解质溶液中：盐酸、NaOH 溶液等。
金属晶体中：钠、铁、钾、铜等。

1.1.1.4 元素

思政教育：元素化学中的辩证法

元素是具有相同核电荷数（即质子数）的同一类原子的总称。
① 元素与物质、分子、原子的区别与联系：物质是由元素组成的（宏观看）；物质是由分子、原子或离子构成的（微观看）。
② 某些元素可以形成不同的单质（性质、结构不同）——同素异形体。
③ 各种元素在地壳中的质量分数各不相同，占前五位的依次是：O、Si、Al、Fe、Ca。地壳中各元素质量分数为：氧 48.60%、硅 26.30%、铝 7.73%、铁 4.75%、钙 3.45%、钠 2.74%、钾 2.47%、镁 2.00%、氢 0.76%、其他 1.20%。

1.1.1.5 同位素

同一元素不同核素之间互称同位素，即具有相同质子数、不同中子数的同一类原子互称同位素。如 H 有三种同位素：^1_1H、^2_1H、^3_1H（氕、氘、氚）；碳有多种同位素：$^{12}_6C$、$^{13}_6C$ 和 $^{14}_6C$（有放射性）等。

在自然界中天然存在的同位素称为天然同位素，人工合成的同位素称为人造同位素。如果该同位素有放射性，会被称为放射性同位素。

1.1.1.6 原子团

原子团是指多个原子结合成的集体，在许多反应中，原子团作为一个集体参加反应。原子团有以下几种类型：根（如 SO_4^{2-}、OH^-、CH_3COO^- 等）、官能团（有机物分子中能反映物质特殊性质的原子团，如—OH、—NO$_2$、—COOH 等）、游离基（又称自由基，具有不成价电子的原子团，如甲基游离基·CH$_3$）。

1.1.1.7 单质

由同种元素组成的纯净物叫单质。如 O$_2$、Cl$_2$、N$_2$、Ar、金刚石、铁（Fe）等。HD、^{16}O^{18}O 也属于单质，单质分为金属单质与非金属单质两种。

1.1.1.8 化合物

由不同种元素组成的纯净物叫化合物。

从不同的分类角度，化合物可分为多种类型，如离子化合物和共价化合物；电解质和非电解质；无机化合物和有机化合物；酸、碱、盐和氧化物等。

1.1.1.9 氧化物

由两种元素组成，其中一种是氧的化合物叫氧化物。氧化物的分类：

① 按组成分

金属氧化物：Na$_2$O、Al$_2$O$_3$、Fe$_3$O$_4$ 等。

非金属氧化物：NO$_2$、CO、SO$_2$、CO$_2$ 等。

② 按性质分

不成盐氧化物：CO、NO。

成盐氧化物：酸性氧化物，如 CO$_2$、SO$_2$ 等；碱性氧化物，如 Na$_2$O、CuO 等；两性氧化物，如 Al$_2$O$_3$、ZnO 等；过氧化物，如 Na$_2$O$_2$ 等；超氧化物，如 KO$_2$ 等。

1.1.1.10 混合物

由两种或多种物质混合而成的物质叫混合物。

① 混合物没有固定的组成，一般没有固定的熔沸点。

② 常见特殊名称的混合物：氨水、王水、硬水、软水、浓硫酸、福尔马林、水玻璃；水煤气、天然气、焦炉气、空气；合金；漂白粉、黑火药、水泥、玻璃；煤、石油等。

注意：由同素异形体组成的物质为混合物，如红磷和白磷。由同位素原子组成的物质是纯净物，如 H$_2$O 与 D$_2$O 混合为纯净物。

1.1.1.11 酸

电离理论认为，电解质离解时产生的阳离子全部是 H$^+$ 的化合物叫做酸。

常见强酸：HClO$_4$、H$_2$SO$_4$、HCl、HNO$_3$ 等。

常见弱酸：H$_2$SO$_3$、H$_3$PO$_4$、HF、HClO、H$_2$CO$_3$、CH$_3$COOH 等。

1.1.1.12 碱

电离理论认为，电解质离解时产生的阴离子全部是 OH$^-$ 的化合物叫做碱。

常见强碱：NaOH、KOH、Ba(OH)$_2$、Ca(OH)$_2$ 等。

常见弱碱：NH$_3$·H$_2$O、Al(OH)$_3$、Fe(OH)$_3$ 等。

1.1.1.13 盐

离解时生成金属阳离子（或 NH$_4^+$）和酸根离子的化合物叫做盐。

盐的分类为

① 正盐：如（NH_4）$_2SO_4$、NaCl 等。
② 酸式盐：如 $NaHCO_3$、NaH_2PO_4、Na_2HPO_4 等。
③ 碱式盐：$Cu_2(OH)_2CO_3$、$Mg(OH)Cl$ 等。
④ 复盐：$KAl(SO_4)_2 \cdot 12H_2O$ 等。

1.1.1.14 同素异形体

由同种元素所形成的不同的单质为同素异形体。

① 常见同素异形体：白磷与红磷（表 1-3）；氧气、臭氧、四聚氧和八聚氧（红氧）；金刚石、石墨、富勒烯和碳纳米管等。
② 同素异形体之间可以相互转化，属于化学变化但不属于氧化还原反应。

表 1-3　白磷与红磷

名称	白磷	红磷
分子结构	分子式 P_4，正四面体型，键角 60°	分子晶体，结构复杂
颜色状态	白色或黄色固体	暗红色粉末或固体
溶解性	不溶于水，易溶于 CS_2	不溶于水，不溶于 CS_2
毒性	剧毒	无毒
着火点	40℃	240℃
保存方法	保存在水中	密封
相互转化	白磷在隔绝空气时加热至 273℃ 转化为红磷，红磷在隔绝空气时加热至 416℃ 升华凝结转换为白磷	

1.1.2　化学用语

1.1.2.1　四种符号

(1) 元素符号　①表示一种元素（宏观上）。②表示一种元素的一个原子（微观上）。③表示该元素的原子量。

(2) 离子符号　在元素符号右上角标电荷数及电性符号（正负号），"1"省略不写。如：Ca^{2+}、SO_4^{2-}、Cl^-、Na^+ 等。

(3) 价标符号　是在元素正上方标正负化合价，正负号写在价数前，"1"不能省略。如：$\overset{+1}{H}$、$\overset{+2}{Ca}$、$\overset{-1}{Cl}$、$\overset{-2}{O}$ 等。

(4) 核素符号　如 $^{27}_{13}Al$、$^{32}_{16}S$、$^{16}_{8}O$ 左上角为质量数，左下角为质子数。

1.1.2.2　化合价

化合价是指一种元素一定数目的原子与其他元素一定数目的原子化合的性质。

① 在离子化合物中，失去电子的为正价，失去 n 个电子即为正 n 价；得到电子的为负价，得到 n 个电子为负 n 价。
② 在共价化合物中，元素化合价的数值就是这种元素的一个原子跟其他元素的原子形成的共用电子对的数目，正负则由共用电子对的偏移来决定，电子对偏向哪种原子，哪种原子就显负价；偏离哪种原子，哪种原子就显正价。

③ 单质分子中元素的化合价为零。

1.1.2.3 化学式

用元素符号表示纯净物组成及原子个数的式子叫做化学式。化学式可以是分子式、实验式、结构简式等。

离子化合物的化学式表示离子化合物及其元素组成，还表示离子化合物中阴、阳离子最简单的整数比，同时也表示离子化合物的化学式量。

例如，$Ba(OH)_2$ 化学式表示这种物质的组成元素是钡、氢、氧 3 种元素，还表示了 Ba^{2+} 与 OH^- 的个数比是 1:2，它的化学式量为 171。

过氧化钠的化学式是 Na_2O_2，但不能写成 NaO，在过氧化钠中实际存在的离子是 O_2^{2-} 离子，且 $Na^+ : O_2^{2-}$ 为 2:1，所以，过氧化钠的化学式只能用 Na_2O_2 表示。

某些固体非金属单质及所有的金属单质因组成、结构比较复杂，它们的化学式只用元素符号表示，比如红磷的化学式是 P。

1.1.2.4 分子式

用化学符号表示物质分子的组成的化学式称为分子式。

一般分子式是最简式的整数倍，多数无机物二者是一致的。但也有例外，如最简式为 NO_2 的分子可能是 NO_2，也可能是 N_2O_4。

有些单质、原子晶体和离子晶体通常情况下不存在简单分子，它的化学式则表示这种晶体中各元素的原子或离子数目的最简整数比，如 C、SiO_2、$CsCl$、Na_2CO_3。

分子式的意义：表示物质的元素组成；表示该物质的一个分子；表示分子中各元素的原子个数；表示该物质的分子量。

例如，硫酸的分子式是 H_2SO_4，它表示硫酸这种物质，也表示了硫酸的一个分子及分子由 2 个氢原子、1 个硫原子、4 个氧原子组成。H_2SO_4 同时也表示它的分子量为 $1.008 \times 2 + 32.07 + 16.00 \times 4 = 98.086 \approx 98$。

1.1.2.5 实验式

实验式也称最简式，仅表示化合物中各元素原子个数比。

有机化合物中往往会出现不同的化合物具有相同的实验式。如乙炔和苯的实验式是 CH，甲醛、乙酸、乳酸和葡萄糖等的实验式是 CH_2O。已知化合物的实验式和分子量，就可求出它的分子式，如乙酸实验式 CH_2O，式量为 30，$(CH_2O)_n = 60$，$n = 2$，所以乙酸分子式为 $C_2H_4O_2$。

1.1.2.6 电子式

在元素符号周围用"·"或"×"表示其最外层电子数的式子称为电子式。

① 用电子式表示阴离子时要用 [ ] 括起，电荷数写在括号外面的右上角。NH_4^+、H_3O^+ 等复杂阳离子也应这样写。

② 书写简单离子构成的离子化合物的电子式时可以遵循下面几点：

  a. 简单阳离子的电子式即离子符号。

  b. 简单阴离子的电子式即元素符号周围有 8 个小圆点外加 [ ] 及电荷数。

  c. 阴、阳离子交替排列。如：$Mg^{2+}[:\overset{..}{N}:]^{3-}Mg^{2+}[:\overset{..}{N}:]^{3-}Mg^{2+}$。

③ 注意各原子的空间排序及孤对电子、单电子的存在。如：H:Ö:C̈l:。

④ 用电子式表示某物质的形成过程，要遵循"左分右合箭头连"的原则。如：Ca: + 2·C̈l: ⟶ [:C̈l:]⁻ Ca²⁺ [:C̈l:]⁻。

⑤ 各电子式的书写还应力求均匀、对称、易识别。

1.1.2.7 原子结构示意图

用以表示原子核电荷数和核外电子在各层上排布的简图称为原子结构示意图，如钠原子结构示意图为：  。

表示钠原子核内有 11 个质子，弧线表示电子层（3 个电子层），弧线上数字表示该层电子数（K 层 2 个电子，L 层 8 个电子，M 层 1 个电子）。

原子结构示意图也叫原子结构简图，它比较直观，易被初学者接受，但不能把弧线看作核外电子运行的固定轨道。

1.1.2.8 电离方程式

表示电解质溶于水或受热熔化时离解成自由移动离子过程的式子称为电离方程式。

① 强电解质的电离方程式用"=="，弱电解质的电离方程式用"⇌"。

② 弱酸的酸式酸根的离解用"⇌"。

$$HCO_3^- \rightleftharpoons CO_3^{2-} + H^+$$

③ 强酸的酸式酸根的离解用"=="。

$$HSO_4^- == SO_4^{2-} + H^+$$

④ 多元弱酸的离解分步进行。

$$H_3PO_4 \rightleftharpoons H_2PO_4^- + H^+$$
$$H_2PO_4^- \rightleftharpoons HPO_4^{2-} + H^+$$
$$HPO_4^{2-} \rightleftharpoons PO_4^{3-} + H^+$$

⑤ 多元弱碱的离解认为一步完成。

$$Fe(OH)_3 \rightleftharpoons Fe^{3+} + 3OH^-$$

1.1.2.9 离子方程式

用实际参加反应的离子的符号表示离子反应的式子叫做离子方程式。

离子方程式书写原则如下：

① 只能将易溶、易离解的物质写成离子式，如 $NaCl$、Na_2SO_4、$NaNO_3$、$CuSO_4$ 等。

② 将难溶的（如 $BaSO_4$、$BaCO_3$、$AgCl$ 等）、难电离的（如 $HClO$、HF、CH_3COOH、$NH_3·H_2O$、H_2O 等）、易挥发的气体（如 SO_2、CO_2、H_2S 等）用化学式表示。

③ 微溶物：若处于混浊态要写成分子式，澄清态则写成离子式。

④ 弱酸的酸式酸根不可拆开，如 HCO_3^-、HSO_3^-、HS^-。

⑤ 碱性氧化物亦要保留分子式。

⑥ 离子方程式除了应遵守质量守恒定律外，离子方程式两边的离子电荷总数一定相等（离子电荷守恒）。

1.2 化学中常用计量及其关系

1.2.1 化学中常用计量关系

1.2.1.1 元素原子量（即平均原子量）

元素的原子量＝Σ同位素的原子量×自然界中同位素的丰度

1.2.1.2 元素的近似原子量

元素的近似原子量＝Σ同位素的质量数×自然界中同位素的丰度

1.2.1.3 同位素的原子量

以 ^{12}C 的 1 个原子质量的 1/12 作为标准，其他元素的一种同位素 1 个原子的质量和它相比较所得的数值为该同位素的原子量，单位是"1"，一般不写。

$$同位素的原子量 = \frac{同位素1个原子的质量(kg)}{1个^{12}C原子质量(kg) \times \frac{1}{12}}$$

1.2.1.4 物质的量

物质的量：表示组成物质的基本单元数目多少的物理量，符号为 n，单位为摩尔，符号为 mol。

某物系中所含有的基本单元数目与 0.012kg ^{12}C 的原子数目（即阿伏伽德罗常数 6.02×10^{23}）相等，此物系的"物质的量"为 1mol。

使用物质的量及其单位时，必须指明基本单元。

基本单元是系统中组成物质的基本组分，常用符号 B 表示，可以是分子、原子、离子、电子及其他粒子，也可以是这些粒子的特定组合。如 H、H_2、NaOH、$1/2H_2SO_4$、$1/5KMnO_4$ 和（H_2+NH_3）等。

摩尔质量：1mol 物质的质量，符号为 M_B，单位 kg·mol^{-1} 或 g·mol^{-1}。

摩尔质量也必须指明基本单元。任何原子、分子或离子的摩尔质量，当基本单元为其本身时，若用 g·mol^{-1} 为单位，其数值等于原子量或分子量。

物质的量、摩尔质量、质量之间的关系：

$$M_B = \frac{m_B}{n_B} \tag{1-1}$$

式中　m_B——物质 B 的质量，g；
　　　n_B——物质 B 的物质的量，mol；
　　　M_B——物质 B 的摩尔质量，g·mol^{-1}。

(1) 物质的量浓度　单位体积溶液中所含溶质的物质的量。物质 B 的物质的量浓度，用符号 c_B 表示。

$$c_B=\frac{n_B}{V} \tag{1-2}$$

式中　n_B——物质 B 的物质的量，mol；

　　　V——溶液的体积，dm³ 或 L；

　　　c_B——物质 B 的物质的量浓度，mol·dm⁻³ 或 mol·L⁻¹。

物质的量浓度 c_B、质量 m_B、摩尔质量 M_B 的关系：

$$c_B=\frac{m_B/M_B}{V} \tag{1-3}$$

或

$$m_B=c_BVM_B \tag{1-4}$$

(2) 质量摩尔浓度　单位质量溶剂中所含溶质的物质的量。物质 B 的质量摩尔浓度用符号 b_B 表示，单位是 mol·kg⁻¹。

$$b_B=\frac{n_B}{m_A}=\frac{m_B}{M_Bm_A} \tag{1-5}$$

式中　m_A——溶剂的质量，kg。

(3) 摩尔分数　物质 B 的摩尔分数：物质 B 的物质的量（n_B）与混合物的物质的量（n）之比，用符号 x_B 表示。

$$x_B=\frac{n_B}{n} \tag{1-6}$$

若该组分由 A 和 B 组成，则

$$x_A=\frac{n_A}{n_A+n_B} \quad 或 \quad x_B=\frac{n_B}{n_A+n_B}$$

有

$$x_A+x_B=1$$

(4) 质量分数　物质 B 的质量分数：物质 B 的质量与混合物的质量之比，用 w_B 表示。

$$w_B=\frac{m_B}{m} \tag{1-7}$$

式中　m——混合物的质量。

(5) 质量浓度　物质 B 的质量浓度：单位体积溶液中所含溶质 B 的质量，以 ρ_B 表示，单位为 kg·L⁻¹ 或 g·L⁻¹。

$$\rho_B=\frac{m_B}{V} \tag{1-8}$$

式中　V——溶液的体积，L。

(6) 滴定度　每毫升标准溶液可滴定的或相当于可滴定的物质的质量，符号为 $T_{B/A}$，B 为被测物质，A 为标准溶液，单位为 g·mL⁻¹ 或 mg·mL⁻¹。如高锰酸钾标准溶液对铁的滴定度用 $T_{Fe/KMnO_4}$ 来表示，当 $T_{Fe/KMnO_4}=0.005682\text{g·mL}^{-1}$ 时，表示每毫升 $KMnO_4$ 标准溶液可以把 0.005682g 的 Fe^{2+} 滴定为 Fe^{3+}。

1.2.2　溶液浓度之间的换算

在实际工作中，通常要将溶液的一种浓度换算为另一种形式的浓度，即进行相应的浓度换算。

1.2.2.1　物质的量浓度与质量分数的换算

$$c_B=\frac{n_B}{V} \Rightarrow c_B=\frac{m_B}{M_BV} \Rightarrow c_B=\frac{m_{B液}w_B}{M_BV}=\frac{\rho\times1000Vw_B}{M_BV}=\frac{\rho\times1000w_B}{M_B}$$

即
$$c_B = \frac{\rho \times 1000 w_B}{M_B} \tag{1-9}$$

式中 ρ——物质的密度，$g \cdot mL^{-1}$。

1.2.2.2 稀释定律

溶液稀释前后溶质的质量不变，只是溶剂的量改变了，因此根据溶质的质量不变原则列等式为

$$c_1 V_1 = c_2 V_2 \tag{1-10}$$

式中 c_1、c_2——稀释前、后溶液的浓度；
V_1、V_2——稀释前、后溶液的体积。

例 1-1 已知浓盐酸的密度为 $1.19 g \cdot mL^{-1}$，其中 HCl 含量为 37%。计算：
① 浓盐酸的浓度（物质的量浓度）；
② 欲配制浓度为 $0.1 mol \cdot L^{-1}$ 的稀盐酸 1.0L，需要量取上述浓盐酸多少毫升？

解 ① 已知 $M_{HCl} = 36.45 g \cdot mol^{-1}$

$$c_{HCl} = \frac{\rho \times 1000 w_{HCl}}{M_{HCl}} = \frac{1.19 \times 1000 \times 37\%}{36.45}$$

$$c_{HCl} = 12 (mol \cdot L^{-1})$$

② 根据稀释定律

$$c_{HCl前} V_{HCl前} = c_{HCl后} V_{HCl后}$$

$$V_{HCl前} = \frac{0.1 \times 1000}{12} = 8.3 (mL)$$

用量筒量取 9mL 浓盐酸，注入适量水中，稀释至 1000mL 摇匀，贴上标签，备用。

例 1-2 有浓度为 $0.0976 mol \cdot L^{-1}$ 的 HCl 溶液 4800mL，欲使其浓度增加为 $0.1000 mol \cdot L^{-1}$，问应加入浓度为 $0.5000 mol \cdot L^{-1}$ 的 HCl 溶液多少毫升？

解 设应加入 HCl 溶液 V mL，根据溶液增浓前后溶质的物质的量相等，则

$$0.5000 \times V + 0.0976 \times 4800 = 0.1000 \times (4800 + V)$$

$$V = 28.80 (mL)$$

例 1-3 欲测定工业纯碱 Na_2CO_3 的含量，称取 0.2560g 试样，用 $0.2000 mol \cdot L^{-1}$ HCl 溶液滴定。若终点时消耗 HCl 溶液 22.93mL，问该 HCl 溶液对 Na_2CO_3 的滴定度是多少？计算试样中 Na_2CO_3 的质量分数。

解 滴定到终点时，$n_{Na_2CO_3} = \frac{1}{2} n_{HCl}$

故 $T_{Na_2CO_3/HCl} = \frac{1}{2} c_{HCl} \times \frac{M_{Na_2CO_3}}{1000} = \frac{1}{2} \times 0.2000 \times \frac{106.0}{1000} = 0.01060 (g \cdot mL^{-1})$

$$w_{Na_2CO_3} = \frac{0.01060 \times 22.93}{0.2560} \times 100\% = 94.94\%$$

1.3 电子层结构与元素周期系

1.3.1 电子层结构与元素周期系的关系

元素以及由它形成的单质和化合物的性质，随着元素的核电荷数（原子序数）的依次递

增,呈现出的周期性变化的规律叫元素周期律。元素周期律总结和揭示了元素性质从量变到质变的特征和内在规律和联系。元素性质的周期性源于基态原子电子层结构随原子序数递增而呈现的周期性,元素周期律正是原子内部结构周期性变化的反映,元素在周期表中的位置与它们的电子层结构有直接关系。

1.3.1.1 周期与能级组

元素周期表(见附表)共有七个横行,从上到下对应 7 个周期。第 1 周期只有 2 种元素,为特短周期;第 2、3 周期各有 8 种元素,为短周期;第 4、5 周期各有 18 种元素,为长周期;第 6 周期有 32 种元素,为特长周期;第 7 周期预测有 32 种元素,尚有几种元素有待发现,故为不完全周期。分析元素周期表中原子的核外电子排布情况发现,随着原子序数的递增,最外层电子数目总是由 ns^1 至 ns^2np^6 变化且呈现周期性。一个周期对应一个能级组。由于能级交错,各个能级组内包含的能级数目不同,故周期有长短之分,但均符合统一规律,即各个周期所包含的元素数目总是与该能级组所能容纳的最多电子数目相等。周期与能级组的关系见表 1-4。

表 1-4 周期与能级组的关系

周期	能级组	原子序数	能级组内各亚层电子填充顺序	电子填充数	元素种数
1	Ⅰ	1~2	$1s^{1\sim2}$	2	2
2	Ⅱ	3~10	$2s^{1\sim2} \longrightarrow 2p^{1\sim6}$	8	8
3	Ⅲ	11~18	$3s^{1\sim2} \longrightarrow 3p^{1\sim6}$	8	8
4	Ⅳ	19~36	$4s^{1\sim2} \longrightarrow 3d^{1\sim10} \longrightarrow 4p^{1\sim6}$	18	18
5	Ⅴ	37~54	$5s^{1\sim2} \longrightarrow 4d^{1\sim10} \longrightarrow 5p^{1\sim6}$	18	18
6	Ⅵ	55~86	$6s^{1\sim2} \longrightarrow 4f^{1\sim14} \longrightarrow 5d^{1\sim10} \longrightarrow 6p^{1\sim6}$	32	32
7	Ⅶ	87~109	$7s^{1\sim2} \longrightarrow 5f^{1\sim14} \longrightarrow 6d^{1\sim7}$	23(未填满)	23(尚待发现)

从能级组可以看出,除第 1 周期外每一周期的元素都是从活泼的碱金属元素(ns^1)开始逐渐过渡到活泼的非金属元素卤素(ns^2np^5),最后以稀有气体(ns^2np^6)结束。

在长周期中,过渡元素的最后电子填充在次外层,甚至在倒数第三层上,因为元素的性质主要取决于最外层电子,因此在长周期中元素性质的递变比较缓慢。

1.3.1.2 族与价电子构型

元素周期表共有 18 个纵行,从左到右对应 16 个族,即 8 个主族(A 族)和 8 个副族(B 族)。主族元素是指既包含短周期又包含长周期的元素,主族包括ⅠA、ⅡA 至ⅧA 族(或零族)8 个族,分别位于周期表的两侧。副族元素是指不包含短周期只包含长周期的元素,副族包括ⅠB、ⅡB 至ⅧB 族 8 个族,位于周期表的中部。

分析周期表中各元素的电子构型发现,元素原子的价电子层结构决定该元素在周期表中所处的族次。在同一族中的各元素虽然电子层数不同,但有相同的价电子构型和相同的价电子数。除 He 外,主族元素的族数等于原子最外层电子数(主族元素的原子的价电子数等于最外层 s 和 p 电子的总数)。副族元素情况比较复杂,ⅠB、ⅡB 族元素的价电子数等于最外层 s 电子的数目,ⅢB 至ⅦB 族元素的价电子数等于最外层 s 和次外层 d 层中的电子总数。镧系、锕系在周期表中都排在ⅢB 族。

1.3.1.3 区

按元素原子的价电子构型的不同,还可以把周期表中的元素所在的位置分成 s、p、d、ds、f 五个区。

s 区元素：最后一个电子填充在 s 轨道上的元素，价电子构型为 $ns^{1\sim2}$，包括ⅠA 和ⅡA 族元素（第 1 列和第 2 列），除氢外均为活泼的金属元素。

p 区元素：最后一个电子填充在 p 轨道上的元素，除 He 外，价电子构型为 $ns^2np^{1\sim6}$，包括ⅢA～ⅧA 族元素（第 13～18 列）。包括了所有非金属元素、稀有气体元素和部分金属元素。

d 区元素：最后一个电子填充在 d 轨道上的元素，价电子构型为 $(n-1)d^{1\sim10}ns^{1\sim2}$，包括ⅢB～ⅧB 族元素（第 3～10 列），均为金属元素。

ds 区元素：包括ⅠB～ⅡB 族元素（第 11～12 列），价电子构型为 $(n-1)d^{10}ns^{1\sim2}$。

d 区元素和 ds 区元素统称为过渡元素。从价电子层结构看，过渡元素完成了 d 轨道电子填充不完全到电子填充完全的过渡。过渡元素都是金属元素，故又叫过渡金属元素。

f 区元素：最后一个电子填充在 f 轨道上的元素，价电子构型为 $(n-2)f^{1\sim14}(n-1)d^{0\sim2}ns^2$，包括镧系和锕系元素。这些元素本应插入主表相应位置中，为了便于按正常篇幅安排，将它们取出放在周期表下方。

综上所述，原子的电子层结构与元素周期表之间有密切的关系。对于多数元素来说，如果知道了元素的原子序数，便可以写出该元素的电子层结构，从而判断它所在的周期和族。反之，如果已知元素所在的周期和族，便可以写出该元素的电子层结构，也能推知它的原子序数。例如原子序数为 25 的元素，其电子排布式应为：$[Ar]3d^54s^2$，为第 4 周期ⅦB 族的 d 区过渡元素锰。

1.3.2 元素基本性质的周期性

元素的性质取决于其原子的内部结构。由基态原子的电子排布表 1-5 可知，随着原子序数的递增，周期表中各元素的原子核外电子层结构呈现周期性变化，正是这种周期性变化导致了相应元素的诸多性质如原子半径、电离能、电负性、电子亲和能等均呈现周期性变化。

表 1-5 基态原子的电子排布

周期	原子序数	元素名称	符号	K	L		M			N				O				原子实表示式
				1s	2s	2p	3s	3p	3d	4s	4p	4d	4f	5s	5p	5d	5f	
1	1	氢	H	1														$1s^1$
	2	氦	He	2														$1s^2$
2	3	锂	Li	2	1													$[He]2s^1$
	4	铍	Be	2	2													$[He]2s^2$
	5	硼	B	2	2	1												$[He]2s^22p^1$
	6	碳	C	2	2	2												$[He]2s^22p^2$
	7	氮	N	2	2	3												$[He]2s^22p^3$
	8	氧	O	2	2	4												$[He]2s^22p^4$
	9	氟	F	2	2	5												$[He]2s^22p^5$
	10	氖	Ne	2	2	6												$[He]2s^22p^6=[Ne]$
3	11	钠	Na	2	2	6	1											$[Ne]3s^1$
	12	镁	Mg	2	2	6	2											$[Ne]3s^2$
	13	铝	Al	2	2	6	2	1										$[Ne]3s^23p^1$
	14	硅	Si	2	2	6	2	2										$[Ne]3s^23p^2$
	15	磷	P	2	2	6	2	3										$[Ne]3s^23p^3$
	16	硫	S	2	2	6	2	4										$[Ne]3s^23p^4$
	17	氯	Cl	2	2	6	2	5										$[Ne]3s^23p^5$
	18	氩	Ar	2	2	6	2	6										$[Ne]3s^23p^6=[Ar]$

续表

周期	原子序数	元素名称	元素符号	电子层 K 1s	L 2s	L 2p	M 3s	M 3p	M 3d	N 4s	N 4p	N 4d	N 4f	O 5s	O 5p	O 5d	O 5f	原子实表示式
4	19	钾	K	2	2	6	2	6		1								$[Ar]4s^1$
	20	钙	Ca	2	2	6	2	6		2								$[Ar]4s^2$
	21	钪	Sc	2	2	6	2	6	1	2								$[Ar]3d^14s^2$
	22	钛	Ti	2	2	6	2	6	2	2								$[Ar]3d^24s^2$
	23	钒	V	2	2	6	2	6	3	2								$[Ar]3d^34s^2$
	24	铬	Cr	2	2	6	2	6	5	1 半充满								$[Ar]3d^54s^1$
	25	锰	Mn	2	2	6	2	6	5	2								$[Ar]3d^54s^2$
	26	铁	Fe	2	2	6	2	6	6	2								$[Ar]3d^64s^2$
	27	钴	Co	2	2	6	2	6	7	2								$[Ar]3d^74s^2$
	28	镍	Ni	2	2	6	2	6	8	2								$[Ar]3d^84s^2$
	29	铜	Cu	2	2	6	2	6	10	1 全充满								$[Ar]3d^{10}4s^1$
	30	锌	Zn	2	2	6	2	6	10	2								$[Ar]3d^{10}4s^2$
	31	镓	Ga	2	2	6	2	6	10	2	1							$[Ar]3d^{10}4s^24p^1$
	32	锗	Ge	2	2	6	2	6	10	2	2							$[Ar]3d^{10}4s^24p^2$
	33	砷	As	2	2	6	2	6	10	2	3							$[Ar]3d^{10}4s^24p^3$
	34	硒	Se	2	2	6	2	6	10	2	4							$[Ar]3d^{10}4s^24p^4$
	35	溴	Br	2	2	6	2	6	10	2	5							$[Ar]3d^{10}4s^24p^5$
	36	氪	Kr	2	2	6	2	6	10	2	6							$[Ar]3d^{10}4s^24p^6=[Kr]$
	38	锶	Sr	2	2	6	2	6	10	2	6			2				$[Kr]5s^2$
	42	钼	Mo	2	2	6	2	6	10	2	6	5		1 半充满				$[Kr]4d^55s^1$
	46	钯	Pd	2	2	6	2	6	10	2	6	10						$[Kr]4d^{10}$
	47	银	Ag	2	2	6	2	6	10	2	6	10		1 半充满				$[Kr]4d^{10}5s^1$
	48	镉	Cd	2	2	6	2	6	10	2	6	10		2				$[Kr]4d^{10}5s^2$
	50	锡	Sn	2	2	6	2	6	10	2	6	10		2	2			$[Kr]4d^{10}5s^25p^2$
	51	锑	Sb	2	2	6	2	6	10	2	6	10		2	3			$[Kr]4d^{10}5s^25p^3$
	53	碘	I	2	2	6	2	6	10	2	6	10		2	5			$[Kr]4d^{10}5s^25p^5$
	54	氙	Xe	2	2	6	2	6	10	2	6	10		2	6			$[Kr]4d^{10}5s^25p^6=[Xe]$
其他常见元素	55	铯	Cs															$[Xe]6s^1$
	56	钡	Ba															$[Xe]6s^2$
	57	镧	La															$[Xe]5d^16s^2$
	73	钽	Ta										接近全满					$[Xe]4f^{14}5d^36s^2$
	74	钨	W															$[Xe]4f^{14}5d^46s^2$
	75	铼	Re															$[Xe]4f^{14}5d^56s^2$
	76	锇	Os															$[Xe]4f^{14}5d^66s^2$
	77	铱	Ir															$[Xe]4f^{14}5d^76s^2$
	78	铂	Pt															$[Xe]4f^{14}5d^96s^1$
	79	金	Au										全充满					$[Xe]4f^{14}5d^{10}6s^1$
	80	汞	Hg															$[Xe]4f^{14}5d^{10}6s^2$
	82	铅	Pb															$[Xe]4f^{14}5d^{10}6s^26p^2$
	83	铋	Bi															$[Xe]4f^{14}5d^{10}6s^26p^3$
	88	镭	Ra															$[Rn]7s^2$
	89	锕	Ac															$[Rn]6d^17s^2$
	92	铀	U															$[Rn]5f^36d^17s^2$
	94	钚	Pu															$[Rn]5f^67s^2$

注：1. 55号及以后的常见元素只列出了原子实表示式。

2. 第1~4周期元素基态原子中的电子排布要求重点掌握。

3. 一些"三个基本原则"例外情况，我们特地用虚线标出，并尽可能地予以解释。

三个基本原则

1.3.2.1 原子半径（r）

原子半径（一般）是指单质分子（或晶体）中相邻原子核间平衡距离的一半。通常有以下三种情况：当单质物质是由金属键结合成的金属晶体时，金属半径就是其原子半径；当单质物质是由共价键结合成的非金属时，分子内的共价半径就是其原子半径；而单质分子间是由范德华力相结合的，范德华半径就是其原子半径。

(1) 共价半径 同核原子以共价键结合时，相邻原子核间平衡距离的一半。

(2) 范德华半径 在单质分子晶体中，分别属于两相邻分子的两相邻原子核间平衡距离的一半。

由于共价键的键能强于范德华力，所以同一原子的范德华半径大于共价半径。例如，氯原子的共价半径（99pm）小于其范德华半径（180pm）（参见图 1-1）。

(3) 金属半径 金属晶体中两个相邻金属原子核间平衡距离的一半。它将金属晶体看成是金属原子紧密堆积结构，是由实验测得的（图 1-2）。原子的金属半径一般比它的单键共价半径大 10%~15%。

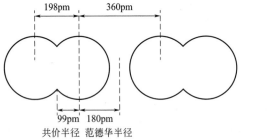

图 1-1 氯原子的共价半径与范德华半径

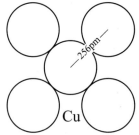

图 1-2 铜原子的金属半径

原子半径的大小主要取决于核外电子层数和有效核电荷（多电子原子中，外层电子在考虑了内层电子的排斥作用后与实际所受引力相对应的核电荷叫有效核电荷，用 Z^* 表示）。对于同一周期的主族元素，电子层数相同而有效核电荷 Z^* 从左到右依次增加，原子核对外层电子的引力依次增强，故原子半径从左到右依次减小；过渡元素的 Z^* 增加缓慢，原子半径减小也较缓慢；镧系元素从镧到镥因增加的电子填入靠近内层的 f 亚层，而使有效核电荷 Z^* 增加得更为缓慢，故镧系元素的原子半径自左而右的递减也更趋缓慢。镧系元素原子半径的这种缓慢递减的现象称为镧系收缩。由于镧系收缩结果，使其后的几个第 6 周期副族元素与对应的第 5 周期同族元素的原子半径十分接近。同族元素从上到下由于电子层数增加，原子半径逐渐增大。各元素的原子半径如表 1-6 所示。

1.3.2.2 电离能（I）

核外运动的电子受原子核的静电引力作用，电子要摆脱原子核的束缚，就需要消耗能量以克服核电荷的吸引力。把每摩尔基态气态原子失去 1mol 电子（每个原子失去一个电子）成为 +1 价气态阳离子时所需要吸收的能量称为该元素的第一电离能，用 I_1 表示，单位为 kJ·mol^{-1}；由 +1 价气态阳离子再失去一个电子变为 +2 价气态阳离子时所需要的能量称为第二电离能，用 I_2 表示，依此类推。例如：

$$Al(g) \longrightarrow Al^+(g) + e^- \qquad I_1 = 577.6 \text{kJ} \cdot \text{mol}^{-1}$$
$$Al^+(g) \longrightarrow Al^{2+}(g) + e^- \qquad I_2 = 1817 \text{kJ} \cdot \text{mol}^{-1}$$
$$Al^{2+}(g) \longrightarrow Al^{3+}(g) + e^- \qquad I_3 = 2745 \text{kJ} \cdot \text{mol}^{-1}$$

由于电离能具有加和性,故反应 $Al(g) \longrightarrow Al^{3+}(g) + 3e^-$ 的电离能 $I = I_1 + I_2 + I_3 = 5139.6(\text{kJ} \cdot \text{mol}^{-1})$。

表 1-6 元素的原子半径 r 单位:pm

H 32																	He 93
Li 123	Be 89											B 82	C 77	N 70	O 66	F 64	Ne 112
Na 154	Mg 136											Al 118	Si 117	P 110	S 104	Cl 99	Ar 154
K 203	Ca 174	Sc 144	Ti 132	V 122	Cr 118	Mn 117	Fe 117	Co 116	Ni 115	Cu 117	Zn 125	Ga 126	Ge 126	As 121	Se 117	Br 114	Kr 169
Rb 216	Sr 191	Y 162	Zr 145	Nb 134	Mo 130	Tc 127	Ru 125	Rh 125	Pd 128	Ag 134	Cd 148	In 144	Sn 140	Sb 141	Te 137	I 133	Xe 190
Cs 235	Ba 198	△Lu 158	Hf 144	Ta 134	W 130	Re 128	Os 126	Ir 127	Pt 130	Au 134	Hg 144	Tl 148	Pb 147	Bi 146	Po 145	At 145	Rn 220

△是指镧系元素的原子半径,具体数值为

La	Ce	Pr	Nd	Pm	Sm	Eu	Gd	Tb	Dy	Ho	Er	Tm	Yb
169	165	164	164	163	162	185	162	161	160	158	158	158	170

电离能是衡量原子失去电子难易程度的物理量。电离能越小,原子越容易失去电子,元素的金属性越强;电离能越大,原子越难失去电子,元素的金属性越弱,而非金属性越强。通常用第一电离能 I_1 来衡量原子失去电子能力的大小。电离能的大小主要取决于有效核电荷、原子半径和电子层结构等。随着原子序数的增大,第一电离能 I_1 呈周期性变化。各元素的第一电离能见表 1-7。

表 1-7 元素的第一电离能   单位:kJ·mol^{-1}

H 1312																	He 2372
Li 520	Be 899											B 801	C 1086	N 1402	O 1314	F 1613	Ne 2081
Na 496	Mg 738											Al 578	Si 786	P 1012	S 1000	Cl 1251	Ar 1521
K 419	Ca 590	Sc 631	Ti 658	V 650	Cr 623	Mn 717	Fe 759	Co 758	Ni 737	Cu 745	Zn 906	Ga 579	Ge 762	As 947	Se 841	Br 1140	Kr 1351
Rb 403	Sr 550	Y 616	Zr 660	Nb 664	Mo 685	Tc 702	Ru 711	Rh 720	Pd 805	Ag 804	Cd 868	In 558	Sn 709	Sb 834	Te 869	I 1008	Xe 1170
Cs 376	Ba 503	Lu 523	Hf 675	Ta 761	W 770	Re 760	Os 839	Ir 878	Pt 868	Au 890	Hg 1007	Tl 589	Pb 716	Bi 703	Po 812	At	Rn 1041
Fr	Ra 509	Lr															

由表 1-7 可知电离能的变化规律：

① 同一元素，$I_1<I_2<I_3<I_4$，这是由于离子的电荷正值越来越大，离子半径就越来越小，所以失去电子就越来越难，需要的能量就越来越高。

② 同一周期的主族元素，从左到右第一电离能 I_1 依次增大（总趋势）。这是由于从左到右随着有效核电荷 Z^* 的增加，原子半径减小，核对外层电子的引力增强，失去电子的能力减弱，因此 I_1 明显增大。但 I_1 的变化是略有起伏的，如第二周期中 B 和 O 都比相邻元素的 I_1 低。这是因为 B 和 O 失去一个电子后分别形成的 B^+（$1s^22s^22p^0$）和 O^+（$1s^22s^22p^3$）为全空和半充满的稳定结构。副族元素电离能升高比较缓慢，这种现象和它们的半径减小缓慢、有效核电荷增加缓慢是一致的。

③ 同一主族从上到下第一电离能 I_1 依次减小。这是由于从上到下原子半径显著增大，导致原子核对外层电子的引力逐渐减弱，失去电子的能力增强，故电离能逐渐减小。

1.3.2.3 电子亲和能（Y）

每摩尔基态气态原子获得 1mol 电子（每个原子获得一个电子）成为 -1 价气态阴离子时所放出的能量称为该元素的第一电子亲和能，用 Y_1 表示，单位为 $kJ \cdot mol^{-1}$；由 -1 价气态阴离子再获得一个电子变为 -2 价气态阴离子时需要吸收的能量称为第二电子亲和能，用 Y_2 表示。例如：

$$O(g)+e^- \longrightarrow O^-(g) \qquad Y_1=-141.2 kJ \cdot mol^{-1}$$
$$O^-(g)+e^- \longrightarrow O^{2-}(g) \qquad Y_2=+779.6 kJ \cdot mol^{-1}$$

基态原子得到电子会放出能量，所以 Y_1 为负；已带负电的阴离子要再结合电子时，则需要吸收能量用以克服同性电荷的静电排斥作用，所以 Y_2、Y_3…均为正值。通常说的电子亲和能，就是指第一电子亲和能。

同一周期的主族元素，从左到右第一电子亲和能 Y_1（绝对值）依次增大（稀有气体除外），表明原子越来越容易结合电子形成阴离子，即从左到右非金属性递增；同一主族从上到下第一电子亲和能 Y_1（绝对值）依次减小，表明原子越来越不容易结合电子形成阴离子，即从上到下非金属性递减（其中 F 的 Y_1 反而比 Cl 原子的绝对值小，这可能是由于 F 原子半径太小所致）。

1.3.2.4 电负性（X）

原子在分子中吸引（成键）电子能力的大小称为该元素的电负性，用 X 表示。电负性是表征原子得失电子综合能力的物理量，是 1932 年鲍林提出的，鲍林在指定了最活泼的非金属元素 F 的电负性为 4.0 的基础上，通过计算得出了其他元素电负性的相对值，列于表 1-8 中。

由表 1-8 可知，随着原子序数的递增，元素的电负性呈现明显的周期性：

① 同一周期从左到右，（主族）元素的电负性依次递增；同一主族中，从上到下电负性通常递减。因此，电负性大的元素集中在元素周期表的右上角，其中 F 的最大；电负性小的元素集中在元素周期表的左下角，其中 Cs 的最小。

② 金属元素的电负性一般小于 2.0（少数例外），非金属元素的电负性一般大于 2.0。

1.3.2.5 元素的金属性和非金属性

元素的金属性是指原子失去电子成为阳离子的能力，通常用电离能 I 来量度。元素的非金属性是指原子得到电子成为阴离子的能力，通常用电子亲和能 Y 来量度。而电负性则是元素金属性和非金属性的统一量度参数，它综合地反映了原子得失电子的能力。

表 1-8　元素的电负性数值

H 2.2																
Li 1.0	Be 1.6											B 2.0	C 2.6	N 3.0	O 3.4	F 4.0
Na 0.9	Mg 1.3											Al 1.6	Si 1.9	P 2.2	S 2.6	Cl 3.2
K 0.8	Ca 1.0	Sc 1.4	Ti 1.5	V 1.6	Cr 1.7	Mn 1.6	Fe 1.8	Co 1.9	Ni 1.9	Cu 1.9	Zn 1.7	Ga 1.8	Ge 2.0	As 2.2	Se 2.6	Br 3.0
Rb 0.8	Sr 1.0	Y 1.2	Zr 1.3	Nb 1.6	Mo 2.2	Tc 1.9	Ru 2.2	Rh 2.3	Pd 2.2	Ag 1.9	Cd 1.7	In 1.8	Sn 2.0	Sb 2.1	Te 2.1	I 2.7
Cs 0.8	Ba 0.9	La 1.3	Hf 1.3	Ta 1.5	W 2.4	Re 1.9	Os 2.2	Ir 2.2	Pt 2.3	Au 2.5	Hg 2.0	Tl 2.0	Pb 2.3	Bi 2.0	Po 2.0	At 2.2

由电负性数据可知，元素的金属性和非金属性呈现明显的周期性，且同一周期从左到右，金属性依次减弱而非金属性依次增强；同一主族中，从上到下金属性依次增强而非金属性依次减弱。

复习思考题

1. 什么叫物质的量？1mol 是如何定义的？怎样由质量来计算物质的量？
2. 化学中表示溶液浓度的方法主要有几种？
3. 什么叫物质的量浓度？如何计算溶液的物质的量浓度？
4. 计算题。

（1）酒精可作为消毒剂。经反复研究，发现 75% 的酒精消毒效果最佳。现欲将 1L 无水酒精稀释成 75% 的酒精，问：需加水多少毫升？（已知：无水酒精的密度为 $0.8g·mL^{-1}$，水的密度为 $1.0g·mL^{-1}$；计算结果保留一位小数）

（2）医学上常用双氧水来清洗创口和局部抗菌。某同学为了测定一瓶医用双氧水溶液的溶质质量分数，取该双氧水 68g 放入烧杯中，然后加入 2g 二氧化锰，完全反应后，称得烧杯内剩余物质的总质量为 69.04g。请回答下列问题：①二氧化锰在反应中的作用是什么？生成的氧气为多少克？②该双氧水溶液的溶质质量分数是多少？

（3）欲配制 $c_{Na_2CO_3}=0.5mol·L^{-1}$ 溶液 500mL，需溶质 Na_2CO_3 多少克？如何配制？

（4）如何配制 500g $w=10\%$ 的 NaCl 溶液？

（5）如何用浓硫酸配 500mL $\rho=1.22$、$w_{H_2SO_4}=30\%$ 的 H_2SO_4 溶液？（已知浓 H_2SO_4：$\rho=1.84g·mL^{-1}$，$w=96\%$）

第 2 章
化学反应速率与化学平衡

【学习指南】

了解化学反应速率及影响反应速率的因素；理解可逆反应、化学平衡的特征及化学平衡常数的意义；掌握化学平衡常数表达式的书写及其计算；掌握化学平衡移动原理。

【阅读材料】

化学平衡与我们的生活密切相关。

化学平衡在生活中的应用

研究化学反应时，最值得重视的问题有两个：一是化学反应进行的快慢即化学反应速率问题；二是反应进行的完全程度即化学平衡问题。显然在工业生产中既能使反应速率加快，又能使反应进行程度接近完全，就可以提高生产效率，生产出更多的产品；而对于那些对人类生产生活产生不利影响的化学反应，如金属腐蚀、塑料和橡胶老化等，若能采取适当的方法有效地降低反应速率和反应进行的完全程度，就可以尽可能地抑制不良反应的发生和进行。这两个问题直接关系到产品的产量、质量以及设备的使用寿命，在工业生产和日常生活中都具有非常重要的意义。

2.1 化学反应速率

化学反应种类繁多，快慢不同，有些反应过程进行得很快，如酸碱中和过程、火药爆炸过程等，这些反应瞬间即可完成；有些反应过程进行得很慢，如金属的腐蚀过程、橡胶的老化过程等，这些反应一般要经历若干年甚至更长的时间才能完成；煤和石油的形成则需要经过几十万年的时间。

2.1.1 化学反应速率表示法

能够准确衡量一个化学反应进行的快慢，对于指导实际生产过程具有十分重要的意义，用来衡量化学反应快慢的物理量称为化学反应速率。化学反应速率常用单位时间内某一反应物浓度的减少或某一生成物浓度的增加来表示，单位为 $mol \cdot (L \cdot s)^{-1}$ 等。

绝大多数的化学反应速率不是固定不变的，对一般的反应来说，反应速率随着反应物浓度的降低而不断减慢。因此，化学反应速率又分为平均反应速率和瞬时反应速率。

2.1.1.1 平均反应速率

平均反应速率是反应进程中某时间间隔内反应物质的浓度变化，即

$$\overline{v}_B = \left| \frac{\Delta c_B}{\Delta t} \right| \tag{2-1}$$

式中 $\overline{v}_B$——用物质 B 表示的平均反应速率，$mol \cdot (L \cdot s)^{-1}$；

Δc_B——在反应时间间隔 Δt 内，物质 B 的浓度变化，$mol \cdot L^{-1}$；

Δt——时间间隔，s。

例 2-1 在一定条件下，由 N_2 和 H_2 合成 NH_3 的反应为 $N_2 + 3H_2 \rightleftharpoons 2NH_3$，在 t_1 时刻 $c_{N_2} = 1 mol \cdot L^{-1}$，$c_{H_2} = 3 mol \cdot L^{-1}$。3min 后在 t_2 时刻测得 $c_{N_2} = 0.7 mol \cdot L^{-1}$，求该反应的反应速率。

解

	N_2	+	$3H_2$	$\rightleftharpoons$	$2NH_3$
t_1 时 c_1（$mol \cdot L^{-1}$）	1		3		0
t_2 时 c_2（$mol \cdot L^{-1}$）	0.7				
3min 内浓度变化	−0.3		−0.3×3		+0.3×2
平均 1min 浓度的变化	−0.1		−0.3		+0.2

当以 N_2 浓度的变化来表示时，反应速率 $v_{N_2} = 0.1 mol \cdot (L \cdot min)^{-1}$；

以 H_2 浓度的变化来表示时，反应速率 $v_{H_2} = 0.3 mol \cdot (L \cdot min)^{-1}$；

以 NH_3 浓度的变化来表示时，反应速率 $v_{NH_3} = 0.2 mol \cdot (L \cdot min)^{-1}$。

上述计算说明，同一反应的反应速率，当用不同物质的浓度变化来表示时，其数值是不同的。但是，在化学反应中，由于反应物和生成物在数量上的变化有一定的关系，因此，在以各物质浓度表示的反应速率之间也存在一定的数量关系。它们的比值等于反应式中各物质分子式的系数之比。

2.1.1.2 瞬时反应速率

瞬时反应速率是反应进程中某时刻反应物质的浓度变化，即

$$v_B = \left|\frac{dc_B}{dt}\right| \tag{2-2}$$

式中　v_B——用物质B表示的瞬时反应速率，$mol \cdot (L \cdot s)^{-1}$；
　　　dc_B——在某反应时刻，物质B的浓度变化，$mol \cdot L^{-1}$；
　　　dt——微小的反应时间，s。

例 2-2　某温度下溶液中 H_2O_2 的分解反应：

$$2H_2O_2 \rightleftharpoons 2H_2O + O_2$$

经实验测得其浓度变化见表2-1。

表 2-1　某温度下 H_2O_2 的分解浓度变化

t/min	$\Delta t/min$	$c_{H_2O_2}/mol \cdot L^{-1}$	$\Delta c_{H_2O_2}/mol \cdot L^{-1}$
0	0	0.80	—
20	20	0.40	−0.40
40	20	0.20	−0.20
60	20	0.10	−0.10
80	20	0.05	−0.05
100	20	0.025	−0.025

从表2-1中可以看出，随着反应的进行，反应物 H_2O_2 的浓度不断减小，速率不断变化，因此需要用瞬时反应速率来表示化学反应在某一时刻的真实速率。

以表2-1中的时间为横坐标，浓度为纵坐标，绘制 c-t 曲线（图2-1），则曲线上某一点切线的斜率的绝对值，就是此刻反应的瞬时反应速率。

2.1.2　反应速率的测定方法

化学反应速率的测定方法是，测定不同 t 时刻任一反应组分的浓度，得到反应物或产物浓度随时间的变化率，从而确定化学反应速率。如图2-1所示，由实验测得反应物浓度 c_A 与时间 t 数据，作图为一曲线，由曲线上某 t 时刻切线的斜率，可以确定反应物A的瞬时消耗速率 $v_A = -\dfrac{dc_A}{dt}$。

2.1.2.1 化学方法

采用化学分析测定不同时刻参加化学反应某物质B的浓度，分析时必须将所取得的样品"冻结"，使反应立即停止。冻结的方法有冲淡、骤然降温或

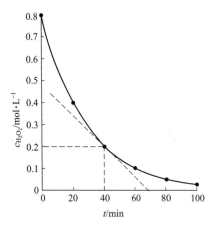

图 2-1　某温度下 H_2O_2 浓度随时间的变化

除去催化剂等。化学方法的优点是设备简单，可以直接测得不同时间的浓度，但是操作较烦琐，如若反应冻结方法应用不当，还会有较大的偏差。

2.1.2.2 物理方法

采用物理方法测定化学反应速率，是根据随着化学反应进行的程度，如果反应物或产物的某一物理性质（压力、体积、折射率、电导率、旋光率、吸收光谱、电动势、介电常数、黏度、热导率等）有明显的变化，并且该物理量与反应系统中某物质的浓度呈线性关系，则测出该物理量与时间的关系，就可以换算出浓度与时间的关系。由于物理方法不是直接测量浓度，所以，必须预先从已知的浓度测定出与这些物理量之间的对应值。物理方法的优点是不必冻结反应，可以在反应器内进行连续在线测定，测量方法快速方便，但需特定的检测仪器，一般投入较高。

2.1.3 活化分子及活化能

2.1.3.1 有效碰撞

化学反应发生的必要条件是反应物的粒子间要发生碰撞。如果反应物的分子间互不发生碰撞，就谈不上发生化学反应，但不是分子间的每一次碰撞都能发生化学反应。以气体物质间的反应来说，气体分子是以极大的速率向各个方向做不规则运动，气体分子在单位时间内的碰撞次数是一个大得惊人的数字，若每一次碰撞都能发生反应，那么一切反应都能瞬间完成。例如 $c_{HI}=10^{-3}$ mol·L^{-1}，在 500℃时，1L 容器内碰撞次数可高达 3.5×10^{28} 次·s^{-1}，但实验证明，此反应速率仅为 1.2×10^{-8} mol·(L·s)$^{-1}$。这说明在反应物分子间发生的亿万次碰撞中，只有极少数次会发生反应。这种能发生反应的碰撞称为有效碰撞，而把发生有效碰撞的分子称为活化分子。单位体积内活化分子数占分子总数的百分比称为活化分子百分数。

有效碰撞包含两种含义：一是分子碰撞的取向对头与否，碰撞的方向不对头为非有效碰撞，如图 2-2(a) 没发生反应，而图 2-2(b) 则发生了有效碰撞；二是视分子碰撞时的能量关系，碰撞时双方的动量不足不能发生有效碰撞。

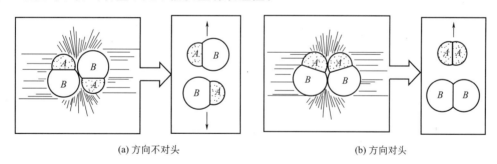

(a) 方向不对头　　　　　　　　　　　(b) 方向对头

图 2-2　碰撞取向与化学反应发生的关系

2.1.3.2 反应的活化能与反应热

物质内部蕴藏着化学能，在一定的温度下，具有一定的平均能量 $E_{平均}$，但也有少数分子具有比这平均能量更高的或更低的能量。将活化分子具有的最低能量 E_1 与分子的平均能量 $E_{平均}$ 之差称为活化能。也可以看成把平均能量的分子变成活化分子所需要的最低能量称为活化能。

反应热与正逆反应的活化能有关，设正反应的活化能为 E_{a1}、逆反应的活化能为 E_{a2}。

若 $E_{a2}-E_{a1}>0$，则反应为放热反应，如图 2-3 所示；若 $E_{a2}-E_{a1}<0$，则反应为吸热反应，如图 2-4 所示。

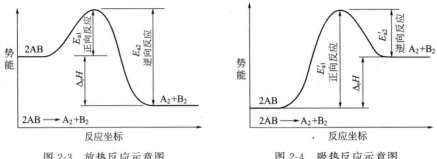

图 2-3　放热反应示意图　　　　　图 2-4　吸热反应示意图

2.1.4　影响化学反应速率的因素

2.1.4.1　浓度对化学反应速率的影响及质量作用定律

大量实验表明，在一定温度下，增加反应物的浓度可以加快反应速率。这个结论可以用活化分子概念加以解释。在一定温度下，对某一化学反应来说，反应物的活化分子百分数是一定的，而单位体积内反应物的活化分子数和反应物分子总数（即反应浓度）又成正比，所以当增加反应物的浓度时，单位体积内反应物的活化分子数也必然相应地增多，从而增加了单位时间内反应物分子间的有效碰撞次数，使反应速率加快。

(1) 基元反应和非基元反应　实验表明，绝大多数反应并不是简单地一步就能完成的反应，而是分步进行的。一步能完成的反应称为基元反应。但真正的基元反应并不多，大多数反应为非基元反应。

(2) 质量作用定律　1863 年挪威化学家古尔德堡和瓦格在实验的基础上提出了质量作用定律：基元反应的化学反应速率与各反应物浓度的幂指数次方的乘积成正比，幂指数为基元反应中反应物的计量数。

例如，在一定的温度下，下列基元反应：
$$mA + nB \Longrightarrow pC + qD$$
则
$$v = kc_A^m c_B^n \tag{2-3}$$

式中　v——基元反应的反应速率，$mol \cdot (L \cdot s)^{-1}$；

k——基元反应的反应速率系数，$mol^{1-(m+n)} \cdot L^{(m+n)-1} \cdot s^{-1}$；

m——反应物 A 的反应级数；

n——反应物 B 的反应级数。

应用质量作用定律要注意的几个问题：

① 质量作用定律只适用于基元反应，一般不适用于非基元反应；

② 稀溶液中溶剂参与的反应，其速率方程不必标出溶剂的浓度；

③ 对于具有一定表面积的固体或纯液体参加的多相反应，其反应速率与固体或纯液体的量（或浓度）无关。

2.1.4.2　温度对化学反应速率的影响

温度是影响化学反应速率的重要因素之一，温度升高往往会加速反应。根据实验结果发现，温度每升高 10℃，化学反应的速率一般可增加到原来的 2~4 倍。

温度升高使化学反应加快的原因可以从两个方面理解。温度升高时，分子热运动加快，单位时间内分子间的有效碰撞次数增加，使反应速率加快。但这不是主要原因，因为根据气体动力学理论的计算，温度每升高10℃，碰撞次数仅增加2%左右，实际上反应速率要增加到原来的2～4倍，比2%大得多。所以更主要的原因是温度升高使一些能量较低的分子获得了能量，从而成为活化分子，增加了反应物中活化分子数，大大地加快了反应的速率。

根据大量的实验数据，1889年阿仑尼乌斯总结出了一个经验公式，即阿仑尼乌斯方程。该方程描述了速率常数 k 与温度之间的定量关系。

$$k = A\mathrm{e}^{-\frac{E_\mathrm{a}}{RT}} \tag{2-4}$$

式中　k——反应速率系数；
　　　A——指前因子；
　　　E_a——反应的活化能。

此式可看出，温度的改变能够影响 k，而在质量作用定律里反应速率 v 和 k 成正比，因此温度对反应速率 v 的影响是通过 k 来实现的。

2.1.4.3　催化剂对化学反应速率的影响

在化学反应中，能显著改变化学反应速率而本身在反应前后组成、数量和化学性质保持不变的物质叫催化剂。凡能加快反应速率的叫正催化剂；能减慢反应速率的叫负催化剂。通常所说的催化剂一般是指正催化剂，常常把负催化剂叫抑制剂或阻化剂。催化剂改变化学反应速率的作用叫催化作用。

催化剂能显著地加快反应速率，这是由于它参与了变化过程，与反应物之间形成了一种势能较低且不稳定的中间产物，改变了反应的历程，使反应的活化能显著降低，增加了活化分子百分数，从而使活化分子数迅速增加，反应速率也极大地增大，其催化作用的机理如图2-5所示。

催化剂只能改变反应的历程，增大反应速率，不能使不发生反应的物质间起反应，不能改变反应体系的始态和终态，它只是同等程度地降低了正、逆反应的活化能，即同等程度地改变了正、逆反应的反应速率，因此它不能改变平衡状态。

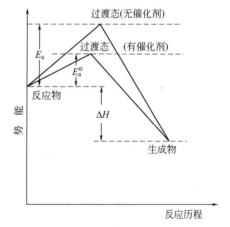

图2-5　催化剂降低活化能示意图

催化剂具有特殊的选择性，不同反应要求不同的催化剂，如氢气和氧气化合生成水的反应可用钯粉作催化剂，而由 SO_2 制取 SO_3 的过程需要 V_2O_5 作催化剂。

酶是具有催化活性的生物催化剂，它是以蛋白质为主要成分的。其催化作用的特点是，具有高度的专一性、高度的催化效率、高度不稳定性、活性可调性。

2.1.4.4　压力对化学反应速率的影响

在温度一定时，对有气体参加的反应，增大压力，气体反应物浓度增大，反应速率增大；反之降低压力，则反应速率减小。

对无气体参加的反应，由于压力对液体或固体浓度的影响很小，所以其他条件不变时，压力对反应速率几乎无影响。

2.2 化学平衡

化学反应能否用于实际工业生产不仅取决于反应速率，更取决于反应进行的程度。不同反应进行的程度不同，有一些可以进行到底，然而大多数化学反应进行到一定程度即达到平衡状态。

2.2.1 化学平衡的特征

在同一条件下，既能向正反应方向又能向逆反应方向进行的反应称为可逆反应。为了表示反应的可逆性，通常在反应方程式中用符号"$\rightleftharpoons$"表示。在一定温度的密闭容器中，当可逆反应的正反应速率和逆反应速率相等时，体系所处的状态叫作化学平衡，如图 2-6 所示。化学平衡的具体特征如下：

① 只有在恒温条件下，封闭体系中进行的可逆反应才能建立化学平衡，这是建立平衡的前提；

② 化学平衡的最主要特征是 $v_正 = v_逆$；

③ 可逆反应达到平衡时，体系内各物质的浓度在外界条件不变的条件下，不随时间而变化，这是平衡建立的标志；

④ 化学平衡是有条件的动态平衡，条件一旦改变，就会打破旧的平衡，而在新的条件下建立平衡；

⑤ 化学平衡可以从正、逆两个方向达到。

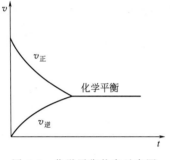

图 2-6 化学平衡状态示意图

2.2.2 平衡常数

在一定条件下，对于任何可逆反应 $mA+nB \rightleftharpoons pC+qD$ 达到平衡状态时，各物质的浓度保持恒定。大量的实验事实已证明：在一定温度下，平衡体系中各物质间还存在着定量关系，即各生成物浓度系数次方的乘积与反应物浓度系数次方的乘积的比值是一个常数，通常把这一常数叫作化学平衡常数，简称平衡常数，用 K_c 表示，其关系式如下：

$$K_c = \frac{c_C^p c_D^q}{c_A^m c_B^n} \tag{2-5}$$

用 c 表示平衡时反应方程式中各物质的物质的量浓度，单位为 $mol \cdot L^{-1}$；对于有气体参加的反应可以用平衡分压表示，单位为 Pa。

2.2.2.1 平衡常数的意义

平衡常数 K_c 是衡量反应进程的一个常数，在一定温度下，对于一个确定的化学反应都有自己的特征平衡常数。K_c 越大，表示反应进行的程度越高；反之，K_c 越小，则表示反应进行的程度越低。对于确定的化学反应，其平衡的位置只取决于反应的温度，即反应平衡常数 K_c 只与温度有关，不随浓度而改变。

2.2.2.2 书写平衡常数时应注意的事项

① 在给定温度下，对同一反应，化学平衡常数的表达式和数值取决于反应方程式的书

写形式。例如合成氨反应：

$$N_2 + 3H_2 \rightleftharpoons 2NH_3 \quad K_1 = \frac{c_{NH_3}^2}{c_{N_2} c_{H_2}^3}$$

$$\frac{1}{2}N_2 + \frac{3}{2}H_2 \rightleftharpoons NH_3 \quad K_2 = \frac{c_{NH_3}}{c_{N_2}^{\frac{1}{2}} c_{H_2}^{\frac{3}{2}}} = K_1^{\frac{1}{2}}$$

$$2NH_3 \rightleftharpoons N_2 + 3H_2 \quad K_3 = \frac{c_{N_2} c_{H_2}^3}{c_{NH_3}^2} = \frac{1}{K_1}$$

由此可以看出：反应方程式的书写方式不同，其平衡常数也不相同，因此要注意不同反应方程式所对应的平衡常数。

② 有固体或纯液体参加的可逆反应，固体或纯液体的浓度不必写进平衡常数关系式中。例如：

$$CaCO_3(s) \rightleftharpoons CaO(s) + CO_2(g) \quad K_c = c_{CO_2}$$

③ 稀溶液中进行的反应，如果反应式中有水出现，水的浓度不应写入平衡常数关系式中。例如：

$$Cr_2O_7^{2-} + H_2O \rightleftharpoons 2CrO_4^{2-} + 2H^+ \quad K_c = \frac{c_{CrO_4^{2-}}^2 c_{H^+}^2}{c_{Cr_2O_7^{2-}}}$$

如果反应中有气相水或在非水溶剂中的反应有水生成（或有水参与），水的浓度就必须写入平衡常数关系式中。

气相反应：

$$CH_4(g) + H_2O(g) \rightleftharpoons CO(g) + 3H_2(g) \quad K_c = \frac{c_{CO} c_{H_2}^3}{c_{CH_4} c_{H_2O}}$$

非水溶剂反应：

$$CH_3COOH + C_2H_5OH \rightleftharpoons CH_3COOC_2H_5 + H_2O \quad K_c = \frac{c_{CH_3COOC_2H_5} c_{H_2O}}{c_{CH_3COOH} c_{C_2H_5OH}}$$

④ 对于气体反应，平衡常数 K_c 也可用 K_p 表示。K_p 是用各物质的平衡分压表示的平衡常数。例如：$2SO_2 + O_2 \rightleftharpoons 2SO_3$ 的 K_p 可以表示为：

$$K_p = \frac{p_{SO_3}^2}{p_{SO_2}^2 p_{O_2}}$$

K_c 与 K_p 之间的关系式为 $K_c = K_p (RT)^{-\Delta n}$，其中 Δn 为反应前后气体计量系数之差，$\Delta n = 0$（即反应前后气体分子总数相等）时，$K_c = K_p$。

⑤ 如果某个反应可以表示为两个或多个反应总和，则总反应的平衡常数等于各分步反应的平衡常数的乘积。

例 2-3 已知在某温度下，反应：

$$Fe(s) + CO_2(g) \rightleftharpoons FeO(s) + CO(g) \quad K_1 = 1.47$$
$$FeO(s) + H_2(g) \rightleftharpoons Fe(s) + H_2O(g) \quad K_2 = 0.42$$

计算该温度下，反应 $CO_2(g) + H_2(g) \rightleftharpoons CO(g) + H_2O(g)$ 的 K_3。

解 反应(1)：$Fe(s) + CO_2(g) \rightleftharpoons FeO(s) + CO(g) \quad K_1 = 1.47$
反应(2)：$FeO(s) + H_2(g) \rightleftharpoons Fe(s) + H_2O(g) \quad K_2 = 0.42$
反应(3)：$CO_2(g) + H_2(g) \rightleftharpoons CO(g) + H_2O(g)$
反应(3)是反应(1)和反应(2)之和，所以反应(3)的 K_3：

$$K_3 = K_1 K_2 = 1.47 \times 0.42 = 0.62$$

2.3 化学平衡的移动

对于化学反应而言，一个反应在一定条件下反应的极限就是达到该条件下的平衡，因此可以说化学平衡是一定条件下化学反应进行的极限，但化学平衡不是不可移动的。当外界条件发生改变时，化学平衡就会被破坏，而在新的外界条件下反应会继续朝着该条件下的平衡发展，也就是说当外界条件变化时，化学反应会从一种平衡状态向另一种平衡状态转变，这种转变叫化学平衡移动。能引起化学平衡移动的外界条件主要是浓度、温度、压力等。

2.3.1 浓度对化学平衡的影响

在一定温度下，当一个可逆反应达到平衡后，若改变反应物或生成物的浓度，会引起平衡移动。例如可逆反应：

$$m\text{A} + n\text{B} \rightleftharpoons p\text{C} + q\text{D}$$

在任意条件下，各生成物浓度系数次方的乘积与反应物浓度系数次方的乘积的比值称为浓度商，以 Q_c 表示，即

$$Q_c = \frac{c_\text{C}^p c_\text{D}^q}{c_\text{A}^m c_\text{B}^n} \tag{2-6}$$

显然只有当 Q_c 等于 K_c 时，体系才处于平衡状态，对应各物质的浓度为平衡浓度。体系达平衡以后，增加反应物或减少生成物的浓度，会导致 $Q_c < K_c$，平衡将向右移动；反之，如果增加生成物的浓度或减少反应物的浓度，则 $Q_c > K_c$，平衡向左移动。总之，增加（或减少）某物质（生成物或反应物）的浓度，平衡就向着减少（或增加）该物质浓度的方向移动。

2.3.2 温度对化学平衡的影响

物质发生化学反应时，往往伴随着放热和吸热的现象。放出热量的反应称为放热反应，吸收热量的反应称为吸热反应。对于一个可逆反应来说，如果正反应是放热反应，那么逆反应是吸热反应，且放出和吸收的热量相等。

当可逆反应达平衡以后，若改变温度，对正逆反应速率都有影响，但影响程度不同。升高温度对吸热反应加快的倍数比对放热反应加快的倍数多，结果平衡向吸热方向移动。反之降低温度时，化学反应速率都减慢，但减慢的倍数不一样，对吸热反应减慢的倍数比对放热反应减慢的倍数大，结果平衡向放热反应方向移动。

例如：对于合成氨的反应 $N_2 + 3H_2 \rightleftharpoons 2NH_3 + Q$，升高温度时，平衡向氨的分解反应方向即吸热反应方向移动；降低温度时，平衡向氨的生成反应方向即放热反应方向移动。

2.3.3 压力对化学平衡的影响

对于有气体参加的反应来说，当反应达到化学平衡时，如果可逆反应两边气体分子总数不等，则增大或减小反应的总压力都会使平衡发生移动。

因为总压力的改变，在温度不变的条件下引起气体物质浓度成正比例的变化。压力增大

使容器内气体体积缩小,单位体积内气体分子数增多,即气体的浓度增大,引起平衡发生移动。因此,对于有气态物质参加的反应来说,压力对平衡的影响与浓度对平衡的影响,实质是相同的。由此可以得出结论,对气体反应物和气体生成物分子数不等的可逆反应来说,在其他条件不变时,增加总压力使平衡向气体分子数减少的方向移动;降低总压力,平衡向气体分子数增多的方向移动。

将浓度、温度、压力等外界条件对化学平衡的影响概括起来,可以得到一个普遍的规律:任何已达到平衡的体系,如果所处的条件发生改变,则平衡向着削弱或解除这些改变的方向移动。这个规律称为平衡移动原理,又称勒夏特列原理。

2.3.4 有关化学平衡的计算

根据化学平衡的定律可以进行平衡常数、平衡浓度、开始浓度及反应物转化为生成物的转化率等方面的计算。

2.3.4.1 已知平衡浓度求平衡常数

例 2-4 在某温度下,反应 $N_2 + 3H_2 \rightleftharpoons 2NH_3$ 在下列条件时建立平衡:$c_{N_2} = 3\text{mol} \cdot L^{-1}$,$c_{H_2} = 8\text{mol} \cdot L^{-1}$,$c_{NH_3} = 4\text{mol} \cdot L^{-1}$,求平衡常数 K_c。

解　　　　　　　　　　$N_2 + 3H_2 \rightleftharpoons 2NH_3$

平衡浓度 $c(\text{mol} \cdot L^{-1})$　　3　　8　　4

由平衡常数的表达式:$K_c = \dfrac{c_{NH_3}^2}{c_{N_2} c_{H_2}^3} = \dfrac{4^2}{3 \times 8^3} = 0.01$

2.3.4.2 已知平衡常数及起始浓度,求平衡浓度及反应物转化为生成物的转化率

例 2-5 在密闭容器中,将一氧化碳和水蒸气的混合物加热,达到下列平衡:

$$CO + H_2O \rightleftharpoons CO_2 + H_2$$

在 800℃时平衡常数等于 1,反应开始时,$c_{CO} = 2\text{mol} \cdot L^{-1}$,$c_{H_2O} = 3\text{mol} \cdot L^{-1}$,求平衡时各物质的浓度和 CO 转化为 CO_2 的转化率。

解　设在平衡时,单位体积中有 x mol 的 CO 转化为 CO_2,即 $c_{CO_2} = x \text{mol} \cdot L^{-1}$。

　　　　　　　　　　　　　$CO + H_2O \rightleftharpoons CO_2 + H_2$

开始浓度 c_1 $(\text{mol} \cdot L^{-1})$　　2　　3　　0　　0

平衡浓度 c_2 $(\text{mol} \cdot L^{-1})$　　$2-x$　　$3-x$　　x　　x

将平衡浓度代入平衡常数表达式得

$$K_c = \frac{c_{CO_2} c_{H_2}}{c_{CO} c_{H_2O}} = \frac{x^2}{(2-x)(3-x)} = 1$$

解上述方程可得:　　　$x = 1.2 (\text{mol} \cdot L^{-1})$

因此,平衡时各物质的浓度为:

$c_{CO} = 2 - 1.2 = 0.8 (\text{mol} \cdot L^{-1})$

$c_{H_2O} = 3 - 1.2 = 1.8 (\text{mol} \cdot L^{-1})$

$c_{CO_2} = c_{H_2} = 1.2 (\text{mol} \cdot L^{-1})$

一氧化碳的转化率 $\alpha_{CO} = \dfrac{1.2}{2} \times 100\% = 60\%$

例 2-6 在 1L 密闭容器中的可逆反应：
$$2SO_2(g) + O_2(g) \rightleftharpoons 2SO_3(g)$$

当达到平衡时，测得 SO_2 的物质的量为 0.11mol，O_2 的物质的量为 0.05mol，SO_3 的物质的量为 0.12mol。若温度和体积不变，加入 0.12mol O_2，各物质的平衡浓度是多少？加入 O_2 前后，SO_2 的转化率各为多少？

解 由平衡时各物质的浓度可求此反应的平衡常数

$$K_c = \frac{c_{SO_3}^2}{c_{O_2} c_{SO_2}^2} = \frac{0.12^2}{0.05 \times 0.11^2} = 24$$

设加入 0.12mol O_2 后有 x mol 被消耗，则

$$2SO_2(g) \quad + \quad O_2(g) \rightleftharpoons 2SO_3(g)$$

$c_{起始}$（mol·L^{-1}）（第一次平衡）　　0.11　　　　0.05　　　　0.12

$c_{平衡}$（mol·L^{-1}）（第二次平衡）0.11−2x　0.05−x+0.12　0.12+2x

$$K_c = \frac{c_{SO_3}^2}{c_{O_2} c_{SO_2}^2} = \frac{(0.12+2x)^2}{(0.05-x+0.12) \times (0.11-2x)^2} = 24$$

解上述方程式可得：$x = 0.016$ (mol·L^{-1})

平衡时 $c_{SO_3} = 0.12 + 2 \times 0.016 = 0.15$ (mol·L^{-1})

$c_{SO_2} = 0.11 - 2 \times 0.016 = 0.08$ (mol·L^{-1})

$c_{O_2} = 0.17 - 0.016 = 0.15$ (mol·L^{-1})

第一次平衡时，SO_2 的转化率为：

$$\frac{0.12}{0.12+0.11} \times 100\% = 52.2\%$$

第二次平衡时，SO_2 的转化率为：

$$\frac{0.12+0.11-0.08}{0.12+0.11} \times 100\% = 65.2\%$$

复习思考题

1. 填空题。

(1) 在下表空白处说明反应条件的改变（其他条件不变时）对化学反应速率和化学平衡的影响。

条件的改变	对化学反应速率的影响	对化学平衡的影响
增大反应物的浓度		
升高温度		
使用适当催化剂		
增大容器中气体的压力		

(2) 化学反应的平衡常数 K_c 仅仅是____的函数，而与____无关。

(3) 可逆反应 $2A(g) + B(g) \rightleftharpoons 2C(g)$，$\Delta H < 0$。反应达到平衡时，容器体积不变，增加 B 的分压，则 C 的分压____，A 的分压____；减小容器的体积，B 的分压____，K_p____。

(4) 一定温度下，反应 $PCl_5(g) \rightleftharpoons PCl_3(g)+Cl_2(g)$ 达到平衡后，维持温度和体积不变，向容器中加入一定量的稀有气体，反应将____移动。

(5) 可逆反应：$I_2+H_2 \rightleftharpoons 2HI$ 在 713K 时 $K_1=49.5$，若将上式改写成：$1/2 I_2+1/2 H_2 \rightleftharpoons HI$，则其 K_2 为____。

2. 选择题。

(1) 化学反应 $2M+N \rightleftharpoons 2P$ 达到化学平衡时，根据以下条件各选择正确的选项。

① 升高温度时，P 的量增加，此反应（   ）。
A. 是放热反应　　　　　　　　B. 是吸热反应
C. 没有显著的热量变化　　　　D. 原化学平衡没有发生移动

② 如果 M、N、P 都是气体，达到平衡时减小压力，那么（   ）。
A. 平衡不移动　　　　　　　　B. 平衡向正反应方向移动
C. 平衡向逆反应方向移动　　　D. P 的浓度会增大

(2) 某温度下，反应 $2NO(g)+O_2(g) \rightleftharpoons 2NO_2(g)$ 达到化学平衡是因为（   ）。
A. 反应已停止　　　　　　　　B. 反应物中的一种已消耗完
C. 正逆反应速率相等　　　　　D. 两种反应物都刚好消耗完

(3) 升高温度使反应速率加快的主要原因是（   ）。
A. 温度升高，分子碰撞更加频繁
B. 温度升高，可以使平衡右移
C. 活化分子的百分数随温度的升高而增加
D. 反应物分子所产生的压力随温度升高而增大

(4) 反应 $A(g)+B(g) \rightleftharpoons C(g)$ 在密闭容器中达到平衡，保持温度不变，而体积增大 2 倍，则平衡常数 K 为原来的（   ）。
A. 1/3　　　　　　B. 3 倍　　　　　　C. 9 倍　　　　　　D. 不变

(5) 正反应和逆反应的平衡常数之间的关系是（   ）。
A. 两者相等　　　　　　　　　B. 两者呈倒数关系
C. 没有关系　　　　　　　　　D. 都随着温度的升高而增大

(6) 下列哪一种改变能使任何反应达到平衡时的产物增加（   ）。
A. 升高温度　　　　　　　　　B. 增加起始反应物浓度
C. 加入催化剂　　　　　　　　D. 增加压力

(7) 某反应物在一定条件下的平衡转化率为 35%，当加入催化剂时，若反应条件与前相同，此时它的平衡转化率是（   ）。
A. 大于 35%　　　　　　　　　B. 等于 35%
C. 无法知道　　　　　　　　　D. 小于 35%

(8) 对于一个给定条件下的反应，随着反应的进行（   ）。
A. 速率常数 k 变小　　　　　　B. 平衡常数 K 变大
C. 正反应速率降低　　　　　　D. 逆反应速率降低

(9) 对于 $CO+H_2O \rightleftharpoons CO_2+H_2$ 反应，通过增加容器体积使压力减小时，预期会使（   ）。
A. 平衡时水的产量增加　　　　B. 已达到的平衡不受影响
C. K 增加　　　　　　　　　　D. 正反应进行的程度减小

(10) 化学反应速率通常随下列因素变化而变化（   ）。
A. 浓度　　　　　　　　　　　B. 温度
C. 时间　　　　　　　　　　　D. 所有这些因素

3. 问答题。

(1) 浓度、压力、温度和催化剂为什么会影响化学反应的速率？试结合活化分子的概念加以解释。

(2) 什么是化学平衡？它的特点是什么？

(3) 简述平衡常数的物理意义。

(4) 下述反应达到平衡时：
$$2NO+O_2 \rightleftharpoons 2NO_2+Q$$
如果①增加压力；②增加 O_2 的浓度；③减少 NO_2 的浓度；④升高温度；⑤加入催化剂，平衡是否会破坏？向何方向移动？简述理由。

4. 计算题。

(1) 在 440℃，$H_2(g)+I_2(g) \rightleftharpoons 2HI(g)$ 的平衡常数为 49.5，已知 0.200mol H_2 和 0.200mol I_2 置于 10.0L 密闭容器中，待反应达成平衡后，各物质的平衡浓度各为多少？

(2) 在催化剂的作用下，将 2.00mol SO_2 和 1.00mol O_2 的混合物在 2L 的容器中加热至 1000K，当体系处于平衡时，SO_2 的转化率为 46%，求该温度下的 K_c 和 K_p。

(3) 在 1273K 时，$FeO(s)+CO(g) \rightleftharpoons Fe(s)+CO_2(g)$ 反应的平衡常数 $K_c=0.5$。若 CO 起始浓度为 $0.05mol \cdot L^{-1}$，CO_2 起始浓度为 $0.01mol \cdot L^{-1}$，计算平衡时 CO 和 CO_2 的浓度各是多少？CO 的转化率是多少？

(4) 在某温度下，在体积为 1L 的密闭容器中，将 5mol 二氧化硫和 2.5mol 氧气混合，则得到 3mol 三氧化硫，反应式为：$2SO_2+O_2 \rightleftharpoons 2SO_3$，计算这个反应的平衡常数。

(5) 在某温度下，$H_2+I_2 \rightleftharpoons 2HI$ 的平衡常数是 50，在同一温度下使一定量的氢气与 $1mol \cdot L^{-1}$ 碘蒸气混合后发生反应，当达到平衡时，有 $0.9mol \cdot L^{-1}$ 碘化氢生成。求反应开始时，氢气的浓度为多少？

(6) PCl_5 的分解反应如下：$PCl_5(g) \rightleftharpoons PCl_3(g)+Cl_2(g)$，在 10L 密闭容器内盛有 2mol PCl_5，某温度时有 1.5mol PCl_5 分解，求该温度下的平衡常数。若向该密闭容器内通入 1mol Cl_2，有多少 PCl_5 被分解？

第 3 章 电解质溶液

【学习指南】

了解酸碱质子理论；理解水的离解和溶液的 pH 值；理解弱电解质的离解平衡、离解度、离解常数；了解盐类水解平衡；熟悉缓冲溶液的组成、原理、应用。

【阅读材料】

人的身体就像一个化学工厂，维持适当酸碱度才能保证人体健康。

酸碱度与人体健康

3.1 水的离解和溶液的 pH 值

水是一种常见而廉价的溶剂,许多化学反应是在水溶液中进行的。物质溶于水后,会发生一些特殊的变化。

3.1.1 电解质

3.1.1.1 电解质的分类

(1) 电解质和非电解质

① 在溶解或熔融状态下能够导电的化合物称为电解质。如无机酸、碱和盐类。

电解质溶液

② 在溶解或熔融状态下不能够导电的化合物称为非电解质。如醇、苯、酯类等。

电解质之所以能够导电,是因为电解质在溶解或熔融状态下能够离解出离子,这一过程称为离解。电解质根据其离解出离子能力的强弱可分为强电解质和弱电解质。

(2) 强电解质与弱电解质

① 强电解质是指在溶解或熔融状态下能够全部转化成离子形式的电解质。常见的有强酸、强碱和大部分盐。如 HCl、NaOH、Na_2SO_4 等。

② 弱电解质是指在溶解或熔融状态下只能够部分转化成离子形式的电解质。常见的有弱酸、弱碱等。如 CH_3COOH(醋酸或用 HAc 表示)、$NH_3 \cdot H_2O$ 等。水是极弱的弱电解质。

3.1.1.2 弱电解质的离解平衡

(1) 离解平衡 在一定条件下,弱电解质分子离解成离子的速率与离子化合成分子的速率相等时的状态称为离解平衡。达到离解平衡后,各种离子浓度和分子浓度将不再改变。

例如:$HAc \rightleftharpoons H^+ + Ac^-$

离解平衡是一种动态平衡,虽然宏观上看不到离子数改变,但离解与化合的反应时刻在进行当中,只不过是两者的速率相等而没有引起离子数改变而已。离解平衡与其他化学平衡一样,当改变条件时,原有平衡关系将被破坏,在新的平衡条件下将建立起来新的平衡关系。例如,向上述已达成的平衡中加入 H_2SO_4(相当于增加 H^+ 的浓度),则原有平衡将被破坏,会引起 HAc 浓度增加,Ac^- 浓度降低,即原平衡向左移动,最后达成新条件下的平衡。

(2) 离解常数 离解平衡时,溶液中各种离子浓度的乘积与分子浓度的比值是一个常数,这个常数称为离解平衡常数,习惯简称为离解常数,用 K_i 表示。对于弱酸,习惯用 K_a 表示;对于弱碱,习惯用 K_b 表示。

例如,醋酸(HAc)是一种弱酸,存在如下平衡:

$$HAc \rightleftharpoons H^+ + Ac^-$$

则

$$K_a = \frac{c_{H^+} c_{Ac^-}}{c_{HAc}}$$

例如,$NH_3 \cdot H_2O$ 是一种弱碱,存在如下平衡:

$$NH_3 \cdot H_2O \rightleftharpoons NH_4^+ + OH^-$$

则

$$K_b = \frac{c_{NH_4^+} c_{OH^-}}{c_{NH_3 \cdot H_2O}}$$

离解常数表示的是化合物离解的能力，与化合物的性质和温度有关，而与物质的浓度无关。通过比较离解常数的大小可判断弱电解质的相对强弱。例如，相同条件下（如在 25℃ 时）$K_{HAc}=1.76×10^{-5}$；$K_{HCN}=6.2×10^{-10}$，则 HAc 与 HCN 相比是强电解质。

(3) 离解度 离解度（$α$）是指已离解的分子数占原有总分子数的百分比。

即：$α = \dfrac{已离解的溶质分子数}{原有溶质的分子数} × 100\%$

同样，离解度也可以作为衡量弱电解质相对强弱的依据。离解度越大，电解质越强。但必须注意，此结论在温度、浓度都相同的条件下才成立。因为离解度不仅与物质的性质、温度有关，还与物质的浓度有关。例如，溶液中有 10 个溶质分子，其 $α=10\%$，则有 1 个溶质分子离解，此时离子间相互碰撞重新结合成分子的机会几乎为零；当溶液中有 10 万个溶质分子时，按 $α=10\%$ 计算，应有 1 万个溶质分子离解，但此时离子间相互碰撞的机会大大增加，最终，溶液中可能只有 9000 个溶质分子离解，其 $α$ 仅为 9%。

(4) 离解度与离解常数关系 以 HAc 为例，设醋酸浓度为 $c\, mol·L^{-1}$，离解度为 $α$。

$$HAc \rightleftharpoons H^+ + Ac^-$$

起始浓度：　　　　　　　c　　　　0　　　0
平衡浓度：　　　　　　$c-cα$　　　$cα$　　　$cα$

$$K_a = \dfrac{c_{H^+} c_{Ac^-}}{c_{HAc}} = \dfrac{cα·cα}{c-cα} = \dfrac{cα^2}{1-α}$$

即 $$K_a = \dfrac{cα^2}{1-α} \tag{3-1}$$

当 $c/K_a \geqslant 500$ 时 $$K_a ≈ cα^2 \tag{3-2}$$

例 3-1 已知 298K 时 $0.10\,mol·L^{-1}$ HAc 的离解度为 1.32%。求此时 HAc 的 K_a。

解 由 $K_a ≈ cα^2$ 可知，

$$K_a = 0.10 × (1.32\%)^2 = 1.74 × 10^{-5}$$

3.1.2 酸碱质子理论

关于酸碱的判定科学界产生过一系列的理论，较为人们熟悉的理论有电离理论、质子理论和电子理论。电离理论认为：离解所产生的阳离子都是 H^+ 的化合物为酸；离解所产生的阴离子都是 OH^- 的化合物为碱。酸碱反应的实质就是 H^+ 与 OH^- 结合生成 H_2O 的过程。电离理论在化学发展过程中发挥过重要作用，但它将酸碱反应局限在水溶液中，对于非水溶液或非溶液中的酸碱反应，该理论存在其局限性。1923 年，布朗斯特与劳瑞分别提出了酸碱质子理论。将酸碱的范围拓展到非水溶剂或无水溶剂体系，使酸碱理论得到了进一步发展。

3.1.2.1 酸碱的定义

酸碱质子理论认为：凡是能够给出质子（H^+）的物质都是酸。例如，HCl、NH_4^+、HCO_3^-、H_2O 都是酸；凡是能够接受质子（H^+）的物质都是碱，例如，Cl^-、NH_3、CO_3^{2-}、H_2O 都是碱。并且，质子理论认为，酸和碱不再是孤立存在的，酸给出质子（H^+）后成为碱，碱接受质子（H^+）后成为酸。

即：　　　　　　　　　　酸 $\rightleftharpoons H^+ +$ 碱

例如：　　　　　　　　$HAc \rightleftharpoons H^+ + Ac^-$

这种酸与碱之间以一个质子（H^+）为桥梁成对出现的现象称为酸碱的共轭现象，这一对酸碱对称为共轭酸碱对。即左侧酸是右侧碱的共轭酸；右侧碱是左侧酸的共轭碱。

酸碱质子理论拓展了酸碱的范畴，酸可以有分子形式的酸（如 HCl、H_2CO_3），也可以有离子形式的酸（如 NH_4^+、HCO_3^-）；碱可以有离子形式的碱（如 Ac^-、CO_3^{2-}），也可以有分子形式的碱（如 NH_3）。有些物质在不同条件下既可以是酸，也可以是碱，此类物质称为两性物质。

例如：
$$H_2O \rightleftharpoons H^+ + OH^- \quad H_2O 在此为酸$$
$$H_3O^+ \rightleftharpoons H^+ + H_2O \quad H_2O 在此为碱$$

3.1.2.2 酸碱的强弱

酸碱质子理论认为：一个共轭酸碱对，如果其酸的酸性越强，则其共轭碱的碱性就越弱；反之，如果碱的碱性越强，则其共轭酸的酸性就越弱。例如，H_2SO_4 是强酸，则其共轭碱 HSO_4^- 是弱碱。

3.1.2.3 酸碱反应的实质

根据酸碱质子理论，酸碱反应是一种酸给出质子后转变成其共轭碱。同时，一种碱接受质子后转变成其共轭酸。一个酸碱反应涉及两个共轭酸碱对的转化。所以，酸碱反应的实质是：质子在两个共轭酸碱对之间的转移。

例如：
$$HCl + NH_3 \rightleftharpoons NH_4^+ + Cl^-$$
$$\text{1酸} \quad \text{2碱} \qquad \text{2酸} \quad \text{1碱}$$

反应过程是，HCl 给出 H^+ 后转化为共轭碱 Cl^-，NH_3 接受 H^+ 后转化为共轭酸 NH_4^+。实验证明，HCl 给出 H^+ 的能力比 NH_4^+ 强（1酸比2酸强）；NH_3 接受 H^+ 能力比 Cl^- 强（2碱比1碱强）。此化学反应的实际进行方向是由 HCl 与 NH_3 反应，生成 NH_4Cl 的过程。因此，酸碱质子理论认为：酸碱反应进行的方向是由强酸与强碱反应生成弱酸与弱碱。

3.1.3 水的离解和溶液的 pH 值

3.1.3.1 水的离解

水是一种极弱的电解质，存在如下的离解平衡：
$$H_2O \rightleftharpoons H^+ + OH^-$$

根据离解平衡常数定义，$K_i = \dfrac{c_{H^+} c_{OH^-}}{c_{H_2O}}$

因水是极弱的电解质，离解的量极少，所以 c_{H_2O} 可认为是不变的常数。而一定温度下 K_i 是常数，则 $K_i c_{H_2O}$ 可认为是常数。令 $K_w = K_i c_{H_2O}$。

则：$K_w = K_i c_{H_2O} = c_{H^+} c_{OH^-}$

即 $K_w = c_{H^+} c_{OH^-}$ 为常数。

将 K_w 称为水的离子积常数，简称为水的离子积。它随温度变化而改变，在一定温度下 K_w 为常数。

例如：在 298K 时，通过精密测量测得，1L 纯水中仅有 1×10^{-7} mol 的水分子发生离解。即 $c_{H^+} = c_{OH^-} = 1 \times 10^{-7}$ mol·L^{-1}。
$$K_w = c_{H^+} c_{OH^-} = 1 \times 10^{-7} \times 1 \times 10^{-7} = 1 \times 10^{-14}$$

水的离子积为常数不仅在纯水中成立，对于其他稀的酸碱溶液也成立。如在 0.10mol·L^{-1} 的 HCl 中 $c_{OH^-} = K_w / c_{H^+} = 1 \times 10^{-14} / 0.10 = 1 \times 10^{-13}$（mol·$L^{-1}$）；同理，在 0.10mol·$L^{-1}$ 的

NaOH 中 $c_{H^+}=K_w/c_{OH^-}=1\times10^{-14}/0.10=1\times10^{-13}(\text{mol}\cdot L^{-1})$。

对于一对共轭酸碱对来讲，设共轭酸的离解平衡常数为 K_a，共轭碱的离解平衡常数为 K_b，则 $K_aK_b=K_w$。

例如：298K 时，$NH_3\cdot H_2O$ 的 $K_b=1.76\times10^{-5}$，则 $NH_3\cdot H_2O$ 共轭酸 NH_4^+ 的离解平衡常数 $K_a=K_w/K_b=1\times10^{-14}/1.76\times10^{-5}=5.68\times10^{-10}$。

3.1.3.2 溶液的 pH 值

在 298K 时，纯水中的 $c_{H^+}=c_{OH^-}=1\times10^{-7}$ mol·L^{-1}，0.10mol·L^{-1} NaOH 中 $c_{H^+}=1\times10^{-13}$ mol·L^{-1}。对于稀溶液来讲，用这样的方法表示溶液中氢离子（H^+）或氢氧根离子（OH^-）的浓度显然很复杂。为方便起见，人们常用 pH 来表示溶液中氢离子（H^+）的浓度。

pH 值的定义为：溶液中氢离子（H^+）浓度的负对数，即 $pH=-\lg c_{H^+}$。

与之相类似，人们用 pOH 来表示溶液中氢氧根离子（OH^-）的浓度，即 $pOH=-\lg c_{OH^-}$。

溶液酸碱性和 pH 值的关系如下。

① 在 298K 时，纯水中 pH=pOH=7。当 pH=7 时，溶液为中性。

② 当向纯水中加入强酸时，溶液显酸性。溶液中 $c_{H^+}>1\times10^{-7}$ mol·L^{-1}，则 pH<7，溶液显酸性。酸的加入量越大，溶液的酸性越强，pH 值比 7 小得更多。pH 值越小，酸性越强。

③ 当向纯水中加入强碱时，溶液显碱性。溶液中 $c_{H^+}<1\times10^{-7}$ mol·L^{-1}，则 pH>7，溶液为碱性。pH 值越大，溶液的酸性越弱，碱性越强。

无论溶液显酸性或碱性，根据 298K 时稀溶液的 $K_w=c_{H^+}c_{OH^-}=1\times10^{-14}$，则 $-\lg c_{H^+}-\lg c_{OH^-}=14$，即 pH+pOH=14。

3.1.3.3 一元弱酸（弱碱）溶液 pH 值计算

设一元弱酸为 HA，溶液浓度为 c，其存在如下离解平衡：

$$HA \rightleftharpoons H^+ + A^-$$

平衡时各物质的浓度 $\quad c-c_{H^+} \quad c_{H^+} \quad c_{H^+}$

则

$$K_a=\frac{c_{H^+}c_{A^-}}{c_{HA}}=\frac{c_{H^+}c_{H^+}}{c-c_{H^+}}=\frac{c_{H^+}^2}{c-c_{H^+}}$$

$$c_{H^+}^2+K_ac_{H^+}-K_ac=0$$

解此一元二次方程即可求得溶液中氢离子浓度 c_{H^+}。

当 $cK_a\geqslant20K_w$、$c/K_a\geqslant500$ 时，溶液中酸的离解量很小。为简便计算，可用近似公式 $c_{H^+}=\sqrt{K_ac_{酸}}$，计算一元弱酸溶液中氢离子浓度。

一元弱酸溶液的 $pH=-\lg\sqrt{K_ac_{酸}}$ (3-3)

同理，一元弱碱溶液中氢氧根离子浓度可用 $c_{OH^-}=\sqrt{K_bc_{碱}}$ 求得。

一元弱碱溶液的 $pOH=-\lg\sqrt{K_bc_{碱}}$ (3-4)

例 3-2 求 25℃ 时，0.01mol·L^{-1} HAc 溶液的 c_{H^+} 和 pH。

解 因为 $cK_a\geqslant20K_w$，$c/K_a\geqslant500$

所以 $c_{H^+} = \sqrt{K_a c_{酸}} = \sqrt{0.01 \times 1.76 \times 10^{-5}} = 4.2 \times 10^{-4}$

$pH = -\lg 4.2 \times 10^{-4} = 3.38$

例 3-3 求 25℃时，$0.1 \text{mol} \cdot \text{L}^{-1} \text{NH}_3 \cdot \text{H}_2\text{O}$ 溶液的 pH 值。

解 $NH_3 \cdot H_2O$ 的 $K_b = 1.76 \times 10^{-5}$

因为 $cK_b \geqslant 20K_w$，$c/K_b \geqslant 500$

由 $c_{OH^-} = \sqrt{K_b c_{碱}}$ 可知

$c_{OH^-} = \sqrt{0.1 \times 1.76 \times 10^{-5}} = 1.33 \times 10^{-3}$

$pOH = -\lg 1.33 \times 10^{-3} = 2.88$，$pH = 14 - pOH = 11.12$

3.1.3.4 多元弱酸（弱碱）溶液 pH 值计算

多元弱酸的离解是分步进行的。每一步离解都能达成一个平衡，有一个平衡常数。例如：

$$H_3PO_4 \rightleftharpoons H^+ + H_2PO_4^- \quad K_{a1} = 7.52 \times 10^{-3}$$

$$H_2PO_4^- \rightleftharpoons H^+ + HPO_4^{2-} \quad K_{a2} = 6.23 \times 10^{-8}$$

$$HPO_4^{2-} \rightleftharpoons H^+ + PO_4^{3-} \quad K_{a3} = 2.2 \times 10^{-13}$$

溶液中 c_{H^+}（或 c_{OH^-}）是各步离解的总和。由 K_{a1}、K_{a2}、K_{a3} 的值可知，每一步离解相差很大，$K_{a1} \gg K_{a2} \gg K_{a3}$。当每一步离解常数相差 10^5 倍以上时，溶液中 c_{H^+}（或 c_{OH^-}）主要来源于第一步的离解。为简便计算，当 $cK_{a1} \geqslant 20K_w$，$c/K_{a1} \geqslant 500$ 时，可按一元弱酸（弱碱）的近似公式 $c_{H^+} = \sqrt{K_{a1} c_{酸}}$（或 $c_{OH^-} = \sqrt{K_{b1} c_{碱}}$），计算多元弱酸（弱碱）溶液中氢离子（氢氧根离子）浓度。而正酸根离子的浓度近似等于最末级的离解平衡常数，此值与酸的浓度无关。

例如，H_3PO_4 的最末一级的离解为：$HPO_4^{2-} \rightleftharpoons H^+ + PO_4^{3-}$，$K_{a3} = 2.2 \times 10^{-13}$，则由 H_3PO_4 离解得到的 $c_{PO_4^{3-}} = 2.2 \times 10^{-13}$。

3.2 盐类水解

盐类被认为是酸碱中和反应的产物，但将不同的盐溶于水后，水溶液却不一定为中性。之所以产生这样的结果，是因为盐类发生了水解。

3.2.1 盐类水解实质

盐溶于水后离解出的离子与水离解的氢离子或氢氧根离子结合生成弱电解质（弱酸或弱碱）的反应，称为盐类的水解。如醋酸钠的水解

$$\begin{array}{c} NaAc \rightleftharpoons Na^+ + Ac^- \\ + \\ H_2O \rightleftharpoons OH^- + H^+ \\ \updownarrow \\ HAc \end{array}$$

醋酸钠溶于水后离解出钠离子和醋酸根离子，醋酸根离子能与水离解的氢离子结合生成醋酸。醋酸是一种弱酸，不能再全部离解成醋酸根离子和氢离子，而是有部分醋酸分子存在。这样就使水离解出的氢离子<氢氧根离子。因而，溶液显碱性。同理，如果盐的阳离子与水离解的氢氧根离子结合生成弱电解质，就会造成溶液中氢氧根离子<氢离子，溶液显酸性。

3.2.2 各类盐的水解平衡

3.2.2.1 强碱弱酸盐

强碱弱酸盐是由强碱与弱酸反应生成的盐，如醋酸钠，可看成是由强碱 NaOH 与弱酸 HAc 反应生成的盐。此类盐水解后弱酸根与水离解出的氢离子结合生成弱酸，因弱酸的部分离解，使盐溶液中氢离子<氢氧根离子。所以，溶液显碱性。

3.2.2.2 强酸弱碱盐

强酸弱碱盐是由强酸与弱碱反应生成的盐，如氯化铵（NH_4Cl）。此类盐水解后，阳离子与水离解的氢氧根离子结合生成弱碱。因弱碱的部分离解，使盐溶液中氢氧根离子<氢离子。所以，溶液显酸性。

$$\begin{array}{rcl} NH_4Cl & = & NH_4^+ + Cl^- \\ & & + \\ H_2O & \rightleftharpoons & OH^- + H^+ \\ & & \Updownarrow \\ & & NH_3 \cdot H_2O \end{array}$$

3.2.2.3 弱酸弱碱盐

此类盐在水溶液中离解出的正、负离子与水离解出的正、负离子都能结合，生成对应的弱酸与弱碱。此时溶液显什么性，由生成的弱酸和弱碱的相对强度而定。通过比较生成的弱酸和弱碱的 K_a 与 K_b 值的大小，即可判定溶液显什么性。谁的 K_a 与 K_b 值大，溶液就显谁的性质。

例如 $K_a > K_b$ 溶液显酸性，如 NH_4F

$K_b > K_a$ 溶液显碱性，如 NH_4CN

$K_b = K_a$ 溶液显中性，如 NH_4Ac

$$\begin{array}{rcll} NH_4CN & = & NH_4^+ & + CN^- \\ & & + & \quad + \\ H_2O & \rightleftharpoons & OH^- & + H^+ \\ & & \Updownarrow & \quad \Updownarrow \\ & & NH_3 \cdot H_2O & \quad HCN \end{array}$$

3.2.2.4 强酸强碱盐

强酸强碱盐的正、负离子，都不与水离解出的正、负离子结合成弱电解质。所以，强酸强碱盐不发生水解，溶液为中性。

总结盐类的水解，可得以下结论：盐类水解后溶液显什么性，由盐的性质决定。谁强显谁的性，即强碱弱酸盐水溶液显碱性；强酸弱碱盐水溶液显酸性；弱酸弱碱盐谁的 K 值大，溶液就显谁的性质。

3.2.3 影响盐类水解的因素

3.2.3.1 盐的性质

盐类水解程度的大小由盐自己的性质决定。水解后生成的弱酸（或弱碱）越弱，则水解程度越大。

3.2.3.2 温度

盐类水解可看成是酸碱中和反应的逆反应。酸碱中和反应是放热反应,所以盐类水解是吸热反应。升高温度,有利于水解反应发生。例如,制备 $Fe(OH)_3$ 溶胶时,将 $FeCl_3$ 溶液滴加到沸腾的蒸馏水中,就是利用了升高温度能促进水解发生。

3.2.3.3 溶液酸碱度

盐类水解的结果是改变溶液的酸碱性。所以,加入酸、碱可以抑制或促进水解的发生。例如,配制 $SnCl_2$ 溶液时,需保持一定的酸度,否则,就会有沉淀析出。

$$SnCl_2 + H_2O \rightleftharpoons Sn(OH)Cl\downarrow + HCl$$

通常,实验室在配制过渡金属盐的溶液时都应考虑到可能发生水解,一般是先用一定量的酸溶解金属盐,然后再稀释到浓度。

盐类水解给人们的生活带来利与弊的影响。例如,用明矾净水,就是利用明矾水解产生的 $Al(OH)_3$ 具有强吸附能力将溶液中杂质除去的。硫酸阿托品注射液就必须在酸性溶液中使用,否则在碱性条件下会水解变质。

3.3 缓冲溶液

在医药生产、药品分析测定中,常会遇到很多化学反应需要保持在一定的 pH 值范围内才能完成。能够满足这一要求的比较简单的做法就是使用缓冲溶液。

3.3.1 缓冲溶液概述

3.3.1.1 缓冲溶液与缓冲作用

当溶液中加入少量强酸、强碱或稍加稀释时,能够保持溶液 pH 值几乎不变的溶液,称为缓冲溶液。

缓冲溶液所具有的保持溶液 pH 值不变的作用,称为缓冲作用。

3.3.1.2 缓冲溶液的组成

缓冲溶液一般由两种化合物组成:弱酸及其对应的弱酸盐或弱碱及其对应的弱碱盐。也可以由多元酸的酸式盐及其对应的次级盐组成。

① 由弱酸及其对应的弱酸盐组成,如 HAc-NaAc、H_2CO_3-$NaHCO_3$。
② 由弱碱及其对应的弱碱盐组成,如 $NH_3 \cdot H_2O$-NH_4Cl。
③ 由多元酸的酸式盐及其对应的次级盐组成,如 $NaHCO_3$-Na_2CO_3。

高浓度的强酸(或强碱)溶液也有缓冲作用,但它们不是缓冲溶液。

3.3.2 缓冲作用原理

缓冲溶液能够具有缓冲作用,是因为其有特殊的组成成分,即对抗酸增加成分和对抗碱增加成分。通常将这两种成分称为缓冲对。用酸碱质子理论来解释:缓冲对是共轭酸碱对。以 HAc-NaAc 缓冲体系为例说明缓冲作用的原理。

$$HAc \rightleftharpoons H^+ + Ac^-$$

$$NaAc \Longrightarrow Na^+ + Ac^-$$

两种化合物溶于水后，NaAc 在溶液中完全离解成 Na^+ 和 Ac^-；而 HAc 只有少量的离解成 H^+ 和 Ac^-，绝大部分是以 HAc 分子形式存在于溶液中。因此，溶液中 Ac^- 主要来源于 NaAc，$c_{Ac^-} \approx c_{NaAc}$；溶液中 HAc 的浓度近似等于加入的 HAc 浓度，$c_{HAc平衡} \approx c_{HAc加入}$。

当加入少量强酸时，强酸提供的 H^+ 会与溶液中 Ac^- 结合成 HAc。因 HAc 是弱电解质，新生成的 HAc 主要以分子形式存在于溶液中，只有少量的又被离解成 H^+ 和 Ac^-。相对于强酸提供的 H^+，只有很少量的 H^+ 增加到溶液中。所以，溶液 pH 值只会略有改变。当加入少量强碱时，强碱提供的 OH^- 会与溶液中的 H^+ 结合生成 H_2O，使溶液中 H^+ 减少，破坏了 $HAc \Longrightarrow H^+ + Ac^-$ 平衡。此时溶液中的 HAc 就会不断离解，以达到新条件下的平衡，达到新平衡时溶液中的 c_{H^+} 会近似等于没有加入强碱时溶液中 $c_{H^+始}$，所以溶液 pH 值只会略有改变。

当稀释缓冲溶液时，c_{H^+} 与 c_{Ac^-} 都会降低，但 HAc 的离解度增大，c_{H^+} 会近似等于没有稀释时溶液中 $c_{H^+始}$，所以溶液 pH 值只会略有改变。

3.3.3 缓冲溶液 pH 值的计算

3.3.3.1 弱酸及其对应的弱酸盐组成的缓冲溶液的 pH 值

以 HAc-NaAc 缓冲体系为例：

$$HAc \Longrightarrow H^+ + Ac^-$$

起始浓度 $c_{酸}$ 0 $c_{盐}$
平衡浓度 $c_{酸} - c_{H^+}$ c_{H^+} $c_{盐} + c_{H^+}$

$c_{酸}$ 为 HAc 的原始浓度，$c_{盐}$ 为 NaAc 的原始浓度。

根据平衡常数定义

$$K_a = \frac{c_{H^+}(c_{盐} + c_{H^+})}{c_{酸} - c_{H^+}}$$

因为 HAc 为弱酸，离解量很小，所以，$c_{酸} - c_{H^+} \approx c_{酸}$；因为 NaAc 完全离解，所以，$c_{盐} + c_{H^+} \approx c_{盐}$。

则 $K_a \approx \dfrac{c_{H^+} c_{盐}}{c_{酸}}$ $c_{H^+} \approx \dfrac{K_a c_{酸}}{c_{盐}}$

$$pH = pK_a + \lg \frac{c_{盐}}{c_{酸}} \tag{3-5}$$

例 3-4 已知 $K_{HAc} = 1.76 \times 10^{-5}$。求 $0.1 \text{mol} \cdot L^{-1}$ HAc 和 $0.1 \text{mol} \cdot L^{-1}$ NaAc 组成的缓冲溶液的 pH 值。

解 此缓冲溶液是由 HAc 与 NaAc 组成的弱酸及其对应的弱酸盐缓冲溶液。所以，

$$pH = pK_a + \lg \frac{c_{盐}}{c_{酸}}$$

$$pH = -\lg K_{HAc} - \lg c_{酸} + \lg c_{盐} = -\lg 1.76 \times 10^{-5} - \lg 0.1 + \lg 0.1 = 4.75$$

3.3.3.2 弱碱及其对应的弱碱盐组成的缓冲溶液的 pOH 值

由弱碱及其对应的弱碱盐组成的缓冲溶液的 pOH 值为

$$pOH = pK_b + \lg \frac{c_{盐}}{c_{碱}} \tag{3-6}$$

例 3-5 已知 $K_{NH_3 \cdot H_2O} = 1.8 \times 10^{-5}$，求 $0.15 \text{mol} \cdot L^{-1}$ $NH_3 \cdot H_2O$ 和 $0.20 \text{mol} \cdot L^{-1}$

NH_4Cl 组成的缓冲溶液的 pH 值。

解 此缓冲溶液是由 $NH_3 \cdot H_2O$ 与 NH_4Cl 组成的弱碱及其对应的弱碱盐缓冲溶液。

所以，$pOH = pK_b + \lg \dfrac{c_{\text{盐}}}{c_{\text{碱}}}$

$$pH = 14 - pOH = 14 + \lg K_b + \lg c_{\text{碱}} - \lg c_{\text{盐}} = 14 + \lg 1.8 \times 10^{-5} + \lg 0.15 - \lg 0.20 = 9.13$$

3.3.4 缓冲溶液的配制

3.3.4.1 缓冲容量

缓冲溶液的缓冲能力是有限的，当加入的强酸、强碱的量超过极限时，缓冲溶液就会失去缓冲作用。通常将使 1L 缓冲溶液 pH 值改变 1 个单位所加入强酸（强碱）的量称为缓冲容量。

缓冲容量与缓冲溶液的总浓度和缓冲对比 $c_{\text{盐}}/c_{\text{酸}}$（或 $c_{\text{盐}}/c_{\text{碱}}$）有关。

① 当缓冲对比一定时，缓冲溶液的总浓度越大，缓冲容量越大。

② 缓冲溶液的总浓度一定时，缓冲对比 $c_{\text{盐}}/c_{\text{酸}}$（或 $c_{\text{盐}}/c_{\text{碱}}$）越接近 1∶1，缓冲容量越大。

3.3.4.2 缓冲范围

一般认为缓冲对比在 0.1~10 范围内缓冲溶液有缓冲作用。即缓冲溶液在 $pH = pK_a \pm 1$ 范围内有缓冲作用。将 $pH = pK_a \pm 1$ 称为缓冲范围。

3.3.4.3 缓冲溶液的配制

在实际工作中，缓冲溶液的配制一般遵循以下步骤。

① 根据缓冲溶液需要缓冲的 pH 值选择合适的弱酸（弱碱），即所选弱酸（弱碱）的 pK_a 应接近需要缓冲的 pH 值。例如：需要缓冲的 $pH = 5$，则应选 HAc-NaAc 缓冲体系，因为 HAc 的 $pK_a = 4.75$。

② 适当提高缓冲溶液总浓度。一般缓冲溶液各组分浓度在 $0.1 \sim 1 \text{mol} \cdot L^{-1}$ 之间。

③ 在条件允许的情况下，$c_{\text{盐}}/c_{\text{酸}}$（或 $c_{\text{盐}}/c_{\text{碱}}$）接近 1∶1。

在选择药用缓冲溶液时还应考虑所选体系是否有毒、与药物配伍是否有禁忌或存放稳定性如何。如硼酸盐有毒，就不适合用于口服或注射用缓冲溶液。

复习思考题

1. 选择题。

(1) 在 $0.1 \text{mol} \cdot L^{-1}$ 的 H_2S 溶液中，下列关系错误的是（　　）。

A. $c_{H^+} = c_{HS^-} + c_{S^{2-}} + c_{OH^-}$ 　　B. $c_{H^+} = c_{HS^-} + 2c_{S^{2-}} + c_{OH^-}$

C. $c_{H^+} > c_{HS^-} + c_{S^{2-}} + c_{OH^-}$ 　　D. $c_{H_2S} + c_{HS^-} + c_{S^{2-}} = 0.1 \text{mol} \cdot L^{-1}$

(2) 室温下，$0.1 \text{mol} \cdot L^{-1}$ 的氨水溶液中，下列关系式中不正确的是（　　）。

A. $c_{OH^-} > c_{H^+}$ 　　B. $c_{NH_3 \cdot H_2O} + c_{NH_4^+} = 0.1 \text{mol} \cdot L^{-1}$

C. $c_{NH_4^+} > c_{NH_3 \cdot H_2O} > c_{OH^-} > c_{H^+}$ 　　D. $c_{OH^-} = c_{NH_4^+} + c_{H^+}$

(3) 已知一种 $c_{H^+} = 1 \times 10^{-3} \text{mol} \cdot L^{-1}$ 的酸和一种 $c_{OH^-} = 1 \times 10^{-3} \text{mol} \cdot L^{-1}$ 的碱等体积混合后溶液呈酸性。其原因可以是（　　）。

A. 浓的强酸和稀的强碱反应 　　B. 浓的弱酸和稀的强碱反应

C. 等浓度的强酸和弱碱反应 　　D. 稀的强酸和浓的弱碱反应

(4) 欲使 CH_3COONa 稀溶液中 $c_{CH_3COO^-}/c_{Na^+}$ 比值增大，可在溶液中（恒温）加少量的（　　）。

A. 固体 NaOH　　　　B. 固体 KOH　　　　C. 固体 CH_3COONa　　　　D. 固体 $NaHSO_4$

2. 某温度下，纯水中的 $c_{H^+}=2.0×10^{-7} mol·L^{-1}$，则此时 $c_{OH^-}=$ _____ $mol·L^{-1}$。

3. 写出下列分子或离子的共轭碱：H_2O、H_3O^+、H_2CO_3、HCO_3^-、NH_4^+、H_2S、HS^-。

4. 写出下列分子或离子的共轭酸：H_2O、NH_3、HPO_4^{2-}、NH_2^-、CO_3^{2-}。

5. 下列化学组合中，哪些可用来配制缓冲溶液？

(1) $HCl+NH_3·H_2O$　　　　(2) $HCl+Tris$ [三（羟甲基）氨基甲烷]　　　　(3) $HCl+NaOH$

(4) $Na_2HPO_4+Na_3PO_4$　　　　(5) H_3PO_4+NaOH　　　　(6) $NaCl+NaAc$

6. 计算题。

(1) 某一元弱酸溶液的浓度为 $1.0 mol·L^{-1}$，其 pH 值为 2.77。求此弱酸的离解平衡常数和离解度。

(2) 用 $0.025 mol·L^{-1}$ 的 $H_2C_8H_4O_4$（邻苯二甲酸）溶液和 $0.10 mol·L^{-1}$ 的 NaOH 溶液，配制 pH=5.60 的缓冲溶液 0.1L，求所需 $H_2C_8H_4O_4$ 溶液和 NaOH 溶液的体积比。

(3) 已知 $K_{HAc}=1.76×10^{-5}$，求 $0.1 mol·L^{-1}$ HAc 和 $0.1 mol·L^{-1}$ NaAc 组成的缓冲溶液的 pH 值。

第 4 章 定量分析法概述

【学习指南】

了解定量分析的一般步骤；理解误差产生的原因、表示及减免方法；掌握偏差的计算方法；学会有效数字的修约及运算规则；了解滴定分析法分类，掌握滴定分析结果计算。

【阅读材料】

靶向药物必须进行定量分析。

靶向药物 siRNA 定量分析方法

4.1 定量分析过程及方法

定量分析是根据化学反应来测定试样中某组分含量的一种分析方法,主要分为滴定分析法和称量分析法两大类。

4.1.1 定量分析过程

定量分析的任务是测定物质中有关组分的相对含量。要完成一项定量分析工作,通常包含以下几个步骤。

4.1.1.1 取样

进行分析时,首先要取到能代表被测物料平均组成的样品。若所取样品的组成没有代表性,分析再准确也没有用,甚至可能导致错误的结论,给生产或科研带来很大损失。取有代表性的样品通常使用的方法是:从大批物料中的不同部位和深度选取多个取样点取样,所得大量的样品经多次粉碎、过筛、混匀、缩分,以制得少量的分析试样。同时还要根据分析对象是气体、液体或固体,采用不同的取样方法。

4.1.1.2 试样的处理

试样的处理包括试样的干燥、溶解、必要的掩蔽或分离。

经粉碎的试样具有较大的表面,容易自空气中吸收水分,此吸收水被称为湿存水。为了使试样与原样品含水量一致,可根据样品的性质采用在不同温度下烘干的方法除去湿存水,然后用干燥的样品进行分析测定。有些样品烘干时易分解或干燥后在空气中更易吸水,则宜采用风干法干燥。有些物质遇热易爆炸,则只能在室温下在干燥器中除去水分。

定量分析一般在溶液中进行,即应将试样先溶解,然后再进行测定。根据试样性质的不同,采用不同的溶解方法。最常用的是酸溶法,也可采用碱溶法或熔融法。

复杂物质中常含有多种组分,在测定其中某一组分时,共存的其他组分常产生干扰,应当设法消除。采用掩蔽剂来消除干扰是一种比较简单、有效的方法。但在许多情况下,没有合适的掩蔽方法,这就需要将待测组分与干扰组分进行分离。常用的分离方法有沉淀分离法、萃取分离法、离子交换分离法和色谱分离法等。

4.1.1.3 测定

根据待测组分的性质、含量和对分析结果准确度的要求,选择合适的分析方法进行测定。各种分析方法在准确度、灵敏度、选择性和适用范围等方面有较大的差别,所以应当熟悉各种方法的特点,做到能根据情况选择正确的分析方法。

4.1.1.4 计算和报告分析结果

根据分析过程中有关反应的计量关系及分析测量所得数据,计算样品中待测组分的含量。对于测定结果及其误差分布情况,应用统计学方法进行评价。

4.1.1.5 定量分析结果的表示

测定过程中要按照仪器精密度确定有效数字的位数进行运算,运算后的数字再修约。平行样品的测定,结果报告其算数平均值。结果表述时,一般测定的有效数字的位数应满足标准的要求,甚至高出标准要求,报告结果比标准要求多一位有效数较好,如铅的标准为 $1\mathrm{mg}\cdot\mathrm{kg}^{-1}$,报告值可为 $1.0\mathrm{mg}\cdot\mathrm{kg}^{-1}$。样品测定值的单位应与标准一致。计量单位应为中华人民共和国法定计量单位,一律采用法定的名称及其符号,并以"等物质的量的规则"进行计算。分析检测中常用的量及其单位的名称和符号见表 4-1。

表 4-1 分析检测中常用的量及其单位的名称和符号

量的名称	量的符号	单位名称	单位符号	倍数与分数单位
物质的量	n_B	摩[尔]	mol	mmol 等
质量	m	千克	kg	g、mg、μg 等
体积	V	立方米	m^3	L(dm^3)、mL 等
摩尔质量	M_B	千克每摩[尔]	$kg\cdot mol^{-1}$	$g\cdot mol^{-1}$ 等
摩尔体积	V_m	立方米每摩[尔]	$m^3\cdot mol^{-1}$	$L\cdot mol^{-1}$ 等
物质的量的浓度	c_B	摩每立方米	$mol\cdot m^{-3}$	$mol\cdot L^{-1}$ 等
质量分数	w_B			
质量浓度	ρ_B	千克每立方米	$kg\cdot m^{-3}$	$g\cdot L^{-1}$、$g\cdot mL^{-1}$ 等
体积分数	φ_B			
滴定度	$T_{B/A}$	克每毫升	$g\cdot mL^{-1}$	
密度	T_s	千克每立方米	$kg\cdot m^{-3}$	$g\cdot mL^{-1}$、$g\cdot m^{-3}$ 等
相对原子量	A_r			
相对分子量	M_r			

4.1.2 定量分析方法的分类

4.1.2.1 滴定分析法

滴定分析法一般是将一种已知准确浓度的试剂溶液(即标准溶液)通过滴定管逐滴加到一定质量的待测试样溶液中,直到标准溶液和待测组分恰好定量反应完为止。根据标准溶液的浓度和所消耗的体积及试样质量就可计算出待测组分的含量。

4.1.2.2 称量分析法

称量分析法是通过物理或化学反应将待测组分从一定质量的试样中分离出来,再通过称量来求出待测组分的含量。根据待测组分从试样中分离出来的方法不同,可分为挥发法、沉淀法、电解法等。

(1) 挥发法 挥发法是将一定质量的试样加热或用其他方法使试样中的挥发性组分逸出,然后称量,根据试样质量的减少,计算出该组分的含量;也可用吸收剂吸收逸出的组分,根据吸收剂质量的增加,计算出该组分的含量。例如,要测定 $BaCl_2\cdot 2H_2O$ 中结晶水的含量,可称取一定质量的氯化钡试样加热,使水分逸出后,再称量,根据试样加热前后的质量差,即可计算出 $BaCl_2\cdot 2H_2O$ 试样中结晶水的含量。

(2) 沉淀法 沉淀法又称沉淀称量法。是在一定质量试样的溶液中加入一种能和待测组分作用生成沉淀的试剂,待沉淀析出后,经过滤、洗涤、烘干或灼烧,然后称量沉淀的质量,根据沉淀的质量和试样的质量即可计算出待测组分的含量。例如,用沉淀称量法测定钢铁中镍的含量。将含镍的试样溶解后，在 pH＝8～9 的氨性溶液中加入有机沉淀剂丁二酮肟，生成丁二酮肟镍鲜红色沉淀。沉淀组成恒定，经过滤、洗涤、烘干后称量，即可计算出试样中镍的含量。

(3) 电解法 电解法是通过电解一定质量试样的溶液使待测组分（金属离子）在电极上还原析出，然后烘干、称量，根据电极质量的增加和试样质量的减少即可计算出待测组分的含量。

称量分析法是经典的化学分析法，它通过直接称量得到分析结果，不需要从容量器皿中引入许多数据，也不需要用基准物质作比较，故其准确度较高，可用于测量含量大于 1% 的常量组分，有时也用于仲裁分析。但称量分析法的操作比较麻烦，程序多，费时长，不能满足生产上快速分析的要求，这是称量分析法的主要缺点，所以称量分析法逐渐被滴定分析法所代替。但个别金属元素的精确测定仍采用此法。

4.2 定量分析中的误差及分析结果的数据处理

4.2.1 误差的来源及减免方法

4.2.1.1 误差的来源及分类

进行样品分析的目的是为了获取准确的分析结果，但是在实际检测中即使我们用最可靠的分析方法、最精密的仪器、熟练细致的操作，所测得的数据也不可能和真实值完全一致。这说明误差是客观存在的。但是如果我们掌握了产生误差的基本规律，就可以将误差减小到允许的范围内。为此必须了解误差的性质和产生的原因，以及避免它们出现的方法。

根据误差产生的原因和性质，我们将误差分为系统误差和偶然误差两大类。

(1) 系统误差 系统误差是由某些固定的原因造成的，具有重复性、单向性，即重复测定时，会重复出现，使测定结果偏高或偏低。理论上，系统误差的大小和正负是可以测定的，所以也称为可测误差。根据系统误差产生的原因，可分为如下几类。

① 方法误差 由于分析方法本身不够完善造成的误差。例如滴定分析中，由指示剂确定的滴定终点与化学计量点不完全符合以及副反应的发生等，都可能产生方法误差。

② 仪器误差 主要是仪器本身不够准确或未经校准所引起的。例如容量器皿的刻度不准确、分析天平砝码未经校准等。

③ 试剂误差 由试剂不纯或蒸馏水中含有微量杂质引起的。

④ 操作误差 在正规操作情况下，由操作人员的主观原因造成的。例如，操作者对滴定终点颜色变化的判断不够敏锐；滴定管读数时，个人习惯性的仰视或俯视等，读数结果总是偏低或偏高。

(2) 偶然误差 偶然误差也称随机误差，是由某些难以控制且无法避免的偶然因素造成的。例如，测定过程中，由于环境温度、湿度、电压、污染情况等变化引起试样质量、组成、仪器性能等微小变化；分析人员对各份试样处理时的微小差别等。由于偶然误差是由一些不确定的偶然因素造成的，其大小或正负都不是固定的，因此无法测量，也不能加以校正，所以偶然误差也称为不可测误差。偶然误差的产生难以找到确切的原因，似乎没有规律性，但是当测定次数足够多时，从整体上看是服从统计分布规律的，因此可以用数理统计的方法来处理偶然误差。

除以上两类误差外，还有一种误差被称为过失误差，这种误差是由于操作不正确、粗心大意而造成的。例如，加错试剂、读错数据、加错指示剂、计算出错等，都可能引起较大的误差。有较大误差的数值在找出原因后应弃去不用。绝不允许把过失误差当作偶然误差。只要工作认真、操作正确，过失误差是完全可以避免的。

4.2.1.2 误差的减免方法

要提高分析结果的准确度，必须考虑在分析工作中可能产生的各种误差，采取有效的措施将这些误差减小到最小。

(1) 选择合适的分析方法 各种分析方法的准确度是不相同的。化学分析法对高含量组分的测定，能获得准确和较满意的结果，相对误差一般在千分之几。而对低含量组分的测定，化学分析法就达不到这个要求。仪器分析法，虽然误差较大，但灵敏度高，可以测出低含量组分。在选择分析方法时，主要根据组分含量及对准确度的要求，在可能的条件下选择最佳的分析方式。

(2) 减小测量误差 测量时不可避免地会有误差存在，但是如果对测量对象的量进行合理选择，则会减小测量误差，提高分析结果的准确度。例如，万分之一分析天平的一次称量误差为±0.0001g，无论直接称量还是减量称量，都要读两次平衡点，则两次称量可能引入的最大误差为±0.0002g，为了使称量的相对误差小于±0.1%，试样的质量就不能低于0.2g。

在滴定分析中，一般滴定管读数误差为±0.01mL，在一次滴定中需要读数两次，因此可能造成的最大误差为±0.02mL。所以，为了使滴定分析的相对误差小于±0.1%，消耗滴定剂的体积必须在20mL以上，最好控制在30mL左右，以减小测量误差。

(3) 消除系统误差

① 系统误差的检验 为了检查测定过程或分析方法是否存在系统误差，做对照试验是最有效的方法。对照试验有以下三种。

a. 标准品对照。用选定的方法对组成与待测试样相近的标准品进行测定，将所得结果与标准值进行对照，确定是否存在系统误差。

b. 标准方法对照。用标准方法和所选方法测定同一试样，由测定结果作 F 检验和 t 检验判断是否存在系统误差。

c. 回收试验。对于不太清楚的试样，常采用回收试验法。这种方法是取等量试样两份，向其中一份加入已知量的待测组分，对两份试样进行平行测定，根据两份试样测定结果，计算加入待测组分的回收率，若回收率接近100%，说明系统误差越小。

若对照试验或统计检验说明有系统误差存在，则应设法找出产生系统误差的原因，并加以消除，通常可采用以下方法。

② 空白试验 为了检查试验用水、试剂是否有杂质，所用器皿是否被沾污等造成的系统误差，可以做空白试验。所谓空白试验就是在不加试样的情况下，按照与试样分析同样的步骤和条件进行的测定，试验得到的结果称为空白值。从试样分析结果中扣除空白值即可消除试剂、蒸馏水和试验器皿带进杂质所引起的误差，得到比较可靠的结果。

③ 校准仪器 校准仪器可以减小或消除由于仪器不准确引起的系统误差。例如对砝码、移液管、滴定管、容量瓶进行校正。一般情况下，在同一分析实验中多次平行测定时使用同一套仪器。

(4) 减小偶然误差 偶然误差常因一些偶然因素引起，如温度、湿度、气压微小变化等。通常采用增加平行测定次数，取算术平均值的方法予以消除，因此增加平行测定次数可以减小偶然误差，但测定次数过多意义不大，在一般的分析工作中平行测定3～5次即可。

4.2.2 测量值准确度与精密度

4.2.2.1 准确度和误差

准确度表示测量值与真实值彼此相接近的程度。测量值与真实值之间的差值叫做误差。通常以误差大小来衡量分析结果的准确度。测量值与"真实值"越接近,测量误差越小,测量的准确度越高。反之,测量值与"真实值"相差越大,测量误差越大,测量的准确度越低。

误差分为绝对误差和相对误差。

(1) 绝对误差(E) 绝对误差是测量值与"真实值"之差。数学表达式为

$$E = x - \mu \tag{4-1}$$

式中 E——个别测定的绝对误差;
x——个别测定值;
μ——真实值。

(2) 相对误差(E_r) 相对误差是指绝对误差(E)在真实值中所占的百分比。数学表达式为

$$E_r = (x - \mu)/\mu \times 100\% \tag{4-2}$$

由于测定值可能大于真实值,也可能小于真实值,所以绝对误差和相对误差都有正、负之分。

在分析工作中,用相对误差衡量分析结果的优劣,比绝对误差更常用,更具有实践意义。

例 4-1 若测定值为 57.30,真实值为 57.34,求绝对误差和相对误差。

解 绝对误差$(E) = x - \mu = 57.30 - 57.34 = -0.04$

相对误差$(E_r) = E/\mu \times 100\% = -0.04/57.34 \times 100\% = -0.07\%$

例 4-2 若测定值为 80.35,真实值为 80.39,求绝对误差和相对误差。

解 绝对误差$(E) = x - \mu = 80.35 - 80.39 = -0.04$

相对误差$(E_r) = E/\mu \times 100\% = -0.04/80.39 \times 100\% = -0.05\%$

从例 4-1、例 4-2 显示的结果可以看出,两次测定的绝对误差是相同的,但它们的相对误差却相差较大。相对误差能够反映绝对误差在真实值中所占的比率,这对于比较各种情况下测定结果的准确度更有现实意义。

对于多次测量的数值,其误差可按下式计算:

$$绝对误差(E) = 平均值(\overline{x}) - 真实值(\mu)$$

$$相对误差(E_r) = [平均值(\overline{x}) - 真实值(\mu)]/真实值(\mu) \times 100\%$$

4.2.2.2 精密度和偏差

精密度是指在相同条件下,多次平行测定结果彼此相符合的程度。精密度用偏差来表示。偏差大,表示测定结果的精密度低;偏差小,表示测定结果的精密度高。

偏差分为绝对偏差、相对偏差、平均偏差、相对平均偏差、标准偏差和相对标准偏差。

(1) 绝对偏差(d_i) 绝对偏差是单个测量值(或单次测量值)与平均值之差。数学表达式为

$$d_i = x_i - \bar{x} \tag{4-3}$$

式中 d_i——单次测量值的绝对偏差；

x_i——个别测量值；

$\bar{x}$——平均值；

$i = 1, 2, 3, \cdots, n$，表示测量的次数。

(2) 相对偏差 (d_r) 相对偏差是单次测量值的绝对偏差在平均值中所占的百分比。数学表达式为

$$d_r = (x_i - \bar{x})/\bar{x} \times 100\% \tag{4-4}$$

绝对偏差和相对偏差只能表示相应的单次测量值与平均值偏离的程度，不能表示一组测量值中各测量值之间的分散程度，即不能表示精密度。为了度量测量结果的精密度，通常用平均偏差表示。

(3) 平均偏差 ($\bar{d}$) 平均偏差是各个绝对偏差绝对值的平均值。

$$\bar{d} = \frac{\sum_{i=1}^{n} |x_i - \bar{x}|}{n} \tag{4-5}$$

(4) 相对平均偏差 ($\bar{d}_r$) 相对平均偏差表示平均偏差在测量平均值中所占的百分比，以 $\bar{d}_r$ 表示，数学表达式为

$$\bar{d}_r = \bar{d}/\bar{x} \times 100\% \tag{4-6}$$

平均偏差是以算术平均值的方式统计了各测量值的误差，因此，在一定程度上反映了一组测量值的精密度。

(5) 标准偏差 (S) 标准偏差是各单次绝对偏差的平方和与测定次数减 1 的比值的开方。

$$S = \sqrt{\frac{\sum_{i=1}^{n} (x_i - \bar{x})^2}{n-1}} \tag{4-7}$$

(6) 相对标准偏差 (RSD) 相对标准偏差是标准偏差在平均值中所占的百分比，也称为变异系数。

$$\text{RSD} = S/\bar{x} \times 100\% \tag{4-8}$$

例 4-3 测定某铜合金中铜的百分含量，五次测定值分别为 72.32%、72.30%、72.25%、72.22%、72.21%，求其平均偏差和相对平均偏差。

解 将计算过程数据列表如表 4-2 所示。

表 4-2 计算数据

测量值/%	72.32	72.30	72.25	72.22	72.21
平均值 $\bar{x}$/%	72.26				
绝对偏差 d_i/%	+0.06	+0.04	−0.01	−0.04	−0.05

所以，平均偏差为

$$\bar{d} = (0.06 + 0.04 + 0.01 + 0.04 + 0.05)/5\% = 0.04\%$$

相对平均偏差

$$\bar{d}_r = 0.04\%/72.26\% \times 100\% = 0.06\%$$

4.2.2.3 精密度和准确度的关系

精密度是指多次测量值之间相互符合的程度,它是由偶然误差所决定的;准确度是指测量值与真实值之间相互接近的程度,它是由系统误差所决定的。两者的含义不同,不可混淆,但相互有一定的联系,如图4-1所示。

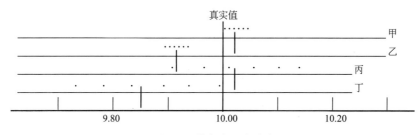

图 4-1 精密度和准确度

由图4-1可以看出,甲测量结果的精密度和准确度都好;乙的精密度好、准确度不好;丙的精密度不好、准确度好;丁的精密度、准确度都不好。

由此可得出结论:准确度高一定要精密度高,精密度不高就不可能有良好的准确度。精密度是保证准确度的先决条件。但有时精密度不好,准确度可能很高,对于这样的结果只能认为是巧合,不能信赖。精密度高不等于准确度高,因为可能存在系统误差。对于一个好的分析结果,既要求精密度高,又要求准确度高。

4.2.3 有效数字与分析数据处理

4.2.3.1 有效数字及其运算规则

在定量分析中,为了获得准确的分析结果,不仅要准确地进行测量,而且还要正确地记录和计算。分析结果所表达的不仅是试样中待测组分的含量,同时反映了测量的准确程度。因此在实验数据的记录和结果的计算中,保留几位数字并不是任意的,要根据测量仪器、分析方法的准确度来决定,这就涉及有效数字的概念及其运算规则问题。

(1) 有效数字及其位数 有效数字是指在测量工作中实际能测到的,并且有实际意义的数字。其包括所有的准确数字和最后一位可疑数字。

有效数字保留的位数,应根据分析方法与仪器的准确度来决定,一般使测得的数值中只有最后一位是可疑的。例如,在分析天平上称取样品0.5000g,这不仅表明样品的质量是0.5000g,还表示称量的误差在±0.0002g以内。如将其质量记录成0.50g,则表示该样品是在台秤上称量的,其称量误差为±0.02g。因此,记录数据的位数不能随意增加或减少。如在上面例子中,在分析天平上,测得称量瓶的质量为10.4320g,这个记录说明有6位有效数字,最后一位是可疑的,因为分析天平只能称准到0.0001g,则称量瓶的实际质量应为(10.4320±0.0002)g。无论计量仪器如何精密,其最后一位数总是估计出来的。因此,所谓有效数字就是保留末一位不准确数字,其余数字均为准确数字。同时从上面例子也可以看出有效数字和仪器的准确程度有关,即有效数字不仅表明数量的大小,而且也反映测量的准确度。

有效数字位数的确定方法:有效数字的位数,简称有效位数,是指包括全部准确数字和一位可疑数字在内的所有数字的位数。

① 确定有效数字位数还应注意以下规则。数据中的"0"是否是有效数字，应根据其在数据中的作用来确定。若只起定位作用，则不是有效数字；若作为普通数字使用，则是有效数字。例如，称量某物质质量为 0.0518g，"5"前面的两个 0 只起定位作用，因此 0.0518 有三位有效数字；若称量值为 0.05180g，则"8"后面的"0"是有效数据，因此 0.05180 有四位有效数字。

② 改变数据单位时，不能改变有效数字的位数。例如，某物质质量为 3.4g，只有两位有效数字，若改用 mg 为单位，则应表示为 3.4×10^3 mg，而不能写成 3400mg，因为这样就容易被误解为有四位有效数字。

③ 运算中，首位数为 $\geqslant 8$ 的数字，有效数字可多计一位，例如，95.8 在运算中，可按四位有效数字对待。

④ 分析化学中还经常遇到 pH、lgK 等对数值，其有效数字位数仅取决于小数部分的数字位数。例如，pH=2.08 为两位有效数字，它是由 $c_{H^+} = 8.3 \times 10^{-3}$ mol·L^{-1} 取负对数而来，所以是 2 位而不是 3 位有效数字。

定量分析中，滴定管、移液管、容量瓶都能准确测量溶液的体积。当用 50mL 滴定管滴定时，若消耗标准溶液的体积大于 10mL，则应记录为四位有效数字，如 25.86mL；若消耗标准溶液体积小于 10mL，则应记录为三位有效数字，如 8.24mL。当用 25mL 移液管移取溶液时，应记录为 25.00mL；当用 5mL 吸量管移取 4mL 溶液时，应记录为 4.00mL。当用 250mL 容量瓶配置或稀释溶液时，应记录为 250.0mL；当用 50mL 容量瓶配置或稀释溶液时，应记录为 50.00mL。

(2) 有效数字修约的规则 在进行数据运算时，经常遇到一些有效数字的位数不同的数据，因此需要按照一定的规则，先确定各数值的位数，然后将多余的数字舍弃，这一过程叫做有效数字的修约。用修约以后的数值进行运算，不仅简化了计算，节约了时间，又可避免错误。

按照国家标准 GB/T 8170—2008《数值修约规则与极限数值的表示和判定》，采用"四舍六入五成双"规则，也称"偶数规则"。具体规定如下。

① 当被修约的那位数等于或小于 4 时，则该数和其后的数字都舍去。如要将 2.87435 修约为四位有效数字，则应为 2.874。当被修约的那位数等于或大于 6 时，则向前进 1。如要将 2.87439 修约为两位有效数字，则应为 2.9；修约为五位有效数字，则应为 2.8744。

② 当被修约的那位数字等于 5 时，若 5 后有非"0"数字，认为数字为偶数，则向前进 1。如要将 2.83054 修约为四位有效数字，则应为 2.831。

③ 当被修约的那位数等于 5 时，若 5 后边数字全部是零或没有数时，则看 5 前面一位。如为奇数，则向前进 1；如为偶数（包括"0"），则舍去。如要将 2.4350、2.0650、2.305 修约为三位有效数字，则分别为 2.44、2.06、2.30。

数字修约时应一次完成，不能多次修约。

(3) 有效数字的运算规则 进行有效数字的运算时，为了使运算结果与数字的准确度保持一致，运算过程中也要遵循相应的规则，先修约再计算。具体规则如下。

① 有效数字的加减法则 当几个数字相加或相减时，保留有效数字的位数，应以小数点后位数最少数值为准。

例如，求 0.0346+54.02345+7.86 三个数字之和。

在这三个数字中，7.86 的小数点后位数很少，只有两位，以此为准修约，按有效数字的修约和加减法则，弃去多余的位数，则应为 0.03+54.02+7.86=61.91。

② 有效数字的乘除法则 当几个数字相乘或相除时，保留有效数字的位数，应以有效

数字位数最少数值为准。

例如，求 0.0121×34.64×7.05782 的积。

在这三个数字中，0.0121 有效位数最少，只有三位，以此为准修约，按有效数字的修约和乘除法则，上式应为 0.0121×34.6×7.06＝2.96。

4.2.3.2 可疑值的取舍

在定量分析工作中，我们经常做多次重复的测定，然后求出平均值。但是多次分析的数据是否都能参加平均值的计算，这是需要判断的。如果在消除了系统误差后，所测得的数据出现显著的特大值或特小值，这样的数据是值得怀疑的。我们称这样的数据为可疑值，对可疑值应做如下判断。

① 在分析实验过程中，已然知道某测量值是操作中过失所造成的，应立即将此数据弃去。

② 如找不出可疑值出现的原因，不应随意弃去或保留，而应按照下面介绍的方法来取舍。

(1) $4\bar{d}$ 法 $4\bar{d}$ 法又名"4 乘平均偏差法"。$4\bar{d}$ 法计算步骤如例 4-4 所示。

例 4-4 实验测得一组的数据如下表所示，试判断可疑值的取舍。

测得值 x	30.18	30.56	30.23	30.35	30.32

解 从上表可知 30.56 为可疑值。

$4\bar{d}$ 法计算步骤如下。

① 求可疑值以外其余数据的平均值 $\bar{x}_{n-1}$：
$$\bar{x}_{n-1}=(30.18+30.23+30.35+30.32)/4=30.27$$

② 求可疑值以外其余数据的平均偏差 $\bar{d}_{n-1}$：
$$\bar{d}_{n-1}=(|d_1|+|d_2|+|d_3|+|d_4|)/n=(0.09+0.04+0.08+0.05)/4=0.065$$

③ 求可疑值和平均值之差的绝对值：
$$30.56-30.27=0.29$$

④ 将此差值的绝对值与 $4\bar{d}_{n-1}$ 比较，若差值的绝对值 $\geqslant 4\bar{d}_{n-1}$ 则舍弃。

本例中：$4\bar{d}_{n-1}=4\times 0.065=0.26$，而 0.29＞0.26，所以此值应舍弃。

$4\bar{d}$ 法统计处理不够严格，但比较简单，不用查表，至今仍然有人采用。

$4\bar{d}$ 法仅适用于测定 4～8 个数据的检验。

(2) Q 检验法 Q 检验法的步骤如下所示：

① 将测定数据按大小顺序排列，即 x_1，x_2，…，x_n。

② 计算可疑值与最邻近数据之差，除以最大值与最小值之差，所得商称为 Q 值。由于测得值是按顺序排列，所以可疑值可能出现在首项或末项。

若可疑值出现在首项，则
$$Q_{\text{计算}}=(x_2-x_1)/(x_n-x_1)\quad(\text{检验}\,x_1)$$

若可疑值出现在末项，则
$$Q_{\text{计算}}=(x_n-x_{n-1})/(x_n-x_1)\quad(\text{检验}\,x_n)$$

③ 查表 4-3，若计算 n 次测量的 $Q_{\text{计算}}$ 值比表中查到的 Q 值大或相等则舍弃；若小则

④ Q 检验法适用于测定次数为 3~10 次的检验。

表 4-3 Q 值表

测定次数	3	4	5	6	7	8	9	10
$Q(P=90\%)$	0.94	0.76	0.64	0.56	0.51	0.47	0.44	0.41
$Q(P=96\%)$	0.98	0.85	0.73	0.64	0.59	0.54	0.51	0.48
$Q(P=99\%)$	0.99	0.93	0.82	0.74	0.68	0.63	0.60	0.57

例 4-5 标定 NaOH 标准溶液时测得 4 个数据，0.1016mol·L^{-1}、0.1019mol·L^{-1}、0.1014mol·L^{-1}、0.1012mol·L^{-1}，试用 Q 检验法确定 0.1019mol·L^{-1} 数据是否应舍去？（置信度 90%）

解 ① 排列：0.1012，0.1014，01016，0.1019
② 计算：$Q_{计算}=(0.1019-0.1016)/(0.1019-0.1012)=0.0003/0.0007=0.43$
③ 查 Q 表，4 次测定的 Q 值=0.76　0.43<0.76
故数据 0.1019 应保留。

4.2.3.3 有效数字的运算在分析实验中的应用

(1) 正确记录数据　实验数据，不仅表明测量的数值大小，而且也表明测量仪器的精度。因此，在记录测量数据时，应根据所用仪器的精度记录所有准确数字和最后一位可疑值。如托盘天平的分度值一般为 0.1g，所称物体质量只能记录至小数点后一位，通常只能用来粗称药品或试样；工业天平的分度值一般为 0.0001g 或 0.1mg，所称物体质量只能记录至小数点后四位或五位等。

同样，对于滴定管、移液管、容量瓶等有分度值的量器和仪器，应依据其规格、最小分度值正确地使用有效数字记录测量数值，保证分析结果准确可靠。

(2) 正确选择相应的测量仪器和测量方法　在分析结果的处理中，有人认为保留数字位数越多越准确，这是错误的想法。因为所得分析结果不仅表明被测物质含量的大小，而且也表明是以怎样的准确度进行测量的。如果不适当地保留过多的数字，则夸大了准确度，不符合实际，令人难以置信。相反，如果不适当地保留过少的数字，则降低了准确度，使结果毫无意义。

(3) 正确表示实验结果　分析结果表示的一般原则：应根据需要选用的分析方法等而定。但在通常情况下，可根据被测组分的含量来定，一般标准如下。
① 对于高含量组分（≥10%）的测定，一般要求分析结果保留四位有效数字。
② 对于常量组分（1%~10%）的测定，一般要求分析结果保留三位有效数字。
③ 对于微量组分（<1%）的测定，一般要求分析结果保留两位有效数字。

4.3 滴定分析法概述

滴定分析法又称为容量分析法，是定量分析法中最常用的一种。在进行滴定分析时，一般将已知准确浓度的标准溶液滴加到被测物质的溶液中，直至所加溶液的物质的量按化学计量关系恰好反应完全，然后根据所加标准溶液的浓度和消耗的体积计算出被测物质的含量。

4.3.1 滴定分析的基本术语

(1) 标准溶液 已知准确浓度的溶液,也叫标准滴定溶液或滴定剂。

(2) 滴定 将滴定剂从滴定管逐滴加入被测物质溶液中的操作过程称为滴定。

(3) 化学计量点 当滴入的标准溶液与被测物质按化学计量关系反应完全时,即达到化学计量点。

(4) 指示剂 指示化学计量点到达而能改变颜色的辅助试剂。

(5) 滴定终点 许多滴定反应到化学计量点时无外观变化,通常是在被测溶液中加入某种指示剂,由颜色的变化来指示停止滴定。指示剂发生颜色变化的转变点称为滴定终点。

(6) 终点误差 滴定终点与化学计量点往往不一致,两者之差叫终点误差,终点误差是滴定分析误差的主要来源之一。

滴定分析法是根据化学反应进行分析的方法。这种分析方法所使用的仪器简单,操作方便、测定快速。一般情况下,相对误差一般在±0.2%,适用于被测组分含量为1%以上的常量分析。运用滴定分析法可以实现对许多无机物和有机物的快速测定。

4.3.2 滴定反应的条件与滴定方式

(1) 滴定分析法的基本条件 适用于滴定分析法的化学反应必须具备下列条件。

① 反应必须定量地完成。即反应按一定的反应式进行完全,通常要求达到99.9%以上,无副反应发生。这是定量计算的基础。

② 反应速率要快。滴定反应要求在瞬间完成,对于反应速率慢的反应,应采取适当措施提高反应速率。

③ 能准确确定滴定终点。有合适的指示剂或简便可靠的方法确定滴定终点。

④ 无副反应发生。滴定液只能与被测物质反应,被测溶液中的杂质不得干扰主要反应,否则应预先除去杂质。

(2) 滴定分析法的分类 滴定分析法根据化学反应的类型,可分为以下四类。

① 酸碱滴定法:以质子传递反应为基础的分析方法。

② 配位滴定法:以配位反应为基础的分析方法。

③ 沉淀滴定法:以沉淀反应为基础的分析方法。

④ 氧化还原滴定法:以氧化还原反应为基础的分析方法。

(3) 滴定方式

① 直接滴定法 用标准溶液直接滴定被测物质。凡是能满足滴定分析要求的化学反应都可用直接滴定法。对不符合条件的化学反应,可根据情况采用下列滴定方式。

② 返滴定法(回滴法) 当反应速率较慢或被测物质是固体时,可先加入一种过量的标准溶液于被测物质中,待其反应完全后,再用另一种标准溶液滴定剩余的标准溶液。这种滴定方式叫返滴定法。

例如,在测定石灰石的质量分数时,在样品中加入过量的HCl标准溶液,当HCl和$CaCO_3$充分反应完后,再用标准NaOH溶液返滴定剩余的HCl来计算石灰石中$CaCO_3$的质量分数。滴定过程中的反应如下:

$$2HCl + CaCO_3 == CaCl_2 + CO_2\uparrow + H_2O$$

$$HCl + NaOH == NaCl + H_2O$$

有的反应，如在酸性溶液中用 $AgNO_3$ 滴定 Cl^- 时，缺乏合适的指示剂，即可选用返滴定法。可先加入一定量的过量 $AgNO_3$ 标准溶液，使 Cl^- 沉淀完全，再用 Fe^{3+} 作为指示剂，用 NH_4SCN 标准溶液返滴定剩余的 $AgNO_3$，出现淡红色即为终点。

$$Cl^- + AgNO_3 = AgCl\downarrow + NO_3^-$$
$$NH_4SCN + AgNO_3 = AgSCN\downarrow + NH_4NO_3$$

③ **置换滴定法** 滴定反应不按一定的反应式进行，或伴有副反应，不能直接滴定被测物质，可用置换滴定法。首先用适当的试剂与被测物质反应，置换出一定量能被滴定的物质，然后用滴定剂进行滴定。例如，用碘量法测定 $K_2Cr_2O_7$ 时，不能用硫代硫酸钠直接滴定 $K_2Cr_2O_7$，因为 $K_2Cr_2O_7$ 不仅将 $S_2O_3^{2-}$ 氧化成 $S_4O_6^{2-}$，还会部分氧化成 SO_4^{2-}。在酸性 $K_2Cr_2O_7$ 溶液中加入过量的 KI，使其置换出单质 I_2，再用标准 $Na_2S_2O_3$ 滴定定量置换出来的 I_2，从而计算 $K_2Cr_2O_7$ 的含量。

$$Cr_2O_7^{2-} + 6I^- + 14H^+ = 2Cr^{3+} + 3I_2 + 7H_2O$$
$$I_2 + 2S_2O_3^{2-} = 2I^- + S_4O_6^{2-}$$

④ **间接滴定法** 不能与滴定剂直接反应的物质，可以用间接滴定法。如 $KMnO_4$ 不能与 Ca^{2+} 直接反应，但可用草酸钠将 Ca^{2+} 沉淀为草酸钙，沉淀经过滤、洗涤后用 H_2SO_4 溶解，再用 $KMnO_4$ 标准溶液滴定与 Ca^{2+} 结合的 $C_2O_4^{2-}$，从而间接测定 Ca^{2+} 含量。

$$Ca^{2+} + C_2O_4^{2-} = CaC_2O_4\downarrow$$
$$CaC_2O_4 + 2H^+ = Ca^{2+} + H_2C_2O_4$$
$$5H_2C_2O_4 + 2MnO_4^- + 6H^+ = 2Mn^{2+} + 10CO_2\uparrow + 8H_2O$$

4.3.3 标准溶液的配制与标定

滴定分析中必须使用标准溶液，最后要通过标准溶液的浓度和用量来计算被测组分的含量。因此，正确地配制标准溶液，准确地标定标准溶液的浓度以及妥善地保存标准溶液，对于提高滴定分析的准确度有重大意义。

硝酸银标准溶液的配制与标定

4.3.3.1 基准物质的概念

符合下列条件的物质称为基准物质。

物质纯度高于 99.9%；实际组成与化学式完全相符；性质稳定，在烘干、放置和称量的过程中不发生变化（即不吸潮、不风化、不和空气中的 O_2 或 CO_2 反应等）；具有较大的摩尔质量。

在分析中，基准物质常用于直接配制标准溶液或用来标定标准溶液的准确浓度。常用的基准物质有无水碳酸钠 Na_2CO_3、硼砂 $Na_2B_4O_7 \cdot 10H_2O$、邻苯二甲酸氢钾 $KHC_8H_4O_4$、草酸 $H_2C_2O_4$，还有纯金属如 Zn、Cu 等。

4.3.3.2 标准溶液的配制和标定

(1) 直接法 对于符合基准物质条件的试剂，其标准溶液可采用直接法来配制。即准确称量一定质量的该物质，溶解后定量转移到某一体积的容量瓶中，加蒸馏水稀释至刻度，充分摇匀。根据其质量和体积就可计算出该标准溶液的准确浓度。例如 $K_2Cr_2O_7$、NaCl 等可用此法配制。

(2) 间接法 对于不符合基准物质条件的试剂，其标准溶液需要采用间接法来配制。即先配制近似浓度的溶液，其准确浓度用基准物质或另一种标准溶液来测定。确定标准溶液准确浓度的操作，称为标定。例如 HCl、NaOH、$KMnO_4$ 等标准溶液均用此法配制。

如欲配制 1000mL 0.1mol·L^{-1} 的 NaOH 溶液，先粗略称取 4g NaOH，溶于 1000mL 蒸馏水中，摇匀。然后用该溶液滴定一定质量的邻苯二甲酸氢钾（精确称量），指示剂变色时停止滴定，根据 NaOH 的用量和邻苯二甲酸氢钾的质量，即可算出 NaOH 溶液的准确浓度。

例 4-6 用 0.1625g 无水 Na_2CO_3 标定 HCl 溶液浓度，以甲基橙为指示剂，到达化学计量点时，消耗 HCl 溶液 25.18mL，求 HCl 溶液的浓度为多少？

解 因为 $n_{HCl} : n_{Na_2CO_3} = 2 : 1$

所以 $c_{HCl} V_{HCl} = 2 \times n_{Na_2CO_3} = 2 \times m_{Na_2CO_3} / M_{Na_2CO_3}$

$c_{HCl} = (2 \times 0.1625 \times 1000)/(25.18 \times 106.0) = 0.1218 (mol·L^{-1})$

例 4-7 用容量瓶配制 0.1000mol·L^{-1} $K_2Cr_2O_7$ 标准溶液 500.0mL，问应称取基准物质 $K_2Cr_2O_7$ 多少？

解 已知 $M_{K_2Cr_2O_7} = 294.2 g·mol^{-1}$

$m_B = n_B M_B = c_B V M_B$

$m = c_{K_2Cr_2O_7} V M_{K_2Cr_2O_7}$

$= 0.1000 \times 0.5000 \times 294.2$

$= 14.71 (g)$

复习思考题

1. 简述定量分析的主要过程。
2. 如何采集与制备分析试样？应注意哪些问题？
3. 分析结果的表示方法主要有哪几种？分别有什么优点？
4. 滴定分析对化学反应的要求是什么？
5. 滴定方式主要有哪几种？分别举例说明。
6. 基准物质应具备什么条件？常用的基准物质有哪些？
7. 滴定分析过程中主要存在哪些误差？如何减小这些误差？
8. 指出下列数据各包括几位有效数字。
   (1) 0.0376　　(2) 0.003080　　(3) 96.500
   (4) 0.0001　　(5) 0.01000　　(6) 0.001000
   (7) 2.6×10^{-6}　(8) 2.600×10^{-6}　(9) 1.6×10^{-2}
   (10) 2.2×10^{-9}　(11) 5.2×10^{-5}　(12) 4.80×10^{-10}
9. 将下列数字修约为四位有效数字。
   53.624　　0.67777　　3.426×10^{-7}　　3000.24
10. 将下列数字修约为小数点后三位。
    3.14159　　2.71729　　4.50150　　3.1550
11. 用托盘天平、工业天平（千分之一）、分析天平（万分之一）分别称量 1g 物质，请正确表示测量结果，并指出有效数字的位数。
12. 计算题。
    (1) 有一标准铜试样含铜 25.06%，测量所得结果为 24.87%、24.93%、24.69%，计算分析结果的平均值、绝对误差、相对误差。
    (2) 甲乙两位化验员，测定同一样品中的铁含量，得到如下数据。
    甲：20.48%　　20.55%　　20.58%　　20.60%　　20.53%　　20.50%
    乙：20.44%　　20.64%　　20.56%　　20.70%　　20.38%　　20.32%

如果铁的标准值为 20.45%，分别计算他们的绝对误差、相对误差。比较他们的平均偏差、相对平均偏差和准确度、精密度。哪一个报告比较可靠？

(3) 微量分析天平可准确至 0.001mg，要使称量误差不大于 1%，问至少要称取多少试样？

(4) 下列报告是否合理？为什么？

① 称取 0.50g 试样，经分析后所得结果为 36.68%。

② 称取 4.9030g $K_2Cr_2O_7$，用容量瓶配制成 1L 溶液，其浓度为 $0.1mol \cdot L^{-1}$。

(5) 测定某样品中 CaO 的质量分数，六次平行测定结果为：20.48%、20.55%、20.58%、20.60%、20.53%、20.50%。

① 计算平均值、平均偏差、标准偏差、相对标准偏差。

② 若此样品为标准样品，其 CaO 的质量分数为 20.45%，计算以上结果的绝对误差和相对误差。

(6) 已知铁矿石标样中 Fe_2O_3 的含量为 50.36%，现由甲、乙、丙三位化验员同时测定此铁矿石标样中 Fe_2O_3 的含量，各测四次，测定结果如下。

甲：50.20%　　50.20%　　50.18%　　50.17%
乙：50.40%　　50.30%　　50.20%　　50.10%
丙：50.36%　　50.35%　　50.34%　　50.33%

试比较甲、乙、丙三位化验员的分析结果，并利用所学理论分析他们在实验中存在的突出问题是什么？

第 5 章
酸碱滴定法

【学习指南】

了解酸碱指示剂的变色原理、变色范围、选择原则；理解酸碱滴定法的原理及直接准确滴定的判断，理解滴定 pH 突跃范围及其影响因素；了解多元酸（碱）分步、分别滴定条件；掌握酸碱滴定法的应用。

【阅读材料】

用酸碱理论知识来学做手工皂。

快来一起做手工皂

5.1 酸碱指示剂

酸碱滴定过程中，滴定反应一般不发生任何外观的变化，常需借助指示剂的颜色改变来判断滴定的终点。酸碱滴定中加入的指示剂叫做酸碱指示剂。在一定的pH范围内酸碱指示剂发生颜色的变化。

5.1.1 酸碱指示剂的变色原理

酸碱指示剂本身为弱的有机酸（或碱），以HIn表示弱酸型指示剂，则其离解平衡为

$$HIn \rightleftharpoons H^+ + In^-$$

指示剂分子HIn与阴离子In⁻两者颜色不同，HIn与In⁻的颜色分别为指示剂的酸式色和碱式色。当溶液pH改变时，指示剂得到质子由碱式转变为酸式，或者失去质子由酸式转变为碱式，由于结构的改变，引起颜色发生变化。

例如，酚酞在水溶液中存在以下平衡：

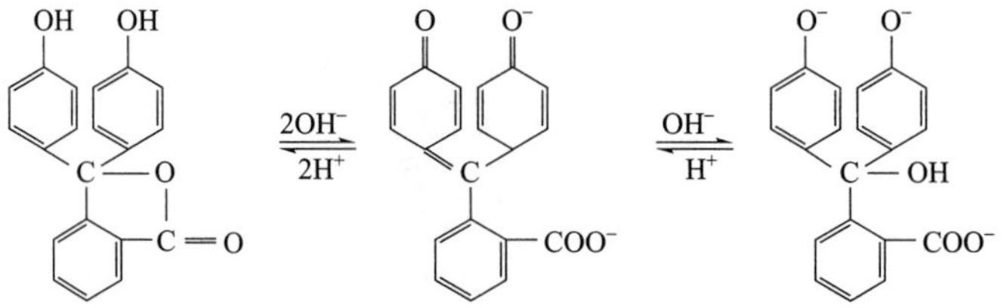

$$\text{无色(内酯式)} \xrightleftharpoons[2H^+]{2OH^-} \text{红色(醌式)} \xrightleftharpoons[H^+]{OH^-} \text{无色(羧酸盐式)}$$

由平衡关系可以看出，在酸性条件下，酚酞以无色的分子形式存在，是内酯结构；在碱性条件下，转化为醌式结构的阴离子，显红色；当碱性更强时，则形成无色的羧酸盐式。

例如，甲基橙在水溶液中存在以下平衡：

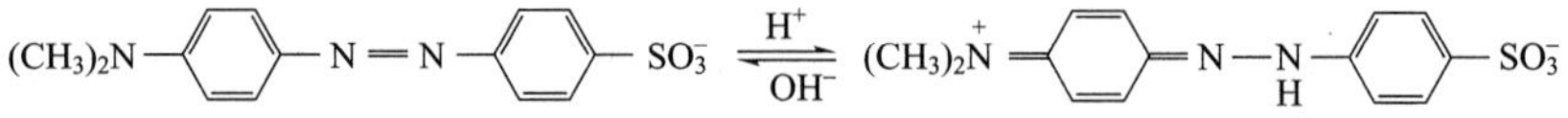

$$\text{黄色(碱式色)} \xrightleftharpoons[OH^-]{H^+} \text{红色(酸式色)}$$

由平衡关系可以看出，增大溶液的酸度，甲基橙主要以醌式结构的离子形式存在，溶液呈红色；降低酸度，则主要以偶氮式结构存在，溶液呈黄色。

5.1.2 酸碱指示剂的变色范围及影响其变色范围的因素

5.1.2.1 变色范围

指示剂颜色的改变源于溶液pH的变化，但并不是溶液的pH任意改变或稍有变化都能引起指示剂颜色的明显变化，指示剂的变色是在一定的pH范围内进行的。

以HIn表示指示剂的酸式，In⁻表示指示剂的碱式，它们在水溶液中存在下列离解平衡：

$$HIn \rightleftharpoons H^+ + In^-$$

$$K_{HIn} = \frac{c_{H^+} c_{In^-}}{c_{HIn}} \tag{5-1}$$

$$\frac{c_{In^-}}{c_{HIn}} = \frac{K_{HIn}}{c_{H^+}}$$

式中 K_{HIn}——指示剂的离解常数。

指示剂所呈的颜色由 $\frac{c_{In^-}}{c_{HIn}}$ 决定。一定温度下，K_{HIn} 为常数，则 $\frac{c_{In^-}}{c_{HIn}}$ 的变化取决于溶液 H^+ 的浓度。当 c_{H^+} 发生改变时，$\frac{c_{In^-}}{c_{HIn}}$ 也发生改变，溶液的颜色也逐渐改变。我们肉眼辨别颜色的能力有限，当 $\frac{c_{In^-}}{c_{HIn}} < \frac{1}{10}$ 时，仅能看到指示剂酸式色；当 $\frac{c_{In^-}}{c_{HIn}} > 10$ 时，仅能看到指示剂碱式色；而当 $\frac{1}{10} < \frac{c_{In^-}}{c_{HIn}} < 10$ 时，看到酸式色和碱式色的混合色。

因此
$$pH = pK_{HIn} \pm 1 \tag{5-2}$$

是指示剂变色的 pH 范围，称为指示剂变色范围。不同的指示剂，其 pK_{HIn} 不同，所以其变色范围也不相同。

当 $pH = pK_{HIn}$ 时，此 pH 称为指示剂的理论变色点。

实测的各种指示剂的变色范围并不都是 2 个 pH 单位（表 5-1）。这是因为指示剂的实际变色范围不是根据 pK_{HIn} 计算出来的，而是依靠肉眼观察出来的，肉眼对各种颜色的敏感程度不同，加上指示剂的两种颜色之间相互掩盖，导致实测值与理论值有一定差异。

5.1.2.2 影响变色范围的因素

影响指示剂变色范围的因素有两个方面：一是对指示剂离解常数 K_{HIn} 的数值的影响；二是对变色范围宽度的影响。

(1) 温度 指示剂 K_{HIn} 在一定温度下为一常数，当温度改变时，K_{HIn} 也改变，则指示剂的变色点和变色范围也随之改变。

(2) 溶剂 在不同的溶剂中，pK_{HIn} 各不相同。如甲基橙在水溶液中 $pK_{HIn} = 3.4$，而在甲醇溶液中 $pK_{HIn} = 3.8$，所以溶剂也影响指示剂的变色范围。

(3) 盐类 由于盐类具有吸收不同波长光的性质，所以影响指示剂颜色的深度，从而也影响指示剂变色的敏锐性。另外，盐类对指示剂的离解常数也有影响，使指示剂的变色范围发生移动。

(4) 指示剂的用量 指示剂用量过多（或浓度过高）会使终点颜色变化不明显，同时它本身也会多消耗标准酸溶液或标准碱溶液而带来误差。一般在不影响指示剂变色灵敏度的条件下，用量少一点为佳。指示剂浓度过大，对双色指示剂，会使终点颜色不易判断；对单色指示剂，会改变它的变色范围。例如，在 50～100mL 溶液中加 2～3 滴 0.1% 酚酞，于 pH=9.0 时变色（呈浅粉色）；而在相同条件下，若加 10～15 滴，则在 pH=8.0 时变色（呈浅粉色）。

(5) 滴定的顺序 在实际分析工作中，滴定顺序也会影响人眼对滴定终点颜色观察的敏锐性。指示剂由无色变红色，或由黄色变橙色，比由红色变无色或橙色变黄色易于辨别。因此强碱滴定强酸时，用酚酞做指示剂比用甲基橙好；而强酸滴定强碱时，应选用甲基橙作指示剂。

5.1.3 常用酸碱指示剂

5.1.3.1 几种常用指示剂

几种常用酸碱指示剂如表 5-1 所示。

表 5-1 几种常用酸碱指示剂

名称	变色(pH)范围	颜色变化	配制方法
0.1%百里酚蓝	1.2~2.8	红~黄	0.1g 百里酚蓝溶于 20mL 乙醇中,加水至 100mL
0.1%甲基橙	3.1~4.4	红~黄	0.1g 甲基橙溶于 100mL 热水中
0.1%溴酚蓝	3.0~4.6	黄~紫蓝	0.1g 溴酚蓝溶于 20mL 乙醇中,加水至 100mL
0.1%溴甲酚绿	4.0~5.4	黄~蓝	0.1g 溴甲酚绿溶于 20mL 乙醇中,加水至 100mL
0.1%甲基红	4.8~6.2	红~黄	0.1g 甲基红溶于 60mL 乙醇中,加水至 100mL
0.1%溴百里酚蓝	6.0~7.6	黄~蓝	0.1g 溴百里酚蓝溶于 20mL 乙醇中,加水至 100mL
0.1%中性红	6.8~8.0	红~黄橙	0.1g 中性红溶于 60mL 乙醇中,加水至 100mL
0.2%酚酞	8.0~9.6	无~红	0.2g 酚酞溶于 90mL 乙醇中,加水至 100mL
0.1%百里酚蓝	8.0~9.6	黄~蓝	0.1g 百里酚蓝溶于 20mL 乙醇中,加水至 100mL
0.1%百里酚酞	9.4~10.6	无~蓝	0.1g 百里酚酞溶于 90mL 乙醇中,加水至 100mL
0.1%茜素黄	10.1~12.1	黄~紫	0.1g 茜素黄溶于 100mL 水中

5.1.3.2 混合指示剂

指示剂的变色范围越窄越好,这样在到达化学计量点时,pH 稍有变化,指示剂可立即由一种颜色变到另一种颜色,滴定误差较小。有的酸碱滴定,pH 突跃范围较窄,单一指示剂判断终点误差较大,需要用混合指示剂。混合指示剂是利用颜色之间的互补作用,使指示剂具有变色范围窄、变色敏锐的特点。

几种常见的混合指示剂如表 5-2 所示。

表 5-2 几种常见的混合指示剂

指示剂溶液的组成	变色时 pH	颜色		备注
		酸式色	碱式色	
1 份 0.1%甲基黄乙醇溶液 1 份 0.1%亚甲基蓝乙醇溶液	3.25	蓝紫	绿	pH3.2 蓝紫色,pH3.4 绿色
1 份 0.1%甲基橙水溶液 1 份 0.25%靛蓝二磺酸钠水溶液	4.1	紫	黄绿	pH3.5 黄色,4.05 绿色,4.8 浅绿色
1 份 0.1%溴甲酚氯钠盐水溶液 1 份 0.02%甲基橙水溶液	4.3	橙	蓝绿	
3 份 0.1%溴甲酚氯乙醇溶液 1 份 0.2%甲基红乙醇溶液	5.1	酒红	绿	
1 份 0.1%溴甲酚氯钠盐水溶液 1 份 0.1%氯酚红钠盐水溶液	6.1	黄绿	蓝紫	pH5.4 蓝绿色,5.8 蓝色,6.0 蓝带紫
1 份 0.1%中性红乙醇溶液 1 份 0.1%亚甲基蓝乙醇溶液	7.0	蓝紫	绿	pH7.0 蓝紫色
1 份 0.1%甲酚红钠盐水溶液 3 份 0.1%百里酚蓝钠盐水溶液	8.3	黄	紫	pH8.2 玫瑰红,pH8.4 清晰的紫色
1 份 0.1%百里酚蓝 50%乙醇溶液 3 份 0.1%酚酞 50%乙醇溶液	9.0	黄	紫	从黄到绿再到紫

5.2 酸碱滴定法的基本原理

酸碱滴定法是以酸碱中和反应为基础的滴定分析法。凡能与酸碱直接或间接发生中和反应的物质，几乎均可采用此法进行测定，故酸碱滴定法是滴定分析中的重要方法之一。

5.2.1 一元酸碱滴定曲线和指示剂的选择

酸碱滴定终点是靠指示剂的颜色变化来确定的，如何选择适宜的指示剂，不仅要了解指示剂的变色范围，还需要弄清在滴定过程中，溶液 pH 的变化情况，尤其接近化学计量点前后，溶液 pH 的变化。滴定曲线就是描述滴定过程中溶液 pH 变化的 pH-V 曲线，它是选择指示剂的依据之一。由于酸碱滴定类型不同，其滴定曲线形状也不同，而指示剂选择也各有差异。

5.2.1.1 强碱（酸）滴定强酸（碱）

强酸、强碱在水溶液中几乎完全离解，酸以 H^+ 形式存在，碱以 OH^- 形式存在。这类滴定的基本反应为

$$H^+ + OH^- \Longrightarrow H_2O$$

以 $c_{NaOH}=0.1000\ mol\cdot L^{-1}$ 氢氧化钠标准溶液滴定 $20.00\ mL\ c_{HCl}=0.1000\ mol\cdot L^{-1}$ 盐酸标准溶液为例，研究滴定过程中溶液 pH 的变化。

(1) 滴定开始前 溶液的 pH 取决于 HCl 的原始浓度

$$c_{H^+}=c_{HCl}=0.1000\ mol\cdot L^{-1}$$
$$pH=1.00$$

(2) 滴定开始至化学计量点前 溶液由剩余 HCl 和作用产物 NaCl 组成，溶液的 pH 取决于剩余 HCl 的浓度。此时，H^+ 的浓度按下式计算：

$$c_{H^+}=c_{HCl(剩余)}=\frac{c_{HCl}V_{HCl(剩余)}}{V_{(总体积)}}$$

由于 $c_{HCl}=c_{NaOH}$，所以

$$c_{H^+}=\frac{c_{HCl}(V_{HCl}-V_{NaOH})}{V_{HCl}+V_{NaOH}}$$

当滴入 $V_{NaOH}=18.00\ mL$ 时，代入上式得

$$c_{H^+}=0.1000\times\frac{20.00-18.00}{20.00+18.00}=5.26\times10^{-3}(mol\cdot L^{-1})$$
$$pH=2.28$$

以同样方式计算出：滴入 19.80mL、19.98mL 氢氧化钠标准溶液时，溶液 pH 分别为 3.30、4.30。

(3) 化学计量点时 酸碱作用完全，溶液组成为 NaCl，此时 H^+ 来自水的质子自递反应。

$$c_{H^+}=\sqrt{K_w}=\sqrt{1.0\times10^{-14}}=1.0\times10^{-7}(mol\cdot L^{-1})$$
$$pH=7.00$$

(4) 化学计量点后 滴入的 NaOH 标准溶液过量，溶液的 pH 取决于过量 NaOH 浓度。

$$c_{OH^-} = \frac{c_{NaOH}V_{NaOH} - c_{HCl}V_{HCl}}{V_{HCl} + V_{NaOH}}$$

由于 $c_{HCl} = c_{NaOH}$,所以

$$c_{OH^-} = \frac{c_{NaOH}(V_{NaOH} - V_{HCl})}{V_{HCl} + V_{NaOH}}$$

当滴入 $V_{NaOH} = 20.02$ mL 时,代入上式得

$$c_{OH^-} = 0.1000 \times \frac{20.02 - 20.00}{20.02 + 20.00}$$
$$= 5.0 \times 10^{-5} \text{ (mol·L}^{-1}\text{)}$$
$$pOH = 4.30, \quad pH = 9.70$$

以同样方式计算出:滴入 20.20mL、22.00mL、40.00mL 氢氧化钠标准溶液时,溶液 pH 分别为 10.70、11.68、12.50。如此逐一计算,结果列于表 5-3。以 NaOH 溶液加入体积为横坐标,以溶液 pH 为纵坐标作图,绘制出 pH-V 曲线图,即为强碱滴定强酸的滴定曲线,如图 5-1 所示。

表 5-3 0.1000mol·L^{-1}NaOH 溶液滴定 20.00mL 0.1000mol·L^{-1}HCl 溶液的 pH 变化

NaOH 加入量		剩余 HCl 体积 /mL	过量 NaOH 体积 /mL	pH
mL	%			
0.00	0.00	20.00		1.00
18.00	90.00	2.00		2.28
19.80	99.00	0.20		3.30
19.98	99.90	0.02		4.30(突跃范围)
20.00	100.00	0.00		7.00(突跃范围)
20.02	100.1		0.02	9.70(突跃范围)
20.20	101.0		0.20	10.70
22.00	110.0		2.00	11.68
40.00	200.0		20.00	12.50

由表 5-3 和图 5-1 看出,整个滴定过程中溶液的 pH 变化是不均匀的,刚开始滴定时,溶液 pH 升高缓慢,因有较多的 HCl 存在。滴定接近化学计量点时,随着溶液中酸含量的变小,pH 变化加快,加入少量 NaOH 标准溶液会引起 pH 的显著改变。如加入 NaOH 溶液从 19.98~20.02mL,即在化学计量点前后仅差 0.04mL(约 1 滴),pH 却从 4.30 骤然升到 9.70,变化了 5.40 个 pH 单位。溶液由酸性突变为碱性,发生了由量变到质变的转折。滴定曲线出现一段近似垂直线,pH 的这种急剧突变称为滴定突跃。过化学计量点后再继续滴加 NaOH 标准溶液,pH 的变化又越来越小,曲线也趋于平缓,与刚开始滴定时相似。化学计量点前后相对误差±0.1%范围内溶液 pH 的变化范围,称为酸碱滴定的 pH 突跃范围。

0.1000mol·L^{-1}NaOH 溶液滴定 0.1000mol·L^{-1}HCl 溶液的 pH 突跃范围为 4.30~9.70,化学计量点时的 pH 是 7.00。这一滴定的 pH 突跃范围是选择指示剂的依据,即指示剂的变色范围应全部或部分落在滴定的突跃范围之内。根据这一原则强碱滴定强酸可选甲基橙、甲基红、酚酞作指示剂。但从指示剂变色由浅到深易观察的角度来看,选酚酞作指示剂更好一些。

如果用 HCl 标准溶液滴定 NaOH 溶液(浓度均为 0.1000mol·L^{-1}),其滴定曲线形状或方向与 NaOH 滴定 HCl 刚好相反,并且对称。滴定 pH 突跃范围为 9.70~4.30,化学计

量点 pH=7.00。可选择甲基橙、甲基红、酚酞作指示剂，以甲基红为佳。

强酸强碱滴定突跃范围的大小与酸碱溶液的浓度有关。溶液越浓，突跃范围越大，指示剂的选择也就越方便；溶液越稀，突跃范围越小，可供选择的指示剂越少。如图 5-2 所示。

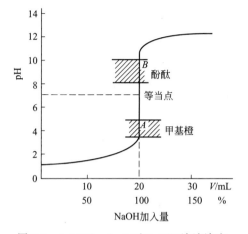

图 5-1　0.1000mol·L^{-1}NaOH 溶液滴定 20.00mL 0.1000mol·L^{-1}HCl 溶液的滴定曲线

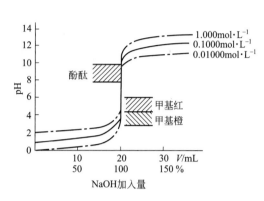

图 5-2　不同浓度 NaOH 溶液滴定不同浓度 HCl 溶液的滴定曲线

滴定中标准溶液浓度过大，试剂用量太多；浓度过小，突跃不明显，选择指示剂较困难，一般常用的标准溶液浓度在 0.01～1mol·L^{-1} 范围为好。

5.2.1.2　强碱滴定一元弱酸

一元弱酸在水溶液中存在离解平衡。强碱滴定一元弱酸的基本反应为

$$OH^- + HA \Longrightarrow H_2O + A^-$$

以 $c_{NaOH}=0.1000$mol·L^{-1} 氢氧化钠标准溶液滴定 20.00mL $c_{HAc}=0.1000$mol·L^{-1} 乙酸标准溶液为例，讨论滴定中溶液 pH 的变化情况。

滴定反应：　　　　　　$OH^- + HAc \Longrightarrow H_2O + Ac^-$

(1) 滴定前　溶液组成为 0.1000mol·L^{-1} HAc 溶液，溶液中 H$^+$ 的浓度取决于 HAc 的离解。

$$c_{H^+} = \sqrt{cK_a} = \sqrt{0.1000 \times 1.76 \times 10^{-5}} = 1.34 \times 10^{-3} (\text{mol·L}^{-1})$$

$$pH = 2.87$$

(2) 滴定开始至化学计量点前　溶液中有未反应的 HAc 和反应产生的共轭碱 Ac$^-$ 组成 HAc-Ac$^-$ 缓冲体系，溶液 pH 按下式计算：

$$pH = pK_a + \lg \frac{c_{Ac^-}}{c_{HAc}}$$

式中：

$$c_{Ac^-} = \frac{c_{NaOH} V_{NaOH}}{V_{HAc} + V_{NaOH}}$$

$$c_{HAc} = \frac{c_{HAc} V_{HAc} - c_{NaOH} V_{NaOH}}{V_{HAc} + V_{NaOH}}$$

因为 $c_{HAc} = c_{NaOH}$，所以

$$pH = pK_a + \lg \frac{V_{NaOH}}{V_{HAc} - V_{NaOH}}$$

当滴入 $V_{NaOH}=18.00\text{mL}$ 时，代入上式得

$$pH=4.74+\lg\frac{18.00}{20.00-18.00}=5.70$$

以同样方法计算出：滴入 19.80mL、19.98mL 氢氧化钠标准溶液时，溶液 pH 分别为 6.74、7.74。

(3) 化学计量点时 即加入 NaOH 体积为 20.00mL，HAc 全部作用生成共轭碱 Ac^-，其浓度 $c_{Ac^-}=0.05000\text{mol}\cdot L^{-1}$。$Ac^-$ 为质子碱，所以计算 Ac^- 离解出的 OH^- 浓度为：

$$c_{OH^-}=\sqrt{cK_b}=\sqrt{\frac{cK_w}{K_a}}=\sqrt{\frac{0.05000\times10^{-14}}{1.76\times10^{-5}}}=5.3\times10^{-6}(\text{mol}\cdot L^{-1})$$

$$pOH=5.28,\ pH=8.72$$

(4) 化学计量点后 溶液组成为 Ac^- 和过量的 NaOH，由于 NaOH 抑制了 Ac^- 的离解，溶液的碱度由过量的 NaOH 决定，溶液的 pH 变化与强碱滴定强酸的情况相同。

$$c_{OH^-}=\frac{c_{NaOH}V_{NaOH(过量)}}{V_{(总体积)}}$$

当滴入 $V_{NaOH}=20.02\text{mL}$ 时，（过量 0.02mL），代入上式得

$$c_{OH^-}=\frac{0.1000\times0.02}{20.00+20.02}=5.0\times10^{-5}(\text{mol}\cdot L^{-1})$$

$$pOH=4.30,\ pH=9.70$$

由上述方法逐一计算滴定过程中溶液的 pH，结果列于表 5-4 中，并绘制滴定曲线，见图 5-3 中的曲线 I，该图中虚线为 $0.1000\text{mol}\cdot L^{-1}$ NaOH 滴定 20.00mL $0.1000\text{mol}\cdot L^{-1}$ HCl 的前半部分。

表 5-4　$0.1000\text{mol}\cdot L^{-1}$ NaOH 溶液滴定 20.00mL $0.1000\text{mol}\cdot L^{-1}$ HAc 溶液的 pH 变化

加入 NaOH mL	%	剩余 HAc 体积/mL	过量 NaOH 体积/mL	pH
0.00	0.00	20.00		2.87
10.00	50.00	10.00		4.74
18.00	90.00	2.00		5.70
19.80	99.00	0.20		6.74
19.98	99.90	0.02		7.74（突跃范围）
20.00	100.0	0.00		8.72（突跃范围）
20.02	100.1		0.02	9.70（突跃范围）
20.20	101.0		0.20	10.70
22.00	110.0		2.00	11.70
40.00	200.0		20.00	12.50

比较图 5-3 中曲线 I 与虚线，可以看出 NaOH 滴定 HAc 的滴定曲线有如下特点。

① 曲线的起点高　由于 HAc 是弱酸，在溶液中不能全部离解，H^+ 的浓度比同浓度的强酸低得多，所以曲线起点不在 pH=1.00 处，而在 pH=2.87 处，高出近 2 个 pH 单位。

② 刚开始滴定时 pH 升高较快　NaOH 滴定 HAc 的滴定曲线的斜率比 NaOH 滴定 HCl 的大，这是因为反应产生的 Ac^- 抑制了 HAc 的离解。随着滴定的进行，HAc 浓度不断降低，而 Ac^- 浓度逐渐增大，溶液中形成了 $HAc\text{-}Ac^-$ 缓冲体系，故 pH 变化缓慢，滴定曲线较为平坦。接近化学计量点时，溶液中的 HAc 极小，溶液缓冲作用减弱，继续滴入

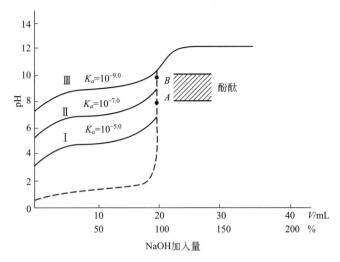

图 5-3　NaOH 溶液滴定不同弱酸溶液的滴定曲线

NaOH 溶液，溶液的 pH 变化速度加快，致使化学计量点前溶液显碱性，曲线斜率迅速增大。

③ 突跃范围小　由于上述两个因素，NaOH 滴定 HAc 的 pH 突跃范围比同浓度 NaOH 滴定 HCl 的 pH 突跃范围小了 3 个多 pH 单位。NaOH 滴定 HAc 的 pH 突跃范围为 7.74～9.70，偏于碱性区域，化学计量点 pH=8.72，选择碱性范围内变色的指示剂，如酚酞、百里酚酞或百里酚蓝等。在酸性范围内变色的指示剂，如甲基橙、甲基红则不适用。

如用相同浓度的强碱滴定不同的一元弱酸得到如图 5-3 所示Ⅰ、Ⅱ、Ⅲ滴定曲线。由图可知，K_a 越大，即酸越强，滴定突跃范围越大；K_a 越小，酸越弱，滴定突跃范围越小。当 $K_a < 10^{-7.0}$ 时已无明显的突跃，利用一般的酸碱指示剂已无法判断终点。

实践证明，借助于指示剂颜色的变化来确定滴定终点，pH 突跃范围必须在 0.3 个 pH 单位以上。综合溶液浓度与弱酸强度两因素对滴定突跃范围大小的影响，得到弱酸能被强碱溶液直接准确滴定的判断依据为：

$$cK_a \geqslant 10^{-8}$$

对于 $cK_a < 10^{-8}$ 的弱酸，可采用其他方法进行测定。比如用仪器来检测滴定终点，利用适当的化学反应使弱酸强化，或在酸性比水更弱的非水介质中进行滴定等。

5.2.1.3　强酸滴定一元弱碱

强酸滴定一元弱碱的情况和强碱滴定一元弱酸的情况差不多，只是滴定突跃发生在酸性区域。如用 0.1000mol/L HCl 标准溶液滴定 0.1000mol/L $NH_3 \cdot H_2O$ 溶液，理论终点的 pH 为 5.28，突跃范围为 6.25～4.30，只能选用在酸性溶液中变色的指示剂如甲基红等来确定终点。

同理，只有当一元弱碱的 $cK_b \geqslant 10^{-8}$ 时，滴定曲线才有明显的突跃，该弱碱才能被强酸直接准确滴定。

5.2.2　多元酸碱滴定曲线和指示剂的选择

5.2.2.1　多元酸的滴定

能给出两个或两个以上质子的酸为多元酸，多元酸多数是弱酸，它们在水中分级离解。如 H_2B 分两步离解，用强酸滴定时，首先要讨论多元酸中所有的 H^+ 是否能全部被直接滴定？若能直接滴定，是否能分步滴定？

已经证明二元弱酸能够分步滴定，可按下列原则大致判断。

① 根据直接滴定的条件去判断多元酸各步离解出来的 H^+ 能否被滴定。

若 $cK_{a1} \geqslant 10^{-8}$，$cK_{a2} \geqslant 10^{-8}$，则此二元酸两步离解出来的 H^+ 均可直接被滴定；若 $cK_{a1} \geqslant 10^{-8}$，$cK_{a2} < 10^{-8}$ 时，第一步离解出来的 H^+ 可直接被滴定，第二步离解出来的 H^+ 不能直接被滴定。三元酸以此类推。

② 根据相邻两个离解常数的比值去判断能否分步滴定。

比值 $\geqslant 10^4$ 的能分步滴定，比值 $< 10^4$ 的不能分步滴定。实际上是通过判断 pH 突跃个数来判断分步滴定的情况，即有一个 pH 突跃就能进行一步滴定，有两个 pH 突跃，就能进行两步滴定，以此类推。如二元酸，如果 $cK_{a1} \geqslant 10^{-8}$，$cK_{a2} \geqslant 10^{-8}$ 且 $K_{a1}/K_{a2} \geqslant 10^4$，则形成两个 pH 突跃，两个 H^+ 能分别直接被滴定。如果 $cK_{a1} \geqslant 10^{-8}$，$cK_{a2} < 10^{-8}$ 且 $K_{a1}/K_{a2} \geqslant 10^4$，形成一个 pH 突跃，第一步离解出的 H^+ 能分别直接被滴定，第二步离解出来的 H^+ 不能被直接滴定，按第一化学计量点时的 pH 选择指示剂。如果 $K_{a1}/K_{a2} < 10^4$，即使 $cK_{a1} \geqslant 10^{-8}$，第一步离解的 H^+ 也不能被直接滴定。因为 $cK_{a2} < 10^{-8}$，第二化学计量点前后无 pH 突跃，无法选择指示剂确定滴定终点，且又影响第一步离解出来的 H^+ 的滴定。如果 $cK_{a1} \geqslant 10^{-8}$，$cK_{a2} \geqslant 10^{-8}$ 但 $K_{a1}/K_{a2} < 10^4$ 时，分两步离解的 H^+ 均能直接被滴定，但第一化学计量点时的 pH 突跃与第二化学计量点时的 pH 突跃连在一起，形成一个大突跃，只能进行一步滴定，根据第二化学计量点的 pH 突跃范围选择指示剂。其他多元酸以此类推。

例如：用 $c_{NaOH} = 0.1000\ mol \cdot L^{-1}$ 氢氧化钠标准溶液滴定 $c_{H_3PO_4} = 0.1000\ mol \cdot L^{-1}$ 磷酸溶液时，H_3PO_4 的 $K_{a1} = 7.6 \times 10^{-3}$，$K_{a2} = 6.3 \times 10^{-8}$，$K_{a3} = 4.4 \times 10^{-13}$。

$$cK_{a1} = 7.6 \times 10^{-4} > 10^{-8}$$
$$cK_{a2} = 0.63 \times 10^{-8} \approx 10^{-8}$$
$$cK_{a3} = 4.4 \times 10^{-14} < 10^{-8}$$

可见，H_3PO_4 一、二级离解的 H^+ 能直接被滴定，三级离解的 H^+ 不能直接被滴定。

$$K_{a1}/K_{a2} > 10^4,\ K_{a2}/K_{a3} > 10^4$$

形成两个 pH 突跃，所以一级、二级离解的 H^+ 能分别被滴定。

滴定到第一化学计量点时，产物为 NaH_2PO_4，两性物质，其水溶液 pH 可按下式计算：

$$pH = \frac{1}{2}(pK_{a1} + pK_{a2}) = 4.66$$

滴定到第二化学计量点时，产物 Na_2HPO_4 亦为两性物质。

$$pH = \frac{1}{2}(pK_{a2} + pK_{a3}) = 9.78$$

两化学计量点分别选甲基红和酚酞作指示剂。但由于化学计量点附近突跃较小，如分别改用溴甲酚氯和甲基橙、酚酞和百里酚酞混合指示剂，则终点变色明显。

5.2.2.2 多元碱的滴定

多元碱的滴定与多元酸的滴定相似，有关多元酸分步滴定的条件也适用于多元碱，只需将 K_a 换成 K_b。

例如：用 $c_{HCl} = 0.1000\ mol \cdot L^{-1}$ 盐酸标准溶液滴定 $c_{Na_2CO_3} = 0.1000\ mol \cdot L^{-1}$ 碳酸钠溶液。H_2CO_3 的离解常数为 $K_{a1} = 4.4 \times 10^{-7}$，$K_{a2} = 4.7 \times 10^{-11}$。

Na_2CO_3 为二元碱，在水中存在二级离解：

$$CO_3^{2-} + H_2O \rightleftharpoons HCO_3^- + OH^- \quad K_{b1} = \frac{K_w}{K_{a2}} = \frac{10^{-14}}{4.7\times 10^{-11}} = 2.1\times 10^{-4}$$

$$HCO_3^- + H_2O \rightleftharpoons H_2CO_3 + OH^- \quad K_{b2} = \frac{K_w}{K_{a1}} = \frac{10^{-14}}{4.4\times 10^{-7}} = 2.3\times 10^{-8}$$

$$K_{a1}/K_{a2} = 2.1\times 10^{-4}/2.3\times 10^{-8} \approx 10^4$$

故对高浓度的 Na_2CO_3 溶液，近似认为两级离解的 OH^- 可分步被滴定，形成两个 pH 突跃。

第一化学计量点时，产物为 $NaHCO_3$，两性物质，其水溶液 pH 按下式计算：

$$pH = \frac{1}{2}(pK_{a1} + pK_{a2}) = 8.35$$

第二化学计量点时，产物为饱和的 CO_2 水溶液，浓度约为 $0.04\,mol\cdot L^{-1}$。其 pH 按下式计算：

$$c_{H^+} = \sqrt{cK_a} = \sqrt{0.04\times 4.4\times 10^{-7}} = 1.3\times 10^{-4}(mol\cdot L^{-1})$$

$$pH = 3.89$$

根据化学计量点时溶液的 pH，可分别选酚酞、甲基橙作指示剂。由于 K_{a2} 不够大，第二化学计量点时 pH 突跃较小，用甲基橙作指示剂，终点变色不太明显。另外，CO_2 易形成过饱和溶液，酸度增大，使终点过早出现，所以在滴定接近终点时，应剧烈地摇动或加热，以除去过量的 CO_2，待冷却后再滴定。

5.2.2.3 混合酸（碱）的滴定

混合酸（碱）的滴定与多元酸（碱）的滴定条件相类似。在考虑能否分步滴定时，除要看两种酸（碱）的强度，还要看两种酸（碱）的浓度比。

5.3 酸碱滴定法在分析中的应用

5.3.1 酸碱标准溶液的配制和标定

酸碱滴定法中常用的标准溶液是 HCl 和 NaOH 溶液，有时也用 H_2SO_4 和 KOH，HNO_3 具有氧化性，一般不用。标准溶液的浓度一般配成 $0.1\,mol\cdot L^{-1}$，有时也需高至 $1\,mol\cdot L^{-1}$。

5.3.1.1 $0.1\,mol\cdot L^{-1}$ HCl 标准溶液的配制和标定

配制方法：用洁净量筒取浓 HCl（密度为 $1.19\,g\cdot cm^{-3}$）9mL，倾入清洁的细口试剂瓶中，用蒸馏水稀释至 1000mL，塞紧瓶盖充分摇匀。

标定：常用基准物质有无水碳酸钠和硼砂（$Na_2B_4O_7\cdot 10H_2O$）。

硼砂与 HCl 的反应为：

$$Na_2B_4O_7\cdot 10H_2O + 2HCl = 4H_3BO_3 + 2NaCl + 5H_2O$$

HCl 与硼砂反应的物质的量比是 2:1，反应产物 H_3BO_3 为弱酸，化学计量点显酸性，可选用甲基红或甲基橙作指示剂。

硼砂标定盐酸的计算公式为：

$$c_{HCl} = 2\times \frac{m_{Na_2B_4O_7\cdot 10H_2O}\times 1000}{M_{Na_2B_4O_7\cdot 10H_2O}\cdot V_{HCl}}$$

式中 $m_{Na_2B_4O_7 \cdot 10H_2O}$——硼砂的质量，g；
　　　$M_{Na_2B_4O_7 \cdot 10H_2O}$——硼砂的摩尔质量，g·mol^{-1}；
　　　V_{HCl}——终点时消耗 HCl 的体积，mL。

5.3.1.2　0.1mol·L^{-1}NaOH 标准溶液的配制和标定

配制方法：在粗天平上称取固体 NaOH（AR 试剂）约 4g 放入小烧杯中，加少量 H$_2$O 溶解，移入洁净的细口瓶中，用蒸馏水稀释至 1000mL，以橡皮塞塞住瓶口，充分摇匀。

标定：常用基准物质有草酸和邻苯二甲酸氢钾（KHC$_8$H$_4$O$_4$）。

邻苯二甲酸氢钾较常用，与 NaOH 按 1∶1 定量反应，指示反应终点用酚酞指示剂。

计算公式为：

$$c_{NaOH} = \frac{m_{KHC_8H_4O_4} \times 1000}{M_{KHC_8H_4O_4} \cdot V_{NaOH}}$$

式中　$M_{KHC_8H_4O_4}$——邻苯二甲酸氢钾的摩尔质量，g·mol^{-1}；
　　　$m_{KHC_8H_4O_4}$——邻苯二甲酸氢钾的质量，g。

标定时，一般应平行测定 2~3 份，其滴定结果的相对偏差不得超过 0.2%，标定好的标准溶液应妥善保存。标定时的实验条件应与此标准溶液测定某组分时的条件尽量一致，以抵消由条件影响所造成的误差。

应该注意的是，间接配制和直接配制所使用的仪器有差别。例如，间接配制时可使用量筒、托盘天平等仪器，而直接配制时必须使用移液管、分析天平、容量瓶等仪器。

5.3.2　酸碱滴定法的应用

酸碱滴定法广泛用于工业、农业、医药、食品等方面。如水果、蔬菜、食醋中的总酸度，天然水的总碱度，土壤、肥料中氮、磷含量的测定，混合碱的分析等都可用酸碱滴定法进行测定。

5.3.2.1　直接滴定法——混合碱含量的测定

混合碱可能含有 NaOH、Na$_2$CO$_3$、NaHCO$_3$ 或它们的混合物，测定混合碱一般用双指示剂法。先以酚酞为指示剂，用 HCl 标准溶液滴定试液至粉红色消失，此时消耗 HCl 标准溶液的体积为 V_1；再加入甲基橙指示剂，继续用 HCl 标准溶液滴定至溶液由黄色变为橙红色，此时消耗 HCl 标准溶液的体积为 V_2。由 HCl 标准溶液的物质的量浓度及两次消耗的体积 V_1、V_2 可计算混合碱中各组分的质量分数。

双指示剂法不仅用于混合碱的定量分析，还可用于未知碱样的定性分析。根据 V_1 与 V_2 的关系可判断组成及计算含量（见表 5-5）。

表 5-5　根据 V_1 与 V_2 关系判断样品组成及计算公式

V_1 与 V_2 关系	样品组成	计算公式
$V_1 > V_2 > 0$	OH$^-$ + CO$_3^{2-}$	$w_{NaOH} = \dfrac{c_{HCl}(V_1 - V_2)M_{NaOH} \times 10^{-3}}{m_{样}}$ $w_{Na_2CO_3} = \dfrac{c_{HCl}V_2 M_{Na_2CO_3} \times 10^{-3}}{m_{样}}$

续表

V_1与V_2关系	样品组成	计算公式
$V_2 > V_1 > 0$	$CO_3^{2-} + HCO_3^-$	$w_{Na_2CO_3} = \dfrac{c_{HCl}V_1M_{Na_2CO_3} \times 10^{-3}}{m_{样}}$ $w_{NaHCO_3} = \dfrac{c_{HCl}(V_2-V_1)M_{NaHCO_3} \times 10^{-3}}{m_{样}}$
$V_1 = 0, V_2 \neq 0$	HCO_3^-	$w_{NaHCO_3} = \dfrac{c_{HCl}V_2M_{NaHCO_3} \times 10^{-3}}{m_{样}}$
$V_2 = 0, V_1 \neq 0$	OH^-	$w_{NaOH} = \dfrac{c_{HCl}V_1M_{NaOH} \times 10^{-3}}{m_{样}}$
$V_1 = V_2 \neq 0$	CO_3^{2-}	$w_{Na_2CO_3} = \dfrac{c_{HCl}V_1M_{Na_2CO_3} \times 10^{-3}}{m_{样}}$

例 5-1 称取含惰性杂质的混合碱试样 1.2000g，溶于水后，用 0.5000mol·L^{-1} HCl 标准溶液滴定至酚酞褪色，用去 30.00mL。然后加入甲基橙指示剂，用 HCl 继续滴至橙色出现，又用去 5.00mL。问试样由何种碱组成？各组分的质量分数为多少？

解 因为 $V_1 = 30.00$ mL，$V_2 = 5.00$ mL，$V_1 > V_2$，故混合碱试样由 NaOH 和 Na_2CO_3 组成。

$$w_{Na_2CO_3} = \dfrac{c_{HCl}V_2M_{Na_2CO_3} \times 10^{-3}}{m_{样}} \times 100\%$$
$$= \dfrac{0.5000 \times 5.00 \times 106.0 \times 10^{-3}}{1.2000} \times 100\% = 22.08\%$$

$$w_{NaOH} = \dfrac{c_{HCl}(V_1 - V_2)M_{NaOH} \times 10^{-3}}{m_{样}} \times 100\%$$
$$= \dfrac{0.5000 \times (30.00 - 5.00) \times 40.01 \times 10^{-3}}{1.2000} \times 100\% = 41.68\%$$

5.3.2.2 间接滴定法

对于某些 $cK_a < 10^{-8}$ 的弱酸和 $cK_b < 10^{-8}$ 的弱碱，以及一些非酸非碱性物质等可以采用返滴定法、间接滴定法等方式进行测定。

肥料、土壤及某些有机化合物（如蛋白质、生物碱的样品）常常需要测定其中氮的含量，一般用凯氏法测定氮，即在 $CuSO_4$ 催化下，用浓 H_2SO_4 将试样分解消化，使各种形式氮化物转化为 NH_4^+。NH_4^+ 的 K_a 极小，不能采用标准碱直接滴定，但可用间接的方法进行滴定。

(1) 蒸馏法 置铵盐试液于蒸馏瓶中，加入过量的浓碱溶液，加热将 NH_3 蒸馏出来，吸收到一定量过量的标准 HCl 溶液中，然后用 NaOH 标准溶液返滴定剩余的酸。反应如下：

$$NH_4^+(aq) + OH^-(aq) \Longrightarrow NH_3(g) + H_2O(l)$$
$$NH_3(l) + H^+(aq) \Longrightarrow NH_4^+(aq)$$
$$H^+(剩余) + OH^- \Longrightarrow H_2O$$

由于化学计量点时溶液中存在 NH_4^+，显酸性，可用甲基红作指示剂。

$$w_N = \frac{(c_{HCl}V_{HCl} - c_{NaOH}V_{NaOH})M_N \times 10^{-3}}{m_{样}} \times 100\%$$

蒸馏法也可用硼酸溶液吸收 NH_3，生成 $NH_4H_2BO_3$，由于 $H_2BO_3^-$ 是较强的碱，可用标准 HCl 溶液滴定。

$$NH_3 + H_3BO_3 = NH_4^+ + H_2BO_3^-$$
$$H_2BO_3^- + H^+ = H_3BO_3$$

化学计量点 pH≈5，选用甲基红和溴甲酚绿混合指示剂。其中 H_3BO_3 作吸收剂，只需过量即可，不需知道其准确的量。

$$w_N = \frac{c_{HCl}V_{HCl}M_N \times 10^{-3}}{m_{样}} \times 100\%$$

蒸馏法测氮结果比较准确，但较费时。

(2) 甲醛法 甲醛法测 NH_4^+ 盐中氮的含量，操作简单。在试样中加入过量的甲醛，与 NH_4^+ 作用生成一定量的酸和六亚甲基四胺。生成的酸可用标准碱滴定，化学计量点溶液中存在六亚甲基四胺，这种极弱的有机碱使溶液呈碱性，可选酚酞作指示剂。

$$4NH_4^+ + 6HCHO = (CH_2)_6N_4 + 4H^+ + 6H_2O$$
$$H^+ + OH^- = H_2O$$

$$w_N = \frac{c_{NaOH}V_{NaOH}M_N \times 10^{-3}}{m_{样}} \times 100\%$$

如果试样中含有游离的酸碱，则需先加以中和，采用甲基红作指示剂。不能用酚酞，否则有部分 NH_4^+ 被中和；如果甲醛中含有少量甲酸，使用前也要中和，用酚酞作指示剂。

例 5-2 用凯氏法测定蛋白质中 N 的含量，称取粗蛋白试样 1.786g，将试样中的氮转变为 NH_3，并以 25.00mL 0.2014mol·L^{-1} HCl 标准溶液吸收，剩余 HCl 用 0.1288mol·L^{-1} NaOH 标准溶液返滴定，消耗 NaOH 溶液 10.12mL，计算此粗蛋白试样中氮的质量分数。

解 滴定过程为

$$NH_3 + HCl = NH_4Cl$$
$$HCl + NaOH = NaCl + H_2O$$

$$w_N = \frac{(c_{HCl}V_{HCl} - c_{NaOH}V_{NaOH})M_N \times 10^{-3}}{m_{样}} \times 100\%$$

$$= \frac{(0.2014 \times 25.00 - 0.1288 \times 10.12) \times 14.01 \times 10^{-3}}{1.786} \times 100\%$$

$$= 2.93\%$$

复习思考题

1. 填空题。

(1) 酸碱指示剂变色的内因是_____，外因是溶液_____的改变。酸碱指示剂的变色范围一般为____个 pH 单位，影响指示剂变色范围的因素有_____、_____、_____、_____等。混合指示剂具有_____、_____、_____等特点。

(2) 酸碱滴定曲线指的是_____。滴定曲线的突跃范围指的是_____。

(3) 标定 NaOH 溶液的方法是_____方式。

(4) 酸碱滴定法中，选择指示剂的依据是_____。

(5) 0.1000mol·L^{-1} NaOH 滴定 0.1000mol·L^{-1} HCl 溶液，化学计量点时溶液的 pH 为_____，应

选用_____作指示剂。终点颜色由_____变为_____。

2. 选择题。

(1) 下列对滴定反应的要求中错误的是（　　）。

A. 滴定反应要进行完全，通常要求达到 99.9% 以上

B. 反应速度较慢时，等待其反应完全后，确定滴定终点即可

C. 必须有合适的确定终点的方法

D. 反应中不能有副反应发生

(2) 将 HAc 溶液稀释 10 倍后，溶液的 pH（　　）。

A. 稍有增大　　　　B. 增大 1　　　　C. 减小 1　　　　D. 不能确定

(3) 用 NaOH 标准溶液滴定 HAc 过程中，化学计量点偏碱性，应选用（　　）为指示剂。

A. 甲基橙　　　　B. 酚酞　　　　C. 溴酚蓝　　　　D. 甲基红

(4) 下列物质中，可直接配制标准溶液的有（　　）。

A. HCl　　　　B. NaOH　　　　C. $K_2Cr_2O_7$　　　　D. $KMnO_4$

3. 计算题。

(1) 用 $0.1000 mol \cdot L^{-1}$ NaOH 溶液滴定 20.00mL $0.1000 mol \cdot L^{-1}$ HCOOH 溶液，计算化学计量点时的 pH 和 pH 突跃范围。

(2) 用硼砂标定盐酸溶液时，准确称取硼砂 0.4862g，滴定消耗 24.78mL 盐酸溶液时甲基红由黄变橙红，计算盐酸溶液的准确浓度。

(3) 称取混合碱试样 0.6524g，加酚酞指示剂，用 $0.1992 mol \cdot L^{-1}$ HCl 溶液滴定至终点，消耗 HCl 溶液 21.76mL。再加甲基橙指示剂，滴定至终点，又耗去酸 27.15mL。求试样中各组分的质量分数。

第 6 章

氧化还原滴定法

【学习指南】

理解氧化还原反应的基本概念；理解电极电位的概念；掌握能斯特方程式；掌握常见氧化还原滴定方法的应用。

【阅读材料】

氧化还原反应在工农业生产、科学技术和日常生活中有着广泛的应用。

氧化还原反应的应用

6.1 氧化还原反应基本概念

6.1.1 氧化与还原

最初，氧化是指物质与氧化合，还原是指从氧化物中去掉氧恢复到未被氧化前的状态的反应，例如：

$$Cu(s)+\frac{1}{2}O_2(g) = CuO(s) \quad (铜的氧化) \tag{6-1}$$

$$CuO(s)+H_2(g) = Cu(s)+H_2O(l) \quad (氧化铜的还原) \tag{6-2}$$

随着电子的发现，氧化还原的定义又得到进一步的发展。

任何一个氧化还原反应都可以看作是两个"半反应"之和，一个半反应失去电子，另一个半反应得到电子。例如，前面提到的铜氧化成铜离子，铜的氧化可以看成是下面两个半反应的结果：

$$Cu(s) \longrightarrow Cu^{2+}(aq)+2e^- \tag{6-1a}$$

$$\frac{1}{2}O_2(g)+2e^- \longrightarrow O^{2-} \tag{6-1b}$$

两式的代数和即总反应。在式(6-1a)中，金属铜失去电子，变成铜离子，铜被氧化；氧得到电子，变成氧离子，氧被还原。因此，氧化和还原可定义为：氧化是失去电子，还原是得到电子。有失必有得，有得必有失，两个半反应不能单独存在，而是同时并存。

氧化还原反应的本质是电子的得失或转移，失去电子的物质称为还原剂，获得电子的物质称为氧化剂。

讨论酸碱反应时，根据质子的传递把一个酸与它的共轭碱称为共轭酸碱对。类似地，把一个还原型物种（电子给体）和一个氧化型物种（电子受体）称为氧化还原电对：

$$氧化型 + ne^- \rightleftharpoons 还原型$$

式中，n 代表反应转移的电荷数。

每个氧化还原半反应都包含一个氧化还原电对。因此 Cu^{2+} 和 Cu 是一对氧化还原电对，写成电对 Cu^{2+}/Cu。

6.1.2 氧化数

为了描述氧化还原中发生的变化和书写正确的氧化还原平衡方程式，引入氧化数的概念是很方便的。这样，可以用氧化数的变化表明氧化还原反应，还原剂失去电子，氧化数升高被氧化，氧化剂得到电子，氧化数降低被还原。

1980 年，国际纯粹与应用化学联合会（International Union of Pure and Applied Chemistry，缩写为 IUPAC）定义氧化数为：氧化数是某一元素一个原子的形式电荷数，这种形式电荷数由假设把每个键中的电子指定给电负性更大的原子而求得。原子相互化合时，若原子失去电子或电子发生偏离，规定该原子具有正氧化数，若原子得到电子或有电子偏近，规定该原子具有负氧化数。

确定氧化数的方法如下。

① 任何形态的单质中，元素的氧化数为零，如 N_2、Fe、S_8 等物质中，氮、铁、硫的氧化数都为零。

② 在化合物中各元素氧化数的代数和等于零。
③ 单原子离子的氧化数等于它所带的电荷数；多原子离子中所有元素的氧化数之和等于该离子所带的电荷数。
④ 氢的氧化数在化合物中为+1，但在离子型金属氢化物中是-1，如 LiH。
⑤ 氧的氧化数在正常氧化物中均为-2，但在过氧化物中是-1，如 H_2O_2 和 Na_2O_2；在氟氧化物中是+2，如 OF_2。

6.1.3 氧化还原反应的速率及影响因素

6.1.3.1 氧化还原反应的速率

不同的氧化还原反应，其反应速率会有很大差别。例如，Fe^{3+} 与 Sn^{2+} 在室温条件下反应速率很快，而 $Cr_2O_7^{2-}$ 与 I^- 的反应需要在强酸介质中反应一段时间才能完成。根据碰撞理论，粒子发生碰撞后才可能发生反应，而碰撞的概率与参加反应的分子或离子数有关。另外，氧化还原反应中，氧化剂和还原剂之间的电子转移会遇到很多阻力，如溶液中的溶剂分子和各种配体都可能阻碍电子的转移，物质之间的静电排斥力也是阻碍电子转移的因素之一，而且，氧化还原反应之后，由于价态的变化，不仅原子或离子的电子层结构发生了变化，还会引起有关化学键性质和物质组成的变化，从而阻碍电子转移。这些都是导致反应速率缓慢的重要因素。因此，氧化还原反应的复杂性及其速率问题，需进一步深入讨论。总的来说，反应速率的大小主要由反应本身的性质即内在因素决定，但外部因素也在很大程度上影响反应速率。即对于同一个氧化还原反应，反应条件不同，反应速率也不同。如氢气与氧气在常温常压下不反应，而在点火或催化条件下则很快反应生成水。又如，用 $Na_2C_2O_4$ 标定 $KMnO_4$ 的反应，常温条件下反应进行较慢，需要一定时间才能完成，若加热至75~85℃时，反应能较顺利进行。

6.1.3.2 影响氧化还原反应速率的因素

(1) 浓度 一般来说，增加反应物的浓度都能使反应速率加快。如下述反应：
$$Cr_2O_7^{2-} + 6I^- + 14H^+ = 2Cr^{3+} + 3I_2 + 7H_2O$$
增大 I^- 和 H^+ 的浓度都有利于反应进行，其中酸度影响更大，H^+ 浓度在 0.8~1mol·L^{-1} 时，反应能迅速完成。但酸度太高，将会引起下列副反应：
$$4I^- + 4H^+ + O_2(空气) = 2I_2 + 2H_2O$$

(2) 温度 温度对速率的影响较复杂。对多数反应来说，升高温度可提高反应速率，一般每提高10℃，反应速率增加到原来的2~4倍。

(3) 催化剂 催化剂能大大改变反应速率。正催化剂可大大提高反应速率。
催化剂以循环方式参加化学反应并改变反应历程，从而提高反应速率，但其本身的状态和数量并不改变。例如，草酸钠与高锰酸钾的反应速率很慢，如在反应体系中加入 Mn^{2+}，能加快反应速率，即使不加 Mn^{2+}，反应产物 Mn^{2+} 也是该反应的催化剂，这种生成物本身起催化作用的反应称为自动催化反应。

(4) 诱导反应
$$MnO_4^- + 5Fe^{2+} + 8H^+ = Mn^{2+} + 5Fe^{3+} + 4H_2O \quad (诱导反应)$$
$$2MnO_4^- + 10Cl^- + 16H^+ = 2Mn^{2+} + 5Cl_2\uparrow + 8H_2O \quad (受诱反应)$$
这种由于一种氧化还原反应的发生而促进另一种氧化还原反应进行的现象叫诱导作用。后一个反应称为受诱反应。

① 诱导反应与催化反应不同：在催化反应中，催化剂改变反应历程，但自身状态和数量不变，而诱导反应，诱导体参加反应后，变成其他物质。

② 受诱反应与副反应也不相同：因为副反应其反应速率不受诱导反应的影响。而受诱反应则是由诱导反应所诱导。

6.2　电极电位与能斯特方程式

6.2.1　原电池

在硫酸铜溶液中放入 Zn 片，将发生下列氧化还原反应：

$$Zn + Cu^{2+} \rightleftharpoons Zn^{2+} + Cu$$

在溶液中电子直接从 Zn 片传递给 Cu^{2+}，使 Cu^{2+} 在 Zn 片上还原析出金属 Cu，同时 Zn 氧化为 Zn^{2+}，这个反应同时有热量放出，是化学能转为热能的结果。这一反应也可在图 6-1 所示的装置中分开进行，在盛有 $ZnSO_4$ 溶液的烧杯中插入 Zn 片，在盛有 $CuSO_4$ 溶液的烧杯中插入 Cu 片，两个烧杯之间用一个倒置的 U 形管（称为盐桥，其中装满含饱和 KCl 溶液的琼脂冻胶）连接，将 Zn 片和 Cu 片用导线连接，

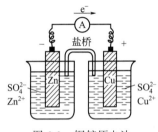

图 6-1　铜锌原电池

中间串联一个检流计。当电路接通后，Zn 片开始溶解，而 Cu 片上有 Cu 沉积，同时可以看到检流计的指针发生偏转，这表明导线中有电流通过。这种装置把化学能转变为电能，称为原电池。

在原电池中，组成原电池的导体（如铜片和锌片）称为电极，电子流出的一极称为负极，发生氧化反应。电子流入的一极称为正极，发生还原反应。如上述铜锌原电池中，电子从 Zn 片流向 Cu 片，即 Zn 片为负极，Cu 片为正极。两极上的反应称为电极反应。

负极（Zn）：$Zn \longrightarrow Zn^{2+} + 2e^-$

正极（Cu）：$Cu^{2+} + 2e^- \longrightarrow Cu$

电池总反应：$Zn + Cu^{2+} \rightleftharpoons Zn^{2+} + Cu$

原电池都是由两个"半电池"组成，每个半电池包含一个氧化还原电对，上述铜锌原电池中，锌和锌盐溶液组成一个半电池，铜和铜盐溶液组成另一个半电池，电对分别为 Zn^{2+}/Zn；Cu^{2+}/Cu。

为了书写方便，原电池装置可用电池符号表示。如铜锌原电池可表达为：

$$(-)Zn \mid ZnSO_4(c_1) \parallel CuSO_4(c_2) \mid Cu(+)$$

习惯上把负极（-）写在左边，正极（+）写在右边。其中"｜"表示两相界面，"‖"表示盐桥，c_1、c_2 表示溶液的浓度。当溶液浓度为 $1mol \cdot L^{-1}$ 时，可不写，若有气体参加应注明其分压。

6.2.2　电极电位与标准电极电位

6.2.2.1　电极电位

在铜锌原电池中，为什么检流计的指针总是指向一个方向，即电子总是从 Zn 传递给 Cu^{2+}，而不是从 Cu 传递给 Zn^{2+} 呢？

当将像锌这样的金属加入含有该金属离子的盐溶液中时，由于极性很大的水分子吸引构成晶格的金属离子，从而使金属锌具有一种以水合离子的形式进入金属表面附近溶液中的趋势，由于锌片失去电子成了水合锌离子，带有负电荷，而电极表面附近的溶液由于有过多的Zn^{2+}而带正电荷。开始时，溶液中过量的金属离子浓度较小，溶解速率较快，随着锌的不断溶解，溶液中锌离子浓度增加，同时锌片上的电子也不断增加，阻碍了锌的继续溶解。另一方面，溶液中的水合锌离子由于受其他锌离子的排斥作用和受锌片上电子的吸引作用，又有从金属锌表面获得电子而沉积在金属表面的倾向，而且随着水合锌离子浓度和锌片上电子数目的增加，沉积速率不断增大，当溶解速率和沉积速率相等时，达到动态平衡，这样，金属锌片带负电荷，锌片附近的溶液中就有较多的Zn^{2+}吸引在金属表面附近，金属表面附近的溶液所带的电荷与金属本身所带的电荷恰好相反，形成一个双电层，如图 6-2 所示。双电层之间存在电位差，这种由于双电层的作用在金属和它的盐溶液之间的电位差，称为金属的电极电位。

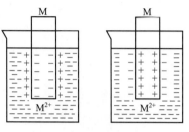

图 6-2　金属的电极电位

电极电位的大小除与金属有关外，还与温度、介质及离子浓度等因素有关。外界条件一定时，电极电位的大小只取决于电极的本性。

6.2.2.2　标准电极电位

任何一个电极其电极电位的绝对值是无法测量的，但是可以选择某种电极作为基准，规定它的电极电位为零。通常选择标准氢电极作为基准，将待测电极与标准氢电极组成一个原电池，通过测定该电池的电动势，即可求出待测电极的电极电位的相对数值。

(1) 标准氢电极　标准氢电极如图 6-3 所示，将镀有铂黑的铂片插入氢离子浓度为 $1mol \cdot L^{-1}$ 的溶液中，并不断通入压力为 100kPa 的氢气流，使铂黑电极上吸附氢气并达到饱和，这样的氢电极就是标准氢电极，规定在 298.15K 时，标准氢电极的电极电位为零。吸附在铂黑上的 H_2 与溶液中的 H^+ 建立了如下平衡：

$$H_2(g) \rightleftharpoons 2H^+(aq) + 2e^-$$

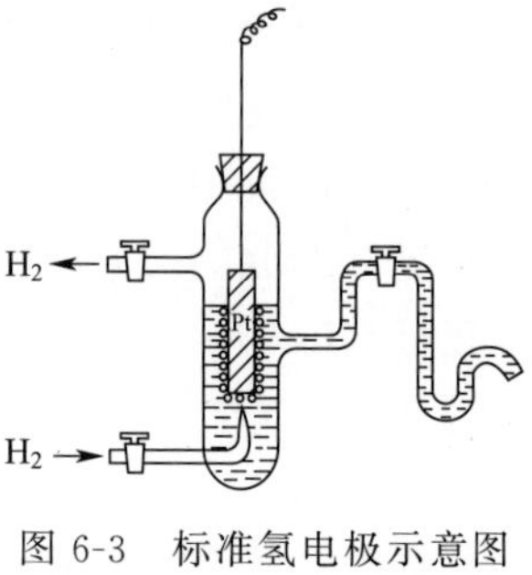

(2) 标准电极电位　用标准态下的各种电极与标准氢电极组成原电池，测定这些原电池的电动势就可以计算出这些电极

图 6-3　标准氢电极示意图

的标准电极电位，标准电极电位用符号 $\varphi^{\ominus}$ 表示。标准态是指组成电极的离子浓度都为 $1mol \cdot L^{-1}$，气体的分压为 100kPa，液体和固体都是纯净物质。温度可以任意指定，但通常为 298.15K。

如欲测铜电极的标准电极电位，可将处于标准态的铜电极与标准氢电极组成原电池。测定时，根据检流计指针偏转方向，可知电流是由铜电极通过导线流向氢电极（电子由氢电极流向铜电极），所以标准铜电极为正极，标准氢电极为负极。原电池符号为：

$$(-)Pt, H_2(p^{\ominus}) \mid H^+(1.0mol \cdot L^{-1}) \parallel Cu^{2+}(1.0mol \cdot L^{-1}) \mid Cu(+)$$

电池反应为　　$Cu^{2+} + H_2 \rightleftharpoons 2H^+ + Cu$

298.15K 时，测得此原电池的标准电动势 $E^{\ominus} = 0.337V$

$$E^{\ominus} = \varphi_+^{\ominus} - \varphi_-^{\ominus} = \varphi_{Cu^{2+}/Cu}^{\ominus} - \varphi_{H^+/H_2}^{\ominus}$$

因为　　　　　　　　$\varphi_{H^+/H_2}^{\ominus} = 0V$

所以 $\varphi^{\ominus}_{Cu^{2+}/Cu} = 0.337V$

同样的方法可以测出锌电极的标准电极电位。将标准锌电极和标准氢电极组成原电池，根据电流方向，可知锌电极为负极，氢电极为正极。原电池符号为：

$(-)Zn | Zn^{2+}(1.0mol \cdot L^{-1}) \| H^+(1.0mol \cdot L^{-1}) | H_2(p^{\ominus}), Pt(+)$

298.15K 时，测得此原电池的标准电动势 $E^{\ominus} = 0.763V$

$$E^{\ominus} = \varphi^{\ominus}_+ - \varphi^{\ominus}_- = \varphi^{\ominus}_{H^+/H_2} - \varphi^{\ominus}_{Zn^{2+}/Zn}$$

因为 $\varphi^{\ominus}_{H^+/H_2} = 0V$

所以 $\varphi^{\ominus}_{Zn^{2+}/Zn} = -0.763V$

用类似的方法可以测得一系列电对的标准电极电位，书后附录表 3 列出的为 298.15K 时一些氧化还原电对的标准电极电位数据。它们是按照电极电位的代数值递增顺序排列的，该表称为标准电极电位表。

① 本书采用的是还原电位，即电极反应均为还原反应，用电对"氧化型/还原型"表示电极的组成。

② $\varphi^{\ominus}$ 的大小表示电对中氧化型物质得到电子的能力，即氧化能力的强弱。$\varphi^{\ominus}$ 越大，氧化型物质的氧化能力越强，同时就意味着该电对还原型物质的还原能力越弱；反之亦然。

③ 电极电位是强度性质，其数值与电极反应的计量系数无关。如：

$Cu^{2+} + 2e^- \longrightarrow Cu$ $\quad \varphi^{\ominus}_{Cu^{2+}/Cu} = 0.337V$

$2Cu^{2+} + 4e^- \longrightarrow 2Cu$ $\quad \varphi^{\ominus}_{Cu^{2+}/Cu} = 0.337V$

④ $\varphi^{\ominus}$ 是水溶液中的标准电极电位，对于非标准态、非水溶液和固相反应不适用。

⑤ 标准电极电位表分为两种介质：酸性介质和碱性介质。我们可根据反应的情况查出相应的电极电位。

6.2.3 能斯特方程式

影响电极电位的因素主要有：电极的性质、氧化型物种和还原型物种的浓度（或分压）以及温度。标准电极电位是在标准态及温度通常为 298.15K 时测得的，但是绝大多数氧化还原反应都是在非标准态下进行的。

能斯特从理论上推导出电极电位与浓度之间的关系，对任意给定的氧化还原电对的半反应：

$$aOx + ne^- \rightleftharpoons bRed$$

其电极电位可表示为：

$$\varphi_{Ox/Red} = \varphi^{\ominus}_{Ox/Red} + \frac{RT}{nF} \ln \frac{c^a_{Ox}}{c^b_{Red}} \tag{6-3}$$

式中 $\varphi_{Ox/Red}$ ——电对在某一浓度条件下的电极电位；

$\varphi^{\ominus}_{Ox/Red}$ ——电对的标准电极电位；

c_{Ox}、c_{Red} ——电极反应中氧化型、还原型一侧各物质的浓度；

F ——法拉第常数，$96486 C \cdot mol^{-1}$；

R ——摩尔气体常数，$8.314 J \cdot (K \cdot mol)^{-1}$；

T ——热力学温度，K；

n ——电极反应中所转移的电子数。

应用能斯特方程式时，应注意以下几点。

① 组成电对的物质为固体或纯液体时，浓度可视为 $1 mol \cdot L^{-1}$。如果是气体则气体物质用相对压力 $p/p^{\ominus}$ 表示。

② 若氧化型、还原型的系数不等于 1，以它们的系数为浓度次方代入。

③ 在电极反应中，除氧化态、还原态物质外，若还有参加电极反应的其他物质如 H^+、OH^- 存在，则应把这些物质的浓度也表示在能斯特方程式中。

将各常数值代入方程中，自然对数改为常用对数，则在 298.15K 时：

$$\varphi_{Ox/Red} = \varphi^{\ominus}_{Ox/Red} + \frac{0.059}{n} \lg \frac{c^a_{Ox}}{c^b_{Red}} \tag{6-4}$$

从能斯特方程式可看出，氧化型物质浓度增大或还原型物质浓度减小，都会使电极电位值增大；相反，电极电位值则减小。利用能斯特方程可以计算电对在各种浓度下的电极电位，这在实际应用中非常重要。

例 6-1 写出下列电对的能斯特方程：
(1) Zn^{2+}/Zn　　(2) Cl_2/Cl^-　　(3) MnO_4^-/Mn^{2+}　　(4) $AgBr/Ag$

解 (1) 电极反应 $Zn^{2+} + 2e^- \rightleftharpoons Zn$

$$\varphi_{Zn^{2+}/Zn} = \varphi^{\ominus}_{Zn^{2+}/Zn} + \frac{0.059}{2} \lg c_{Zn^{2+}}$$

(2) 电极反应 $Cl_2 + 2e^- \rightleftharpoons 2Cl^-$

$$\varphi_{Cl_2/Cl^-} = \varphi^{\ominus}_{Cl_2/Cl^-} + \frac{0.059}{2} \lg \frac{p_{Cl_2}/p^{\ominus}_{Cl_2}}{c^2_{Cl^-}}$$

(3) 电极反应 $MnO_4^- + 8H^+ + 5e^- \rightleftharpoons Mn^{2+} + 4H_2O$

$$\varphi_{MnO_4^-/Mn^{2+}} = \varphi^{\ominus}_{MnO_4^-/Mn^{2+}} + \frac{0.059}{5} \lg \frac{c_{MnO_4^-} c^8_{H^+}}{c_{Mn^{2+}}}$$

(4) 电极反应 $AgBr(s) + e^- \rightleftharpoons Ag(s) + Br^-$

$$\varphi_{AgBr/Ag} = \varphi^{\ominus}_{AgBr/Ag} + 0.059 \lg \frac{1}{c_{Br^-}}$$

例 6-2 已知电极反应 $Fe^{3+}(aq) + e^- \rightleftharpoons Fe^{2+}(aq)$；当 $c_{Fe^{3+}} = 1.0 \times 10^{-3}$ mol·L^{-1}，$c_{Fe^{2+}} = 0.10$ mol·L^{-1} 时，计算 298.15K 时，$\varphi_{Fe^{3+}/Fe^{2+}}$ 为多少？

解 已知电极反应：$Fe^{3+}(aq) + e^- \rightleftharpoons Fe^{2+}(aq)$　　$\varphi^{\ominus}_{Fe^{3+}/Fe^{2+}} = 0.771V$

$$\varphi_{Fe^{3+}/Fe^{2+}} = \varphi^{\ominus}_{Fe^{3+}/Fe^{2+}} + 0.059 \lg \frac{c_{Fe^{3+}}}{c_{Fe^{2+}}}$$

$$= 0.771 + 0.059 \lg \frac{1.0 \times 10^{-3}}{0.10}$$

$$= 0.653(V)$$

6.3　氧化还原滴定指示剂

氧化还原滴定法是以氧化还原反应为基础的滴定分析法，其应用十分广泛，既可以测定无机物质，又可以测定有机物质。

6.3.1　氧化还原滴定指示剂的分类

氧化还原滴定法可用电位法确定终点，也可以用氧化还原指示剂直接指示终点（更为简便）。根据作用机理，氧化还原指示剂分为三类。

6.3.1.1 自身指示剂

有些标准滴定溶液或被滴定物质本身具有颜色,如果滴定产物无色或颜色很浅,在这种情况下,滴定时可不必另加指示剂,例如 $KMnO_4$ 本身显紫红色,用它来滴定 Fe^{2+}、$C_2O_4^{2-}$ 溶液时,反应产物 Mn^{2+}、Fe^{3+} 等颜色很浅或是无色,滴定到化学计量点后,只要 $KMnO_4$ 稍微过量就能使溶液呈现粉红色,指示滴定终点的到达。

6.3.1.2 专属指示剂

有些物质本身并不具有氧化还原性质,但能与滴定剂或被滴定物质发生显色反应,而且显色反应是可逆的,因而可以指示滴定终点。例如可溶性淀粉与碘生成深蓝色的配合物,当 I_2 全部被还原为 I^- 时,深蓝色消失。因此,在碘量法中,多用淀粉溶液作指示剂。用淀粉指示剂可以检出约 $10^{-5}\,mol\cdot L^{-1}$ 的碘溶液。

6.3.1.3 氧化还原指示剂

这类指示剂本身具有氧化性或还原性,它的氧化态和还原态具有不同的颜色。在滴定过程中,指示剂由氧化态转为还原态,或由还原态转为氧化态时,溶液颜色随之发生变化,从而指示滴定终点。

6.3.2 氧化还原指示剂的变色原理

以 In_{Ox} 和 In_{Red} 分别代表指示剂的氧化态和还原态,滴定过程中,指示剂的电极反应和能斯特方程式为:

$$In_{Ox} + ne^- \rightleftharpoons In_{Red}$$

$$\varphi = \varphi_{In}^{\ominus'} + \frac{0.059}{n}\lg\frac{c_{In_{Ox}}}{c_{In_{Red}}}$$

显然,随着滴定过程中溶液电位值的改变,$c_{In_{Ox}}/c_{In_{Red}}$ 比值也在改变,因而溶液的颜色也发生变化。与酸碱指示剂在一定 pH 范围内发生颜色转变一样,我们只能在一定电位范围内看到这种颜色变化,这个范围就是指示剂变色电位范围,它相当于两种形式浓度比值从 1/10 变到 10 时的电位变化范围。即

$$\varphi = \varphi_{In}^{\ominus'} \pm \frac{0.059}{n} \tag{6-5}$$

当被滴定溶液的电位值恰好等于 $\varphi_{In}^{\ominus'}$ 时,指示剂呈现中间颜色,称为变色点。表 6-1 列出了部分常用的氧化还原指示剂。

表 6-1 常用的氧化还原指示剂

指示剂	$\varphi_{In}^{\ominus'}/V$ $c_{H_2}=1mol\cdot L^{-1}$	颜色变化		配制方法
		氧化态	还原态	
亚甲基蓝	+0.36	蓝	无	$0.5g\cdot L^{-1}$ 水溶液
二苯胺磺酸钠	+0.85	紫红	无	0.5g 指示剂,$2gNa_2CO_3$,加水稀释至 100mL
邻苯氨基苯甲酸	+0.89	紫红	无	0.11g 指示剂溶于 20mL $50g\cdot L^{-1}$ Na_2CO_3 溶液中,用水稀释至 100mL
邻二氮菲-亚铁	+1.06	浅蓝	红	1.485g 邻二氮菲,0.695g $FeSO_4\cdot 7H_2O$,用水稀释至 100mL

氧化还原指示剂是一种通用指示剂，应用范围比较广泛。选择这类指示剂的原则是，指示剂变色点的电位应当处在滴定体系的电位突跃范围内，指示剂的电位尽量与反应的化学计量点的电位相一致。例如，在 1mol·L^{-1} H$_2$SO$_4$ 溶液中，用 Ce^{4+} 滴定 Fe^{2+}，滴定到化学计量点前后 0.1% 的电位突跃范围是 0.86~1.26V。显然，邻苯氨基苯甲酸和邻二氮菲-亚铁是可用的，选择邻二氮菲-亚铁则更加理想，若选二苯胺磺酸钠，终点会提前，终点误差将会大于允许误差。

应该指出，指示剂本身也会消耗滴定剂。一般可以忽略不计，但在较精确的测定或标准溶液浓度较稀时，则应作指示剂的空白校正。

6.4 常见氧化还原滴定法及应用

氧化还原滴定法可以根据待测物质的性质选择合适的滴定剂，并根据所用滴定剂的名称命名，如高锰酸钾法、碘量法、重铬酸钾法、溴酸钾法等。各种方法都有其特点和应用范围，应根据实际情况选择。下面介绍三种常用的氧化还原滴定法。

氧化还原滴定法

6.4.1 高锰酸钾法

6.4.1.1 高锰酸钾法原理

KMnO$_4$ 是一种强氧化剂，它的氧化能力和还原产物与溶液的酸度有关。

在强酸性溶液中，KMnO$_4$ 与还原剂作用，MnO$_4^-$ 被还原成 Mn^{2+}：

$$MnO_4^- + 8H^+ + 5e^- \Longleftrightarrow Mn^{2+} + 4H_2O \qquad \varphi^{\ominus} = 1.51V$$

由于在强酸性溶液中 KMnO$_4$ 有更强的氧化性，因而高锰酸钾法一般多在 0.5~1mol·L^{-1} H$_2$SO$_4$ 介质中使用，而不使用盐酸介质，因为盐酸具有还原性，能诱发一些副反应，干扰测定。硝酸由于含有氮氧化物，容易发生副反应，也很少使用。

在弱酸性、中性或弱碱性溶液中，MnO$_4^-$ 被还原成 MnO$_2$：

$$MnO_4^- + 2H_2O + 3e^- \Longleftrightarrow MnO_2 \downarrow + 4OH^- \qquad \varphi^{\ominus} = 0.59V$$

由于反应产物为棕色的 MnO$_2$ 沉淀，妨碍终点观察，因此很少使用。

在强碱性溶液中，MnO$_4^-$ 被还原成 MnO$_4^{2-}$：

$$MnO_4^- + e^- \Longleftrightarrow MnO_4^{2-} \qquad \varphi^{\ominus} = 0.56V$$

在强碱性溶液中用 KMnO$_4$ 氧化有机物时，反应速率比在酸性条件下更快，因此常利用 KMnO$_4$ 在强碱溶液中与有机物的反应测定有机物。

KMnO$_4$ 法有如下特点。

① KMnO$_4$ 氧化能力强，应用广泛，可直接或间接地测定多种无机物和有机物。如可直接滴定 Fe^{2+}、As(Ⅲ)、Sb(Ⅲ)、W(Ⅴ)、U(Ⅳ)、H$_2$O$_2$、C$_2$O$_4^{2-}$、NO$_2^-$ 等；返滴定时可测 MnO$_2$、PbO$_2$ 等物质；也可以通过 MnO$_4^-$ 与 C$_2$O$_4^{2-}$ 反应间接测定一些非氧化还原物质，如 Ca^{2+}、Th^{4+} 等。

② KMnO$_4$ 溶液呈紫红色，用它滴定无色或颜色很浅的溶液时，一般不需要外加指示剂。

③ 由于 KMnO$_4$ 氧化能力强，因此方法的选择性欠佳，而且 KMnO$_4$ 与还原性物质的反应历程比较复杂，容易发生副反应。

④ $KMnO_4$ 标准溶液不能直接配制,且标准溶液不够稳定,不能久置,需经常标定。

6.4.1.2 高锰酸钾标准溶液的配制与标定

(1) 配制 市售高锰酸钾试剂常含有少量的 MnO_2 及其他杂质,使用的蒸馏水中也含有少量尘埃、有机物等还原性物质,这些物质都能使 $KMnO_4$ 还原,因此 $KMnO_4$ 标准溶液不能直接配制,必须先配成近似浓度的溶液,放置一周后滤去沉淀,然后再用基准物质标定。

(2) 标定 标定 $KMnO_4$ 溶液的基准物很多,如 $Na_2C_2O_4$、$H_2C_2O_4 \cdot 2H_2O$、$(NH_4)_2Fe(SO_4)_2 \cdot 6H_2O$ 和纯铁丝等。其中常用的是 $Na_2C_2O_4$,它易于提纯且性质稳定,不含结晶水,在 105~110℃烘至恒重,冷却后即可使用。

MnO_4^- 与 $C_2O_4^{2-}$ 的标定反应在 H_2SO_4 介质中进行,其反应如下:

$$2MnO_4^- + 5C_2O_4^{2-} + 16H^+ = 2Mn^{2+} + 10CO_2\uparrow + 8H_2O$$

为了使标定反应能定量地较快进行,标定时应注意以下滴定条件:

① 温度 $Na_2C_2O_4$ 溶液加热至 70~85℃再进行滴定。不能使温度超过 90℃,否则 $H_2C_2O_4$ 分解,导致标定结果偏高。

$$H_2C_2O_4 \xrightarrow{\geqslant 90℃} H_2O + CO_2\uparrow + CO\uparrow$$

② 酸度 溶液应保持足够大的酸度,一般控制酸度为 0.5~1 mol·L^{-1}。如果酸度不足,易生成 MnO_2 沉淀,酸度过高则又会使 $H_2C_2O_4$ 分解。

③ 滴定速率 MnO_4^- 与 $C_2O_4^{2-}$ 的反应开始时速率很慢,当有 Mn^{2+} 生成之后,反应速率逐渐加快。因此,开始滴定时,应该等第一滴 $KMnO_4$ 溶液褪色后,再加第二滴。此后,因反应生成的 Mn^{2+} 有自动催化作用而加快了反应速率,随之可加快滴定速率,但不能过快,否则加入的 $KMnO_4$ 溶液因来不及与 $C_2O_4^{2-}$ 反应,就在热的酸性溶液中分解,导致标定结果偏低。

$$4MnO_4^- + 12H^+ = 4Mn^{2+} + 6H_2O + 5O_2\uparrow$$

若滴定前加入少量的 $MnSO_4$ 作为催化剂,则在滴定的最初阶段就可以较快的速率进行。

④ 滴定终点 用 $KMnO_4$ 溶液滴定至溶液呈淡粉红色 30s 不褪色即为终点。放置时间过长,空气中还原性物质能使 $KMnO_4$ 还原而褪色。

6.4.1.3 高锰酸钾法的应用实例

(1) 直接滴定法测定 H_2O_2 在强酸性条件下,H_2O_2 被 $KMnO_4$ 定量氧化,反应如下:

$$2KMnO_4 + 5H_2O_2 + 3H_2SO_4 = 2MnSO_4 + K_2SO_4 + 5O_2\uparrow + 8H_2O$$

此反应在室温条件下即可顺利进行。滴定开始时反应较慢,随着 Mn^{2+} 的生成反应速率加快,也可先加入少量 $MnSO_4$ 作为催化剂。

(2) 间接滴定法测定 Ca^{2+} Ca^{2+} 在溶液中没有可变价态,可以通过生成草酸钙沉淀,利用高锰酸钾法间接测定。

先将 Ca^{2+} 沉淀为 CaC_2O_4,再经过滤、洗涤后,将沉淀溶于热的稀 H_2SO_4 溶液中,最后用 $KMnO_4$ 标准溶液滴定 $H_2C_2O_4$,根据所消耗 $KMnO_4$ 的量间接求出 Ca^{2+} 的含量。

(3) 返滴定法测定软锰矿中 MnO_2 软锰矿中 MnO_2 的测定是利用 MnO_2 与 $C_2O_4^{2-}$ 在酸性溶液中的反应,反应如下:

$$MnO_2 + C_2O_4^{2-} + 4H^+ = Mn^{2+} + 2CO_2\uparrow + 2H_2O$$

加入一定量且过量的 $Na_2C_2O_4$ 于磨细的矿样中，加 H_2SO_4 并加热，当样品中无棕黑色颗粒存在时，试样分解完全。用 $KMnO_4$ 标准溶液趁热返滴定剩余的草酸，由 $Na_2C_2O_4$ 的加入量和 $KMnO_4$ 溶液消耗量之差计算 MnO_2 的含量。

(4) 置换滴定法测定 $SnCl_2$ Sn^{2+} 在盐酸溶液中，将 Fe^{3+} 还原为 Fe^{2+}，以 $KMnO_4$ 标准溶液滴定生成的 Fe^{2+}，根据 $KMnO_4$ 的消耗量，换算成 $SnCl_2$ 含量，主要反应为：

$$Sn^{2+} + 2Fe^{3+} = Sn^{4+} + 2Fe^{2+}$$

$$MnO_4^- + 5Fe^{2+} + 8H^+ = Mn^{2+} + 5Fe^{3+} + 4H_2O$$

(5) 一些有机物的测定 $KMnO_4$ 氧化有机物的反应在碱性溶液中比在酸性溶液中快，采用加入过量 $KMnO_4$ 并加热的方法可进一步加速反应。如测定甘油时，加入一定量且过量的 $KMnO_4$ 标准溶液到含有试样的 $2mol \cdot L^{-1}$ NaOH 溶液中，放置片刻，溶液中发生如下反应：

$$C_3H_5(OH)_3 + 14MnO_4^- + 20OH^- = 3CO_3^{2-} + 14MnO_4^{2-} + 14H_2O$$

溶液中反应完全后，将溶液酸化，MnO_4^{2-} 歧化为 MnO_4^- 和 MnO_2，加入过量的 $Na_2C_2O_4$ 标准溶液还原所有高价锰为 Mn^{2+}，最后再以 $KMnO_4$ 标准溶液滴定剩余的 $Na_2C_2O_4$，由两次加入的 $KMnO_4$ 的量和 $Na_2C_2O_4$ 的量计算甘油的质量分数。

6.4.2 碘量法

6.4.2.1 碘量法原理

碘量法是利用 I_2 的氧化性和 I^- 的还原性来进行滴定的方法，其基本反应是：

$$I_2 + 2e^- = 2I^- \qquad \varphi_{I_2/I^-}^{\ominus} = 0.535V$$

固体 I_2 在水中溶解度很小且易于挥发，通常将 I_2 溶解于 KI 溶液中，此时它以 I_3^- 配离子形式存在，其半反应为：

$$I_3^- + 2e^- = 3I^- \qquad \varphi_{I_3^-/I^-}^{\ominus} = 0.535V$$

从 $\varphi^{\ominus}$ 值可以看出，I_2 是较弱的氧化剂，能与较强的还原剂作用；I^- 是中等强度的还原剂，能与许多氧化剂作用，因此碘量法可以用直接或间接两种方式进行。

(1) 直接碘量法 用 I_2 配成的标准滴定溶液可以直接测定电位值比 $\varphi_{I_3^-/I^-}^{\ominus}$ 小的还原性物质，如 S^{2-}、SO_3^{2-}、Sn^{2+}、$S_2O_3^{2-}$、As(Ⅲ)、维生素 C 等，这种碘量法称为直接碘量法，又叫碘滴定法。

(2) 间接碘量法 电位值比 $\varphi_{I_3^-/I^-}^{\ominus}$ 高的氧化性物质，可在一定的条件下，用 I^- 还原，然后用 $Na_2S_2O_3$ 标准溶液滴定释放出的 I_2，这种方法称为间接碘量法，又称滴定碘法。利用这一方法可以测定很多氧化性物质，如 Cu^{2+}、$Cr_2O_7^{2-}$、IO_3^-、BrO_3^-、AsO_4^{3-}、ClO^-、NO_2^-、H_2O_2、MnO_4^- 和 Fe^{3+} 等。间接碘量法的基本反应为：

$$2I^- - 2e^- = I_2$$

$$I_2 + 2S_2O_3^{2-} = S_4O_6^{2-} + 2I^-$$

碘量法采用淀粉作指示剂，灵敏度高。当溶液呈蓝色（直接碘量法）或蓝色消失（间接碘量法）即为终点。

6.4.2.2 碘量法的反应条件

碘量法既可以测定还原性物质，也可以测定氧化性物质，但测定时需控制好反应条件。

(1) 防止 I_2 的挥发和 I^- 被空气氧化 在碘量法中，I_2 的挥发和 I^- 在酸性溶液中被空气中氧气氧化是碘量法误差的主要来源，因此应采取下列措施。

① 加入过量的 KI，KI 的实际用量一般比理论用量多 2~3 倍，过量的 KI 与 I_2 生成 I_3^-，以增大 I_2 的溶解度，降低 I_2 的挥发性，同时提高淀粉指示剂的灵敏度。

② 溶液的酸度不宜太高且应避免阳光直接照射，否则会促进 I^- 被空气中的氧气氧化：

$$4I^- + 4H^+ + O_2(空气中) \Longrightarrow 2I_2 + 2H_2O$$

上述反应进行的程度和反应速率都将随溶液酸度及光线的增强而提高。

③ 反应及滴定都应在室温下（<25℃）进行，温度较高 I_2 更易挥发。氧化性物质与 KI 作用析出 I_2 的反应在碘量瓶中水封密闭进行，并于暗处放置数分钟，使反应完全后，从暗处取出立即用 $Na_2S_2O_3$ 标准溶液滴定。

④ 不宜剧烈摇瓶，且滴定速率也不宜太慢。

(2) 控制溶液酸度 直接碘量法不能在碱性溶液中进行，间接碘量法中 I_2 和 $S_2O_3^{2-}$ 间的反应必须在中性或弱酸性溶液中进行，否则会发生副反应。

碱性溶液中
$$3I_2 + 6OH^- \Longrightarrow IO_3^- + 5I^- + 3H_2O$$
$$S_2O_3^{2-} + 4I_2 + 10OH^- \Longrightarrow 2SO_4^{2-} + 8I^- + 5H_2O$$

强酸性溶液中
$$S_2O_3^{2-} + 2H^+ \Longrightarrow SO_2\uparrow + S\downarrow + H_2O$$
$$4I^- + 4H^+ + O_2 \Longrightarrow 2I_2 + 2H_2O$$

(3) 适时加入淀粉指示剂 间接碘量法中硫代硫酸钠溶液滴定 I_2 时，一般是在大部分 I_2 被还原，滴定接近终点时才加入淀粉指示剂。若加入太早，将会有较多的 I_2 被淀粉所吸附，这部分 I_2 就不易与硫代硫酸钠溶液反应，从而给滴定带来误差。

6.4.2.3 碘量法标准溶液的配制

碘量法中需要配制和标定 $Na_2S_2O_3$ 和 I_2 两种标准溶液。

(1) $Na_2S_2O_3$ 标准溶液的配制 市售硫代硫酸钠（$Na_2S_2O_3 \cdot 5H_2O$）一般都含有少量杂质，因此配制 $Na_2S_2O_3$ 标准溶液不能用直接法，只能用间接法。配制好的 $Na_2S_2O_3$ 溶液在空气中不稳定，容易分解，这是由于在水中的微生物、CO_2、空气中 O_2 作用下，发生下列反应：

$$Na_2S_2O_3 \xrightarrow{微生物} Na_2SO_3 + S\downarrow$$
$$Na_2S_2O_3 + CO_2 + H_2O \Longrightarrow NaHSO_3 + NaHCO_3 + S\downarrow$$
$$2Na_2S_2O_3 + O_2 \Longrightarrow 2Na_2SO_4 + 2S\downarrow$$

此外，水中微量的 Cu^{2+} 或 Fe^{3+} 等也能促进 $Na_2S_2O_3$ 溶液分解，因此配制 $Na_2S_2O_3$ 溶液时，应当用新煮沸并冷却的蒸馏水，并加入少量 Na_2CO_3，使溶液呈弱碱性，以抑制细菌生长。配制好的 $Na_2S_2O_3$ 溶液应贮于棕色瓶中，于暗处放置 2 周后，过滤去沉淀，然后再标定；标定后的 $Na_2S_2O_3$ 溶液在贮存过程中如发现溶液变混浊，应重新标定或弃去重配。

标定 $Na_2S_2O_3$ 溶液的基准物质有 $K_2Cr_2O_7$、KIO_3、$KBrO_3$ 及升华 I_2 等。除 I_2 外，其他物质都需在酸性溶液中与 KI 作用析出 I_2 后，再用配制的 $Na_2S_2O_3$ 溶液滴定。以 $K_2Cr_2O_7$ 作基准物为例，$K_2Cr_2O_7$ 在酸性溶液中与 I^- 发生如下反应：

$$Cr_2O_7^{2-} + 6I^- + 14H^+ \Longrightarrow 2Cr^{3+} + 3I_2 + 7H_2O$$

反应析出的 I_2 以淀粉为指示剂用待标定的 $Na_2S_2O_3$ 溶液滴定。

$$I_2 + 2S_2O_3^{2-} \Longrightarrow 2I^- + S_4O_6^{2-}$$

用 $K_2Cr_2O_7$ 标定 $Na_2S_2O_3$ 溶液时应注意：$Cr_2O_7^{2-}$ 与 I^- 反应较慢，为加速反应，须加入过量的 KI 并提高酸度，不过酸度过高会加速空气氧化 I^-。因此，一般应控制酸度为

$0.2 \sim 0.4 \text{mol} \cdot \text{L}^{-1}$。并在暗处放置 10min，以保证反应顺利完成。

根据称取 $K_2Cr_2O_7$ 的质量和滴定时消耗 $Na_2S_2O_3$ 标准溶液的体积，可计算出 $Na_2S_2O_3$ 标准溶液的浓度。计算公式如下：

$$c_{Na_2S_2O_3} = \frac{m_{K_2Cr_2O_7} \times 10^3}{(V-V_0) \times M_{\frac{1}{6}K_2Cr_2O_7}} \tag{6-6}$$

式中　$m_{K_2Cr_2O_7}$ ——$K_2Cr_2O_7$ 的质量，g；

　　　V——滴定时消耗 $Na_2S_2O_3$ 标准溶液的体积，mL；

　　　V_0——空白试验消耗 $Na_2S_2O_3$ 标准溶液的体积，mL；

　　　$M_{\frac{1}{6}K_2Cr_2O_7}$——基本单元的 $K_2Cr_2O_7$ 摩尔质量，$49.03\text{g} \cdot \text{mol}^{-1}$。

(2) I_2 标准溶液的配制　升华法制得的纯碘可直接配制成标准溶液，但通常是用市售的碘先配成近似浓度的碘溶液，再用基准试剂或已知准确浓度的 $Na_2S_2O_3$ 标准溶液标定碘溶液的准确浓度。

碘溶液可用 As_2O_3 基准物质标定。As_2O_3 难溶于水，多用 NaOH 溶液溶解，使之生成亚砷酸钠，再用 I_2 溶液滴定 AsO_3^{3-}。

$$As_2O_3 + 6NaOH \rightleftharpoons 2Na_3AsO_3 + 3H_2O$$
$$Na_3AsO_3 + I_2 + H_2O \rightleftharpoons Na_3AsO_4 + 2H^+ + 2I^-$$

I_2 与 AsO_3^{3-} 反应为可逆反应。为使反应进行完全，加固体 $NaHCO_3$ 以中和反应生成的酸，保持溶液 pH=8 左右。

根据称取的 As_2O_3 质量和滴定消耗 I_2 溶液的体积可计算出 I_2 标准溶液的浓度。计算公式如下：

$$c_{\frac{1}{2}I_2} = \frac{m_{As_2O_3}}{M_{\frac{1}{4}As_2O_3} \times (V_1-V_0) \times 10^{-3}} \tag{6-7}$$

式中　$c_{\frac{1}{2}I_2}$——I_2 标准溶液的浓度，$\text{mol} \cdot \text{L}^{-1}$；

　　　V_1——滴定时消耗 I_2 标准溶液的体积，mL；

　　　V_0——空白实验消耗 I_2 标准溶液的体积，mL；

　　　$M_{\frac{1}{4}As_2O_3}$——$1/4\ As_2O_3$ 的摩尔质量，$49.46\text{g} \cdot \text{mol}^{-1}$；

　　　$m_{As_2O_3}$——基准物质 As_2O_3 的质量，g。

由于 As_2O_3 为剧毒物，实际工作中常用 $Na_2S_2O_3$ 标准溶液标定 I_2 溶液（比较法），其反应式为：

$$2Na_2S_2O_3 + I_2 \rightleftharpoons Na_2S_4O_6 + 2NaI$$

碘标准滴定溶液浓度计算：

$$c_{\frac{1}{2}I_2} = \frac{c_{Na_2S_2O_3} V_{Na_2S_2O_3}}{V_2} \tag{6-8}$$

式中　$c_{Na_2S_2O_3}$——$Na_2S_2O_3$ 标准溶液的浓度，$\text{mol} \cdot \text{L}^{-1}$；

　　　$V_{Na_2S_2O_3}$——加入 $Na_2S_2O_3$ 标准溶液的体积，mL；

　　　V_2——滴定时消耗 I_2 标准溶液的体积，mL。

6.4.2.4　碘量法应用实例

(1) 水中溶解氧的测定　溶解于水中的氧称为溶解氧，常以 DO 表示。溶解氧的含量用 1L 水中溶解的氧气量（O_2，$\text{mg} \cdot \text{L}^{-1}$）表示。水中溶解氧的含量与大气压力、水的温度密切相关。大气压力减小，溶解氧含量也减小；温度升高，溶解氧含量显著下降。

① 测定水体溶解氧的意义：水体中溶解氧含量的多少反映出水体受污染的程度。清洁的地面水在正常情况下所含溶解氧接近饱和状态，如果水中含有藻类，由于光合作用放出氧，可能使水中含过饱和的溶解氧，但当水体受到污染时，由于氧化污染物质需要消耗氧，水中所含的溶解氧就会减少，因此，溶解氧的测定是衡量水污染的一项重要指标。

② 水中溶解氧的测定方法：清洁水样一般采用碘量法测定。若水样有色或含有氧化还原性物质、藻类、悬浮物时将干扰测定，须采用叠氮化钠修正的碘量法或膜电极法等方法进行测定。

碘量法测定溶解氧的原理是：往水样中加入硫酸锰和碱性碘化钾溶液，使生成氢氧化亚锰沉淀。氢氧化亚锰性质极不稳定，迅速与水中溶解氧化合生成棕色锰酸锰沉淀。

$$MnSO_4 + 2NaOH = Mn(OH)_2\downarrow + Na_2SO_4$$
白色沉淀

$$2Mn(OH)_2 + O_2 = 2H_2MnO_3\downarrow$$
棕色沉淀

$$Mn(OH)_2 + H_2MnO_3 = MnMnO_3\downarrow + 2H_2O$$
棕色沉淀

加入硫酸酸化，使已经化合的溶解氧与溶液中所加入的 I^- 起氧化还原反应，析出与溶解氧相当量的 I_2。溶解氧越多，析出的碘也越多，溶液的颜色也就越深。

$$MnMnO_3 + 3H_2SO_4 + 2KI = 2MnSO_4 + K_2SO_4 + I_2 + 3H_2O$$

最后取出一定量反应完毕的水样，以淀粉为指示剂，用 $Na_2S_2O_3$ 标准溶液滴定至终点，滴定反应为：

$$I_2 + 2S_2O_3^{2-} = 2I^- + S_4O_6^{2-}$$

测定结果按下式计算：

$$DO = \frac{(V_0 - V_1)c_{Na_2S_2O_3} \times 8.000 \times 1000}{V_{水}} \tag{6-9}$$

(2) 维生素 C 的测定 维生素 C 又称为抗坏血酸（$C_6H_8O_6$，摩尔质量为 176.1 $g\cdot mol^{-1}$）。由于维生素 C 分子中的烯二醇基具有还原性，所以能被定量地氧化成二酮基。其反应为：

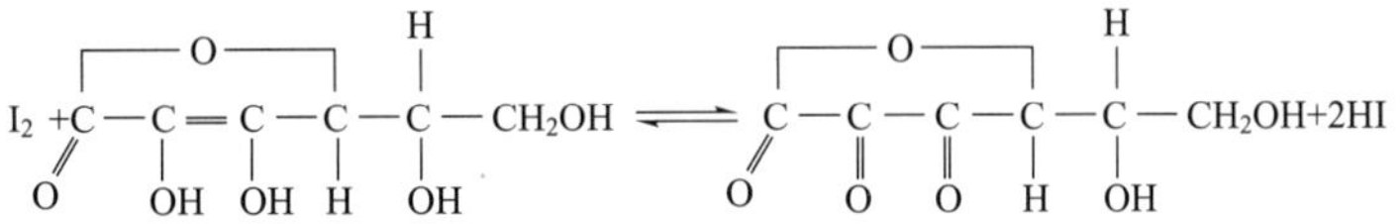

I_2 + 结构式 ⇌ 结构式 + 2HI

维生素 C 的半反应式为：

$$C_6H_6O_6 + 2H^+ + 2e^- = C_6H_8O_6 \qquad \varphi^{\ominus}_{C_6H_6O_6/C_6H_8O_6} = +0.18V$$

维生素 C 的还原性很强，在空气中极易被氧化，尤其在碱性介质中，因此，测定时应加入醋酸溶液使溶液呈弱酸性，减少维生素 C 的副反应。

维生素 C 的测定方法：准确称取含维生素 C 的试样，用新煮沸且冷却的蒸馏水将其溶解，以醋酸溶液酸化，加入淀粉指示剂，迅速用 I_2 标准溶液滴定至终点（呈稳定的蓝色）。

6.4.3 重铬酸钾法

6.4.3.1 重铬酸钾法原理

重铬酸钾法是以 $K_2Cr_2O_7$ 为标准溶液，利用它在强酸性溶液中的强氧化性的氧化还原滴定法。

在酸性溶液中，$Cr_2O_7^{2-}$ 与还原性物质作用可获得 6 个电子被还原为 Cr^{3+}，半反应式为：

$$Cr_2O_7^{2-} + 14H^+ + 6e^- \rightleftharpoons 2Cr^{3+} + 7H_2O \qquad \varphi^{\ominus} = +1.33V$$

从半反应式中可以看出，溶液的酸度越高，$Cr_2O_7^{2-}$ 的氧化能力越强，故重铬酸钾法必须在强酸性溶液中进行测定。酸度控制可用硫酸或盐酸，不能用硝酸。利用重铬酸钾法可以测定许多无机物和有机物。

与高锰酸钾法相比重铬钾法有如下优点。

① $K_2Cr_2O_7$ 易提纯，是基准物，可用直接法配制溶液。
② $K_2Cr_2O_7$ 溶液非常稳定，可长期保存。
③ $K_2Cr_2O_7$ 对应电对的标准电极电位比高锰酸钾的小，可在盐酸溶液中测定铁。
④ 应用广泛，可直接、间接测定许多物质。

重铬钾法的缺点是反应速率很慢，条件难以控制，必须外加指示剂。另外，$K_2Cr_2O_7$ 有毒，使用时应注意废液的处理，以免污染环境。

6.4.3.2 重铬酸钾标准溶液的配制

$K_2Cr_2O_7$ 是基准物，可用直接法配制溶液。

6.4.3.3 重铬酸钾法应用实例——铁矿石中含铁量的测定

铁矿石的主要成分是 $Fe_3O_4 \cdot nH_2O$，测定时首先用浓盐酸将铁矿石溶解，然后通过氧化还原预处理将铁矿石中的铁全部转化为 Fe^{2+}，然后在 $1mol \cdot L^{-1}$ H_2SO_4-H_3PO_4 混合介质中以二苯胺磺酸钠作为指示剂，用 $K_2Cr_2O_7$ 标准溶液进行滴定，滴定反应为：

$$Cr_2O_7^{2-} + 6Fe^{2+} + 14H^+ \rightleftharpoons 2Cr^{3+} + 6Fe^{3+} + 7H_2O$$

重铬酸钾法是测定铁矿石中全铁量的标准方法。另外，可用 $Cr_2O_7^{2-}$ 和 Fe^{2+} 的反应间接测定 NO_3^-、ClO_3^- 和 Ti^{3+} 等多种物质。

复习思考题

1. 影响氧化还原反应速率的主要因素有哪些？可采取哪些措施加速反应的完成？

2. 氧化还原滴定中，可用哪些方法检测终点？氧化还原指示剂的变色原理和选择原则与酸碱指示剂有何异同？

3. 计算题。

（1）已知 $Fe^{3+} + e^- \rightleftharpoons Fe^{2+}$，$\varphi^{\ominus}_{Fe^{3+}/Fe^{2+}} = 0.771V$，当 $c_{Fe^{3+}/Fe^{2+}}$ 之比为 ① 10^{-2}；② 10^{-1}；③ 1；④ 10；⑤ 100 时，计算 $\varphi_{Fe^{3+}/Fe^{2+}}$ 电极电位。

（2）在 250mL 容量瓶中将 1.0028g H_2O_2 溶液配制成 250mL 试液。准确移取此试液 25.00mL，用 $c_{\frac{1}{5}KMnO_4} = 0.1000 mol \cdot L^{-1}$ $KMnO_4$ 溶液滴定，消耗 17.38mL，问 H_2O_2 试样中 H_2O_2 质量分数？

（3）称取含有 MnO_2 的试样 1.000g，在酸性溶液中加入 $Na_2C_2O_4$ 固体 0.4020g，过量的 $Na_2C_2O_4$ 用 $c_{\frac{1}{5}KMnO_4} = 0.1000 mol \cdot L^{-1}$ 的 $KMnO_4$ 标准溶液滴定，达到终点时消耗 20.00mL，计算试样中 MnO_2 的质量分数。

（4）制备 1L $c_{Na_2S_2O_3} = 0.2 mol \cdot L^{-1}$ $Na_2S_2O_3$ 溶液，需称取 $Na_2S_2O_3 \cdot 5H_2O$ 多少克？

（5）碘量法测维生素 C。取市售果汁样品 100.00mL 酸化后，加 $c_{\frac{1}{2}I_2}$ 标准溶液 $0.5000 mol \cdot L^{-1}$ 25.00mL，待碘液将维生素 C 氧化完全后，过量的碘用 $c_{Na_2S_2O_3} = 0.0200 mol \cdot L^{-1}$ 溶液滴定消耗 2.00mL，计算果汁中维生素 C 含量（以 $mg \cdot mL^{-1}$）。

第 7 章 配位滴定法

【学习指南】

熟悉配合物的基本概念、命名、分类等;理解配位平衡与其他平衡的关系;理解稳定常数的意义;掌握配位滴定基本方法的应用。

【阅读材料】

配位滴定法能用于掺假穿山甲的检定。

掺假穿山甲的检定

配位化合物是指含有配位键的化合物，简称配合物或络合物。配合物在科学研究和生产实践中起着十分重要的作用。金属的分离提取、化学分析、电镀工艺、控制腐蚀、医药工业、印染工业、食品工业等都与配合物密切相关。配合物在生物体内也起着重要作用，人和动物血液中的血红素、植物中的叶绿素以及生物体内的许多酶都是配合物。近几十年来，随着对配合物研究的不断深入，已发展成为一门内容丰富、成果丰硕的学科——配位化学，与其他学科结合还产生了金属有机化学、生物无机化学等边缘学科。本章主要学习配合物的基本知识以及在分析中的应用。

7.1 配合物概述

7.1.1 配合物的组成

7.1.1.1 配合物的概念

配合物是一类复杂的化合物，如$[Cu(NH_3)_4]SO_4$、$[Cu(H_2O)_4]SO_4$、$[Ag(NH_3)_2]Cl$等，它们的共同特征是都含有复杂的组成单元(用方括号标出)。经过研究发现，这些复杂的组成单元内部都存在着配位键，如$[Cu(NH_3)_4]^{2+}$由1个Cu^{2+}和4个NH_3以四个配位键结合而成，$[Ag(NH_3)_2]^+$由1个Ag^+和2个NH_3以两个配位键结合而成。这些由一个简单阳离子或原子和一定数目的中性分子或阴离子以配位键相结合，形成具有一定特性的配位个体叫做配离子(或配分子)。它们可以像一个简单离子一样参加反应。配离子又可分为配阳离子(如$[Cu(H_2O)_4]^{2+}$、$[Ag(NH_3)_2]^+$等)和配阴离子(如$[PtCl_6]^{2-}$、$[Fe(CN)_6]^{4-}$等)。配分子是一些不带电荷的电中性化合物，如$[CoCl_3(NH_3)_3]$、$[Fe(CO)_5]$等。

7.1.1.2 配合物的组成

根据维尔纳1893年创立的配位理论，配合物通常由内界和外界两大部分组成，如图7-1所示。

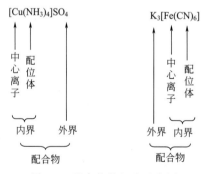

图7-1 配合物的组成示意图

内界为配合物的特征部分，由中心体和配体组成，一般用方括号括起来。不在内界的其他离子构成外界。内外界之间以离子键结合，在水溶液中可离解成配离子和其他离子。配分子没有外界，本身就是一种化合物。

(1) 中心体 中心体又叫中心离子或中心原子，用M表示，也叫配合物形成体。它位于配离子的中心，一般为能够提供空轨道的带正电荷的阳离子或中心原子。常见的中心体为过渡金属元素的阳离子或原子，如Cu^{2+}、Fe^{3+}、Ag^+、Co、Ni等；有时阴离子或一些氧化数为正值的非金属元素也可以作中心体，但较少，如 $[SiF_6]^{2-}$ 中的 Si(Ⅳ)、$[I(I_2)]^-$ 等。

(2) 配位体 在配合物内能提供孤对电子并与中心离子（或原子）以配位键结合的中性分子或阴离子叫做配位体，简称配体。例如 NH_3、H_2O、CO、OH^-、CN^-、X^-（卤素阴离子）等。提供配体的物质叫做配位剂，如 $NaOH$、KCN 等。有时配位剂本身就是配体，如 NH_3、H_2O、CO 等。

在配体中可提供孤对电子与中心离子（或原子）直接以配位键结合的原子叫做配位原子。通常是电负性较大的非金属元素的原子，如 F、Cl、Br、I、O、S、N、P、C 等。

根据一个配体中所含配位原子的数目不同，可将配体分为单齿配体和多齿配体。只含有一个配位原子的配位体叫单齿配体，如 NH_3、H_2O、CO、OH^-、CN^-、X^- 等。含有两个或两个以上配位原子的配体叫多齿配体，如草酸根、乙二胺（en）、氨基乙酸（NH_2CH_2COOH）等。

(3) 配位数 与中心体直接以配位键相结合的配位原子的总数叫做该中心体的配位数。它等于中心体与配位体之间形成的配位键的总数。

若配体是单齿的，则中心体的配位数等于配体的数目。如果配位体是多齿的，配体的数目就不等于中心离子的配位数。在配合物中，中心离子最常见的配位数为 2、4 和 6。

(4) 配离子的电荷 配离子的电荷数等于中心离子和配位体总电荷的代数和。如 $[Fe(CN)_6]^{4-}$ 的电荷为 $(+2)+(-1)\times 6=-4$。

7.1.2 配合物的命名

配合物的命名与无机化合物的命名规则相同，采用统一命名法。

若配合物为配阳离子化合物，叫做某化某或某酸某，若为配阴离子化合物，则在配阴离子与外界阳离子之间用"酸"字连接，叫某酸某。配合物的命名主要是配合物内界的命名，可按照以下原则进行命名。

7.1.2.1 配合物内界命名顺序

配位体数，用倍数词头一、二、三等汉字表示。配体名称"合"中心体名称，用加括号的罗马数字表示中心体的氧化数，没有外界的配合物可不加以标名。若配合物内界为阳离子，则后加"离子"二字，在命名化合物时可省略。若配合物内界为阴离子，则后加"酸根"二字。

7.1.2.2 配位体的排列顺序

如果在同一配合物中有两种或两种以上的配体时，其命名有顺序的要求。一般为：无机配体在前，有机配体在后；无机配体中阴离子在前，中性分子在后；中性分子中，先氨后水再有机分子。不同配体间用"·"隔开。

下面列举一些配合物命名的实例，有些配合物还常用习惯名或俗名。

$K[PtCl_3(C_2H_4)]$	三氯·乙烯合铂(Ⅱ)酸钾
$K[PtCl_5(NH_3)]$	五氯·一氨合铂(Ⅳ)酸钾
$[Co(NH_3)_5(H_2O)]Cl_3$	三氯化五氨·一水合钴(Ⅲ)
$[Ag(NH_3)_2]OH$	氢氧化二氨合银(Ⅰ)
$[Cu(NH_3)_4]SO_4$	硫酸四氨合铜(Ⅱ)
$[CrCl_2(H_2O)_4]Cl$	一氯化二氯·四水合铬(Ⅲ)
$K_4[Fe(CN)_6]$	六氰合铁(Ⅱ)酸钾　亚铁氰化钾　俗称黄血盐

K₃[Fe(CN)₆]　　　　　　六氰合铁（Ⅲ）酸钾　　铁氰化钾　　俗称赤血盐
[Fe(CO)₅]　　　　　　　五羰基合铁

7.1.3 配合物的类型

7.1.3.1 简单配合物

简单配合物是指单齿配体与中心体配位而形成的配合物。如 [Cu(NH₃)₄]SO₄、[Co(NH₃)₆]Cl₃、[CrCl₂(H₂O)₄]Cl 等。

7.1.3.2 螯合物

螯合物又称内配合物，是一类由多齿配体通过两个或两个以上的配位原子与同一中心体形成的具有环状结构的配合物。形成螯合物的多齿配体称为螯合剂，如乙二胺能与 Cu^{2+} 形成两个五元环的螯合物，其结构如图 7-2 所示。

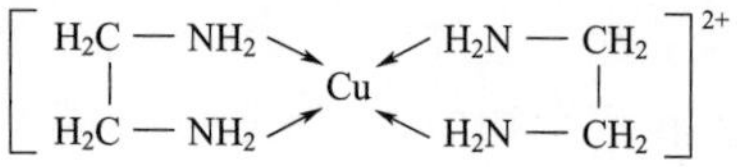

$$\left[\begin{array}{c} H_2C-NH_2 \quad H_2N-CH_2 \\ | \quad\quad\quad Cu \quad\quad\quad | \\ H_2C-NH_2 \quad H_2N-CH_2 \end{array}\right]^{2+}$$

图 7-2　乙二胺与 Cu^{2+} 的螯合物示意图

常见的螯合剂是含有 N、O、S、P 等配位原子的有机化合物。氨羧配位剂是最常见的一类螯合剂。它们是以氨基二乙酸为基体的有机配位剂，其分子结构中同时含有氨氮和羧氧两种配位能力很强的配位原子，氨氮能与 Co、Ni、Zn、Cu、Hg 等配位，而羧氧几乎能与一切高价金属离子配位。氨羧配位剂同时兼有氨氮和羧氧的配位能力，所以几乎能与所有金属离子配位，形成多个多元环状结构的配合物或螯合物。在氨羧配位剂中又以乙二胺四乙酸（简称 EDTA）的应用最为广泛。EDTA 的结构如图 7-3 所示。

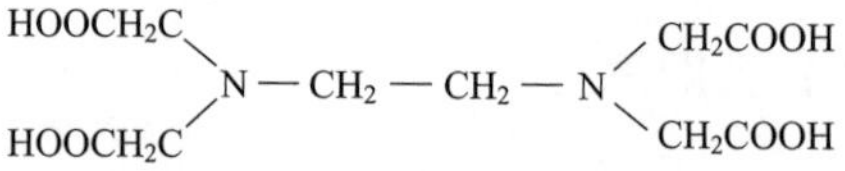

$$\begin{array}{c} HOOCH_2C \\ \diagdown \\ N-CH_2-CH_2-N \\ \diagup \diagdown \\ HOOCH_2C CH_2COOH \\ CH_2COOH \end{array}$$

图 7-3　EDTA 的结构示意图

EDTA 是一种白色无水结晶粉末，无毒无臭，具有酸味，熔点为 241.5℃，常温下 100g 水中可溶解 0.2g EDTA，难溶于酸和一般有机溶剂，但易溶于氨水和氢氧化钠溶液中。

从结构上看，EDTA 是四元酸，常用 H_4Y 式表示。在水溶液中易形成双极分子，在电场中不移动。其分子中含有两个氨基和四个羧基，它可作为四齿配体，也可作为六齿配体。所以 EDTA 是一种配位能力很强的螯合剂，在一定条件下，EDTA 能够与周期表中绝大多数金属离子形成多个五元环状的配位比为 1∶1 的螯合物，结构相当稳定，且易溶于水，便于在水溶液中进行分析。正是因为这个原因，分析中以配位滴定法测定金属离子含量时，常用 EDTA 作为配位剂（EDTA 法）。例如 Ca^{2+} 是一个弱的配合物的形成体，但它也可以与 EDTA 形成十分稳定的螯合物，其结构如图 7-4 所示。

与简单配合物相比，在中心离子、配位原子相同的情况下，螯合物具有更强的稳定性，在水溶液中的离解能力也更小。

螯合物中所含的环的数目越多，其稳定性也越强。此外，螯合环的大小也会影响螯合物的稳定性。一般具有五原子环或六原子环的螯合物最稳定。

许多螯合物都具有特殊的颜色。在定性分析中，常用形成有特征颜色的螯合物来鉴定金属离子的存在与否。例如，在氨性条件下，丁二酮肟与 Ni^{2+} 形成鲜红色螯合物沉淀，可用

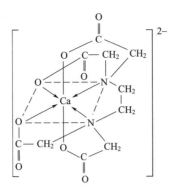

图 7-4　EDTA 与 Ca^{2+} 的螯合物示意图

于 Ni^{2+} 的定性鉴定。

7.1.3.3　羰基配合物和不饱和烃配合物

以羰基为配体的金属配合物叫羰基配合物，如 $[Fe(CO)_5]$、$[Ni(CO)_4]$ 等；以不饱和烃为配体的金属配合物叫不饱和烃配合物，如 $[Fe(C_5H_5)_2]$、$[PdCl_3(C_2H_4)]^-$ 等。

7.2　配合物的结构

配合物的结构是指配合物中的化学键及其空间构型。有关配合物的化学键理论主要有现代的价键理论、晶体场理论和分子轨道理论。本节用价键理论来解释配合物的结构。

7.2.1　配合物中的化学键

1931 年，鲍林首先将分子结构的价键理论应用于配合物，后经他人修正补充，逐步完善形成了近代配合物价键理论。

价键理论认为，配合物的中心体（M）和配体（L）之间是通过配位键结合的；成键的中心体的原子轨道必须杂化，然后再与配位体成键；杂化轨道的类型决定配离子的空间构型。通常可用 L→M 来表示配位键。

7.2.2　配合物的空间构型

参加成键的中心体的杂化轨道的类型决定配合物的几何构型，例如杂化轨道为 sp 的配合物为直线形，杂化轨道为 sp^2 的配合物为平面三角形，杂化轨道为 sp^3 的配合物为四面体，杂化轨道为 dsp^2 的配合物为平面正方形，杂化轨道为 d^2sp^3、sp^3d^2 的配合物为八面体。而中心体杂化轨道的类型主要取决于它的价层电子结构和配位数，同时也与配位体有一定的关系。

7.2.2.1　配位数为 2 的配合物

氧化数为 +1 的离子常形成配位数为 2 的配合物，如 $[Ag(NH_3)_2]^+$、$[AgCl_2]^-$ 和 $[AgI_2]^-$ 等。中心体 Ag^+ 的价电子层的 5s 和 5p 轨道是空的，它们以 sp 方式杂化，形成两个直线型的 sp 杂化轨道，可以接受两个配位体中的孤对电子成键。由于两个 sp 杂化轨道的夹角为 180°，所以它们的空间构型是直线型结构。

7.2.2.2 配位数为 4 的配合物

配位数为 4 的配合物有两种空间构型,中心体以 sp^3 杂化,则形成的配合物空间构型为四面体,如果以 dsp^2 杂化则配合物为平面正方形。杂化方式取决于中心体的价层电子结构和配体的性质。

例如,Ni^{2+} 形成配位数为 4 的配合物时,既有四面体的构型,也有平面正方形的构型,如在 [NiCl$_4$]$^{2-}$ 中 Ni^{2+} 采用的是 sp^3 杂化,而在 [NiCN$_4$]$^{2-}$ 中,Ni^{2+} 采用的是 dsp^2 杂化。

7.2.2.3 配位数为 6 的配合物

配位数为 6 的配合物大多数是八面体构型,但是中心体采用的杂化轨道有区别。一种是 sp^3d^2 杂化,另一种是 d^2sp^3 杂化。例如,Fe^{3+} 可以形成 [FeF$_6$]$^{3-}$ 和 [Fe(CN)$_6$]$^{4-}$ 两种配离子。在 [FeF$_6$]$^{3-}$ 中,Fe^{3+} 的 3d 轨道中的电子排布保持原态,以外层的 1 个 4s、3 个 4p 和 2 个 4d 空轨道进行 sp^3d^2 杂化,并分别接受 6 个 F^- 的孤对电子成键。在 [Fe(CN)$_6$]$^{4-}$ 中,Fe^{3+} 的 3d 电子发生重排,空出两个 3d 轨道与其的 1 个 4s、3 个 4p 空轨道进行 d^2sp^3 杂化,并分别接受 6 个 CN^- 的孤对电子成键。

由此可见,配合物的空间构型取决于中心体杂化方式。杂化轨道与配合物空间构型的关系见表 7-1。

表 7-1 杂化轨道与配合物空间构型的关系

配位数	杂化轨道		空间构型	实 例	配离子的类型
	轨道数	杂化方式			
2	2	sp	直线	[Ag(NH$_3$)$_2$]$^+$,[AgCN$_2$]$^-$	外轨型
3	3	sp^2	平面三角	[CuCl$_3$]$^{2-}$	外轨型
4	4	sp^3	四面体	[Zn(NH$_3$)$_4$]$^{2+}$,[HgI$_4$]$^{2-}$	外轨型
		dsp^2	平面正方形	[Ni(CN)$_4$]$^{2-}$,[PtCl$_4$]$^{2-}$,[Cu(NH$_3$)$_4$]$^{2+}$	内轨型
6	6	d^2sp^3	八面体	[Fe(CN)$_6$]$^{4-}$,[Fe(CN)$_6$]$^{3-}$,[PtCl$_6$]$^{2-}$,[Co(NH$_3$)$_6$]$^{3+}$	内轨型
		sp^3d^2		[Ni(NH$_3$)$_6$]$^{2+}$,[FeF$_6$]$^{3-}$,[AlF$_6$]$^{3-}$,[Co(NH$_3$)$_6$]$^{2+}$	外轨型

7.2.3 外轨配合物与内轨配合物

中心离子以最外层的轨道（ns、np、nd）组成杂化轨道后和配位原子形成的配键,称为外轨配键。其对应的配合物叫作外轨型配合物,如 [NiCl$_4$]$^{2-}$ 和 [FeF$_6$]$^{3-}$ 等。

在形成外轨型配合物时,中心离子的电子排布不受配体的影响,仍保持自由离子的电子层构型,所以配合物中心离子的未成对电子数和自由离子中未成对的电子数相同,此时具有较多的未成对电子数。

中心离子以部分次外层轨道如 $(n-1)d$ 轨道参与组成杂化轨道,则形成内轨配键,其对应的配合物称为内轨型配合物,如 [Ni(CN)$_4$]$^{2-}$ 和 [Fe(CN)$_6$]$^{3-}$ 等。

在形成内轨配合物时,中心离子的电子排布在配体的影响下发生变化,进行电子归并,共用电子对深入到中心离子的内层轨道,配合物中心离子的未成对电子数比自由离子的未成对电子少,此时具有较少的未成对电子数。

配合物是内轨型还是外轨型,主要取决于中心离子的电子构型、离子所带电荷和配位体的性质。

具有 d^{10} 构型的离子,只能用外层轨道形成外轨型配合物,如 Ag^+、Cu^{2+}、Zn^{2+} 等;具有 d^8 构型的离子,大多数情况下形成内轨型化合物,如 Ni^{2+}、Pt^{2+} 等;具有其他构型的离子,既可形成内轨型也可形成外轨型配合物。另外,中心离子电荷的增多有利于形成内轨型配合物。

通常电负性大的原子如 F、O 等易形成外轨型配合物。C 原子作配位原子时,常形成内轨型配合物。N 原子作配位原子时,既有外轨型也有内轨型配合物。

对于相同的中心离子,当形成相同配位数的配离子时,一般内轨型比外轨型稳定。内轨型配离子在水中较难离解,而外轨型配离子在水溶液中则容易离解。另外,由于形成了内轨型配合物,中心体的成单电子数明显减少,所以外轨型配合物一般为顺磁性物质,而内轨型配合物的磁性则明显降低,有些甚至是反磁性物质。

物质磁性可用磁矩 μ 的大小来衡量,μ 与未成对电子数 n 之间的关系为:

$$\mu = \sqrt{n(n+2)}\mu_0 \tag{7-1}$$

μ_0 的单位为玻尔磁子。在实际应用中可利用测定配合物的磁矩来判断它是内轨型配合物还是外轨型配合物。

7.3 配位平衡

配离子和外界离子之间以离子键相结合,这种结合与强电解质类似。所以,一般的配合物在水中几乎完全离解为配离子和外界离子。

例如,$[Cu(NH_3)_4]SO_4$ 在水溶液中可以完全离解成 $[Cu(NH_3)_4]^{2+}$ 和 SO_4^{2-}

$$[Cu(NH_3)_4]SO_4 \Longrightarrow [Cu(NH_3)_4]^{2+} + SO_4^{2-}$$

$[Cu(NH_3)_4]^{2+}$ 在水溶液中可像弱电解质一样部分离解出少量的 Cu^{2+} 和 NH_3,即

$$[Cu(NH_3)_4]^{2+} \rightleftharpoons Cu^{2+} + 4NH_3$$

上述配离子的离解过程是可逆的,它的逆反应实际上是配合物的生成反应,即

$$Cu^{2+} + 4NH_3 \rightleftharpoons [Cu(NH_3)_4]^{2+}$$

在一定条件下,配合物的离解过程和生成过程能达到平衡状态,称为配离子的离解平衡,也叫配位平衡。

7.3.1 配离子的离解常数和稳定常数

7.3.1.1 配离子的离解常数

配位平衡是化学平衡的一种,同样符合质量作用定律,如上述离解平衡,平衡时满足

$$\frac{c_{Cu^{2+}} \cdot c_{NH_3}^4}{c_{[Cu(NH_3)_4]^{2+}}} = K_{离} \tag{7-2}$$

$K_{离}$ 称为配离子的离解常数。离解常数越大,表示配离子稳定性越弱。

7.3.1.2 配离子的稳定常数

离解常数是以配离子的离解为基础的,通常也可以以它的逆过程,即配离子的形成为基

础，则得到的是配离子的稳定常数。如上述平衡可写成

$$Cu^{2+} + 4NH_3 \rightleftharpoons [Cu(NH_3)_4]^{2+}$$

平衡时有

$$\frac{c_{[Cu(NH_3)_4]^{2+}}}{c_{Cu^{2+}} c_{NH_3}^4} = K_{稳} \tag{7-3}$$

$K_{稳}$为配离子的稳定常数，显然，配离子的稳定常数在数值上等于离解常数的倒数，即

$$K_{稳} = \frac{1}{K_{离}} \tag{7-4}$$

稳定常数越大，表示配离子稳定性越强。常见配离子的稳定常数值见附录表5。

实际上，多配位体的配离子ML_n的生成和离解都是逐级进行的，每一级反应均有一个相对应的平衡常数，称为配离子的逐级稳定常数$K_{稳n}$或离解常数$K_{离n}$。

$$M + L \rightleftharpoons ML \qquad K_{稳1} = \frac{c_{ML}}{c_M c_L} \tag{7-5}$$

$$ML + L \rightleftharpoons ML_2 \qquad K_{稳2} = \frac{c_{ML_2}}{c_{ML} c_L} \tag{7-6}$$

$$\vdots \qquad \vdots$$

$$ML_{n-1} + L \rightleftharpoons ML_n \qquad K_{稳n} = \frac{c_{ML_n}}{c_{ML_{n-1}} c_L} \tag{7-7}$$

将逐级稳定常数依次相乘，称各级累积稳定常数（β_n）。

$$\beta_1 = K_{稳1} = \frac{c_{ML}}{c_M c_L} \tag{7-8}$$

$$\beta_2 = K_{稳1} K_{稳2} = \frac{c_{ML_2}}{c_M c_L^2} \tag{7-9}$$

$$\vdots \qquad \vdots \qquad \vdots$$

$$\beta_n = K_{稳1} K_{稳2} \cdots K_{稳n} = \frac{c_{ML_n}}{c_M c_L^n} \tag{7-10}$$

显然，最后一级累积稳定常数就是配合物的总稳定常数。常见配离子的逐级稳定常数见附录表5。

同理可得ML_n总的离解常数为

$$K_{离} = K_{离1} K_{离2} \cdots K_{离n}$$

需要注意的是，配离子的每一级稳定常数和其对应的离解常数的关系为

$$K_{稳1} = \frac{1}{K_{离n}}, \quad K_{稳2} = \frac{1}{K_{离n-1}}, \quad \cdots, \quad K_{稳n} = \frac{1}{K_{离1}}$$

7.3.2 配离子稳定常数的应用

7.3.2.1 比较配离子的稳定性

$K_{稳}$的大小表示了配离子在平衡体系中所占比例大小，可用来比较相同类型的配合物的稳定性。如$[Ni(CN)_4]^{2-}$和$[Zn(CN)_4]^{2-}$的$\lg K$分别为31.3和16.7，说明$[Ni(CN)_4]^{2-}$比$[Zn(CN)_4]^{2-}$要稳定得多。

7.3.2.2 计算平衡体系中某些组分的浓度

由于配离子的形成是分步进行的，在同一溶液中，存在多种组分，各组分的浓度随反应

条件的变化而改变，可利用配位平衡进行相关计算，但情况比较复杂。在实际工作中，可以简化处理。因为利用形成配离子的反应时，一般总是使用过量的配位剂，这样中心离子绝大部分处在最高配位数状态，而其低配位数的各级离子可忽略不计。这样只需用总的稳定常数就可以计算，误差也不会很大。

例 7-1 室温下，将 0.010mol 的 $AgNO_3$ 固体溶于 1.0L 0.030mol·L^{-1} 的氨水中（设体积仍为 1.0L），计算该溶液中游离的 Ag^+ 和配离子的浓度。

解 $\beta_{[Ag(NH_3)_2]^+}$、c_{NH_3} 较大，$[Ag(NH_3)_2]^+$ 的反应完全。
$c_{[Ag(NH_3)_2]^+} = 0.010$ mol·L^{-1}，$c_{NH_3} = 0.030 - 0.010 \times 2 = 0.010$ mol·L^{-1}，c_{Ag^+} 很小，可略去不计。设平衡时 $c_{Ag^+} = x$

$$Ag^+ + 2NH_3 \rightleftharpoons [Ag(NH_3)_2]^+$$

初始浓度(mol·L^{-1})　　　　0　　　0.010　　　0.010
平衡浓度(mol·L^{-1})　　　　x　　0.010+2x　　0.010-x

$$\beta_{[Ag(NH_3)_2]^+} = \frac{c_{[Ag(NH_3)_2]^+}}{c_{Ag^+} \cdot c_{NH_3}^2} = \frac{0.010-x}{x(0.010+2x)^2} = 1.7 \times 10^7$$

因为 $\beta_{[Ag(NH_3)_2]^+}$ 很大，$K_{离[Ag(NH_3)_2]^+}$ 很小，$0.010 - x \approx 0.010$，$0.010 + 2x \approx 0.010$，解上式得

$$x = 6.0 \times 10^{-6}$$
$$c_{Ag^+} = 6.0 \times 10^{-6} \text{ mol·L}^{-1}$$
$$c_{NH_3} = c_{[Ag(NH_3)_2]^+} = 0.010 \text{ mol·L}^{-1}$$

7.3.2.3 判断配离子之间的转化

由平衡移动原理可知，配离子在其他配位剂的作用下也可能向另外一种配离子转化。配离子之间的转化容易向生成更稳定的离子的方向进行，两种配离子的稳定常数相差越大，转化就越完全。例如，在含有 $[Fe(SCN)_6]^{3-}$ 的溶液中加入过量的 NaF，由于 F^- 能夺取 $[Fe(SCN)_6]^{3-}$ 中的 Fe^{3+} 形成更稳定的 $[FeF_6]^{3-}$，则溶液由血红色转变为无色，转化反应为：

$$[Fe(SCN)_6]^{3-} + 6F^- \rightleftharpoons [FeF_6]^{3-} + 6SCN^-$$

平衡时有　　$K = \dfrac{c_{[FeF_6]^{3-}} \cdot c_{SCN^-}^6}{c_{[Fe(SCN)_6]^{3-}} \cdot c_{F^-}^6} = \dfrac{\beta_{[FeF_6]^{3-}}}{\beta_{[Fe(SCN)_6]^{3-}}} = \dfrac{2.0 \times 10^{15}}{1.3 \times 10^9} = 1.5 \times 10^6$

K 值很大，说明转化作用进行得很完全。

7.3.3 配位平衡与其他化学平衡的关系

配位平衡是一个动态平衡，当平衡体系中某一组分的浓度或存在形式发生改变时，配位平衡就会发生移动，在新的条件下达成新的平衡。配位平衡与溶液的酸度、沉淀反应、氧化还原反应等有着密切的关系。

7.3.3.1 酸碱平衡和配位平衡

在配离子中，若配位体为弱酸根（如 F^-、SCN^-、Y^{4-} 等），当溶液的酸度增大时，它们会结合溶液中的 H^+ 使其自身溶液浓度降低，使配离子的离解度增大。例如 $[FeF_6]^{3-}$ 在溶液中存在着如下平衡：

$$[FeF_6]^{3-} \rightleftharpoons Fe^{3+} + 6F^-$$

当溶液的酸度增大时，F^- 会与 H^+ 结合生成 HF，降低了 F^- 的浓度，使平衡右移，促

使离解，当 $c_{H^+} > 0.5\text{mol}\cdot\text{L}^{-1}$ 时，$[\text{FeF}_6]^{3-}$ 则有可能完全离解。

另外，形成配离子的中心体是易水解的金属离子时，若溶液酸度降低，则它们会与 OH^- 结合生成氢氧化物或羟基配合物，而使溶液中金属离子的浓度降低，使配离子的稳定性减小。例如在 $[\text{FeF}_6]^{3-}$ 的平衡中，pH 较大时，Fe^{3+} 会发生如下的水解反应：

$$\text{Fe}^{3+} + \text{OH}^- \rightleftharpoons \text{Fe(OH)}^{2+}$$
$$\text{Fe(OH)}^{2+} + \text{OH}^- \rightleftharpoons \text{Fe(OH)}_2^+$$
$$\text{Fe(OH)}_2^+ + \text{OH}^- \rightleftharpoons \text{Fe(OH)}_3 \downarrow$$

随着水解反应的进行，溶液中的浓度降低，配位平衡右移，$[\text{FeF}_6]^{3-}$ 必然遭到破坏。

酸度对配位平衡的影响是多方面的，但常以酸效应为主。至于在某一酸度下，以哪个变化为主，要由配位体的性质、金属氢氧化物的溶度积和配离子的稳定性来决定。

7.3.3.2 沉淀平衡和配位平衡

当配位平衡体系中有能够与金属离子生成沉淀的物质存在时，也会影响配位平衡。

沉淀平衡和配位平衡的关系，可看成是沉淀剂与配位剂共同争夺金属离子的过程。

例如：AgCl 沉淀能溶于 $\text{NH}_3\cdot\text{H}_2\text{O}$ 生成 $[\text{Ag(NH}_3)_2]\text{Cl}$，就是配位剂 NH_3 夺取了与 Cl^- 结合的 Ag^+，反应如下：

$$\text{AgCl(s)} + 2\text{NH}_3 \rightleftharpoons [\text{Ag(NH}_3)_2]^+ + \text{Cl}^- \qquad K_1$$

在上述溶液中加入 KI，I^- 能夺取与 NH_3 配位的 Ag^+，生成 AgI 沉淀，从而使配离子离解：

$$[\text{Ag(NH}_3)_2]^+ + \text{I}^- \rightleftharpoons \text{AgI} \downarrow + 2\text{NH}_3 \qquad K_2$$

转化作用向何方向进行以及进行的程度，可以根据多重平衡规则，通过求算转化作用的平衡常数来判断。例如，通过计算上述第一个转化反应的平衡常数为：

$$K_1 = \beta_{[\text{Ag(NH}_3)_2]^+} K_{\text{sp,AgCl}} = 1.7 \times 10^7 \times 1.8 \times 10^{-10} = 3.1 \times 10^{-3}$$

K_1 不是很小，只要 NH_3 的浓度足够大就可以使 AgCl 溶解。这与实验结果完全吻合。

同理可计算出第二个反应的平衡常数为：

$$K_2 = \frac{1}{\beta_{[\text{Ag(NH}_3)_2]^+} K_{\text{sp,AgI}}} = \frac{1}{1.7 \times 10^7 \times 8.3 \times 10^{-17}} = 7.1 \times 10^8$$

K_2 相当大，说明转化作用很容易进行。

实践证明，配离子与沉淀之间的转化作用的难易，取决于配离子稳定常数和沉淀溶度积的大小。配离子的 $K_稳$ 越大，或沉淀的 K_{sp} 越大，则沉淀越易被配合溶解。反之，配离子的稳定常数越小，或沉淀的 K_{sp} 越小，则配离子易离解转化为沉淀。

7.3.3.3 氧化还原平衡和配位平衡

配离子的形成使溶液中金属离子的浓度降低，金属离子相应电对的电极电位值就会发生相应的改变，对应物质的氧化还原性能也会发生改变。

例 7-2 已知 $\varphi^{\ominus}_{\text{Cu}^+/\text{Cu}} = +0.52\text{V}$，$\beta_{[\text{CuCl}_2]^-} = 3.2 \times 10^5$，求 $\varphi^{\ominus}_{[\text{CuCl}_2]^-/\text{Cu}}$。

解 $\varphi_{\text{Cu}^+/\text{Cu}} = \varphi^{\ominus}_{\text{Cu}^+/\text{Cu}} + 0.0592\lg c_{\text{Cu}^+}$

由于 $\qquad \text{Cu}^+ + 2\text{Cl}^- \rightleftharpoons [\text{CuCl}_2]^-$

有 $\qquad \beta_{[\text{CuCl}_2]^-} = \dfrac{c_{[\text{CuCl}_2]^-}}{c_{\text{Cu}^+} c^2_{\text{Cl}^-}}$

则 $\qquad c_{\text{Cu}^+} = \dfrac{c_{[\text{CuCl}_2]^-}}{\beta_{[\text{CuCl}_2]^-} \cdot c^2_{\text{Cl}^-}}$

$$\varphi_{[CuCl_2]^-/Cu} = \varphi^{\ominus}_{Cu^+/Cu} + 0.0592\lg\frac{c_{[CuCl_2]^-}}{\beta_{[CuCl_2]^-}c^2_{Cl^-}}$$

当 $c_{[CuCl_2]^-} = c_{Cl^-} = 1.0 \text{mol} \cdot \text{L}^{-1}$ 时，有

$$\varphi_{[CuCl_2]^-/Cu} = \varphi^{\ominus}_{Cu^+/Cu} + 0.0592\lg\frac{c_{[CuCl_2]^-}}{\beta_{[CuCl_2]^-}c^2_{Cl^-}}$$
$$= 0.52 - 0.0592\lg 3.2 \times 10^5$$
$$= 0.20(V)$$

计算说明，形成了配离子 $[CuCl_2]^-$ 后，Cu^+/Cu 的电极电位值由 0.52V 降低到 0.20V，Cu^+ 的氧化能力发生了明显的改变。

电极电位的改变值与生成的配合物的稳定常数有关，生成的配合物越稳定，金属离子浓度下降得越大，电极电位的改变越大。

在一定条件下不能溶解的金属，可用通过形成配合物的方法促使它们溶解。如 Au 很难溶解于单一酸中，但易溶解于王水，主要是因为 Au 能与王水中的 Cl^- 结合生成 $[AuCl_4]^-$ 配离子，大大降低了 Au^{3+}/Au 的电极电位（$\varphi^{\ominus}_{Au^{3+}/Au} = 1.50V$，$\varphi^{\ominus}_{[AuCl_4]^-/Au} = 1.00V$）。又如金属 Cu 在有过量 X^- 存在的情况下，因生成 $[CuX_2]^-$ 而溶解。

7.4 配位滴定法

7.4.1 配位滴定法概述

利用生成配合物的反应为基础的滴定分析法叫配位滴定法。能形成配合物的反应很多，但可用于配位滴定的并不多。因为配位反应必须具备以下条件才能用于滴定分析。

① 形成的配合物要相当稳定（定量进行），否则得不到明显的终点。
② 在一定反应条件下，配位数必须固定（只形成一种配位数的配合物）。
③ 配位反应的速率要快。
④ 要有适当的方法确定滴定的化学计量点。

由于大多数无机配合物存在着稳定性不高、分步配位、终点判断困难等缺点，限制了它在滴定分析中的应用，作为滴定剂的只有以 CN^- 为配位剂的氰量法和以 Hg^{2+} 为中心体的汞量法。

氰量法主要用于测定 Ag^+、Ni^{2+}、CN^- 等离子，可用 KCN 溶液作滴定剂，也可用 $AgNO_3$ 溶液作为滴定剂。例如用 $AgNO_3$ 标准溶液测定 CN^- 时，滴定反应和终点反应分别为

$$Ag^+ + 2CN^- \rightleftharpoons [Ag(CN)_2]^-$$
$$[Ag(CN)_2]^- + Ag^+ \rightleftharpoons 2AgCN\downarrow （白）$$

汞量法主要用于测定 Cl^-、SCN^- 或 Hg^{2+}，可用 $Hg(NO_3)_2$ 或 $Hg(ClO_4)_2$ 溶液作为滴定剂，也可用 KSCN 溶液作为滴定剂。例如，用 KSCN 标准溶液测定 Hg^{2+}，以 Fe^{3+} 作为指示剂，滴定反应和终点反应分别为

$$Hg^{2+} + 2SCN^- \rightleftharpoons Hg(SCN)_2$$
$$Fe^{3+} + SCN^- \rightleftharpoons Fe(SCN)^{2+} （血红）$$

随着生产的不断发展和科技水平的提高，有机配位剂在分析中得到了广泛的应用，从而推动了配位滴定的发展。利用有机配位剂（多基配位体）的配位滴定方法已成为广泛应用的滴定方法之一。目前应用最为广泛的配位滴定法是以乙二胺四乙酸（简称 EDTA）标准溶

液的滴定分析法，简称 EDTA 法。

7.4.2 EDTA 与金属离子配合物的稳定性

7.4.2.1 EDTA 的离解平衡

EDTA 是四元酸（H_4Y），在酸性溶液中可再接受两个质子形成六元酸（H_6Y^{2+}），所以它在溶液中有六级离解：

$$H_6Y^{2+} \rightleftharpoons H_5Y^+ + H^+ \qquad K_{a1} = \frac{c_{H^+} c_{H_5Y^+}}{c_{H_6Y^{2+}}} = 0.13$$

$$H_5Y^+ \rightleftharpoons H_4Y + H^+ \qquad K_{a2} = \frac{c_{H^+} c_{H_4Y}}{c_{H_5Y^+}} = 3.0 \times 10^{-2}$$

$$H_4Y \rightleftharpoons H_3Y^- + H^+ \qquad K_{a3} = \frac{c_{H^+} c_{H_3Y^-}}{c_{H_4Y}} = 1.0 \times 10^{-2}$$

$$H_3Y^- \rightleftharpoons H_2Y^{2-} + H^+ \qquad K_{a4} = \frac{c_{H^+} c_{H_2Y^{2-}}}{c_{H_3Y^-}} = 2.1 \times 10^{-3}$$

$$H_2Y^{2-} \rightleftharpoons HY^{3-} + H^+ \qquad K_{a5} = \frac{c_{H^+} c_{HY^{3-}}}{c_{H_2Y^{2-}}} = 6.9 \times 10^{-7}$$

$$HY^{3-} \rightleftharpoons Y^{4-} + H^+ \qquad K_{a6} = \frac{c_{H^+} c_{Y^{4-}}}{c_{HY^{3-}}} = 5.9 \times 10^{-11}$$

由此看出，H_6Y^{2+} 在溶液中可能有七种存在型体，且溶液的 pH 不同，则各种型体的分布系数不同，见图 7-5。由图中可以看出，在不同 pH 溶液中，EDTA 的主要存在形式不同，如表 7-2。

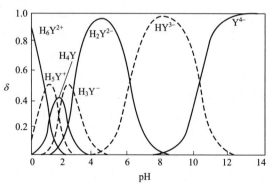

图 7-5 EDTA 的各种存在形式在不同 pH 时的分布图

表 7-2 EDTA 的主要存在型体与溶液 pH 的关系

pH	<1	1~1.6	1.6~2	2~2.7	2.7~6.2	6.2~10.3	>12
型体	H_6Y^{2+}	H_5Y^+	H_4Y	H_3Y^-	H_2Y^{2-}	HY^{3-}	Y^{4-}

在 EDTA 的七种存在型体中，只有 Y^{4-} 有配位能力，它既可以作为四基配体，也可以作为六基配体进行配位，且 pH 越大，Y^{4-} 的分布系数越大，其配位能力越强。

因此，溶液的酸度就成为影响金属离子和 EDTA 配合物稳定性的一个重要条件。

7.4.2.2 EDTA 与金属离子的配位平衡

金属离子能与 EDTA 形成 1∶1 的多元环状螯合物，其配位平衡为（为方便讨论，略去

EDTA 和金属离子的电荷，分别简写为 Y 和 M）：
$$M + Y \rightleftharpoons MY$$

$$K_{MY} = \frac{c_{MY}}{c_M c_Y} \tag{7-11}$$

K_{MY} 为 EDTA 金属离子配合物的稳定常数。它的数值反映了 M-EDTA 配合物稳定性的大小。EDTA 和常见金属离子螯合物的稳定常数参见附录表 6。

7.4.2.3 副反应和条件稳定常数

配合物的稳定性主要取决于金属离子的性质和配位体的性质。附录表 6 所列数据是指配位反应达平衡时，EDTA 全部成为 Y 的情况下的稳定常数，是个绝对值。它没有考虑到其他因素对配合物的影响，只有在特定条件下才适用。在实际测定过程中，常存在着如下副反应：

$$\begin{array}{c} L\diagup M\diagdown OH \\ ML_n \quad MOH \end{array} + \begin{array}{c} H\diagup Y\diagdown N \\ H_nY \quad NY \end{array} \rightleftharpoons \begin{array}{c} H\diagup MY\diagdown OH \\ MHY \quad MOHY \end{array}$$

总的看来，反应物 M 和 Y 发生的副反应都不利于主反应的进行，而反应产物 MY 的副反应则有利于主反应的进行。几种副反应综合在一起究竟对主反应产生多大影响，这需对各种平衡进行处理后才能知道，这样做起来比较麻烦，其影响可从以下几个方面定性处理。

(1) 配位剂 Y 的副反应

① 酸效应和酸效应系数　溶液的酸度对 EDTA 配位能力的影响叫酸效应。酸效应的大小可用酸效应系数 $\alpha_{Y(H)}$ 来衡量。$\alpha_{Y(H)}$ 等于在一定 pH 下未参加反应的配位体总浓度与游离配位体浓度的比值。

$$\begin{aligned}\alpha_{Y(H)} &= \frac{c_Y}{c_{Y^{4-}}} = \frac{c_{Y^{4-}} + c_{HY^{3-}} + c_{H_2Y^{2-}} + c_{H_3Y^-} + c_{H_4Y} + c_{H_5Y^+} + c_{H_6Y^{2+}}}{c_{Y^{4-}}} \\ &= 1 + \frac{c_{H^+}}{K_{a6}} + \frac{c_{H^+}^2}{K_{a5}K_{a6}} + \cdots + \frac{c_{H^+}^6}{K_{a1}K_{a2}K_{a3}K_{a4}K_{a5}K_{a6}}\end{aligned} \tag{7-12}$$

式中，各 K 值为 EDTA 的各级离解常数。

根据上式可计算在不同条件下的 $\alpha_{Y(H)}$ 值，常用其对数值 $\lg\alpha_{Y(H)}$ 表示，见表 7-3。

表 7-3　EDTA 在不同 pH 时的 $\lg\alpha_{Y(H)}$

pH	$\lg\alpha_{Y(H)}$	pH	$\lg\alpha_{Y(H)}$	pH	$\lg\alpha_{Y(H)}$
0.0	23.64	5.0	6.45	10.0	0.45
1.0	18.01	6.0	4.65	11.0	0.07
2.0	13.51	7.0	3.32	12.0	0.01
3.0	10.60	8.0	2.27	13.0	0.00
4.0	8.44	9.0	1.28		

表 7-3 说明，酸效应系数随溶液酸度增加而增大。$\alpha_{Y(H)}$ 的数值越大，表示酸效应引起的副反应越严重，只有当 pH>12.00 时，$\alpha_{Y(H)}=1$ 时，表示总浓度 $c_Y = c_{Y^{4-}}$，此时 EDTA 的配位能力最强。

② 共存离子效应与共存离子效应系数　若溶液中除参与反应的金属离子 M 外，还存在其他金属离子 N，N 也与 Y 发生反应，从而使 Y 与金属离子 M 的反应能力下降，这种作用

叫共存离子效应，其影响可用共存离子效应系数 $\alpha_{Y(N)}$ 来衡量。

$$N + Y \rightleftharpoons NY$$

$$\alpha_{Y(N)} = \frac{c_Y}{c_{Y^{4-}}} = \frac{c_{Y^{4-}} + c_{NY}}{c_{Y^{4-}}} = 1 + c_N K_{NY} \tag{7-13}$$

显然，干扰离子浓度越大，其配合物的稳定性越强，则其影响越明显。配位剂的总副反应系数为

$$\alpha_Y = \alpha_{Y(H)} + \alpha_{Y(N)} - 1 \tag{7-14}$$

(2) 金属离子的副反应和副反应系数

① 金属离子的配位效应与配位效应系数　若溶液中除 Y 外，还存在其他配位剂 L，L 也与 M 发生反应，从而使金属离子 M 与 Y 的反应能力下降，这种作用叫金属离子的配位效应，其影响可用配位效应系数 $\alpha_{M(L)}$ 表示来衡量，同理可得

$$\alpha_{M(L)} = \frac{c_{\text{总}}}{c_M} = \frac{c_M + c_{ML_1} + c_{ML_2} + \cdots + c_{ML_n}}{c_M} = 1 + \beta_1 c_L + \beta_2 c_L^2 + \cdots + \beta_n c_L^n \tag{7-15}$$

② 水解效应和水解效应系数　金属离子与水中 OH^- 结合生成羟基配合物或氢氧化物，使其配位能力下降的现象叫水解效应，影响程度大小用水解效应系数 $\alpha_{M(OH)}$ 衡量。

$$\alpha_{M(OH)} = 1 + \beta_1 c_{OH^-} + \beta_2 c_{OH^-}^2 + \cdots + \beta_n c_{OH^-}^n \tag{7-16}$$

显然，溶液的 pH 越高，则水解效应越明显。金属离子的总副反应系数：

$$\alpha_M = \alpha_{M(L)} + \alpha_{M(OH)} - 1 \tag{7-17}$$

(3) 产物的副反应　由于产物的副反应通常不太稳定，对于配位平衡的影响较小，一般忽略不计。

(4) M-EDTA 配合物的条件稳定常数　在配合物的稳定常数的表达式中，绝对稳定常数不受浓度的影响。但由于 EDTA 和金属离子的副反应的存在，使得未配位的 EDTA 的浓度（设其浓度为 c'_Y）与游离的 Y^{4-} 浓度不相等，未配位的金属离子的浓度（设其浓度为 c'_M）与游离的金属离子的浓度也不相等，若再用绝对稳定常数表示稳定性就失真。与条件电位相似，可用条件平衡常数 K'_{MY} 来表示副反应对配位平衡的影响，且有

$$K'_{MY} = \frac{c'_{MY}}{c'_M c'_Y} \tag{7-18}$$

若 MY 的副反应不考虑，上式中，$c'_{MY} = c_{MY}$，由副反应系数的讨论可知，

$$c'_M = c_M \alpha_M \qquad c'_Y = c_Y \alpha_Y$$

将它们代入上式得

$$K'_{MY} = \frac{c_{MY}}{c_M \alpha_M c_Y \alpha_Y} = \frac{K_{MY}}{\alpha_M \alpha_Y} \tag{7-19}$$

$$\lg K'_{MY} = \lg K_{MY} - \lg \alpha_M - \lg \alpha_Y \tag{7-20}$$

式(7-20)反映了在一定外界条件下，配合物 MY 所表现出来的实际稳定性，K'_{MY} 叫条件稳定常数，它比 K_{MY} 具有实际意义。

在配位体系中，若不存在干扰离子，也没有其他配位剂，金属离子的水解效应较小时，则有

$$\lg K'_{MY} = \lg K_{MY} - \lg \alpha_{Y(H)} \tag{7-21}$$

例 7-3　计算 pH=2.0 和 pH=5.0 时的条件稳定常数 $\lg K'_{ZnY}$。

解　查表得：$\lg K_{ZnY} = 16.50$

pH=2.0 时，$\lg \alpha_{Y(H)} = 13.51$

pH=5.0 时，$\lg\alpha_{Y(H)}=6.45$

由式（7-21）得

pH=2.0 时，$\lg K'_{ZnY}=16.50-13.51=2.99$

pH=5.0 时，$\lg K'_{ZnY}=16.50-6.45=10.05$

由上例计算可见：pH=5.0 时，生成的配合物较稳定，而在 pH=2.0 时条件稳定常数降低至 2.99，不能滴定。

7.4.3 配位滴定原理

配位滴定通常用 EDTA 标准溶液滴定金属离子 M，与其他滴定方法相似，随着 EDTA 标准溶液的不断加入，溶液中金属离子浓度呈现规律性变化。以被测金属离子浓度的负对数 pM 对应滴定剂 EDTA 加入的体积作图，可得配位滴定曲线。由于 MY 的稳定性受酸度影响明显，必须用条件稳定常数进行计算。

7.4.3.1 配位滴定曲线

现以 pH=10.0 时，用 $0.01000\text{mol}\cdot\text{L}^{-1}$ EDTA 标准溶液滴定 20.00mL $0.01000\text{mol}\cdot\text{L}^{-1}$ Ca^{2+} 溶液为例，说明滴定过程中金属离子浓度的计算方法。滴定反应为

$$Ca^{2+}+Y^{4-}\rightleftharpoons CaY^{2-} \qquad \lg K_{CaY^{2-}}=10.69$$

查表得 pH=10.0 时，$\lg\alpha_{Y(H)}=0.45$，则

$$\lg K'_{CaY^{2-}}=\lg K_{CaY^{2-}}-\lg\alpha_{Y(H)}$$
$$=10.69-0.45=10.24$$

说明配合物很稳定，可以进行测定，讨论四个主要阶段溶液 pCa 随滴定剂的加入呈现的变化。

(1) 滴定前 此时，溶液中 $c_{Ca^{2+}}=0.01000\text{mol}\cdot\text{L}^{-1}$，$pCa=-\lg c_{Ca^{2+}}=-\lg 0.01000=2.00$。

(2) 滴定开始至等量点前 假设滴入 V mL（$V<20.00$）EDTA 标准溶液，由于发生了配位反应，溶液中剩余的 Ca^{2+} 浓度为：

$$c_{Ca^{2+}}=0.01000\times\frac{20.00-V}{20.00+V}$$

将 V 以不同数值代入可得相应 $c_{Ca^{2+}}$，如 $V=19.80\text{mL}$、19.98mL 时，pCa=4.30、5.30。

(3) 化学计量点时 化学计量点时，Ca^{2+} 几乎全部与 EDTA 配位，且溶液的体积增大一倍，则溶液中 $c_{CaY^{2-}}=0.005000\text{mol}\cdot\text{L}^{-1}$，并且有 $c_{Ca^{2+}}=c_{Y^{4-}}$，根据配位平衡有：

$$K'_{CaY^{2-}}=\frac{c_{CaY^{2-}}}{c_{Ca^{2+}}c_{Y^{4-}}}=10^{10.24}$$

$$\frac{c_{CaY^{2-}}}{c_{Ca^{2+}}^2}=\frac{0.005000}{c_{Ca^{2+}}^2}=10^{10.24}$$

$$c_{Ca^{2+}}=5.3\times10^{-7}(\text{mol}\cdot\text{L}^{-1})$$

$$pCa=6.27$$

(4) 化学计量点后 化学计量点后，溶液中 EDTA 过量，当过量少时，有 $c_{CaY^{2-}}=0.005000\text{mol}\cdot\text{L}^{-1}$，且 $c_{Ca^{2+}}\neq c_{Y^{4-}}$，设加入 20.02mL ETDA 时，溶液中过量的 Y^{4-} 浓度为

$$c_{Y^{4-}}=0.01000\times\frac{20.02-20.00}{20.00+20.02}=5.0\times10^{-6}(\text{mol}\cdot\text{L}^{-1})$$

代入条件稳定常数表达式，计算得

$$\frac{0.005000}{c_{Ca^{2+}} \times 5.0 \times 10^{-6}} = 10^{10.24}$$

$$c_{Ca^{2+}} = 5.8 \times 10^{-8} (\text{mol} \cdot \text{L}^{-1})$$

$$pCa = 7.24$$

同理可求得任意时刻的 pCa，所得数据列于表 7-4 中。以 pCa 对 V_{EDTA} 作图即可得 pH = 10.0 时的滴定曲线，如图 7-6 所示。滴定的突跃范围为 5.30～7.24。

表 7-4　pH = 10.0 时，用 0.01000mol·L⁻¹ EDTA 滴定 20.00mL 0.01000mol·L⁻¹ Ca²⁺ 过程中 pCa 的变化情况

滴入 EDTA 体积/mL	Ca²⁺ 被配位的百分率/%	过量的 EDTA 百分率/%	溶液中 pCa
18.00	90.0		3.28
19.80	99.0		4.30
19.98	99.9		5.30
20.00	100.0		6.27
20.02		0.1	7.24
20.20		1.0	8.24
22.00		10.0	9.24
40.00		100.0	10.20

同理，可作其他 pH 时的滴定曲线，如图 7-6 所示。

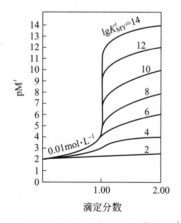

图 7-6　0.01000mol·L⁻¹ EDTA 滴定 20.00mL 0.01000mol·L⁻¹ Ca²⁺ 的滴定曲线

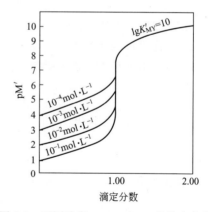

图 7-7　不同浓度 EDTA 与 M 的滴定曲线

从曲线中可以看出，与其他滴定曲线一样，配位滴定曲线在化学计量点前后 0.1% 相对误差范围内，溶液的 pCa 有突跃。同时也有其自身的特点，即同一金属离子测定时的 pH 不同，滴定的突跃范围不同。

同其他滴定方法一样，在配位滴定中也希望滴定曲线有较大的突跃范围，借以提高滴定的准确度。

7.4.3.2　影响滴定突跃范围的因素

(1) 配合物的条件稳定常数对滴定突跃的影响　从图 7-6 知，配合物的条件稳定常数越

大，滴定突跃也越大。由式(7-21)知，影响配合物的条件稳定常数的因素首先是配合物的稳定常数，溶液的酸度、辅助配位剂及其他因素对其也有影响。其中酸度的影响尤其明显，溶液的pH越大，酸效应越小，突跃范围越宽，反之，溶液的pH越小，酸效应越大，突跃范围越窄。

(2) 金属离子浓度对滴定突跃的影响 当测定条件一定时，金属离子浓度越大，滴定曲线的起点越低，滴定突跃就越大，如图7-7所示。

7.4.3.3 金属离子能被定量滴定的条件

金属离子能否被定量滴定，使滴定误差控制在允许范围（$T \leqslant 0.1\%$）内，这是决定一种分析方法是否适用的首要条件。实践和理论证明，在配位滴定中，若某金属离子M（浓度为c_M）能被EDTA定量滴定，必须满足

$$\lg c_M \cdot K'_{MY} \geqslant 6$$

若测定时金属离子的浓度控制为$0.010 \text{mol} \cdot \text{L}^{-1}$，则有

$$\lg K'_{MY} \geqslant 8 \tag{7-22}$$

式(7-22)即为金属离子M能被EDTA定量滴定的条件，同时考虑必须有确定滴定终点的方法。

7.4.3.4 配位滴定中酸度的控制

由前讨论可知，酸效应和水解效应均能降低配合物的稳定性，两种因素相互制约，综合考虑就可得到一个最合适的酸度范围。在这个范围内，条件稳定常数能够满足滴定要求，金属离子也不发生水解。若超出这一酸度范围，将引起较大的误差。

(1) 最高酸度（pH_{min}）及酸效应曲线 由于各金属离子被EDTA定量滴定时必须满足$\lg K'_{MY} \geqslant 8$，而$\lg K'_{MY}$与$\lg K_{MY}$、$\lg \alpha_{Y(H)}$有关，由于不同金属离子$\lg K_{MY}$不同，则各金属离子能被EDTA稳定配位时所允许的最高酸度（即最小pH）不同。根据$\lg K'_{MY} \geqslant 8$和$\lg K'_{MY} = \lg K_{MY} - \lg \alpha_{Y(H)}$可求得每一个金属离子能被EDTA定量配位时的最大$\lg \alpha_{Y(H)}$，然后查表7-3，就可得到对应的最小pH，即$pH_{min}$。将各种金属离子的$\lg K_{MY}$与其最小pH绘成曲线，称为EDTA的酸效应曲线，如图7-8所示。

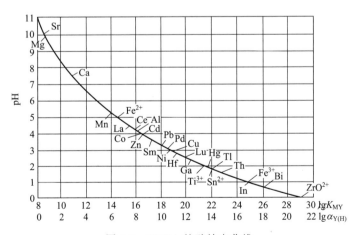

图7-8　EDTA的酸效应曲线

酸效应曲线是配位平衡中的重要曲线，利用它可以确定单独定量滴定某一金属离子的最小pH，还可判断在一定pH范围内测定某一离子时其他离子的存在对其测定是否有干扰，

可以判断分别滴定和连续滴定两种或两种以上离子的可能性。

(2) 最低酸度（pH_{max}）　酸效应曲线只能说明测定某离子的最低酸度，即测定某一金属离子的 pH 上限可由金属离子的水解情况、金属指示剂的作用情况求得。如

$$M^{n+} + nOH^- \rightleftharpoons M(OH)_n$$

若使 M^{n+} 不能生成沉淀，则 $c_{M^{n+}} \cdot c_{OH^-}^n \leqslant K_{sp}$

$$c_{OH^-} \leqslant \sqrt[n]{\frac{K_{sp}}{c_{M^{n+}}}} \tag{7-23}$$

例 7-4　用 $0.010 \text{mol} \cdot L^{-1}$ EDTA 滴定 $0.010 \text{mol} \cdot L^{-1}$ Fe^{3+} 溶液，计算滴定的最适宜酸度范围。

解　已知　$\lg K_{FeY^-} = 25.1$ 根据式（7-21）和式（7-22）得

$$\lg \alpha_{Y(H)} = \lg K_{FeY^-} - 8 = 25.1 - 8 = 17.1$$

查图 7-8 得　$pH_{min} = 1.2$（最高酸度）

最低酸度由 $Fe(OH)_3$ 的溶度积关系式求出

$$c_{Fe^{3+}} \cdot c_{OH^-}^3 \leqslant K_{sp}$$

$$c_{OH^-} \leqslant \sqrt[3]{\frac{K_{sp}}{c_{Fe^{3+}}}} = \sqrt[3]{\frac{4.0 \times 10^{-38}}{0.010}} = 1.6 \times 10^{-12} (\text{mol} \cdot L^{-1})$$

$$pOH_{min} = 11.8 \qquad pH_{max} = 2.2$$

所以，滴定时的最适宜酸度范围为 pH = 1.2～2.2。

7.4.4　金属指示剂

7.4.4.1　金属指示剂的作用原理

金属指示剂是一种有机配位剂，它能与金属离子形成与其本身颜色显著不同的配合物。利用化学计量点前后溶液中被测金属离子浓度的突变，造成的指示剂两种存在形式（游离和配位）的转变而引起的颜色不同而指示滴定终点的到达。

若以 In 表示金属指示剂，以 M 表示金属离子，MIn 表示它们的配合物，金属指示剂的作用原理可表示如下。

化学计量点　　　　　　　　　$M + In \rightleftharpoons MIn$
　　　　　　　　　　　　　　颜色甲　　颜色乙
化学计量点后　　　　　　　　$MIn + Y \rightleftharpoons MY + In$
终点颜色　　　　　　　　　　颜色乙　　　　　　颜色甲

由于测定不同的金属离子要求的酸度不同，而且指示剂本身也大多是多元的有机酸，只有在一定条件下才能正确指示终点，所以要求指示剂与金属离子形成配合物的条件与 EDTA 测定金属离子的酸度条件相符合。如铬黑 T 在不同 pH 时的颜色变化。

EBT	H_2In^-	HIn^{2-}	In^{3-}
pH	<6	8～11	>12
溶液颜色	红	蓝	橙红

显然，只有在 pH=8～11 的情况下铬黑 T 才能正确指示配位滴定的终点。

7.4.4.2　金属指示剂应具备的条件

要准确地指示配位滴定的终点，金属指示剂应具备下列条件。

① 在滴定的 pH 范围内,游离指示剂与其金属配合物之间应有明显的颜色差别。

② 指示剂与金属离子生成的配合物应有适当的稳定性。一方面,稳定性不能太小,否则未到终点时就游离出来,使终点提前到达,一般要求 $\lg K'_{MIn} > 4$;另一方面,稳定性不能太大,应能够被 EDTA 置换出来,一般要求 $\lg K'_{MY} - \lg K'_{MIn} > 2$。

③ 指示剂有良好的选择性和广泛性。

④ 指示剂与金属离子的反应迅速,变色灵敏,可逆性强,生成配合物易溶于水,稳定性好,便于贮存和使用。

7.4.4.3 指示剂在使用过程中常出现的问题

(1) 指示剂的封闭现象 由于指示剂与金属离子生成了稳定的配合物 ($\lg K'_{MY} \leqslant \lg K'_{MIn}$),以至于到化学计量点时,滴入过量的 EDTA 也不能把指示剂从其金属离子的配合物中置换出来,看不到颜色变化的这种现象叫指示剂的封闭。如测 Ca^{2+}、Mg^{2+} 时,Fe^{3+}、Al^{3+}、Ni^{2+}、Cu^{2+} 对 EBT 有封闭作用,可用三乙醇胺、KCN 掩蔽。

有时,指示剂的封闭现象是由有色配合物的颜色变化为不可逆反应所引起的,这时虽然 $\lg K'_{MIn} \leqslant \lg K'_{MY}$,但由于颜色变化为不可逆,有色配合物不能很快被置换出来,可采用返滴定法。

(2) 指示剂的僵化现象 由于指示剂与金属离子生成的配合物的溶解度很小,使 EDTA 与指示剂金属离子配合物之间的置换反应缓慢,终点延长,这种现象叫指示剂的僵化。例如,PAN 指示剂在温度较低时易发生僵化,可通过加有机溶剂或加热的方法避免。

(3) 指示剂的氧化变质现象 指示剂在使用或贮存过程中,由于受空气中的氧气或其他物质(氧化剂)的作用发生变质而失去指示终点作用的现象。可采取配成固体或有机溶剂溶液的方法消除;配成水溶液时,可加入一定量的还原剂如盐酸羟胺等。

7.4.4.4 常用的金属指示剂

(1) 铬黑 T 铬黑 T 简称 EBT 或 BT,是一种黑褐色粉末,常有金属光泽,能在一定条件下与许多金属离子形成配合物,最适宜使用的酸度范围是 pH=9~10,滴定 Zn^{2+}、Mg^{2+}、Cd^{2+}、Pd^{2+} 等时常用,Al^{3+}、Fe^{2+}、Cu^{2+}、Ni^{2+} 等对 EBT 有封闭作用,应预先分离或加入三乙醇胺及 KCN 掩蔽。单独滴定 Ca^{2+} 时,变色不敏锐,常用于滴定钙、镁的总含量。滴定终点的颜色为酒红色→纯蓝色。

铬黑 T 在水溶液中容易发生聚合反应,在碱性溶液中很容易被空气中的氧气及其他氧化性离子氧化而褪色,可加入三乙醇胺和抗坏血酸防止聚合反应和氧化反应的进行。

在实际使用过程中,常将铬黑与 NaCl(或 KNO_3)按一定比例(1:100)研细、混匀配成固体使用,也可用 EBT 和乳化剂 OP(聚乙二醇辛基苯基醚)配成水溶液,其中 OP 为 1%,EBT 为 0.001%,该溶液可以保存两个月左右。

(2) 钙指示剂 钙指示剂简称 NN,又叫钙红,是一种黑色固体,最适宜使用的酸度范围是 pH=12~13,是测钙的专用指示剂,Fe^{3+}、Al^{3+}、Ti^{4+}、Cu^{2+}、Ni^{2+}、Co^{2+}、Mn^{2+} 等对指示剂有封闭作用,应预先分离或加入三乙醇胺及 KCN 掩蔽。在测定条件下,与钙离子形成酒红色配合物,滴定终点颜色为酒红→纯蓝;由于钙指示剂的水溶液或乙醇溶液均不稳定,故也常配成固体使用,配制方法同 EBT。

(3) PAN 指示剂 PAN 为橘红色结晶,难溶于水,可溶于碱、氨溶液及甲醇等溶剂,通常配成 0.1% 乙醇溶液。适宜使用的酸度范围为 pH=2~12,自身显黄色。在测定条件下与 Th^{4+}、Bi^{3+}、Ni^{2+}、Pb^{2+}、Cd^{2+}、Zn^{2+}、Mn^{2+} 等形成紫红色配合物。滴定终点颜色为紫红→亮黄色。PAN 和金属离子的配合物在水中溶解度小,为防止 PAN 僵化,滴定时必须加热。

(4) 二甲酚橙(XO) 二甲酚橙简称 XO,属于三苯甲烷类显色剂,一般所用的是二甲酚橙的四钠盐,为紫色结晶,易溶于水,通常配成 0.5% 水溶液,可保存 2~3 周。XO 能与金属离子形成紫红色配合物。最适宜使用的酸度范围是 pH<6.3,滴定终点颜色为紫红→亮黄色。

7.4.5 提高配位滴定选择性的方法

EDTA 能与绝大多数的金属离子形成稳定的配合物,这是 EDTA 得以广泛应用的原因。但是,在实际的应用过程中,由于分析对象往往是多种元素同时存在,在测定某一种离子的含量时,其他离子会对其产生干扰。因此,怎样消除干扰以提高配位滴定的选择性,是配位滴定法要解决的主要问题。提高配位滴定选择性的主要途径是设法使在测定条件下被测离子与 EDTA 完全反应,而干扰离子不反应或反应能力很低。

7.4.5.1 干扰离子消除的条件

实践证明:设有 M、N 两种离子,其原始浓度分别为 c_M、c_N,要求用 EDTA 滴定时误差不大于 0.1%~1%,要使 N 离子不干扰 M 的测定,必须满足

$$\frac{c_M K'_{MY}}{c_N K'_{NY}} \geqslant 10^5 \tag{7-24}$$

或

$$\lg c_M \cdot K'_{MY} - \lg c_N \cdot K'_{NY} \geqslant 5 \tag{7-25}$$

由式(7-24),结合单一离子 M 被准确滴定的条件,可得

$$\frac{10^6}{c_N K'_{NY}} \geqslant 10^5$$

$$c_N K'_{NY} \leqslant 10 \quad 或 \quad \lg c_N \cdot K'_{NY} \leqslant 1$$

在混合离子的滴定中,要准确测定 M,又要求 N 不干扰,必须同时满足下列条件

$$\lg c_M \cdot K'_{MY} \geqslant 6$$
$$\lg c_N \cdot K'_{NY} \leqslant 1$$

7.4.5.2 消除干扰的方法

(1) 控制溶液的酸度 由于不同的金属离子与 EDTA 形成的配合物的稳定常数不同,各离子在被滴定时所允许的最小 pH 值也不同,溶液中同时有两种或两种以上的离子时,若控制溶液的酸度致使只有一种离子形成稳定配合物,而其他离子不被配位或形成的配合物很不稳定,这样就避免了干扰。例如,铅、铋(设它们浓度均为 0.010mol·L⁻¹)分别测定,就可采用控制酸度的方法测铋而铅不干扰。

由酸效应曲线可得测定铋的最小 pH 为 0.7,即为控制酸度范围的 pH 下限。要使铅不干扰,即必须满足 $\lg c_N \cdot K'_{NY} \leqslant 1$ 或 $\lg K'_{NY} \leqslant 3$,再 $\lg K'_{MY} = \lg K_{MY} - \lg \alpha_{Y(H)}$ 可求得相应的酸效应系数值为 $\lg \alpha_{Y(H)} \geqslant 15.04$,查相应的酸效应曲线得 pH≤1.6,故在铅存在下测铋而铅不干扰的最适宜酸度为 0.7~1.6,实际测定中一般选 pH=1.0。

利用控制溶液的酸度消除干扰是比较方便的方法,只有当两种离子与 EDTA 形成配合物的条件稳定常数相差较大($c_M = c_N$ 时,$\Delta \lg K \geqslant 5$)时,方可使用,否则只能用其他方法。

(2) 利用掩蔽和解蔽 掩蔽是指利用掩蔽剂通过化学反应使干扰离子浓度降低,而达到不干扰测定的方法。掩蔽的方法依所发生的化学反应的不同,可分为配位掩蔽法、氧化还原

掩蔽法和沉淀掩蔽法，其中用得最多的是配位掩蔽法。

① 配位掩蔽法　利用配位反应降低干扰离子的浓度，从而消除干扰的方法叫配位掩蔽法。

例如，测定水的硬度时，Al^{3+}、Fe^{3+}对Ca^{2+}、Mg^{2+}的测定有干扰，可加入三乙醇胺为掩蔽剂，它能与Al^{3+}、Fe^{3+}反应生成比与EDTA更稳定的配位化合物而不干扰测定。

为了得到较好的效果，配位滴定中的掩蔽剂应具备下列条件：

a. 干扰离子与掩蔽剂形成的配合物应远比与EDTA形成的配合物稳定，且掩蔽剂与干扰离子形成的配合物必须为无色或浅色；

b. 掩蔽剂不与被测离子配位，或者即使形成配合物，其稳定性远小于被测离子与EDTA配合物的稳定性；

c. 掩蔽剂与干扰离子形成配合物所需求的pH范围应符合滴定所要求的pH值范围。

② 氧化还原掩蔽法　利用氧化还原反应来改变干扰离子的价态以消除干扰的方法叫氧化还原掩蔽法。例如，Fe^{3+}对Bi^{3+}的测定有干扰，而Fe^{2+}不干扰，将利用抗坏血酸将Fe^{3+}还原为Fe^{2+}以达到消除干扰的目的（$\lg K_{FeY^-}=25.10$，$\lg K_{FeY^{2-}}=14.33$）。

配位滴定中常用的还原剂有抗坏血酸、盐酸羟胺、硫代硫酸钠等。

有些高价离子在水溶液中以酸根形式存在时，有时不干扰某些组分的测定，可用氧化剂将其氧化为高价态以消除干扰，如$Cr^{3+}\longrightarrow Cr_2O_7^{2-}$，$VO^{2+}\longrightarrow VO_3^-$，$Mn^{2+}\longrightarrow MnO_4^-$。常用的氧化剂有$H_2O_2$、$(NH_4)_2S_2O_8$等。

③ 沉淀掩蔽法　利用沉淀反应消除干扰的方法叫沉淀掩蔽法。例如，用EDTA法测定水中Ca^{2+}时，溶液中的Mg^{2+}有干扰，可加入NaOH使Mg^{2+}形成$Mg(OH)_2$沉淀来消除。

由于沉淀通常有颜色、吸附测定离子，还存在着反应进行不完全等方面的原因，所以在应用上有一定的局限性。

④ 解蔽方法　将干扰离子掩蔽，在测定被测离子后，在金属离子配合物的溶液中，再加入一种试剂（解蔽剂）将已被EDTA或掩蔽剂配位的金属离子释放出来的过程称为解蔽。利用掩蔽和解蔽方法可以在同一溶液中连续测定两种或两种以上的离子。

例如，测定溶液中的Pb^{2+}时，常用KCN掩蔽Zn^{2+}、Cu^{2+}，测定完Pb^{2+}后，可用甲醛解蔽$[Zn(CN)_4]^{2-}$的Zn^{2+}，可用EDTA继续滴定Zn^{2+}，解蔽反应为

$$[Zn(CN)_4]^{2-}+4HCHO+4H_2O\longrightarrow Zn^{2+}+4HOCH_2CN+4OH^-$$

$[Cu(CN)_4]^{2-}$较稳定，用甲醛或三氯乙醛难以解蔽。

需要指出的是，无论用哪种方法进行掩蔽，使用掩蔽剂时均应注意两个问题，一是掩蔽剂的性质；二是掩蔽剂的用量，控制稍过量为度。

(3) 化学分离法　当用上述两种方法消除干扰均有困难时，应当采用化学分离法先把被测离子或干扰离子分离出来，然后再进行测定。尽管分离手段很麻烦，但是某些情况下不可避免的消除干扰的手段。

(4) 选用其他配位滴定剂　EDTA是最常用的配位剂，当一般方法消除干扰有困难时，可选用其他有机配位剂，如EGTA（乙二醇二乙醚二胺四乙酸）、EDTP（乙二胺四丙酸）等。如EDTA与Ca^{2+}、Mg^{2+}的配合物的$\Delta\lg K$较小（$\lg K=\lg K_{CaY}-\lg K_{MgY}=10.69-8.69=2.00$），而EGTA与$Ca^{2+}$、$Mg^{2+}$的配合物的$\Delta\lg K$较大（$\Delta\lg K=\lg K_{Ca-EGTA}-\lg K_{Mg-EGTA}=10.97-5.21=5.76>5$），满足式(7-25)的要求，故可用EGTA在$Ca^{2+}$、$Mg^{2+}$共存时直接滴定$Ca^{2+}$，而$Mg^{2+}$不干扰。

7.4.6　配位滴定的方式及其应用

在配位滴定中，根据实际需要可采用不同的滴定方式，这样不仅可以增大配位滴定的范

围，而且可以提高配位滴定的选择性。

7.4.6.1 直接滴定法

直接滴定法是配位滴定中最基本的方法。这种方法是将被测物质处理成溶液后，调节酸度（缓冲溶液），加入必要的试剂（掩蔽剂）和指示剂，直接用 EDTA 标准溶液滴定，然后根据消耗的 EDTA 标准溶液的体积，计算试样中被测组分的含量。

例如，测定水的总硬度时，先用 NH_3-NH_4Cl 缓冲溶液控制溶液的 $pH=10.0$，然后加入 EBT 指示剂，用 EDTA 标准溶液进行滴定，根据消耗的 EDTA 标准溶液的体积，可计算出水的总硬度。同理，测定钙硬时，先用 NaOH 溶液将待测溶液的酸度调节到 $pH=12.0$，Mg^{2+} 形成 $Mg(OH)_2$ 沉淀，然后加入钙指示剂，用 EDTA 标准溶液进行滴定。

采用直接滴定法，必须符合下列几个条件：
① 被测定的金属离子与 EDTA 形成的配合物要稳定，即要满足 $lgc \cdot K'_{MY} \geqslant 6$ 的要求；
② 配位反应速率应很快；
③ 在所选用的滴定条件下，被测的金属离子不发生水解和沉淀反应，必要时可加入适当的辅助配位剂；
④ 有敏锐的指示剂指示终点，且无封闭现象。

7.4.6.2 返滴定法

返滴定法是在被测离子的溶液中加入已知过量的 EDTA 标准溶液，当被测定的离子反应完全后，再用另一种金属离子的标准溶液滴定剩余的 EDTA，根据两种标准溶液的量可求得被测组分的含量。返滴定法也叫剩余滴定法，适用于下列情况：
① 采用直接滴定法时缺乏符合要求的指示剂或者被测离子对指示剂有封闭作用；
② 被测离子与 EDTA 的配位速率很慢；
③ 被测离子发生水解等副反应影响滴定。

例如，用 EDTA 法测定 Al^{3+} 时，由于 Al^{3+} 与 EDTA 的反应速率较慢，酸度较低时，Al^{3+} 存在着水解作用，另外，Al^{3+} 对二甲酚橙（XO）指示剂还有封闭作用，不能用 EDTA 直接滴定 Al^{3+}。可先在待测的 Al^{3+} 溶液中加入过量的 EDTA 标准溶液，在 $pH=3.5$ 条件下，煮沸溶液，待 Al^{3+} 与 EDTA 的反应完全后，调节溶液的 pH 为 5.0～6.0，加入二甲酚橙，即可用 Zn^{2+} 标准溶液用进行返滴定。

注意，返滴定法中的返滴定剂与 EDTA 的配合物要足够稳定，但不宜超过被测离子与 EDTA 所形成的配合物的稳定性，否则，返滴定剂会置换出被测离子，产生负误差。

7.4.6.3 置换滴定法

利用置换反应从配合物中置换出等量的另一种金属离子或 EDTA，然后进行滴定的方式叫置换滴定法。置换滴定法的方式灵活多样，不仅能扩大配位滴定的范围，同时还可以提高配位滴定的选择性。

(1) 置换出金属离子 当 M 不能用 EDTA 直接滴定时，可用 M 与 NL 反应，使 M 置换出 N，再用 EDTA 滴定 N，可求出 M 的含量。

$$NL + M \Longrightarrow ML + N$$
$$N + Y \Longrightarrow NY$$

例如，Ag^+ 与 EDTA 的配合物不稳定，不能用 EDTA 直接滴定，可将含 Ag^+ 的试液加入 $[Ni(CN)_4]^{2-}$ 溶液中，则置换出定量的 Ni^{2+}，然后在 $pH=10.0$ 的氨性缓冲溶液中，以紫脲酸铵为指示剂，用 EDTA 滴定置换出来的 Ni^{2+}，根据 EDTA 的用量可计算 Ag^+ 的含量。置换反应为

$$2Ag^+ + [Ni(CN)_4]^{2-} \rightleftharpoons 2[Ag(CN)_2]^- + Ni^{2+}$$

(2) 置换出 EDTA 测定几种金属离子混合溶液中的 M 时，可先加 EDTA 与它们同时配位，再加入一种具有选择性的配位剂 L，夺取 MY 中的 M，使与 M 作用的 EDTA 置换出，用另一种金属标准溶液滴定置换出的 EDTA，从而可求得 M 的含量。

$$MY + L \rightleftharpoons ML + Y$$
$$Y + N \rightleftharpoons NY$$

例如，用返滴定法测定 Al^{3+} 含量有其他离子干扰时，可用置换滴定法。先在待测溶液中加入过量的 EDTA 标准溶液，加热使金属离子全部与 EDTA 反应，然后用 Zn^{2+} 或 Cu^{2+} 标准溶液除去过量的 EDTA。再加入 NH_4F，选择性地将 AlY^- 中的 EDTA 释放出来，然后再用 Zn^{2+} 或 Cu^{2+} 标准溶液滴定释放出的 EDTA，可求出 Al^{3+} 的含量。置换反应为

$$AlY^- + 6F^- \rightleftharpoons [AlF_6]^{3-} + Y^{4-}$$

7.4.6.4 间接滴定法

有些金属离子和非金属离子不与 EDTA 配位或生成的配合物不稳定时，可采用间接滴定法。即在被测物的溶液中加入一种能与被测物反应又能与 EDTA 反应的试剂，使被测物间接转化为能与 EDTA 发生反应的物质，然后再测定。

例如，样品中 P 的测定，在一定条件下，将试样中的磷沉淀为 $MgNH_4PO_4$，然后过滤、洗净并将它溶解，调节溶液的 pH=10.0，用 EBT 为指示剂，以 EDTA 标准溶液滴定，从而求得试样中磷的含量。

复习思考题

1. 举例说明什么叫配合物？配合物的组成特征是什么？如何给配合物进行命名？
2. 区分下列概念。
   (1) 内界与外界　　(2) 中心体和配位体　　(3) 配位体和配位原子
   (4) 单齿配体与多齿配体　　　　　　(5) 配合物与螯合物
   (6) 外轨配合物和内轨配合物　　　　(7) 稳定常数和条件稳定常数
3. 影响配合物空间构型的主要因素有哪些？
4. 影响配位平衡的主要因素有哪些？选择适当的化学试剂实现下列转化：
$$Ag \rightarrow AgNO_3 \rightarrow AgCl \rightarrow [Ag(NH_3)_2]Cl \rightarrow AgBr \rightarrow AgI \rightarrow K[Ag(CN)_2] \rightarrow Ag_2S$$
5. 用 EDTA 准确滴定金属离子的条件是什么？提高配位滴定选择的方法有哪些？根据什么情况来确定该用哪种方法？
6. 试比较配位滴定曲线与酸碱滴定曲线，说明它们的共性和特性，这两种反应的共同点是什么？配位滴定曲线突跃范围大小与哪些因素有关？
7. 为什么在配位滴定中常常要使用缓冲溶液？在配位滴定中控制适当的酸度有什么重要意义？实际应用时，应如何全面考虑选择滴定时的 pH？
8. 什么叫金属指示剂？其作用原理是什么？金属指示剂应具备哪些条件？金属指示剂在保存和使用中存在哪些问题？应如何消除？
9. 命名下列配合物，并指出下列配离子的中心离子、配位体、配位原子、配位数。
   (1) $[Zn(NH_3)_4]Cl_2$　　(2) $K_2[Zn(OH)_4]$　　(3) $[CoCl_2(H_2O)_4]Cl$
   (4) $K_3[Fe(C_2O_4)_3]$　　(5) $K_3[Fe(CN)_5(CO)]$　　(6) $[Pt(NH_3)_2(OH)_2Cl_2]$
   (7) $Na_2[SiF_6]$　　　　(8) $[Cr(H_2O)_2(NH_3)_4]_2(SO_4)_3$
10. 写出下列配合物的化学式。

(1) 六氟合铝（Ⅲ）酸钠　　　　　(2) 五氰・一羰基合铁（Ⅱ）酸钠

(3) 硫酸三（乙二胺）合钴（Ⅲ）　(4) 三氯・一氨合铂（Ⅱ）酸钾

(5) 一羟基・一草酸根・一水・一（乙二胺）合钴（Ⅲ）

(6) 六氰合铁（Ⅱ）酸铵

11. 判断下列各对配合物的稳定性。

(1) $[Cd(CN)_4]^{2-}$ 和 $[Cd(NH_3)_4]^{2+}$　　(2) $[AgBr_2]^-$ 和 $[AgI_2]^-$

(3) $[Ag(S_2O_3)_2]^{3-}$ 和 $[Ag(CN)_2]^-$　　(4) $[Ni(NH_3)_4]^{2+}$ 和 $[Zn(NH_3)_4]^{2+}$

12. 当 pH=5、10、12 时，能否用 EDTA 滴定 Ca^{2+}？

13. 在用 EDTA 滴定 Ca^{2+}、Mg^{2+} 时，用三乙醇胺、KCN 可以掩蔽 Fe^{3+}，而用抗坏血酸则不能掩蔽；而在滴定 Bi^{3+} 时（pH=1），恰恰相反，即用抗坏血酸可掩蔽 Fe^{3+}，而用三乙醇胺、KCN 则不能掩蔽，为什么？

14. 计算题。

(1) 已知 $K_{稳,[Ag(NH_3)_2]^+}=1.7\times 10^7$，$K_{sp,AgCl}=1\times 10^{-10}$，$K_{sp,AgBr}=5\times 10^{-13}$。将 $0.1\ mol\cdot L^{-1}$ $AgNO_3$ 与 $0.1\ mol\cdot L^{-1}$ KCl 溶液以等体积混合，加入浓氨水（浓氨水加入体积变化忽略）使 AgCl 沉淀恰好溶解。试问：

① 混合溶液中游离的氨浓度是多少？

② 混合溶液中加入固体 KBr，并使 KBr 浓度为 $0.2\ mol\cdot L^{-1}$，有无 AgBr 沉淀产生？

③ 欲防止 AgBr 沉淀析出，氨水的浓度至少为多少？

(2) 吸取水样 50.00mL，用 $0.05000\ mol\cdot L^{-1}$ EDTA 标准溶液滴定其总硬度（以 $mg\cdot L^{-1}$ CaO 表示），用去 EDTA 22.50mL，求水的总硬度。

(3) 测水中钙镁时，取 100.00mL 水样，调节 pH=10.0，用 EBT 作指示剂，用去 $0.01000\ mol\cdot L^{-1}$ EDTA 25.40mL，另取一份 100.00mL 水样，调节 pH=12.0，用钙指示剂指示终点，耗去 EDTA 14.25mL。问每升水中含 CaO 和 MgO 各多少毫克？

(4) 称取 1.032g 氧化铝试样，溶解后移入 250mL 容量瓶中稀释至刻度。吸取 25.00mL 试样，加入 $T_{Al_2O_3/EDTA}=1.505\ mg\cdot mL^{-1}$ 的 EDTA 标准溶液 10.00mL，加热煮沸，并调节 pH=5.0 后，以二甲酚橙为指示剂，用 $Zn(Ac)_2$ 标准溶液进行返滴定，至终点时用去 $Zn(Ac)_2$ 标准溶液 12.20mL。已知 1mL $Zn(Ac)_2$ 相当于 0.6812mL EDTA 溶液。试求试样中 Al_2O_3 的百分含量。

(5) 称取含磷的试样 0.1000g 处理成溶液，并把磷沉淀为 $MgNH_4PO_4$。将沉淀过滤、洗涤后，再溶解，然后用 $0.01000\ mol\cdot L^{-1}$ EDTA 标准溶液滴定 Mg^{2+}，用去 20.00mL。求试样中 P_2O_5 的质量分数。

第 8 章 沉淀滴定法

【学习指南】

掌握溶度积规则并能利用其判别反应的方向;理解沉淀滴定法的原理及方法;掌握沉淀滴定法的应用。

【阅读材料】

沉淀滴定法测定普罗碘铵注射液含量的不确定度。

沉淀滴定法测定普罗碘铵注射液含量的不确定度

沉淀滴定法是以沉淀反应为基础的一种滴定分析方法。沉淀滴定法必须满足下列条件：
① 溶解度小，且能定量完成。
② 反应速率大。
③ 有适当指示剂指示终点。
④ 吸附现象不影响终点观察。
目前，应用较广泛的是生成难溶性银盐的沉淀滴定法——银量法。

8.1 难溶电解质的溶解平衡

难溶电解质：溶解度小于 $0.01g \cdot 100g^{-1}$ H_2O 的物质。
微溶电解质：溶解度在 $(0.01 \sim 0.1g) \cdot 100g^{-1}$ H_2O 之间的物质。
易溶电解质：溶解度大于 $0.1g \cdot 100g^{-1}$ H_2O 的物质。

8.1.1 沉淀和溶解平衡

以氯化银为例说明难溶电解质在水中的沉淀和溶解平衡。
例如，在一定温度下，将 AgCl 晶体放入水中，其溶解与沉淀之间的平衡关系可表示为：

$$AgCl(s) \rightleftharpoons Ag^+(aq) + Cl^-(aq)$$

其平衡常数表达式为：

$$K_{sp,AgCl} = c_{Ag^+} c_{Cl^-}$$

一定温度下，将难（微）溶强电解质 $A_m B_n(s)$ 放入水中，在溶液中就会建立一个沉淀与溶解之间的动态平衡，这是一种多相离子平衡，此时溶液为饱和溶液。
难（微）溶强电解质 $A_m B_n(s)$ 沉淀和溶解平衡关系可表示为：

$$A_m B_n(s) \rightleftharpoons mA^{n+} + nB^{m-}$$

其平衡常数表达式为：

$$K_{sp} = c_{A^{n+}}^m c_{B^{m-}}^n \tag{8-1}$$

或简写为
$$K_{sp} = [A^{n+}]^m [B^{m-}]^n \tag{8-2}$$

溶度积常数（溶度积）：在一定温度下，难溶电解质的饱和溶液中各组分离子浓度幂的乘积，记为 K_{sp}。

K_{sp} 反映了难溶电解质溶解能力的大小，K_{sp} 越小，难溶电解质的溶解度越小。K_{sp} 也是温度的函数。溶度积常数 K_{sp} 应是相应各组分离子活度的幂的乘积。只不过对于离子浓度很低的难溶电解质，离子活度可以近似地用离子浓度代替。

8.1.2 溶解度和溶度积的换算

溶解度和溶度积可以相互换算，一般浓度和溶解度的单位为 $mol \cdot L^{-1}$。由于难溶电解质溶解度很小，溶液很稀，因此近似认为其饱和溶液的密度等于纯水的密度。
对于相同类型的电解质，溶解度（$mol \cdot L^{-1}$）大，溶度积也大，可以根据溶度积来直接比较它们的溶解度，例如 AgCl 和 $BaSO_4$、CaF_2 和 Ag_2CrO_4。
对于不同类型的电解质，就不能这样比较。例如

$$AgCl(s) \rightleftharpoons Ag^+(aq) + Cl^-(aq)$$
$$\qquad\qquad\qquad s \qquad\quad s$$

$$K_{sp} = c_{Ag^+} c_{Cl^-} = s \times s$$

$$s = \sqrt{K_{sp}} = \sqrt{1.8 \times 10^{-10}} = 1.34 \times 10^{-5} (\text{mol} \cdot \text{L}^{-1})$$

$$Ag_2CrO_4 \rightleftharpoons 2Ag^+(aq) + CrO_4^{2-}(aq)$$

$$2s s$$

$$K_{sp} = c_{Ag^+}^2 c_{CrO_4^{2-}} = (2s)^2 \times s = 4s^3$$

$$s = \sqrt[3]{\frac{K_{sp}}{4}} = \sqrt[3]{\frac{1.1 \times 10^{-12}}{4}} = 6.50 \times 10^{-5} (\text{mol} \cdot \text{L}^{-1})$$

AgCl 的溶解度为 1.34×10^{-5} mol·L^{-1}，Ag_2CrO_4 的溶解度为 6.50×10^{-5} mol·L^{-1}，AgCl 的溶解度小于 Ag_2CrO_4，而 $K_{sp,AgCl}$ 却大于 K_{sp,Ag_2CrO_4}。

8.1.3 溶度积规则及其应用

离子积：在难溶电解质溶液中，其离子浓度幂的乘积，用 Q_c 表示。

如在 A_mB_n 溶液中，其离子积表达式为：

$$Q_c = c_{A^{n+}}^m c_{B^{m-}}^n \tag{8-3}$$

Q_c 与 K_{sp} 表达式相同，但 K_{sp} 表示的是难溶电解质处于沉淀和溶解平衡时饱和溶液中离子浓度幂的乘积。一定温度下，某一难溶电解质的 K_{sp} 为一常数；而 Q_c 表示任意状态下有关离子浓度幂的乘积。

溶度积规则：

① $Q_c < K_{sp}$，为不饱和溶液，无沉淀生成；若体系中已有沉淀存在，沉淀将会溶解，直至饱和。

② $Q_c = K_{sp}$，为饱和溶液，处于沉淀和溶解平衡状态。

③ $Q_c > K_{sp}$，为过饱和溶液，沉淀可从溶液中析出，直至饱和。

利用溶度积规则，可以判断沉淀和溶解平衡移动的方向，可以通过控制有关离子的浓度，使沉淀产生或溶解。

(1) 沉淀的生成 根据溶度积规则，欲使溶液中某离子沉淀，必须加入沉淀剂，使溶液中 $Q_c > K_{sp}$。影响沉淀溶解度的因素很多，如同离子效应、盐效应、酸效应、配位效应等。此外，温度、介质、沉淀结构和颗粒大小等对沉淀溶解度也有影响。

① 同离子效应　加入含有相同离子的易溶强电解质，使难溶电解质的沉淀和溶解平衡向沉淀生成方向移动，从而使其溶解度降低的作用。

② 盐效应　在难溶电解质饱和溶液中加入不含相同离子的强电解质，使其溶解度略有增大的作用。这是因为溶液中离子浓度增大，离子强度增加，阴阳离子间作用增强，从而减少了离子间相互生成沉淀的机会，使平衡向着沉淀溶解的方向移动，因而在达到新的平衡时溶解度略有增大。

③ 酸效应　溶液酸度对沉淀溶解度的影响。主要是由于溶液中 H^+ 浓度的大小对弱酸、多元酸或难溶酸离解平衡的影响。如 CaC_2O_4 沉淀在溶液中有下列平衡：

$$CaC_2O_4 \rightleftharpoons Ca^{2+} + C_2O_4^{2-}$$
$$-H^+ \updownarrow +H^+$$
$$HC_2O_4^- \underset{-H^+}{\overset{+H^+}{\rightleftharpoons}} H_2C_2O_4$$

当溶液中 H^+ 浓度增大，平衡向生成 $HC_2O_4^-$ 和 $H_2C_2O_4$ 的方向移动，破坏了 CaC_2O_4 的沉淀和溶解平衡，CaC_2O_4 沉淀的溶解度增加。

④ 配位效应　溶液中如有配位剂能与构成沉淀的离子形成可溶性配合物，而增大沉淀的溶解度，甚至不产生沉淀。配位剂主要来自沉淀剂本身或加入的其他试剂。

选择和使用沉淀剂时应注意：

a. 加入过量沉淀剂（同离子效应）。但沉淀剂的过量加入会使得盐效应增大，有时也会发生如配位反应等其他反应，使沉淀物溶解度增大。故沉淀剂不可过量太多，一般过量 20%～50% 为宜。

b. 选择沉淀物溶解度最小的沉淀剂。溶液中沉淀物的溶解度越小，沉淀越完全。如 Ag^+ 可以 AgCl、AgBr、AgI 的形式沉淀出来，其中 AgI 溶解度最小，故应选择 KI 为沉淀剂使 Ag^+ 沉淀完全。

c. 注意沉淀剂的离解度。沉淀是否完全，取决于构成沉淀离子的浓度。如欲使 Mn^{2+} 沉淀为 $Mn(OH)_2$，选用 NaOH 为沉淀剂比用氨水的效果要好得多。

此外，还应注意沉淀剂的水解等问题。

(2) 沉淀的溶解　根据溶度积规则，$Q_c < K_{sp}$ 是沉淀发生溶解的必要条件。任何能降低多相离子平衡体系中有关离子浓度的方法都能促进沉淀和溶解平衡向着沉淀溶解的方向移动。常用的方法有：

① 生成弱电解质　常见的弱酸盐和氢氧化物沉淀都易溶于强酸，这是由于弱酸根和 OH^- 都能与 H^+ 结合形成难离解的弱酸和水，从而降低了溶液中弱酸根及 OH^- 的浓度，使 $Q_c < K_{sp}$，沉淀溶解。例如：

$$CaC_2O_4 + H^+ \rightleftharpoons Ca^{2+} + HC_2O_4^-$$

$$CaCO_3 + 2H^+ \rightleftharpoons Ca^{2+} + CO_2 \uparrow + H_2O$$

$$Mg(OH)_2(s) + 2H^+ \rightleftharpoons Mg^{2+} + 2H_2O$$

$$Mn(OH)_2(s) + 2NH_4^+ \rightleftharpoons Mn^{2+} + 2NH_3 + 2H_2O$$

② 发生氧化还原反应　加入氧化剂或还原剂，使沉淀因氧化还原反应而溶解。例如：

$$3CuS + 8HNO_3 \xrightarrow{\triangle} 3Cu(NO_3)_2 + 3S\downarrow + 2NO\uparrow + 4H_2O$$

③ 生成配合物　加入配位剂，使沉淀生成配位化合物而溶解。例如：

$$AgCl + 2NH_3 \cdot H_2O \rightleftharpoons [Ag(NH_3)_2]^+ + Cl^- + 2H_2O$$

$$3HgS + 2HNO_3 + 12HCl \rightleftharpoons 3H_2[HgCl_4] + 3S\downarrow + 2NO\uparrow + 4H_2O$$

这时溶液中发生了氧化还原反应，又生成了配合物，因而大大降低了 Hg^{2+}、S^{2-} 的浓度，使 $Q_c < K_{sp}$，沉淀溶解。

(3) 分步沉淀　如果溶液中同时含有几种离子，它们都能与同一沉淀剂生成不同的沉淀。根据溶度积规则，需要沉淀剂浓度小的离子先生成沉淀，需要沉淀剂浓度大的离子后生成沉淀。

溶液中同时存在几种离子时，离子积首先超过溶度积的难溶电解质将首先沉淀。同一类型的难溶电解质，则其溶度积数值差别越大，混合离子就越能分离。此外沉淀的次序也与溶液中的离子浓度有关，当两种难溶电解质的溶度积相差不大时，则适当地改变溶液中被沉淀的离子的浓度，可以使分步沉淀的次序发生变化。

(4) 沉淀转化　沉淀的转化是在含有沉淀的溶液中加入适当试剂，使其与溶液中某一离子结合生成另一种更难溶的沉淀的过程。例如：

$$PbSO_4(s) + S^{2-} \rightleftharpoons PbS(s) + SO_4^{2-}$$

沉淀转化的原因是 PbS 的 K_{sp}（8.0×10^{-28}）比 $PbSO_4$ 的 K_{sp}（1.6×10^{-8}）小得多。此竞争反应的平衡常数为：

$$K=\frac{c_{SO_4^{2-}}}{c_{S^{2-}}}=\frac{K_{sp,PbSO_4}}{K_{sp,PbS}}=\frac{1.6\times 10^{-8}}{8.0\times 10^{-28}}=2.0\times 10^{-19}$$

反应的平衡常数相差很大，转化反应进行得很完全。这是两者的溶度积相差较大的缘故，两种难溶电解质的溶度积相差越大，则由一种难溶物转化为另一种难溶物就越容易，转化就越完全。

8.2 沉淀滴定法及其应用

根据滴定过程中指示终点所用指示剂不同，银量法分为三种：莫尔法（铬酸钾指示剂法）、佛尔哈德法（铁铵矾指示剂法）和法扬斯法（吸附指示剂法）。

8.2.1 莫尔法（铬酸钾指示剂法）

(1) 原理 在中性溶液中，加入适量的 K_2CrO_4 作指示剂，以 $AgNO_3$ 标准溶液滴定 Cl^- 或 Br^- 为例，卤化银首先沉淀，当卤化银定量沉淀后，过量的滴定剂与指示剂反应，生成砖红色的铬酸银沉淀，指示终点。

$$Ag^+ + Cl^- \Longrightarrow AgCl(白色)$$
$$CrO_4^{2-} + 2Ag^+ \Longrightarrow Ag_2CrO_4(砖红色)$$

(2) 滴定条件

① 指示剂用量　指示剂 K_2CrO_4 的浓度必须合适，若浓度太大将会引起终点提前，且 CrO_4^{2-} 本身的黄色会影响对终点的观察；若浓度太小又会使终点滞后，会影响滴定的准确度。实际滴定时，通常在反应液总体积为 50～100mL 的溶液中，加入 5% 铬酸钾指示剂 1～2mL。

② 溶液的酸度　滴定应该在中性或微碱性介质中进行。若酸度过高，CrO_4^{2-} 将因酸效应致使其浓度降低，导致 Ag_2CrO_4 沉淀出现过迟甚至不沉淀；但溶液的碱性太强，又将生成 Ag_2O 沉淀，故适宜的酸度范围为 $pH=6.5\sim 10.5$。

如果溶液中有铵盐存在，溶液呈碱性时溶液中会有 NH_3 产生，生成的 NH_3 与 Ag^+ 形成配离子，致使 $AgCl$ 和 Ag_2CrO_4 沉淀出现过迟甚至不沉淀。当铵盐浓度比较低时（$<0.05mol\cdot L^{-1}$），控制溶液 $pH=6.5\sim 7.2$ 可消除铵根离子的影响，若铵根离子浓度 $\geqslant 0.15mol\cdot L^{-1}$ 时，仅仅通过控制溶液酸度已经不能消除其影响，此时需要在滴定前将大量铵盐除去。

③ 滴定时应剧烈振摇　使被 $AgCl$ 或 $AgBr$ 沉淀吸附的 Cl^- 或 Br^- 及时释放出来，防止终点提前。

(3) 应用范围 莫尔法主要用于 Cl^-、Br^- 和 CN^- 的测定，不适用于测定 I^- 和 SCN^-。这是因为 AgI、$AgSCN$ 沉淀对 I^- 和 SCN^- 有强烈的吸附作用，致使终点过早出现。

莫尔法也不适用于以 NaCl 直接滴定 Ag^+。因为在含有 Ag^+ 的溶液中加入指示剂，会立刻形成 Ag_2CrO_4 沉淀，用 NaCl 溶液滴定时，Ag_2CrO_4 转化成 AgCl 的速率非常慢，致使终点延迟。如用莫尔法测定 Ag^+，必须采用返滴定法。

莫尔法的选择性比较差，凡能与银离子生成沉淀的阴离子（如 S^{2-}、CO_3^{2-}、PO_4^{3-}、SO_3^{2-}、$C_2O_4^{2-}$ 等），能与铬酸根离子生成沉淀的阳离子（如 Ba^{2+}、Pb^{2+} 等），能与银或氯配位的离子（如 $S_2O_3^{2-}$、NH_3、EDTA、CN^- 等），能发生水解的高价金属离子（如 Fe^{3+}、

Al^{3+}、Bi^{3+}、Sn^{4+}等），均对测定有干扰。此外，大量的 Cu^{2+}、Co^{2+}、Ni^{2+} 等有色离子的存在，对终点的颜色的观察也有影响。以上干扰应预先除去。如 S^{2-} 可在酸性溶液中通过加热除去（生成 H_2S），SO_3^{2-} 氧化为 SO_4^{2-} 后不再产生干扰，Ba^{2+} 可通过加入过量的 Na_2SO_4 除去（生成 $BaSO_4$ 沉淀）。

莫尔法的优点是操作简便，准确度较好；不足之处是干扰较多，且只能直接测定氯离子、溴离子、氰酸根离子，想直接测定银离子，除了用返滴定法外，可采用佛尔哈德法。

8.2.2 佛尔哈德法（铁铵矾指示剂法）

(1) 原理 在酸性（HNO_3）介质中，以 $NH_4Fe(SO_4)_2$ 作指示剂，用 NH_4SCN 或 KSCN 标准溶液滴定 Ag^+。

$$Ag^+ + SCN^- \Longleftrightarrow AgSCN(白色) \quad K_{sp} = 1.0 \times 10^{-12}$$
$$Fe^{3+} + SCN^- \Longleftrightarrow [FeSCN]^{2+}(红色) \quad K = 138$$

当 AgSCN 定量沉淀后，稍过量的 SCN^- 便与 Fe^{3+} 生成红色的配离子 $[FeSCN]^{2+}$，指示终点。

(2) 滴定条件

① 溶液的酸度 由于指示剂是 Fe^{3+}，滴定必须在酸性溶液中进行，通常在 $0.1 \sim 1 \text{mol} \cdot L^{-1}$ HNO_3 介质中进行滴定，Fe^{3+} 以 $[Fe(H_2O)_6]^{3+}$ 存在，颜色较浅，如果酸度较低，Fe^{3+} 发生水解，以羟基化合物或多羟基化合物的形式存在（$[Fe(H_2O)_5(OH)]^{2+}$、$[Fe(H_2O)_4(OH)_2]^+$），呈棕色，影响终点观察，如果酸度更低，甚至产生 $Fe(OH)_3$ 沉淀。

在酸性溶液中进行滴定是佛尔哈德法的最大优点，一些在中性或弱碱性介质中能与 Ag^+ 产生沉淀的阴离子都不会干扰滴定，选择性比较好。

② 指示剂用量 当滴定至计量点时，$c_{SCN^-} = c_{Ag^+} = 1.0 \times 10^{-6} \text{mol} \cdot L^{-1}$，要求此时正好生成 $[FeSCN]^{2+}$ 以确定终点，故此时 $c_{Fe^{3+}} = \dfrac{c_{[FeSCN]^{2+}}}{138 \times c_{SCN^-}}$。一般说来，要能观察到 $[FeSCN]^{2+}$ 的颜色，$c_{FeSCN^{2+}}$ 要达到 $6 \times 10^{-6} \text{mol} \cdot L^{-1}$，则 $c_{Fe^{3+}} = 0.04 \text{mol} \cdot L^{-1}$。这样高浓度的 Fe^{3+} 使溶液呈较深的橙黄色，影响终点的观察，故通常保持在 $0.015 \text{mol} \cdot L^{-1}$，引起的误差很小，小于 $\pm 0.1\%$。

③ 充分摇动，减少吸附。

(3) 应用范围 采用直接滴定法可以测定 Ag^+ 等；采用返滴定法可以测定 Cl^-、Br^-、I^- 和 SCN^- 等离子。

8.2.3 法扬斯法（吸附指示剂法）

(1) 滴定原理 用吸附指示剂指示滴定终点的银量法，称为法扬斯法。吸附指示剂一般是有机染料，当它被沉淀表面吸附后，会因为结构的改变而引起颜色的变化，从而指示滴定的终点。吸附指示剂可以分为两类，一类是酸性染料，如荧光黄及其衍生物，它们是有机弱酸，离解出的指示剂为阴离子；另一类是碱性染料，如甲基紫、罗丹明 6G 等，离解出的指示剂为阳离子。

如用 $AgNO_3$ 滴定 Cl^- 时，用荧光黄作指示剂。荧光黄是一种有机弱酸（用 HFI 表示），在溶液中离解为黄绿色的阴离子。计量点前，溶液中剩余 Cl^-，生成的 AgCl 优先吸附 Cl^- 而带负电荷，荧光黄阴离子受排斥而不被吸附，溶液呈黄绿色；计量点后，Ag^+ 过量，

AgCl 沉淀胶粒因吸附过量构晶离子 Ag^+ 而带正电荷,它将强烈吸附荧光黄阴离子。荧光黄阴离子被吸附后,因结构变化而呈粉红色,从而指示滴定终点。

$$AgCl \cdot Ag^+ + FI^- \longrightarrow AgCl \cdot Ag^+ \cdot FI^-$$

如果用 NaCl 滴定 Ag^+,则颜色变化正好相反。

(2) 滴定条件

① 加保护胶　由于颜色的变化是沉淀的表面吸附引起的,沉淀的颗粒越小,沉淀的比表面越大,吸附能力越强。为了防止胶状沉淀微粒的凝聚,通常加入糊精或淀粉来保护胶体,使沉淀微粒处于高度分散状态,使更多的沉淀表面暴露在外面,以利于对指示剂的吸附,使变色敏锐。

此法不适宜用于测定浓度过低的溶液,否则由于生成的沉淀量太少,使终点不明显。测 Cl^- 时,其浓度要求在 $0.005 mol \cdot L^{-1}$ 以上,测 Br^-、I^- 和 SCN^- 时灵敏度稍高,$0.001 mol \cdot L^{-1}$ 仍可准确滴定。

② 酸度要适当　常用的吸附指示剂大都是有机弱酸,而起指示作用的主要是阴离子,因此必须控制适宜的酸度,使指示剂在溶液中保持阴离子状态。

③ 指示剂吸附能力要适当　胶体颗粒对指示剂的吸附能力应略小于对被测离子的吸附能力,否则指示剂将在化学计量点前变色。但也不能太小,否则终点出现延迟。卤化银对卤化物和几种常见吸附指示剂的吸附能力次序如下:

$$I^- > 二甲基二碘荧光黄 > Br^- > 曙红 > Cl^- > 荧光黄$$

因此,滴定 Cl^- 时只能选用荧光黄为指示剂,滴定 Br^- 则选曙红为指示剂。

④ 滴定应避免在强光照射下进行,因为吸附着指示剂的卤化银胶体对光极为敏感,遇光易分解析出金属银,溶液很快变成灰色或黑色。

(3) 应用范围　法扬斯法可测定 Cl^-、Br^-、I^-、SCN^- 和 Ag^+,一般在弱酸性到弱碱性下进行,方法简便,终点亦明显,较为准确,但反应条件较为严格,要注意溶液的酸度、浓度及胶体的保护等。

实际工作中,需要根据测定对象选择合适的测定方法,如银合金中银含量的测定,由于用硝酸溶解试样,选用佛尔哈德法;氯化钡中氯离子含量的测定,选用佛尔哈德法或法扬斯法,不能用莫尔法,因会生成铬酸钡沉淀;天然水中氯离子含量的测定,选用莫尔法。

8.2.4　银量法应用示例

8.2.4.1　天然水中氯离子含量的测定

天然水中一般含有氯离子,其含量范围变化很大,河流和湖泊的水中氯离子含量一般较低,海水盐湖及某些地下水中则含量较高,水中氯化物主要以钠、镁、钙盐的形式存在,测定水中氯离子的含量多用莫尔法,若水中还含有亚硫酸根、硫离子及磷酸根等,可采用佛尔哈德法。

8.2.4.2　有机化合物中卤素离子的测定

有机卤化物必须经过处理,使其转化成卤离子后,方能用银量法测定。

如粮食中溴甲烷残留量的测定。溴甲烷是粮食的熏蒸剂之一,在室温下是一种易挥发的气体,测定时利用吹气法将粮食中残留的溴甲烷吹出,用乙醇胺吸收,此时溴甲烷与乙醇胺作用分解出溴离子:

$$HOCH_2CH_2NH_2 + CH_3Br \longrightarrow HOCH_2CH_2NHCH_3 + HBr$$

用水稀释后，加硝酸使呈酸性，再加入一定量的过量的硝酸银，以铁铵矾为指示剂，用 NH_4SCN 标准溶液滴定至终点。

8.2.4.3 味精中 NaCl 的测定

味精主要成分是谷氨酸钠，另外还含有一定量的 NaCl，味精的等级与谷氨酸钠和氯化钠的含量有关，一般要求氯化钠含量不超过 20%。测定味精中 NaCl 含量时，取一定量味精用水溶解，以铬酸钾作指示剂，用硝酸银标准溶液滴定至终点。

复习思考题

1. 写出莫尔法、佛尔哈德法和法扬斯法测定 Cl^- 的主要反应，并指出各种方法选用的指示剂和酸度条件。

2. 判断题。

(1) (　　) 当难溶电解质的离子积等于其溶度积常数时，该溶液没有沉淀生成，所以此溶液是不饱和溶液。

(2) (　　) 两种难溶电解质，K_{sp} 越大者，其溶解度也越大。

(3) (　　) 溶度积常数可以反映物质溶解的能力，其值与温度无关。

(4) (　　) 沉淀转化是由一种难溶化合物转化为另一种更难溶化合物。

(5) (　　) 莫尔法中与 Ag^+ 形成沉淀或配合物的阴离子均不干扰测定。

(6) (　　) 欲使溶液中某一离子沉淀完全，加入的沉淀剂越多越好。

(7) (　　) 溶度积相同的两物质，溶解度也相同。

(8) (　　) 某离子被沉淀完全是指在溶液中其浓度为零。

3. 选择题。

(1) 欲使 $BaCO_3$ 在水溶液中溶解度增大，可采用的方法是 (　　)。

A. 加入 $1.0 mol \cdot L^{-1}$ NaOH　　　　B. 加入 $1.0 mol \cdot L^{-1}$ Na_2CO_3

C. 加入 $0.10 mol \cdot L^{-1}$ $BaCl_2$　　　D. 降低溶液的 pH 值

(2) 已知 $Mg(OH)_2$ 的 $K_{sp} = 1.8 \times 10^{-11}$，$Mg(OH)_2$ 的溶解度为 (　　) $mol \cdot L^{-1}$。

A. 1.65×10^{-4}　　　　　　　　B. 1.50×10^{-5}

C. 1.20×10^{-6}　　　　　　　　D. 2.05×10^{-6}

(3) 在 $CaCO_3$ ($K_{sp} = 4.9 \times 10^{-9}$)，$CaF_2$ ($K_{sp} = 1.5 \times 10^{-10}$)，$Ca_3(PO_4)_2$ ($K_{sp} = 2.1 \times 10^{-33}$) 的饱和溶液中，$Ca^{2+}$ 浓度由大到小的顺序是 (　　)。

A. $CaF_2 > CaCO_3 > Ca_3(PO_4)_2$　　　B. $CaF_2 > Ca_3(PO_4)_2 > CaCO_3$

C. $CaCO_3 > CaF_2 > Ca_3(PO_4)_2$　　　D. $Ca_3(PO_4)_2 > CaF_2 > CaCO_3$

(4) 有关沉淀洗涤，下列说法错误的是 (　　)。

A. 洗涤剂应采用少量多次的原则

B. 胶溶的无定型沉淀用冷的电解质溶液洗涤

C. 溶解度较大的沉淀先用稀沉淀剂洗涤

D. 溶解度小的沉淀用蒸馏水洗涤即可

(5) 下列条件中适合采用佛尔哈德法的是 (　　)。

A. 滴定酸度在中性或弱酸性条件　　B. 以荧光黄为指示剂

C. 滴定酸度为 $0.1 \sim 1.0 mol \cdot L^{-1}$　　D. 以 K_2CrO_4 为指示剂

(6) 莫尔法测定 Cl^- 含量时，要求介质的 pH 在 6.5～10.5 范围内，若酸度过高则 (　　)。

A. AgCl 沉淀不完全　　　　　　　B. AgCl 吸附 Cl^- 增强

C. Ag_2CrO_4 沉淀不易形成　　　　　D. AgCl 沉淀易胶溶

4. 问答题。

（1）什么是溶度积规则？

（2）在含 $Ca_3(PO_4)_2$ 固体的饱和溶液中，分别加入①磷酸，②$Ca(NO_3)_2$，③KNO_3，对 $Ca_3(PO_4)_2$ 的溶解度有什么影响，并解释之。

（3）用银量法测定下列试样：①$BaCl_2$，②KCl，③$FeCl_3$，④$KSCN$，⑤NH_4Cl，⑥$NaCl+Na_2SO_4$，⑦$NaBr$，各应选用何种方法确定终点较为合适？为什么？

5. 称取纯的 KIO_x 试样 0.5000g，将碘还原成碘化物后，用 $0.1000mol·L^{-1}$ 的 $AgNO_3$ 标准溶液滴定，用去 23.36mL。计算分子式中的 x。

第 9 章

烃

【学习指南】

了解有机化合物的概念、结构、特性及分类,有机化学与农业、医药、环境的关系,有机化学在国民经济中的重要作用及与人民生产生活的密切联系;掌握烷烃、环烷烃的结构、同分异构、命名法、主要化学反应;掌握烯烃、炔烃和二烯烃的结构和它们的化学性质及反应规律;熟悉芳烃的结构、命名等;掌握单环芳烃典型反应及定位效应。

【阅读材料】

烃是指碳氢化合物,碳四烃化合物是一种非常重要的资源。

生活中不可缺少的碳四烃

苯并芘污染现状及其生物毒性效应

9.1 有机化合物概述

现代社会，有机化合物与人类的衣、食、住、行都密不可分。传统能源（石油、煤、天然气）是有机化合物；人体所需的三大基础物质（糖类、蛋白质和油脂）是有机化合物；吃的食物是有机化合物；天然面料（丝绸、棉布）和人造面料（聚酯纤维）是有机化合物；治疗疾病、解除痛苦的药物大多也是有机化合物；化妆品、染料等都是有机化合物。有机化学就是研究如何生产、制造这些有机化合物的有关理论和方法的科学。

9.1.1 有机化合物与有机化学

在历史上，人们将从非生物或矿物中得到的物质称为无机化合物（简称无机物），从生物体（动物或植物）中提取的药物、香料和染料等物质称为有机化合物（简称有机物）。尽管后来可以人工合成有机化合物，但有机化合物的名称仍沿用至今。

9.1.1.1 有机化合物

人类在自然界的生产劳动和科学实验过程中总结并界定有机化合物中均含有碳元素，绝大多数还含有氢元素，此外还有很多有机化合物含有氧、氮、硫、磷、卤素等元素。因此，有机化合物是碳氢化合物及其衍生物的总称。少数化合物（碳的氧化物、氰化物等）虽然具备碳、氢、氧、氮等元素，但其性质和无机化合物相似，所以归属无机化合物范畴。

9.1.1.2 有机化学

有机化学是研究有机化合物的来源、结构、性质、合成方法与应用的科学。有机化合物的相互转变和内在联系有一定的规律可循，在学习这门科学的过程中要注意总结化合物的结构与性质的关系，掌握变化规律，才能设计出合理的合成路线。

9.1.2 有机化合物的结构、特性及分类

9.1.2.1 有机化合物的结构

有机化合物的基本构架是由碳原子形成的。碳在元素周期表中位于第二周期第ⅣA族，最外层有4个电子，既不易失去电子，也不易得到电子，主要通过共价键与其他原子相结合或自相结合。两个碳原子之间用一个价键结合形成单键，也可用两个价键或三个价键彼此自相结合形成双键或叁键，例如：

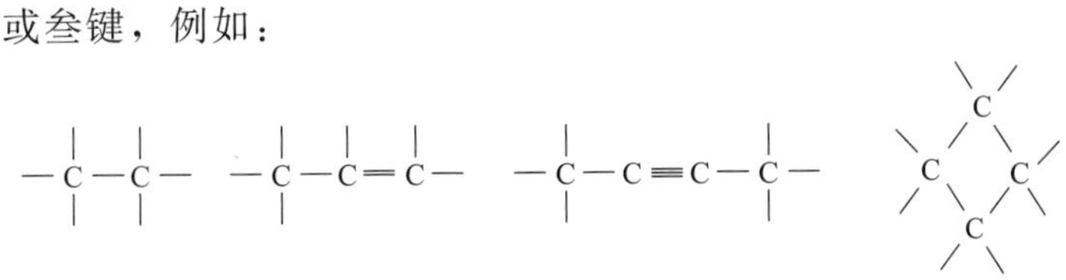

$$-\overset{|}{\underset{|}{C}}-\overset{|}{\underset{|}{C}}- \quad -\overset{|}{C}=\overset{|}{C}- \quad -\overset{|}{\underset{|}{C}}-C\equiv C-\overset{|}{\underset{|}{C}}-$$

(1) 共价键的断裂方式及其对应的反应类型

① 均裂　均裂是成键的一对电子平均分给两个原子或基团生成两个带单电子的原子或基团的断裂方式。带有单电子的原子或基团称为自由基，一般用 R· 表示。

通式：$A:B \xrightarrow{h\nu} A\cdot + B\cdot$

以这种方式发生的反应叫自由基反应,典型的自由基反应有甲烷和氯气在光照或高温下发生的反应。

甲烷和氯气的反应:

$$Cl—Cl \xrightarrow{光} 2Cl\cdot$$
$$CH_4 + Cl\cdot \longrightarrow CH_3\cdot + HCl$$
$$CH_3\cdot + Cl_2 \longrightarrow CH_3Cl + Cl\cdot$$

② 异裂　异裂是成键的一对电子完全转移到某一原子或基团上生成正、负离子的断裂方式。

通式:
$$A:B \longrightarrow A^+ + B^-$$

以这种方式发生的反应叫离子型反应。离子型反应可以分为亲电反应和亲核反应。

(2) 同分异构　组成有机化合物分子的原子数目有很多,这必然会导致许多不同的连接方式和各种空间排布方式的产生。这种组成相同、结构不同或空间排布方式不同的现象,称为同分异构现象,简称异构现象。而这些有机化合物互为同分异构体。

在有机化学中,同分异构是极为普遍的现象,大体上可以分成两大类:构造异构和立体异构。构造异构可根据不同的情况分为碳链异构和官能团异构;立体异构亦可分为顺反异构、对映异构和构象异构三种。如正戊烷和异戊烷属于碳链异构,丙醇和异丙醇属于官能团异构。

碳链异构:

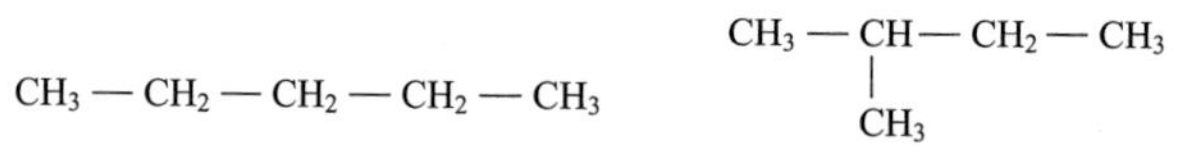

$$CH_3—CH_2—CH_2—CH_2—CH_3 \qquad \begin{array}{c} CH_3—CH—CH_2—CH_3 \\ | \\ CH_3 \end{array}$$

正戊烷　　　　　　　　　　　　　异戊烷

官能团异构:

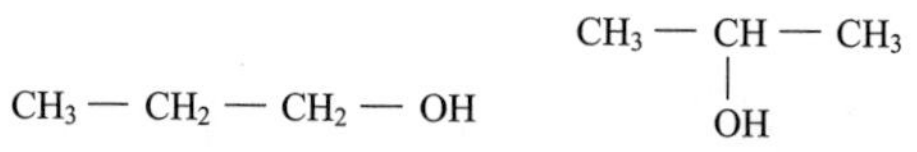

$$CH_3—CH_2—CH_2—OH \qquad \begin{array}{c} CH_3—CH—CH_3 \\ | \\ OH \end{array}$$

丙醇　　　　　　　　　　　　　异丙醇

(3) 表示方法　有机化合物中,分子式不能区分同分异构体,必须用构造式、构造简式或键线式来表示。在体现分子的空间结构时,需要用到球棍模型或比例模型。几种常见表示方法见表 9-1。

表 9-1　几种常见表示方法

表示方法	概念	举例
分子式	仅表示分子的物质组成	C_7H_{16},C_2H_6O
构造式	用元素符号和短线表示化合物(或单质)分子中原子的排列和结合方式的式子	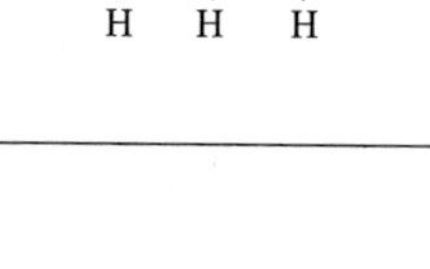 $\begin{array}{c} H\quad H\quad H \\ \mid\quad\mid\quad\mid \\ H—C—C—C—H \\ \mid\quad\mid\quad\mid \\ H\quad H\quad H \end{array}$
构造简式	把构造式中的单键省略之后的一种简略表达形式	$CH_3CH_2CH_3$,CH_3CH_2OH,CH_3OCH_3

续表

表示方法	概念	举例
键线式	只用键线来表示碳架	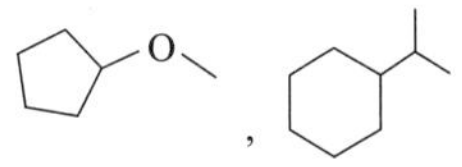
球棍模型	用来表现有机化合物的三维空间分布	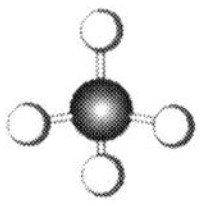
比例模型	原子紧密连起的、只能反映原子大小,大致的排列方式	

9.1.2.2 有机化合物的特性

与无机化合物相比,有机化合物在以下方面有其独特的性质。

(1) 容易燃烧 几乎所有的有机化合物(除 CCl_4 等外)都可以燃烧,如汽油、棉花、油脂、酒精等。如果有机化合物只含有碳和氢两种元素,则燃烧的最终产物是二氧化碳和水;若含有其他元素,则还有这些元素的氧化产物。而多数无机化合物如酸、碱、盐、氧化物等则不能燃烧。因此,检查物质能否燃烧,是初步区别有机化合物和无机化合物的方法之一。

(2) 熔点、沸点低,挥发性强 有机化合物的熔点、沸点都比较低。常温下,多数有机化合物为气体、液体,少数为固体。固体有机化合物的熔点一般在 400℃以下,如胆固醇的熔点为 147~150℃,草酸的熔点为 101℃。而无机化合物的熔点都比较高,如氯化钠的熔点为 800℃,氧化铁的熔点则为 1565℃。

(3) 水溶性差 大多数有机化合物难溶或不溶于水,易溶于乙醇、乙醚、丙酮等有机溶剂。有机化合物一般极性较弱或完全没有极性,所以多数有机化合物不溶于水,易溶于非极性或极性弱的有机溶剂。少数极性较强的有机化合物如乙醇、蔗糖等则能溶于水。因此,有机反应常在有机溶剂中进行。无机化合物则较易溶于水,因为水是一种极性很强的溶剂。

(4) 受热不稳定 多数有机化合物受热易分解,加热到 200~300℃就会分解。有些沸点比较高的有机化合物加热到沸腾温度时,往往也发生分解。

(5) 反应速率慢 无机化合物的反应一般是在阴阳离子间进行的反应,反应速率很快。而有机化合物的反应主要是在分子间进行,受结构、反应条件和反应机制的影响,速率较慢,有些反应往往需要几天甚至更长的时间才能完成。因此,在有机反应中常常采取加热、加催化剂或搅拌等措施来提高反应速率。

(6) 常伴随副反应的发生 有机化合物分子的结构比较复杂,在反应时,常常不局限于分子的某一特定部位,分子其他部分往往也会参与反应。因此在主要反应的进行过程中,常伴有一些副反应,导致产物复杂,产率较低。

9.1.2.3 有机化合物的分类

利用有机化合物结构上的差异做分类标准对其进行分类,从结构上有两种分类方法:一是按照构成有机化合物分子的碳的骨架来分类;二是按反映有机化合物特性的特定原子团

（官能团）来分类。

（1）按碳的骨架分类

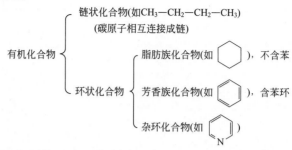

① 链状化合物　碳与碳或碳与其他原子之间相互连接成开放链状的有机化合物，称为链状化合物也称为开环化合物。由于这类化合物最初是在油脂中发现的，所以又称为脂肪族化合物，如己烷、2,3-二甲基丁醇等。

② 环状化合物　碳与碳或碳与其他原子之间结合成环状的有机化合物，称为环状化合物。根据分子中成环的原子种类不同，环状化合物又分为脂肪族化合物、芳香族化合物和杂环化合物。

碳原子间连接成环，环内也可有双键、叁键的化合物。这类化合物与链状化合物的性质相似，故统称为脂肪族化合物。

分子中含有一个或多个苯环的化合物统称芳香族化合物。

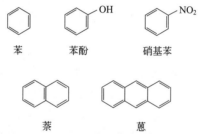

（2）按官能团分类　官能团是分子中比较活泼而易发生反应的原子或原子团，常决定着化合物的主要化学性质。

按照官能团分类的方法就是把含有相同官能团的化合物归为一类，这样可将有机化合物分为若干类，然后进行分类研究。表 9-2 中列出的是几类比较重要的官能团及其对应的有机化合物的分类。

表 9-2　重要的官能团及其对应的有机化合物的分类

官能团	名称	分类名
$>C=C<$	双键	烯烃
$-C\equiv C-$	叁键	炔烃
$-X(F,Cl,Br,I)$	卤素	卤代物
$-OH$	羟基	醇（脂肪族）或酚（芳香族）
$-O-$	醚键	醚
$-CHO$	醛基	醛
$>C=O$	酮基	酮

续表

官能团	名称	分类名
—COOH	羧基	羧酸
—SO₃H	磺基	磺酸
—NO₂	硝基	硝基化合物
—NH₂	氨基	胺
—CN	氰基	腈

9.1.3 有机化学与医药的关系

9.1.3.1 天然物质中提取天然有机化合物

有机化学与医药的关系是密不可分的。在远古时代，人们就懂得了利用某些天然物质治疗疾病与伤痛，例如饮酒止痛、大黄导泻、楝实祛虫、柳皮退热等。其实是利用大黄、楝实、柳皮中的一些天然药物成分选择作用在机体的某个部分而引起典型反应。

从18世纪开始，化学家就开始有意识地利用天然物质，提制到一些纯净的天然有机化合物。药剂师舍勒于1769年提纯得到了酒石酸，之后又从动植物组织中提取出尿酸、草酸、乳酸、柠檬酸、苹果酸、五倍子酸等有机酸。到了19世纪，更多的有机化合物被分离提取出来，不少物质被证明有较强的药效。药剂师塞尔杜纳于1805年从鸦片中提取出纯的吗啡结晶，并在狗身上试验证明了麻醉作用。

1818年，德国药剂师米斯纳提出了"生物碱"的概念，建议将植物中弱碱性的成分命名为生物碱。19世纪发现的具有药效的生物碱有10余种，如依米丁、奎宁、辛可宁、秋水仙碱、那塞因、麻黄素和伪麻黄素等。这些天然药物都是有机化合物，可见即使有机化学还没建立完全的理论基础就已和药物密不可分了。

9.1.3.2 有机化学工业的诞生与合成药物

18世纪，伴随着工业革命的发生，钢铁、冶金及纺织工业得到了迅猛发展。有机化学工业也开始初露端倪，人们在煤焦油中应用化学技术分离出苯、萘、蒽、甲苯、苯胺一系列新的化合物，由此有机化学迅速发展成为一门新的科学。1856年，化学家帕金以苯胺为原料合成了苯胺紫——第一个人工合成的染料。以后化学家们又合成了一系列染料，并从中发现了药物和香料。这些源源不断被合成出来的有机化合物也提供了潜在的药品原料。

阿司匹林作为解热、镇痛和抗炎药，是第一个畅销药，已应用百年，成为至今应用最广泛的三大经典药物之一，也是作为比较和评价其他药物的标准制剂。它在体内具有抗血栓的作用，能抑制血小板的释放反应。临床上用于预防心脑血管疾病的发作。阿司匹林于1898年上市，近年来发现它还具有抗血小板凝聚的作用，于是重新引起了人们极大的兴趣。将阿司匹林及其他水杨酸衍生物与聚乙烯醇、醋酸纤维素等含羟基聚合物进行熔融酯化，使其高分子化，所得产物的抗炎性和解热止痛性比游离的阿司匹林更为长效。

1884年，化学家克诺尔在研究奎宁时偶然合成了氨基比林，并发现其有退热作用。1886年，发现染料中间体苯胺及乙酰苯胺（退热冰）有解热镇痛作用，1887年合成了其衍生物非那西丁。这些有机合成药物的偶然发现使人们意识到：有机化学合成能提供自然界没有的新药物。有机化学的发展在药物的发展中起到了重要的作用。

9.1.3.3 有机化学的理论知识推动医药工业的进一步发展

19世纪末和20世纪初，化学家在合成药和天然药的研究过程中，逐渐形成了药物化学的基本理论。科学家发现从煤焦油中分离出来的苯酚具有杀菌作用，改变其某些结构，可合成出肠道消毒药——水杨酸苯酯。乙酰苯胺有退热作用，其衍生物乙氧基乙酰苯胺（非那西丁）与对羟基乙酰苯胺（扑热息痛）都具解热镇痛作用。在大量感性认识的基础上，人们必然会考虑为什么类似的化学药物会发生类似的药效，开始提出了化学有效基团与药理作用相互联系的初步思想。

随着科学的发展，人们的理论认识深化了，导致了药物构效关系理论的建立。古柯碱的作用和结构的研究即是一例。古柯碱早在1856年就被从南美洲的古柯树叶中提取出来，1878年左右发现其有局部麻醉作用，1884年被用作眼科手术。1865年，化学家洛逊将古柯碱完全水解，得到三种成分：爱康宁（托品环）、苯甲酸和甲醇。后经分析，这三种成分均不具麻醉作用，因此推论其麻醉作用与原结构中的酯键有密切关系。1890年，化学家制得结构较为简单的对氨基苯甲酸乙酯（苯佐卡因），发现其也有局部麻醉作用，此药被称作麻因。这些药物的结构分析使化学家有了化学结构与药效相关的初步概念。化学家艾因霍恩在总结局部麻醉药的化学结构时说："所有的芳香酸酯都可能产生局部麻醉作用"。1904年，他在芳香酸酯基团上引入二氨基，合成了一个非常优良的局部麻醉药——普鲁卡因，它的使用范围不断扩大。以上这一系列化学实验给化学家一种启示：药物分子中有一些特殊的结构，包括特殊基团，是发挥药效必需的，具有相同结构的物质会产生相同的治疗效应。有机化学的理论知识让我们发现很多具有药效的有机化合物。

9.1.3.4 医药的有机合成发展趋势

20世纪，药物合成的成果是惊人的。首先是磺胺药的合成，其具有抗菌谱广、可以口服、吸收较迅速、有的（如磺胺嘧啶，SD）能通过血脑屏障渗入脑脊液、较为稳定、不易变质等优点，很快便成为比较常用的一类药物。磺胺早在1908年就作为偶氮染料的中间体合成出来。1932年，德国科学家合成了红色偶氮化合物百浪多息，并发现它对实验动物的某些细菌性感染有良好的治疗作用。不久，法国科学家的研究阐明了百浪多息的抑菌作用，乃是由于它在动物体内经过代谢而生成的磺胺。为了扩大磺胺抗菌谱和增强其抗菌活性，欧美各国的科学家对其结构进行了多方面的改造，合成了数以千计的磺胺化合物（据1945年统计，达5000多种），从中筛选出30多种疗效好而毒性较低的磺胺药。例如，百浪多息、磺胺吡啶（SP）、磺胺嘧啶（SD）、酞酰磺胺噻唑（PST）、磺胺噻唑（ST）、磺胺脒（SG）、磺胺二甲嘧啶（SM2）等。

青霉素的合成是20世纪药物化学突出的成就之一。1928年，英国细菌学家弗莱明发现了青霉素的抑菌作用，青霉素是一种高效、低毒、临床应用广泛的重要抗生素。它的研制成功大大增强了人类抵抗细菌性感染的能力，带动了抗生素家族的诞生，开创了用抗生素治疗疾病的新纪元。1942年，瓦格斯曼从链霉菌中分离出链霉素，为治疗结核病创造了条件。1945年，他首先命名此类物质为"抗生素"。在之后的十年间先后有三千多种抗生素被筛选出来，常用的有土霉素、氯霉素等。这些抗生素有的用微生物发酵法生产，有的用化工原料进行化学合成。

20世纪30年代以前，甾体激素被发现，主要提取于动物脏器及分泌物，含量很少。第一个甾体激素睾酮，于1935年被化学家鲁齐卡由胆甾醇合成而成。此时，这一激素尚未从动物体中分离出来。后来以甾体激素的药物合成为基础，分别发展了一系列计划生育药、抗炎药，甚至中枢神经兴奋药、降压药的合成也得益于甾体激素合成的研究。

青霉素、甾体激素药物的全合成、半合成及化学合成与生物合成技术发展的过程，说明有机化学与生物化学的方法已融合在一起，这个趋势还在继续发展。

9.2 烷 烃

从石油炼制的产品中可以得到一系列只含碳、氢两种元素的有机化合物，这一类化合物称为碳氢化合物，简称烃。

根据碳原子连接方式的不同，可以对烃类物质进行分类：

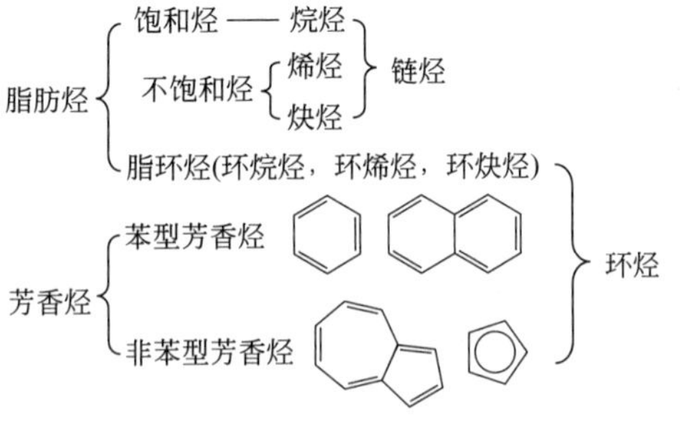

$$
\text{烃}\begin{cases} \text{脂肪烃}\begin{cases} \text{饱和烃——烷烃} \\ \text{不饱和烃}\begin{cases}\text{烯烃}\\\text{炔烃}\end{cases} \end{cases}\text{链烃} \\ \text{脂环烃(环烷烃，环烯烃，环炔烃)} \\ \text{芳香烃}\begin{cases}\text{苯型芳香烃}\\\text{非苯型芳香烃}\end{cases} \end{cases}\text{环烃}
$$

9.2.1 烷烃的分子结构、命名

9.2.1.1 分子结构

(1) 烷烃的通式和同系列 烷烃是由碳碳单键与碳氢单键所构成的饱和链烃。通过测定得到甲烷、乙烷、丙烷、丁烷的构造式分别为 CH_4、CH_3CH_3、$CH_3CH_2CH_3$、$CH_3CH_2CH_2CH_3$。从这些构造式看出，碳链每增加一个碳原子相应的要增加两个氢原子。假设有 n 个碳原子就会有 $2n+2$ 个氢原子，因此烷烃分子的通式为 C_nH_{2n+2}。

像烷烃这样具有同一分子通式和相同结构特征的一系列化合物称为同系列。而同系列中的化合物互称同系物，如甲烷和戊烷互为同系物。相邻两同系物之间的组成差别称为同系差，烷烃同系物的系差为 CH_2。

同系物具有相似的化学性质，但反应速率往往有较大的差异；物理性质一般随碳原子数的增加而呈现规律性变化。同系列中的第一个化合物往往具有明显的特性。

(2) 碳原子的类型 烷烃分子中碳原子间都以单键相连接，碳原子的其余价键都与氢原子结合。比如2,2,4-三甲基己烷中，碳原子有四种不同的连接方式：只与1个其他碳原子直接相连的是伯碳（一级碳原子），用1°表示；只与2个其他碳原子直接相连的是仲碳（二级碳原子），用2°表示；与3个其他碳原子直接相连的是叔碳（三级碳原子），用3°表示；与4个其他碳原子直接相连的是季碳（四级碳原子），用4°表示。

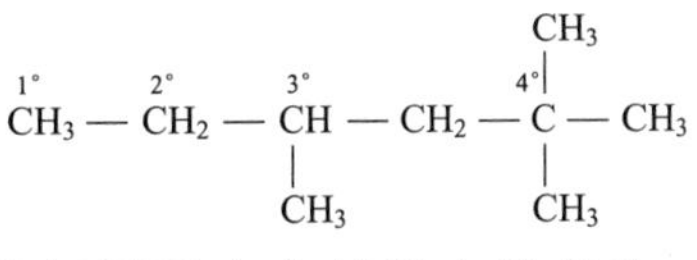

$$\overset{1°}{CH_3}-\overset{2°}{CH_2}-\underset{\underset{CH_3}{|}}{\overset{3°}{CH}}-CH_2-\underset{\underset{CH_3}{|}}{\overset{\overset{CH_3}{|}}{\overset{4°}{C}}}-CH_3$$

与伯、仲、叔碳原子相连的氢原子也有其相应的名称：伯碳上的 H——伯氢（1°H）；仲碳上的 H——仲氢（2°H）；叔碳上的 H——叔氢（3°H）。不同类型的氢反应活性不一样，在学习过程中要注意分类总结。

(3) 构造异构 前面提到甲烷、乙烷、丙烷、丁烷的构造式分别为 CH_4、CH_3CH_3、$CH_3CH_2CH_3$、$CH_3CH_2CH_2CH_3$。这里可以看出前三种物质只有一种连接方式，而丁烷有两种连接方式：

	$CH_3CH_2CH_2CH_3$	CH_3CHCH_3
		$\|$
		CH_3
	正丁烷	异丁烷
b.p./℃	−0.5	−11.7
m.p./℃	−138.3	−159.4

正丁烷、异丁烷的熔、沸点不同，说明二者是两种不同的化合物，即碳链的改变使得化合物的性质发生改变。分子式相同、构造式不同的化合物互称构造异构体，这种异构现象称为构造异构，烷烃的同分异构体发生的是碳链异构。

9.2.1.2 命名

有机化合物结构复杂，同分异构体众多，如何对其进行有效的区分变得十分重要。下面以烷烃命名为例介绍几种常见的命名方法。

(1) 普通命名法（也称习惯命名法）

① 按分子中碳原子总数叫"某烷"。含有 10 个或 10 个以下碳原子的烷烃，碳原子数目用甲、乙、丙、丁、戊、己、庚、辛、壬、癸表示，含有 10 个以上碳原子的烷烃，碳原子数目用十一、十二等中文数字表示。

② 用"正""异""新"等字区别同分异构体。"正某烷"表示直链烷烃；"异某烷"表示从碳链一端数第二个碳原子上连有一个甲基的烷烃，如异戊烷；"新某烷"表示从碳链一端数第二个碳原子上连有两个甲基的烷烃，如新戊烷。

烷烃的习惯命名

$CH_3-CH_2-CH_2-CH_2-CH_3$　　$CH_3CHCH_2CH_3$　　　$H_3C-\underset{\underset{CH_3}{\|}}{\overset{\overset{CH_3}{\|}}{C}}-CH_3$
　　　　　　　　　　　　　　　　　　$\|$
　　　　　　　　　　　　　　　　　CH_3

　　　正戊烷　　　　　　　　　异戊烷　　　　　　　　　新戊烷

以上命名方法适用于碳原子个数较少、结构简单的烷烃。对于碳原子数多、结构复杂的烷烃用系统命名法来命名，这也是有机化合物命名常用的方法。

(2) 系统命名法 直链烷烃的系统命名法与普通命名法相同，只是省去"正"字；支链烷烃可看作是直链烷烃的烷基取代衍生物。系统命名时，主要是确定主链及取代基的位次、数目和名称。

烷烃的系统命名

① 烷基及其命名　烷烃分子中去掉一个氢原子后剩下的原子团叫做烷基，用"R—"表示。烷基的名称由相应的烷烃名确定。当烷烃分子中含有不同类型的氢时，会出现不同的烷基。

CH_3-　　CH_3CH_2-　　$CH_3CH_2CH_2-$　　$(CH_3)_2CH-$　　$CH_3CH_2CH_2CH_2-$
甲基　　　乙基　　　　　丙基　　　　　　异丙基　　　　　丁基

$(CH_3)_3C-$　　$(CH_3)_2CHCH_2-$　　$CH_3CH_2CH(CH_3)-$
叔丁基　　　　异丁基　　　　　　仲丁基

$(CH_3)_3CCH_2-$　　$(CH_3)_2CHCH_2CH_2-$
新戊基　　　　　　异戊基

② 命名的步骤　分为三步：一选二编三配基。

a. 选母体　选择最长碳链作为主链，支链作取代基。遇多个等长碳链，则取代基多的为主链。

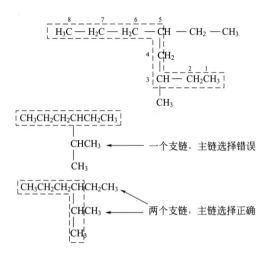

b. 编号　从靠近取代基一端开始，用1、2、3…编号，并遵守"最低系列编号规则"。"最低系列编号规则"是指碳链以不同方向编号会得到两种或两种以上的不同编号方式，则逐次比较各系列的不同位次，最先遇到的位次最小者，定为"最低系列"。

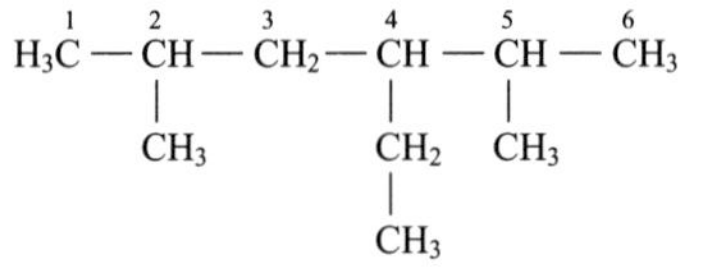

$$H_3C-\underset{CH_3}{\overset{1}{C}H}-\overset{2}{C}H_2-\underset{\underset{CH_3}{CH_2}}{\overset{4}{C}H}-\underset{CH_3}{\overset{5}{C}H}-\overset{6}{C}H_3 \qquad H_3C-\underset{CH_3}{\overset{6}{C}H}-\overset{5}{C}H_2-\underset{\underset{CH_3}{CH_2}}{\overset{3}{C}H}-\underset{CH_3}{\overset{2}{C}H}-\overset{1}{C}H_3$$

取代基位次：2、4、5 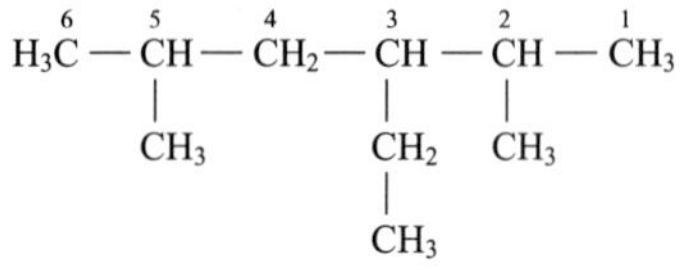　　　　　　　　　　取代基位次：2、3、5

逐个比较每个取代基的位次，第一个均为2，第二个取代基编号分别为4和3，因此应该从右向左编号。

c. 取代基　取代基距链两端位号相同时，编号从顺序小的基团端开始。

主要烷基的优先顺序：$(CH_3)_3C— > (CH_3)_2CH— > CH_3CH_2CH_2— > CH_3CH_2— > CH_3—$。例如，甲基与乙基相比，则乙基为较优基团，因此乙基应排在甲基之后；丙基与异丙基相比，异丙基为较优基团，应排在丙基之后。

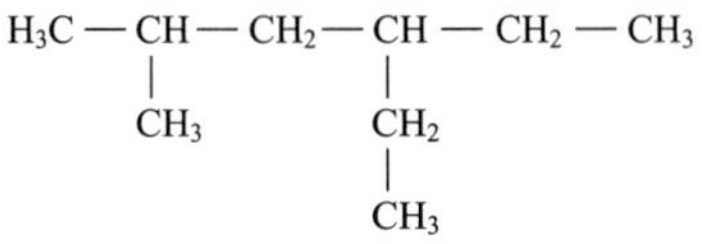

$$H_3C-\underset{CH_3}{CH}-CH_2-\underset{\underset{CH_3}{CH_2}}{CH}-CH_2-CH_3$$

2-甲基-4-乙基己烷

③ 次序规则

a. 单原子取代基，按原子序数大小排列。原子序数大，顺序大；原子次序小，顺序小；同位素中质量高的，顺序大。

$$I > Br > Cl > F > O > N > C > D > H$$

b. 多原子基团第一个原子相同，则依次比较与其相连的其他原子。

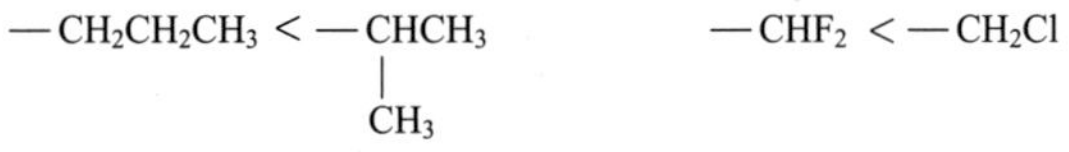

$$—CH_2CH_2CH_3 < —\underset{CH_3}{CHCH_3} \qquad —CHF_2 < —CH_2Cl$$

C(C,H,H)　　C(C,C,H)　　　　C(F,F,H)　C(Cl,H,H)

c. 含双键或叁键的基团，则作为连有两个或叁个相同的原子。

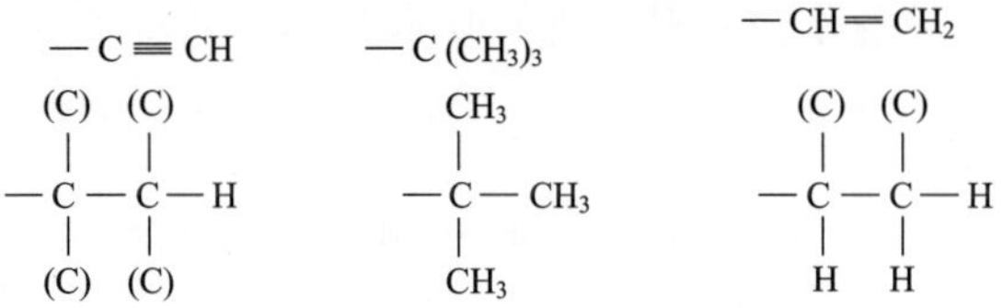

$$-C\equiv CH \qquad -C(CH_3)_3 \qquad -CH=CH_2$$

$$\begin{array}{c}(C)\ (C)\\|\ \ \ |\\-C-C-H\\|\ \ \ |\\(C)\ (C)\end{array} \qquad \begin{array}{c}CH_3\\|\\-C-CH_3\\|\\CH_3\end{array} \qquad \begin{array}{c}(C)\ (C)\\|\ \ \ |\\-C-C-H\\|\ \ \ |\\H\ \ \ H\end{array}$$

④ 书写规则

a. 相同取代基数目用汉文数字二、三、四……表示。

b. 取代基位号用阿拉伯数字表示。

c. 阿拉伯数字与汉字之间必须用短横线"-"分开。

d. 阿拉伯数字之间必须用逗号分开。

实例：

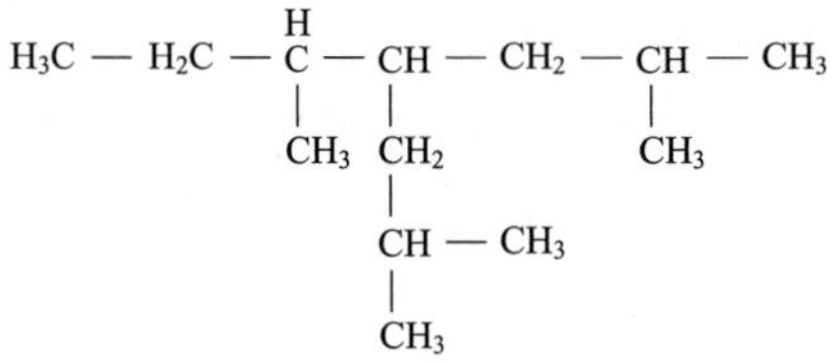

$$H_3C-H_2C-\underset{\underset{CH_3}{|}}{\overset{\overset{H}{|}}{C}}-\underset{\underset{\underset{\underset{CH_3}{|}}{CH-CH_3}}{CH_2}}{CH}-CH_2-\underset{\underset{CH_3}{|}}{CH}-CH_3$$

首先，确定主链：有两根等长的主链，侧链数均为三个。一长链侧链位次为 2、4、5，而另一长链侧链位次为 2、4、6，则小的优先。

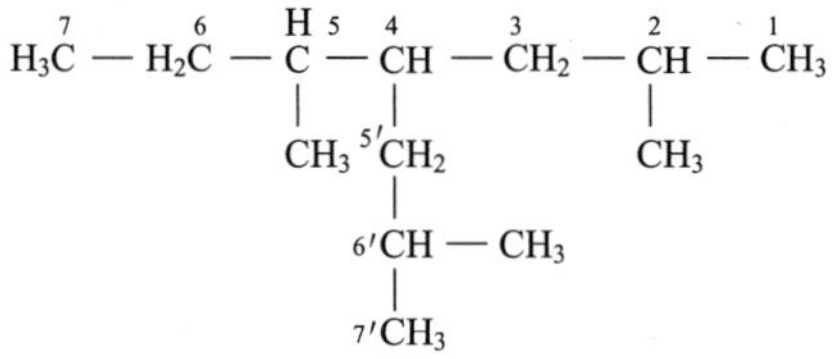

$$\overset{7}{H_3C}-\overset{6}{H_2C}-\overset{\overset{H}{|}}{\overset{5}{C}}-\overset{4}{CH}-\overset{3}{CH_2}-\overset{2}{CH}-\overset{1}{CH_3}$$
（下方支链编号 5′CH₂, 6′CH—CH₃, 7′CH₃；以及 CH₃ 侧链）

其次，编号：第二行编号侧链位次 2、4、5；第一行编号侧链位次 3、4、6。按最低系列原则选第二行编号。

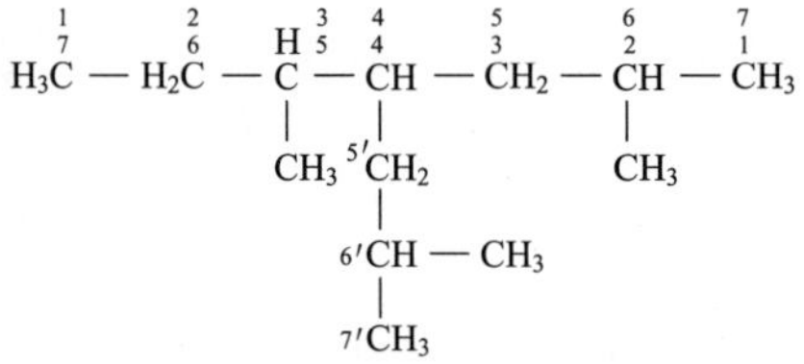

$$\overset{1}{\underset{7}{H_3C}}-\overset{2}{\underset{6}{H_2C}}-\overset{3}{\underset{5}{\overset{\overset{H}{|}}{C}}}-\overset{4}{\underset{4}{CH}}-\overset{5}{\underset{3}{CH_2}}-\overset{6}{\underset{2}{CH}}-\overset{7}{\underset{1}{CH_3}}$$

最后，命名：2,5-二甲基-4-异丁基庚烷或 2,5-二甲基-4-(2-甲丙基)庚烷。

9.2.2 烷烃的物理性质、化学性质

9.2.2.1 烷烃的物理性质

(1) 状态　常温（25℃）常压（1.013×10^5 Pa）下含有四个碳以下的烷烃为气体，含五到十六个碳的直链烷烃为液体，含十七个碳以上的直链烷烃为固体。

(2) 沸点

① 直链烷烃的沸点随着分子量的增加而有规律地升高，如图 9-1。

② 同数碳原子的构造异构体中，分子的支链越多，沸点越低。

(3) 熔点

① 固体分子其熔点也随分子量增加而升高，如图 9-2。

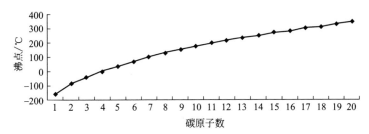

图 9-1　直链烷烃随着碳原子数的增加沸点变化规律图

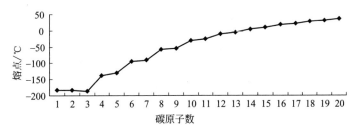

图 9-2　烷烃随着碳原子数的增加熔点变化规律图

② 支链烷烃的熔点比直链烷烃的低。但有的带支链的烷烃有高度的对称性，它们的熔点则比同数碳原子的直链烷烃高。

$$CH_3-CH_2-CH_2-CH_2-CH_3 \qquad CH_3CHCH_2CH_3 \qquad H_3C-\underset{\underset{CH_3}{|}}{\overset{\overset{CH_3}{|}}{C}}-CH_3$$
$$\underset{CH_3}{|}$$

m.p./℃　　　　−129.8　　　　　　　　　　−159.9　　　　　　　−16.8

(4) 相对密度　都小于 1，随着分子量的增加而增加，最后接近于 0.8（20℃）。

(5) 溶解度　不溶于水，溶于某些有机溶剂，尤其是烃类中。

9.2.2.2　化学性质

$$-\overset{|}{\underset{|}{C}}-\overset{|}{\underset{|}{C}}-H$$

饱和键，不易发生断裂　　低极性共价键，H 酸性小，不易被置换

烷烃分子中只有牢固的 C—C σ 键和 C—H σ 键，所以烷烃具有高度的化学稳定性。室温下，烷烃与强酸、强碱、强氧化剂或强还原剂一般都不发生反应，但在适当的温度、压力和催化剂存在的条件下，可与一些试剂发生反应。

(1) 氧化反应和燃烧　烷烃在空气或氧气中完全燃烧生成二氧化碳和水，并放出大量的热，这是汽油、柴油作为内燃机燃料的基本变化和根据。

燃烧通式：

$$C_nH_{2n+2}+\frac{3n+1}{2}O_2 \xrightarrow{燃烧} nCO_2+(n+1)H_2O+热量$$

通式中的热量为烷烃的燃烧热，即 1mol 烷烃完全燃烧所放出的热量。例如：

$$C_8H_{18}+\frac{25}{2}O_2 \xrightarrow{燃烧} 8CO_2+9H_2O+544kJ·mol^{-1}$$

另外，烷烃在一定条件下可以被氧化生成醇、醛、酮、羧酸等。例如，在 $KMnO_4$、MnO_2 的作用下，用空气或氧气氧化高级烷烃（如石蜡——含 $C_{20}\sim C_{30}$ 的烷烃）可制得高级

脂肪酸。其中 $C_{10}\sim C_{20}$ 的脂肪酸可代替天然油脂制备肥皂。

$$RCH_2CH_2R' \xrightarrow[加热,加压]{O_2,KMnO_4} RCOOH + R'COOH$$

（2）裂化反应 在隔绝空气的高温下，烷烃分子发生裂解的过程叫裂化。根据条件的不同可分为热裂反应（约 5MPa 及 500～600℃下进行的裂化反应）和催化裂化（有催化剂如硅酸铝存在下，400～500℃和常压下的裂化反应）。裂化反应过程复杂，烷烃分子中所含的碳原子数愈多，裂化产物也愈复杂。反应条件不同产物亦不同，但不外乎是由分子中的 C—H 键和 C—C 键断裂所形成的混合物，既含有较低级的烷烃又含有烯烃和氢气。乙烯的产量可以衡量一个国家的石油化学工业的水平。

（3）卤代反应 烷烃分子中氢原子被其他原子或原子团所取代的反应称为取代反应。若被卤原子取代则称为卤代反应。

① 发生卤代反应的条件

$$R—H + X_2 \xrightarrow{光} R—X + HX \qquad X_2 = F_2, Cl_2, Br_2, I_2$$

烷烃有实用价值的卤代反应是氯代和溴代反应。因为氟代反应非常剧烈且大量放热，不易控制，碘代反应则较难发生。卤素反应活性次序为：$F_2 > Cl_2 > Br_2 > I_2$。

氯和溴在室温和黑暗中不与烷烃发生反应，在强烈日光照射下则发生猛烈反应。但在漫射光、加热或某些催化剂存在下，氯、溴与烷烃反应较温和，其分子中的氢原子逐步被氯、溴所取代，生成多种取代产物。例如：

$$CH_4 \xrightarrow[光或热]{Cl_2} CH_3Cl \xrightarrow[光或热]{Cl_2} CH_2Cl_2 \xrightarrow[光或热]{Cl_2} CHCl_3 \xrightarrow[光或热]{Cl_2} CCl_4$$

上述反应很难控制在某一步，甲烷中的氢原子被逐步取代的结果是生成多种氯代甲烷的混合物，但通过控制反应条件如调整物料配比、反应时间等可以达到使其中某一种氯代烷成为主要产品的目的。

② 烷烃伯、仲、叔氢原子的氯代反应活性　烷烃氯代反应随着碳链增长产物更复杂。氯代时反应可以在分子中不同的碳原子上进行，取代不同的氢原子得到各种氯代烷。例如：

$$CH_3CH_2CH_3 + Cl_2 \xrightarrow{光} \underset{\underset{\text{1-氯丙烷}}{Cl}}{CH_3CH_2CH_2} + \underset{\underset{\text{2-氯丙烷}}{Cl}}{CH_3CHCH_3}$$

丙烷在常温下与氯气混合进行光照可以得到两种一元氯代产物，但两种产物产率不同。1-氯丙烷产率为 43%，2-氯丙烷产率为 57%。

丙烷中可被取代的伯氢原子和仲氢原子分别为六个和两个，而氯取代两类不同的氢原子所生成的两种氯代产物（异构体）的数量比却不是三比一。说明伯、仲氢原子被氯代的反应活性是不同的。

根据氢的相对活性

$$\frac{\text{产物的数量}}{\text{被取代的等价氢的个数}} = \frac{57\% \div 2}{43\% \div 6} = 4:1$$

可以算得仲氢与伯氢的相对活性为 4:1，即仲氢更易被取代。

同样：

$$\underset{\underset{CH_3}{|}}{CH_3CHCH_3} + Cl_2 \xrightarrow{光} \underset{\underset{\underset{\text{2-甲基-1-氯丙烷}}{CH_3Cl}}{|}}{CH_3CHCH_2} + \underset{\underset{\underset{\text{2-甲基-2-氯丙烷}}{Cl}}{|}}{\underset{\underset{CH_3}{|}}{CH_3CCH_3}}$$

可算得叔氢与伯氢的相对活性为 5∶1。由此可以得出烷烃中三类氢的反应活性次序为：3°氢＞2°氢＞1°氢。

该活性次序可用相应 C—H 键的离解能大小和自由基的稳定性来解释。1°氢 $CH_3CH_2CH_2$—H(CH_3—H)、2°氢(CH_3)$_2$CH—H、3°氢(CH_3)$_3$C—H 的键离解能分别为 410(435)kJ·mol^{-1}、395kJ·mol^{-1} 和 380kJ·mol^{-1}。键离解能越小，键越易断裂，其所连氢原子的活性越高，故 3°氢的反应活性最高。

工业中常采用这种方法制备氯代烷。氯代烷用途十分广泛，既可以做溶剂又是制备增塑剂、洗涤剂的重要中间体。

9.2.3 重要的烷烃——甲烷

甲烷是最简单的有机化合物，也是含碳量最小（含氢量最大）的烃。它在自然界的分布十分广泛，是天然气、沼气、坑气等的主要成分，俗称瓦斯，也可用来作为燃料及制造氢气、炭黑、一氧化碳、乙炔、氢氰酸及甲醛等物质的原料。

9.2.3.1 甲烷的空间结构

用现代物理方法测定的甲烷分子为正四面体构型，碳原子位于正四面体的中心，四个氢原子在四面体的四个顶点上。键长为 0.110nm，键角为 109.5°。如图 9-3 所示。

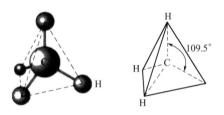

图 9-3 甲烷的空间结构

9.2.3.2 sp^3 杂化

以甲烷为例说明：碳原子外层电子排布为 $1s^2 2s^2 2p_x^1 2p_y^1$，有 2 个未成对电子，应该是二价的，但碳原子实际上是四价的。由于 2s 轨道的能量与 2p 较接近，2s 上的 1 个电子可以激发到 $2p_z$ 空轨道上，如图 9-4。

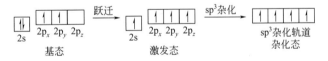

图 9-4 碳原子的 sp^3 杂化过程

激发态的碳原子有 4 个单电子，可以形成 4 个共价单键。碳原子并不直接以激发态的原子轨道参与形成共价键，而是先杂化，再成键。形成烷烃时，碳原子采取 sp^3 杂化，以"头碰头"重叠的方式形成 C—H σ 键，如图 9-5。

9.2.3.3 甲烷的氯代反应

(1) 四个特点

① 反应机理包括链引发、链增长、链终止三个阶段。

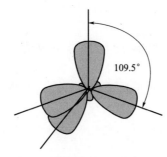

图 9-5 碳原子的 sp^3 杂化轨道

② 反应必须在光、热或自由基引发剂的作用下发生。
③ 溶剂的极性、酸或碱催化剂对反应无影响。
④ 氧气是自由基反应的抑制剂。

(2) 反应历程　实验证明，烷烃的氯代反应是一个典型的自由基（或游离基）反应。自由基反应一般包括链的引发、链的增长和链的终止三个阶段。现以甲烷的氯代为例说明烷烃卤代的自由基反应机理。

a. 链引发　在光照下，氯分子吸收约 253kJ·mol^{-1} 的能量（该能量不能离解 C—H 键，离解 C—H 键约需要 415.5kJ·mol^{-1} 的能量），才能使 Cl—Cl 键（243kJ·mol^{-1}）均裂，产生两个氯自由基：

$$Cl—Cl \xrightarrow{光} 2Cl·$$

链引发是反应物分子吸收能量产生自由基的过程。这种反应可由光照、加热、过氧化物等引起。

b. 链增长，即反应连续的阶段　当非常活泼的氯自由基 Cl· 与甲烷分子碰撞时，使一个 C—H 键均裂，并与氢原子结合生成氯化氢，同时产生一个甲基自由基 CH$_3$·：

$$CH_4 + Cl· \longrightarrow HCl + CH_3·$$

甲基自由基和氯自由基一样，非常活泼，趋向夺取一个电子形成稳定结构。它与氯分子反应，夺取一个氯原子生成一氯甲烷和新的氯自由基：

$$CH_3· + Cl—Cl \longrightarrow Cl· + CH_3Cl$$

这个新的 Cl· 又重复与甲烷分子碰撞，生成新的 CH$_3$· 后又与氯分子反应，如此循环往复。当反应进行到一定程度，氯自由基与 CH$_3$Cl 反应的机会增多，相继发生下列反应：

$$CH_3Cl + Cl· \longrightarrow HCl + ClCH_2·$$
$$ClCH_2· + Cl—Cl \longrightarrow Cl· + CH_2Cl_2$$

如此一环扣一环，使链传递下去，逐步生成三氯甲烷和四氯化碳。这个阶段的特征是产生取代物和新的自由基。像这种每一步反应都生成一个新的自由基，而使反应可以不断继续进行下去的反应称为链反应或连锁反应。

c. 链终止　随着反应的逐步深入，自由基之间相互作用的机会增多，彼此结合形成分子，从而使反应终止。

$$Cl· + Cl· \longrightarrow Cl_2$$
$$Cl· + CH_3· \longrightarrow CH_3Cl$$
$$CH_3· + CH_3· \longrightarrow CH_3CH_3$$

由此可见，反应的最终产物是多种卤代烷的混合物。

9.3 烯 烃

乙烯是一种重要的化工原料，是合成橡胶、合成纤维、合成塑料的主要原料。一直以来，乙烯的产量是衡量一个国家化学工业水平的标志。

9.3.1 烯烃的结构、命名

9.3.1.1 烯烃的结构

(1) 烯烃的通式 含有一个或者多个碳碳双键的不饱和烃称作烯烃。根据烯烃中碳碳双键的个数分为单烯烃（C_nH_{2n}）、二烯烃（C_nH_{2n-2}）和多烯烃。

单烯烃：

$$H_2C=CH_2 \qquad H_2C=C\begin{smallmatrix}CH_3\\CH_3\end{smallmatrix}$$

乙烯　　　　　异丁烯

二烯烃：

累积二烯烃　　共轭二烯烃　　孤立二烯烃($n \geqslant 1$)

多烯烃：

维生素A

(2) sp² 杂化 烯烃的双键采用 sp² 杂化。以乙烯分子的形成为例说明：在形成乙烯分子时，每个碳原子各以 2 个 sp² 杂化轨道形成 2 个碳氢 σ 键，再以 1 个 sp² 杂化轨道形成碳碳 σ 键。5 个 σ 键都在同一个平面上，2 个碳原子未参加杂化的 2p 轨道，垂直于 5 个 σ 键所在的平面而互相平行。这两个平行的 p 轨道，侧面重叠，形成一个 π 键，如图 9-6。双键在同一平面上可以保证原子轨道的最大重叠。

π 键的特点如下。

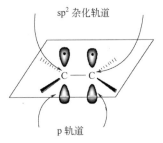

图 9-6 sp² 杂化过程

强度：σ 键（键能 347kJ·mol⁻¹）＞π 键（键能 263kJ·mol⁻¹）；一般情况下，双键不能自由旋转；π 键电子云流动性较大，易与缺电子试剂（亲电试剂）反应。

(3) 同分异构

$$\text{同分异构}\begin{cases}\text{构造异构}\begin{cases}\text{碳架异构}\\\text{官能团位置异构}\end{cases}\\\text{顺反异构(顺-反法，Z-E法)}\end{cases}$$

① 构造异构　乙烯、丙烯没有构造异构，含有四个碳原子以上的烯烃都存在构造异构：

$$\text{H}_2\text{C}=\text{CHCH}_2\text{CH}_3 \qquad \text{H}_2\text{C}=\text{C}\begin{smallmatrix}\text{CH}_3\\\text{CH}_3\end{smallmatrix} \qquad \text{H}_3\text{CHC}=\text{CHCH}_3$$
1-丁烯 　　　　　　异丁烯 　　　　　　2-丁烯

1-丁烯与异丁烯属于碳架异构，1-丁烯与 2-丁烯属于官能团位置异构。

像 1-丁烯这样 C=C 位于末端的烯烃称为末端烯烃（α-烯烃）。

从烯烃分子中去掉一个 H 后剩下的基团称为烯基。下面给出常用不饱和基团（烯基）的命名。

$$\text{H}_2\text{C}=\text{CH}- \qquad\qquad \text{H}_3\text{CHC}=\text{CH}-$$
乙烯基 　　　　　　　　　丙烯基

$$\text{H}_2\text{C}=\overset{|}{\text{C}}-\text{CH}_3 \qquad\qquad \text{H}_2\text{C}=\text{CH}-\text{CH}_2-$$
异丙烯基 　　　　　　　　烯丙基

② 顺反异构

a. 顺-反法　相同基团在双键同侧为顺式，不同侧为反式。

顺式　　　　　　反式

b. Z-E 法　根据次序规则，较大基团在同侧为 Z-型，不同侧为 E-型。Z-E 法普遍适用于命名顺反异构体。

Z-型　　　　　　E-型

9.3.1.2　烯烃的命名

（1）主链的选择　主链应含双键，称某烯。主链上碳原子个数大于 10 时，主链称"某碳烯"。

2-十一碳烯

（2）编号　按编号规则编号，使双键编号最小。环状化合物选含双键的环为母环。

2-乙基-1-戊烯　　　　1,6-二甲基环己烯

（3）烯烃存在位置异构，母体名称前要加官能团位号

$$\text{CH}_3\text{CH}_2\text{CH}=\text{CHCHCH}_2\text{CH}_3 \atop \quad\qquad\qquad\qquad |\text{CH}_3$$
5-甲基-3-庚烯

（4）取代基的位置、数目、名称按"次序规则"写在母体前面

$$\text{CH}_3\text{CH}_2-\underset{\underset{\text{CH}_3}{|}}{\overset{\overset{\text{HC}=\text{CH}_2}{|}}{\text{C}}}\text{CH}_2\text{CH}_3$$
3-甲基-3-丙基-1-己烯

（5）Z 或 E 加圆括号，写在化合物名称最前面

$$\underset{\text{H}}{\overset{\text{CH}_2\text{Cl}}{\text{C}}}=\underset{\text{Br}}{\overset{\text{CH}_3}{\text{C}}}$$
(E)-1-氯-3-溴-2-丁烯

9.3.2 烯烃的物理性质、化学性质

9.3.2.1 烯烃的物理性质

(1) 状态 常温常压下，简单的烯烃中，$C_2 \sim C_4$ 的烯烃（乙烯、丙烯和丁烯）是气体，$C_5 \sim C_{16}$ 的直链 α-烯烃是液体，C_{17} 以上的烯烃则是蜡状固体。

(2) 熔、沸点 在直链 α-烯烃中，随着分子量的增加，沸点升高。同碳数直链 α-烯烃的沸点比带支链的烯烃沸点高。相同碳架的烯烃，双键由链端移向链中间，沸点、熔点都有所增加。

反式烯烃的沸点比顺式烯烃的沸点低，而熔点高，这是因反式异构体极性小，对称性好。

(3) 相对密度、溶解度 烯烃的相对密度均小于1，但比烷烃大；为非极性分子或极性较小，易溶于非极性溶剂中。

9.3.2.2 化学性质

$$>\!C\!\!=\!\!C\!<$$
断键位置

(1) 加成反应 在双键的碳原子上各加一个原子或原子团而使 π 键转变成两个 σ 键，这样的反应称为加成反应。

① 亲电加成 含有双键的化合物进行加成时，反应速率的控制步骤（即慢的一步）是，亲电试剂首先进攻双键原子生成碳正离子中间体，然后碳正离子中间体再与亲核试剂反应生成产物，这种加成称为亲电加成。

亲电试剂：亲电试剂是电子对的接受者，在化学反应过程中，是一个缺电子的带正电的试剂，能通过从其他分子或离子取得电子或共用电子而形成共价键。

亲核试剂：亲核试剂是电子的给予者，在化学反应过程中，它通过给出电子或共用电子的方式与其他分子或离子形成共价键，如 OH^-、RO^-、RS^-、X^-、CN^- 等负离子。

$$>\!C\!\!=\!\!C\!< + E^{\delta+}\!\!-\!\!Y^{\delta-} \longrightarrow -\!\overset{|}{\underset{Y}{C}}\!\!-\!\!\overset{|}{\underset{E}{C}}\!- \quad E=\text{亲电试剂}$$

E — Y	
H — X	卤化氢
H — OSO_2OH	硫酸
H — OH	水
X — X	卤素
X — OH	次卤酸(X_2/H_2O, X_2/OH^-)

反应过程：

$$>\!C\!\!=\!\!C\!< + E\!-\!Y \xrightarrow{①} -\!\overset{|}{\underset{E}{C^+}}\!\!-\!\overset{|}{C}\!- + :Y^- \xrightarrow{②} -\!\overset{|}{\underset{Y}{C}}\!\!-\!\overset{|}{\underset{E}{C}}\!-$$

一般情况下，反应①是慢的一步，是控制反应速率的一步——速控步骤。

a. 与卤素加成 烯烃能与氯或溴加成生产邻二氯（溴）代烷。

$$>\!C\!\!=\!\!C\!< + X\!-\!X \xrightarrow{CCl_4} -\!\overset{|}{\underset{X}{C}}\!\!-\!\overset{|}{\underset{X}{C}}\!-$$

X=Cl, Br

卤素的反应活性：$F_2>Cl_2>Br_2>I_2$。烯烃与氟加成过于猛烈难以控制，与碘加成很难进行。

双键与溴加成可以检验双键等不饱和键。方法：把红棕色的 Br_2-CCl_4 溶液加到含有双键有机化合物或其溶液中，双键迅速与溴加成生成邻二溴化合物，从而使溴的红棕色消失。

b. 与卤化氢加成　烯烃与卤化氢气体或氢卤酸溶液发生加成反应，生成相应的一卤代烷烃。

$$\mathrm{>C=C<} + H-X \longrightarrow \mathrm{-\underset{H}{\overset{|}{C}}-\underset{X}{\overset{|}{C}}-}$$

$$HX=HCl、HBr、HI$$

与同种烯烃发生加成反应，卤化氢的反应活性：$HI>HBr>HCl$。

与同种卤化氢发生加成反应，烯烃的反应活性：

$(CH_3)_2C=CH_2>CH_3CH=CHCH_3>CH_3CH=CH_2>CH_2=CH_2>CF_3CH=CH_2$。

不对称烯烃与卤化氢发生加成反应时，可以生成两种产物：

$$H_2C=CHCH_3 + HBr \longrightarrow H_2C-CH_2CH_3 + H_3C-CHCH_3$$
$$\qquad\qquad\qquad\qquad\qquad\quad |\qquad\qquad\qquad\quad\ |$$
$$\qquad\qquad\qquad\qquad\qquad\ \ Br\qquad\qquad\qquad\ \ Br$$
$$\qquad\qquad\qquad\qquad\qquad\text{1-溴丙烷}\qquad\qquad\text{2-溴丙烷}$$

其中主要产物是 2-溴丙烷。

不对称烯烃与卤化氢进行亲电加成时，氢原子加到含氢较多的双键碳原子上，卤原子加到含氢较少的双键碳原子上，这就是马尔科夫尼科夫规则，简称马氏规则。

但是在过氧化物存在下，烯烃与溴化氢加成得到的产物与马氏规则不同，称作反马氏加成。除 HBr 外，HF、HCl 和 HI 与烯烃的加成均不存在过氧化物效应。

$$H_2C=CHCH_3 + HBr \xrightarrow{\text{过氧化物}} H_2C-CH_2CH_3 + H_3C-CHCH_3$$
$$\qquad\qquad\qquad\qquad\qquad\qquad\qquad\ \ |\qquad\qquad\qquad\quad\ |$$
$$\qquad\qquad\qquad\qquad\qquad\qquad\qquad Br\qquad\qquad\qquad\ Br$$

在这里主要产物是 1-溴丙烷。

c. 与硫酸加成　烯烃与硫酸在较低温度下形成硫酸氢酯，硫酸氢酯在水存在下加热水解生成醇——间接水合法。这是工业上生产乙醇、异丙醇等低级醇的一种方法。

$$\mathrm{>C=C<} + H-OSO_2OH \xrightarrow{0℃} \mathrm{-\underset{H}{\overset{|}{C}}-\underset{OSO_2OH}{\overset{|}{C}}-}$$

$$\mathrm{-\underset{H}{\overset{|}{C}}-\underset{OSO_2OH}{\overset{|}{C}}-} \xrightarrow[\triangle]{H_2O} \mathrm{-\underset{H}{\overset{|}{C}}-\underset{OH}{\overset{|}{C}}-}$$

例如：

$$CH_3CH=CH_2 + H_2SO_4(80\%) \longrightarrow (CH_3)_2CHOSO_3H$$

从丙烯与硫酸的加成产物可以看出，不对称烯烃与硫酸反应遵从马氏规则。

$$(CH_3)_2CHOSO_3H \xrightarrow[\triangle]{H_2O} (CH_3)_2CHOH + H_2SO_4$$

d. 与水加成　在酸催化下，烯烃与水加成生成醇，称作烯烃的直接水合法。在工业上主要用来生产乙醇、异丙醇等低级醇。

例如：

$$\mathrm{>C=C<} + H-OH \xrightarrow{H_3O^+} \mathrm{-\underset{H}{\overset{|}{C}}-\underset{OH}{\overset{|}{C}}-}$$

$$\text{(CH}_3)_2\text{C}=\text{CHCH}_3 \xrightarrow{50\%\text{H}_2\text{SO}_4\cdot\text{H}_2\text{O}} \text{H}_3\text{C}-\underset{\underset{\text{OH}}{|}}{\overset{\overset{\text{CH}_3}{|}}{\text{C}}}-\underset{\underset{\text{H}}{|}}{\overset{\overset{\text{H}}{|}}{\text{C}}}-\text{CH}_3$$

该加成反应遵从马氏规则。

e. 与次卤酸加成　烯烃与次卤酸（或卤素的水溶液）发生加成反应，生成2-卤代醇。

$$\text{>C=C<} + \text{HOX}(\text{X}_2/\text{H}_2\text{O}) \longrightarrow -\underset{\underset{\text{OH}}{|}}{\overset{\overset{\text{X}}{|}}{\text{C}}}-\underset{|}{\overset{|}{\text{C}}}- \quad \text{X=Cl, Br}$$

例如：

环戊烯 + Cl_2 $\xrightarrow{H_2O}$ 反式-2-氯环戊醇

该反应遵从马氏规则，以反式加成为主。

② 催化加氢　常温常压下，烯烃与氢气很难反应，但在金属催化剂（Ni、Pd、Pt）的存在下，烯烃与氢气发生加成反应，生成相应的烷烃。

$$\text{>C=C<} + \text{H}_2 \xrightarrow{\text{催化剂}} -\underset{\underset{\text{H}}{|}}{\overset{\overset{|}{|}}{\text{C}}}-\underset{\underset{\text{H}}{|}}{\overset{\overset{|}{|}}{\text{C}}}-$$

相对氢化速率：乙烯＞一取代烯烃＞二取代烯烃＞三取代烯烃＞四取代烯烃。

(2) 聚合反应　烯烃分子的双键还可以通过自身加成结合起来生成聚合物，这类反应叫做加成聚合反应，简称加聚反应。聚合生成的产物叫做聚合物。

$$n\text{H}_2\text{C}=\text{CH}_2 \xrightarrow{\text{Al(CH}_2\text{CH}_3)_3-\text{TiCl}_4} \vphantom{\Big|} {+}\text{H}_2\text{C}-\text{CH}_2{+}_n$$

(3) 氧化反应

① 被高锰酸钾氧化　使用适量的稀高锰酸钾冷溶液，烯烃被氧化生成连二醇，高锰酸钾被还原成棕色的二氧化锰从溶液中析出。

$$\underset{R'}{\overset{R}{>}}\text{C}=\text{C}\underset{H}{\overset{R''}{<}} \xrightarrow{\text{KMnO}_4(\text{稀,冷}),\text{OH}^-} R'-\underset{\underset{\text{OH}}{|}}{\overset{\overset{R}{|}}{\text{C}}}-\underset{\underset{\text{OH}}{|}}{\overset{\overset{R''}{|}}{\text{C}}}-\text{H}$$

使用过量的高锰酸钾（或重铬酸钾）并在加热的条件下，烯烃被氧化生成二氧化碳、羧酸、酮。

$$\underset{R'}{\overset{R}{>}}\text{C}=\text{C}\underset{H}{\overset{R''}{<}} \xrightarrow[\text{或 K}_2\text{Cr}_2\text{O}_7, \text{H}^+]{\text{KMnO}_4(\text{浓,热}),\text{OH}^-} \underset{R'}{\overset{R}{>}}\text{C}=\text{O}+\text{O}=\text{C}\underset{\text{OH}}{\overset{R''}{<}}$$

这两种反应均可作为烯烃的鉴别反应。

烯烃结构　　　　　　$KMnO_4$氧化产物
$CH_2=$　　　　　　　CO_2
$RCH=$　　　　　　　$RCOOH$（羧酸）
$R_2C=$　　　　　　　$R_2C=O$（酮）

② 被臭氧氧化　在烯烃的非水溶液中通入含有6%～8%臭氧的氧气，能迅速生成臭氧化合物。臭氧化合物不稳定，可以直接在溶液中水解生成醛、酮。

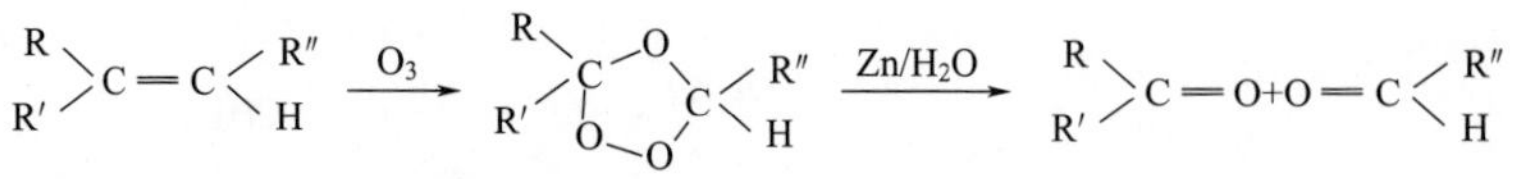

$$R_2'C=C{<}^{R''}_{H} \xrightarrow{O_3} \underset{R'}{\overset{R}{>}}C{<}^{O-O}_{O}{>}C{<}^{R''}_{H} \xrightarrow{Zn/H_2O} \underset{R'}{\overset{R}{>}}C=O + O=C{<}^{R''}_{H}$$

根据产物的结构可以推出反应物烯烃的结构。

烯烃结构	臭氧化还原水解产物
$CH_2{=}$	HCHO（甲醛）
$RCH{=}$	RCHO（醛）
$R_2C{=}$	$R_2C=O$（酮）

（4）烯烃的 α-卤化

$$H_2C=CH\overset{\alpha}{C}H_2\overset{\beta}{C}H_2\overset{\gamma}{C}H_3$$

其中与官能团相连的碳原子，称为 α-碳原子。与 α-碳原子相连的氢原子称为 α-氢原子。烯烃与卤素在 200℃ 以下主要发生的是双键上的亲电加成反应，但在高温（>300℃）时，主要发生的是 α-氢原子被卤原子取代的反应。例如：丙烯与氯气在约 500℃ 主要发生取代反应，生成 3-氯-1-丙烯。

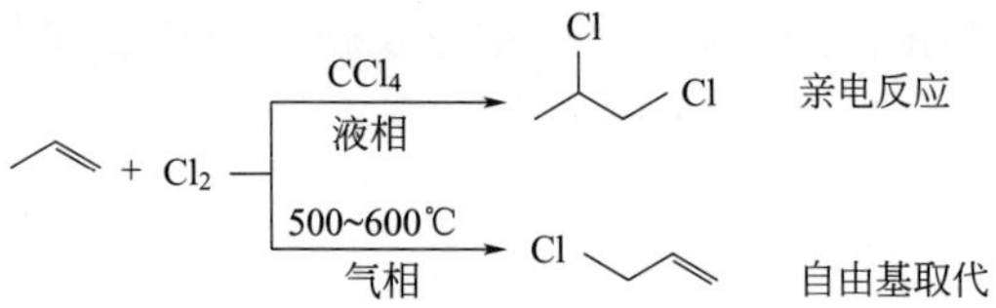

卤代反应中，α-氢原子的反应活性：$3°H > 2°H > 1°H$。

9.3.3 烯烃的制备

9.3.3.1 醇脱水

实验室中制备烯烃的重要方法。在浓硫酸等催化剂存在下加热，醇失去一分子水得到相应的烯烃。

当一个消除反应可能生成不同的烯烃异构体时，总是倾向于生成取代基较多的烯烃为主要产物，这就是查依采夫规律。

9.3.3.2 卤代烷脱卤化氢

卤代烷与强碱的醇溶液共热，脱去一分子卤化氢生成烯烃。

该反应也遵从查依采夫规律。

9.4 炔烃和二烯烃

9.4.1 炔烃

分子中含有碳碳叁键（C≡C）的烃叫做炔烃。碳碳叁键可位于碳链中的任意位置。开链炔烃的分子通式为 C_nH_{2n-2}，与二烯烃互为同分异构体。碳碳叁键位于碳链一端的炔烃，称作单取代或末端炔烃，如 $RC{\equiv}CH$，其中叁键上的氢称为炔氢。碳碳叁键处于中间的，称作非末端炔烃，如 $RC{\equiv}CR'$。

9.4.1.1 炔烃的命名

炔烃的命名与烯烃类似，依照前面讨论过的 IUPAC 命名规则，只需把名字中最后的"烯"改为"炔"。碳碳叁键的号码由链中第一个叁键碳的位置决定。碳的编号从距叁键最近的一端开始。

$$\overset{1}{C}H_3-\overset{2}{C}{\equiv}\overset{3}{C}-\overset{4}{C}H_3$$
2-丁炔

带支链的炔烃的命名，首先选择它们的主链。在炔烃中，主链为包含叁键的最长碳链，即使它不是最长的碳链。主链从靠近叁键一端的碳原子开始编号。

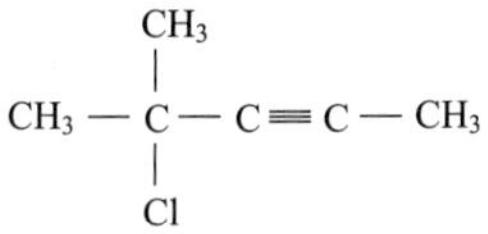

4-甲基-4-氯-2-戊炔

如果出现几个叁键，就称为二炔、三炔等。每一个叁键都要标明位置。同时包含双键和叁键的化合物被称为烯炔。双键在 IUPAC 的命名中优先于叁键，但是主链的编号却是从靠近重键的一端开始编号，无论双键还是叁键，例如：

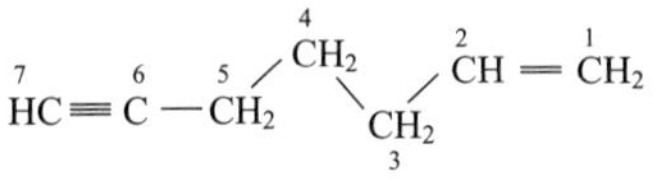

1-庚烯-6-炔 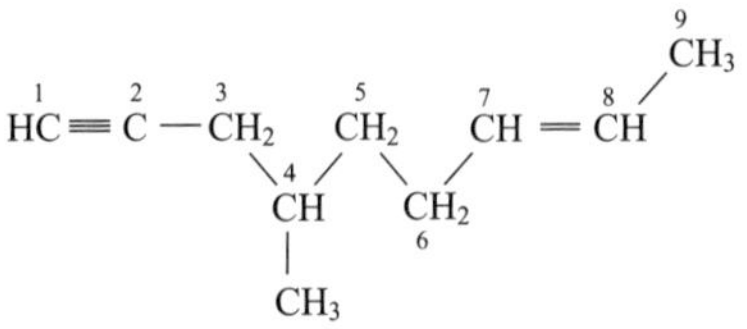   4-甲基-7-壬烯-1-炔

就像烷基和烯基取代基的名称由烷烃和烯烃衍生而来，包含叁键的取代基也可以类似命名：

$HC{\equiv}C-$ 乙炔基 $HC{\equiv}C-CH_2-$ 炔丙基

9.4.1.2 炔烃的结构

乙炔是最简单、最重要的炔烃。现以乙炔为例讨论炔烃的结构。

(1) sp 杂化 与烯烃的碳碳双键相比，炔烃的碳碳叁键经历了不同的杂化。在此杂化过程中，碳的 2s 轨道和三个 2p 轨道中的一个进行杂化。每个杂化轨道含有 1/2s 轨道和 1/2p 轨道的成分。这些杂化轨道称为 sp 轨道。由于 sp 轨道的 s 成分增加，乙炔中碳氢键的极性比乙烷和乙烯中的大很多。乙烯的 pK_a 值大约在 44，而乙炔的 pK_a 值大约在 25，所以末端炔烃在一些特定的情况下，可以当成弱酸，尽管酸性甚至比水还弱很多。

碳碳叁键是两个 sp 杂化的碳原子相互之间形成的。碳原子中的两个 sp 杂化轨道沿一轴线呈 180°伸展，该轴线与非杂化的 $2p_y$ 和 $2p_z$ 轨道垂直。当两个 sp 杂化碳原子相互靠近时，sp-sp σ 键形成，于是每个碳原子其他两个 p 轨道之间就以肩并肩方式重叠，形成两个相互垂直的 π 键，如图 9-7 所示。因此，乙炔 C_2H_2 是一个线形分子，四个原子都排布在同一条直线上。由于此线形特性，环状炔烃至少含有十个碳原子才能消除过多的张力。此外，围绕炔烃叁键部分的电子云密度要比乙烷、乙烯大得多。与烯烃类似，炔烃容易与亲电试剂相互

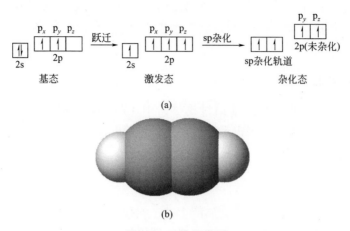

图 9-7 乙炔的模型
(a) 乙炔 sp 杂化示意图；(b) 乙炔的电子云结构模型

作用。

(2) 键长、键能 乙炔碳碳叁键的长度为 120pm，键能大约是 836kJ·mol^{-1}，所以碳碳叁键是已知的键能最大、键长最短的碳碳键。乙烷、乙烯、乙炔的共价键参数见表 9-3。

表 9-3 乙烷、乙烯、乙炔的共价键参数

参数	乙烷	乙烯	乙炔
C—C 键键能/kJ	368	607	836
C—C 键长度/pm	154	134	120
C—H 键键能/kJ	410	444	506
C—H 键长度/pm	110	108	106

很明显可以看出（836—368）并不是（607—368）的两倍，而且实验结果表明，要打开乙炔中的 π 键需要大约 318kJ·mol^{-1} 的能量，而对于乙烯需要 268kJ·mol^{-1}，因此可以得出，炔烃与亲电试剂的反应比烯烃与亲电试剂的反应要迟钝。

怎样理解这一点呢？首先，尽管碳碳叁键有更高的 π 电子云密度，但 sp 杂化的碳原子对这些 π 电子云有更强的吸引力，与碳碳双键的 π 电子相比，叁键中的 π 电子与官能团结合得更紧密。因为烯烃或炔烃与亲电试剂的反应首先是 π 配合物的形成，在该过程中，亲电试剂接受 π 电子与重键形成较弱的配合。这样，炔烃与亲电试剂反应相对较慢就可以理解了。第二个因素是，由一个氢离子或其他亲电试剂与叁键作用形成的碳正离子中间体的稳定性。这个中间体的正电荷位于不饱和碳原子上，而乙烯基碳正离子要比相对应的饱和碳正离子不稳定得多。

9.4.1.3 炔烃的物理性质

除了沸点和偶极矩，大部分的炔烃在物理特性上与相应的烷烃和烯烃差别不大。它们和其他烃类一样都具有低密度和低溶解性的性质。与对应的烯烃相比，由于极性略强，所以沸点更高。同时，叁键位于末端的炔烃比叁键位于主链中间的炔烃沸点更高。炔烃的物理性质见表 9-4。

表 9-4 炔烃的物理性质

炔烃	熔点/℃	沸点/℃	相对密度
乙炔	−80.8	−84.0	0.6181(−32)
丙炔	−101.5	−23.2	0.7062(−50)
1-丁炔	−125.7	8.1	0.6784(0)
2-丁炔	−32.3	27.0	0.6910
1-戊炔	−90.0	40.2	0.6901
2-戊炔	−101.0	56.1	0.7107
1-己炔	−132.0	71.3	0.7155
1-庚炔	−81.0	99.7	0.7328
1-辛炔	−79.3	125.2	0.747
1-壬炔	−50.0	150.8	0.760
1-癸炔	−36.0	174.0	0.765

像烯烃一样，炔烃易燃，密度更低且不溶于水。但易溶于一些微极性溶剂，例如石油醚、苯等。低分子量的炔烃是气体。

9.4.1.4 炔烃的化学性质

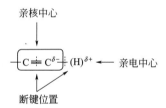

(1) 加成反应

① 亲电加成　炔进行亲电加成没有碳碳双键活泼，但不对称亲电试剂与不对称炔烃的加成反应，仍然遵守马氏规则。

a. 加卤素　与烯烃相似，炔烃容易与氯、溴发生反应。

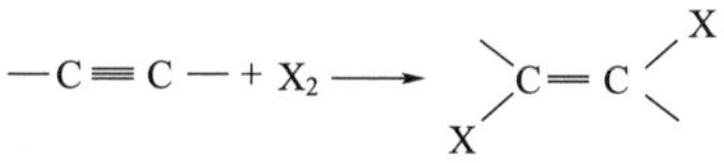

$$-C\equiv C- + X_2 \longrightarrow \begin{array}{c}X\\ \end{array}\!\!C=C\!\!\begin{array}{c}X\\ \end{array}$$

$X_2 = Cl_2, Br_2$

炔烃与一分子卤素反应得到烯基卤，可以进一步与过量的卤素反应生成四卤化物。炔烃加氯必须用 $FeCl_3$ 作催化剂。炔烃与溴反应生成的是无色溴化物，因此可以利用炔烃使红棕色溴的四氯化碳溶液褪色这一性质来鉴定炔烃。

b. 加卤化氢　炔烃与卤化氢加成的活性不如烯烃，通常要在氯化汞活性炭的催化下进行反应。

$$-C\equiv C- + HX \longrightarrow \begin{array}{c}H\\ \end{array}\!\!C=C\!\!\begin{array}{c}H\\ \end{array}$$

HX=HCl, HBr, HI

炔烃与一分子卤化氢反应得到烯基卤，它可以进一步与过量的卤化氢反应生成二卤化物。

c. 水合反应　炔烃在汞催化剂（或铜、锌等非汞催化剂）下可与水发生加成反应。

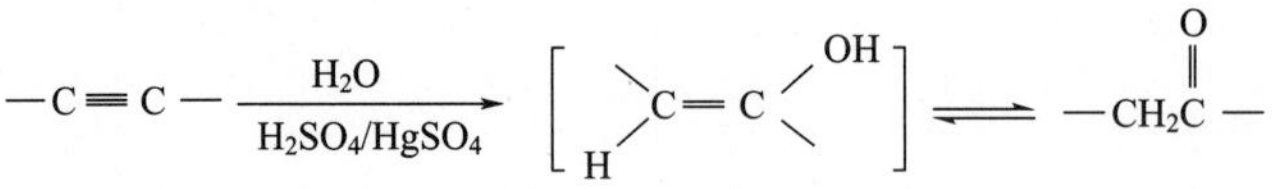

$$-C\equiv C- \xrightarrow{H_2O}_{H_2SO_4/HgSO_4} \left[\begin{array}{c} H \\ \end{array} C=C \begin{array}{c} OH \\ \end{array} \right] \rightleftharpoons -CH_2\overset{O}{\underset{\|}{C}}-$$
烯醇

$$\begin{array}{c} CH\equiv CH \\ RC\equiv CH \\ RC\equiv CR \end{array} \xrightarrow{H_2O}_{H_2SO_4/HgSO_4} \begin{array}{c} CH_3CHO \\ CH_3COR \\ RCH_2COR \end{array}$$

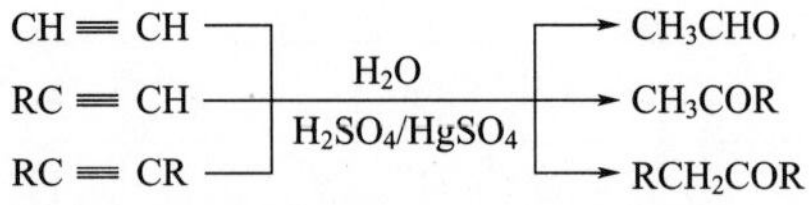

炔烃在强酸存在下水合生成的中间体是热力学不稳定的烯醇，烯醇经互变得到稳定的羰基化合物，这种异构现象称为酮醇互变异构。除乙炔水合得到乙醛外，其他炔烃都得到酮，末端炔烃得到甲基酮。

② 亲核加成

a. 碱催化加醇　在碱催化下，乙炔与甲醇进行亲核加成反应生成烯基醚。

$$CH\equiv CH + CH_3OH \xrightarrow[160\sim165℃, 2\sim 2.2MPa]{20\% KOH 水溶液} CH_2=CH-O-CH_3$$

b. 加乙酸　在醋酸锌-活性炭催化下，乙炔与乙酸发生加成反应生成醋酸乙烯酯。

$$CH\equiv CH + CH_3COOH \xrightarrow[170\sim230℃]{醋酸锌-活性炭} CH_3CO-O-CH=CH_2$$

③ 自由基加成　在过氧化物存在下，溴化氢能与炔烃进行自由基加成生成反马氏加成产物：

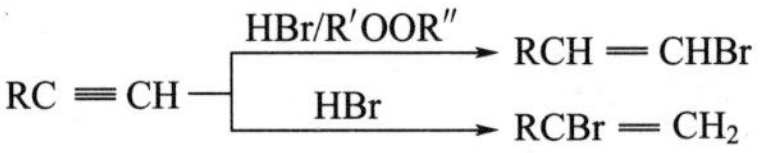

$$RC\equiv CH \begin{array}{c} \xrightarrow{HBr/R'OOR''} RCH=CHBr \\ \xrightarrow{HBr} RCBr=CH_2 \end{array}$$

(2) 酸性

① 酸性强弱　杂化轨道的 s 成分越大，原子的电负性越大，因此叁键碳的电负性最大，从而使炔氢具有微弱的酸性。以乙炔为例，有关酸的酸性强弱顺序为：

$HCOOH > C_6H_5COOH > CH_3COOH > H_2CO_3 > C_6H_5OH > NaHCO_3 > H_2O >$
pK_a　　3.75　　　　4.2　　　　　4.75　　　　6.4(pK_{a_1})　　　10　　　　　　　　15.7
$CH_3OH > HC\equiv CH > NH_3 >> H_2C=CH_2 > CH_4$。
pK_a　　16　　　　　25　　　　34

② 酸性反应

a. 与氨基钠反应　与氨基钠反应用于炔化钠的制备：

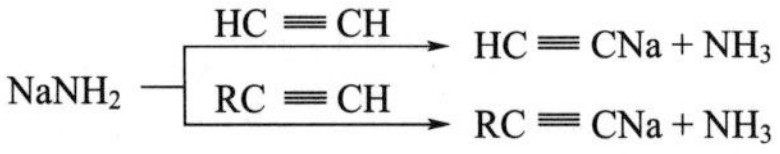

$$NaNH_2 \begin{array}{c} \xrightarrow{HC\equiv CH} HC\equiv CNa + NH_3 \\ \xrightarrow{RC\equiv CH} RC\equiv CNa + NH_3 \end{array}$$

b. 与格氏试剂反应　与格氏试剂反应生成相应的炔基格氏试剂和烃。用于此反应一般采用 CH_3MgI 和 C_2H_5MgBr 等格氏试剂。根据生成的气体的体积可用于计算活泼氢的数目。

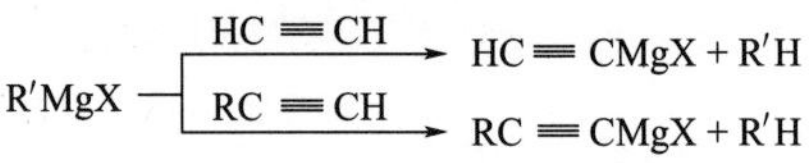

$$R'MgX \begin{array}{c} \xrightarrow{HC\equiv CH} HC\equiv CMgX + R'H \\ \xrightarrow{RC\equiv CH} RC\equiv CMgX + R'H \end{array}$$

c. 与重金属离子反应　与重金属离子反应生成金属炔化物沉淀，可用于乙炔和末端炔的鉴定。由于金属炔化物能与氰化钠反应再次生成相应的炔，故可用于乙炔和末端炔的分离提纯。

$$\text{CuCl/NH}_3 \begin{cases} HC\equiv CH \longrightarrow CuC\equiv CCu\downarrow \text{ 紫红色} \\ RC\equiv CH \longrightarrow RC\equiv CCu\downarrow \text{ 紫红色} \end{cases}$$

$$\text{AgNO}_3\text{/NH}_3 \begin{cases} HC\equiv CH \longrightarrow AgC\equiv CAg\downarrow \text{ 白色} \\ RC\equiv CH \longrightarrow RC\equiv CAg\downarrow \text{ 白色} \end{cases}$$

$$RC\equiv CM + 2NaCN + H_2O \longrightarrow RC\equiv CH + NaM(CN)_2 + NaOH$$
$$M = Cu, Ag$$

炔铜和炔银在干燥状态下受热和振动容易爆炸，应注意安全。

（3）炔烃的氧化

① 高锰酸钾氧化　炔烃与烯烃相似，能被高锰酸钾氧化裂解使高锰酸钾紫色褪去，同时生成棕褐色的二氧化锰沉淀，可用于炔烃的鉴定。乙炔氧化生成二氧化碳。

链中间炔烃：

$$RC\equiv CR' \xrightarrow{\text{KMnO}_4}{H^+} RC\overset{O}{\underset{\|}{-}}\overset{O}{\underset{\|}{C}}R' \longrightarrow RCOOH + R'COOH$$

末端炔烃：

$$RC\equiv CH \xrightarrow[H^+]{\text{KMnO}_4} RCOOH + CO_2$$

② 臭氧氧化　炔烃与烯烃相似，能被臭氧氧化裂解，水解产物是羧酸，根据生成的羧酸的结构可确定叁键的位置。

$$RC\equiv CH \begin{cases} \xrightarrow{① O_3}{② H_2O} RCOOH + HCOOH \\ \xrightarrow{\text{KMnO}_4} RCOOH + CO_2 \end{cases}$$

$$RC\equiv CR' \begin{cases} \xrightarrow{① O_3}{② H_2O} RCOOH + R'COOH \\ \xrightarrow{\text{KMnO}_4} RCOOH + R'COOH \end{cases}$$

（4）炔烃的还原

① 催化氢化

a. 普通催化氢化　用金属 Pt、Pd 或 Ni 进行氢化反应时，难于控制在烯烃这一阶段，常得到完全氢化产物。

$$HC\equiv CH + H_2 \xrightarrow{\text{催化剂}} CH_2=CH_2$$
$$CH_2=CH_2 + H_2 \xrightarrow{\text{催化剂}} CH_3-CH_3$$

b. 控制催化氢化　用 Lindlar[Pd/BaSO$_4$/喹啉，Pd/CaCO$_3$/Pb(OAc)$_2$ 或 P-2(Ni-B)]催化剂进行氢化反应时，可控制在烯烃这一阶段得到顺式烯烃。

② 化学还原

a. 碱金属/液氨还原　在液氨中，用碱金属对中间叁键进行还原得到反式烯烃。

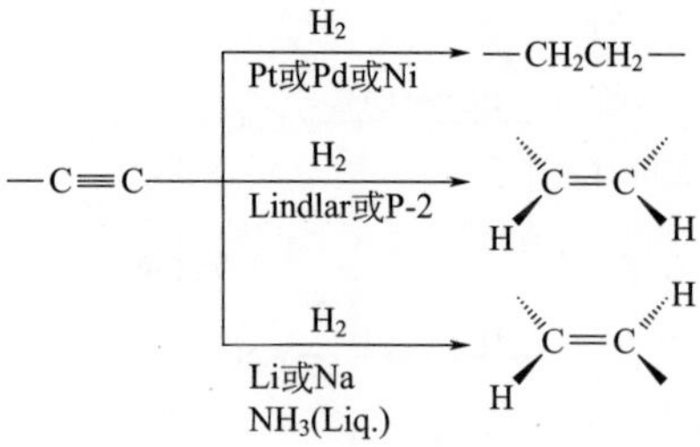

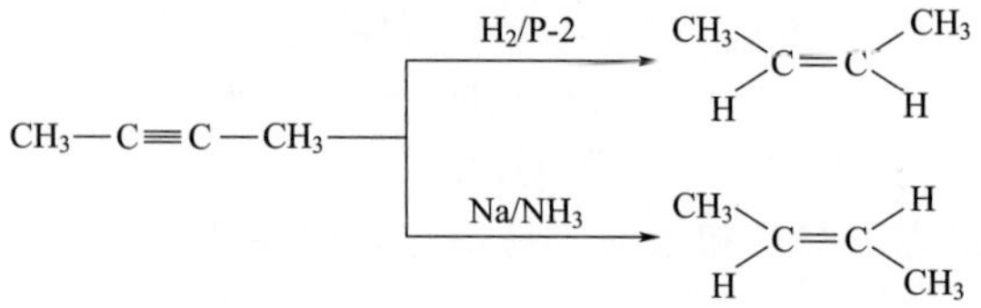

$$—C≡C— \begin{cases} \xrightarrow[\text{Pt或Pd或Ni}]{H_2} —CH_2CH_2— \\ \xrightarrow[\text{Lindlar或P-2}]{H_2} \text{顺式烯烃} \\ \xrightarrow[\substack{\text{Li或Na}\\ NH_3(Liq.)}]{H_2} \text{反式烯烃} \end{cases}$$

$$CH_3—C≡C—CH_3 \begin{cases} \xrightarrow{H_2/P-2} \text{顺式-2-丁烯} \\ \xrightarrow{Na/NH_3} \text{反式-2-丁烯} \end{cases}$$

b. 硼氢化

$$RC≡CH \xrightarrow{BH_3/THF} \underset{H}{\overset{R}{C}}=\underset{BH_2}{\overset{H}{C}} \xrightarrow{CH_3COOH} \underset{H}{\overset{R}{C}}=\underset{H}{\overset{H}{C}}$$

$$CH_3C≡CH \xrightarrow[\text{② } CH_3COOD]{\text{① } BH_3/THF} \underset{H}{\overset{CH_3}{C}}=\underset{D}{\overset{H}{C}}$$

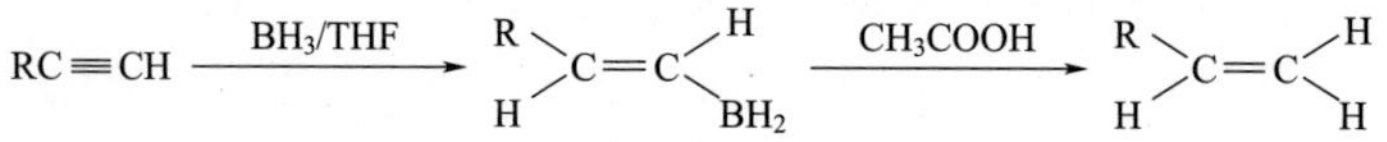

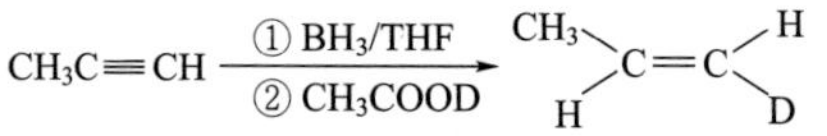

用硼氢化-质子解叁键进行还原得到反式烯烃。

9.4.1.5 炔烃的制备

(1) 乙炔（HC≡CH） 在 1842 年，弗里德里希·维勒将生石灰与焦炭共热制备了电石，当电石与水相互作用时，产生了乙炔：

$$CaC_2(s) + H_2O \longrightarrow HC≡CH$$

作为最简单的炔烃，乙炔在空气中燃烧产生明亮的火焰，放出大量的热量。乙炔曾经作为原料在工业中广泛应用于乙醛、乙酸、氯乙烯等其他化学品的合成。

(2) 通过消去反应制备 类似烯烃的制备，叁键能通过烷基卤化物消去 HX 得到。例如，1,1-二氯代烷烃与过量强碱如 KOH 或 $NaNH_2$ 作用，会产生 HX 的双重消除得到炔烃。

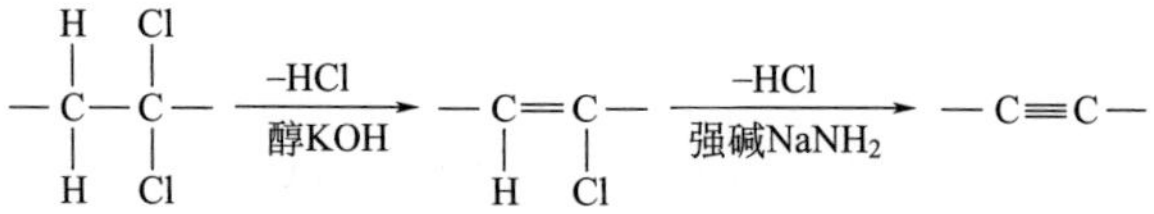

$$\underset{\substack{H\ Cl\\ |\ \ |\\ —C—C—\\ |\ \ |\\ H\ Cl}}{} \xrightarrow[\text{醇KOH}]{-HCl} \underset{\substack{H\ Cl\\ |\ \ |\\ —C=C—\\ |\ \ |\\ H}}{} \xrightarrow[\text{强碱}NaNH_2]{-HCl} —C≡C—$$

9.4.2 二烯烃

9.4.2.1 1,3-丁二烯的结构

根据近代物理方法测定，1,3-丁二烯中碳碳双键的键长是 0.137nm，碳碳单键的键长是 0.147nm，也就是说，它的双键比乙烯的双键（0.134nm）长，而单键却比乙烷的单键（0.154nm）短。这说明 1,3-丁二烯的单、双键较为特殊，键长趋于平均化，如图 9-8。

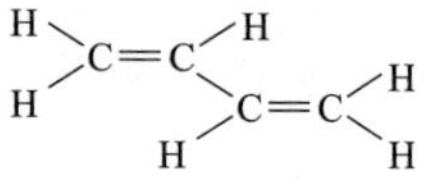

图 9-8 1,3-丁二烯的分子结构

杂化轨道理论认为，在 1,3-丁二烯中，4 个 sp^2 杂化轨道的碳原子处在同一平面上（图 9-9），每个碳原子上未杂化的 p 轨道相互平行，且都垂直于这个平面。这样，在分子中不仅 C_1、C_2 和 C_3、C_4 间各有一

个π键，C_2、C_3间的p轨道从侧面也有一定程度的重叠（图9-9），使4个p电子扩展到4个碳原子的范围内运动，每两个碳原子之间都有π键的性质，组成一个大π键，这种共轭体系称为π-π共轭体系。在共轭体系中，π电子不再局限于成键两个原子之间，而要扩展它的运动范围，这种现象称为电子离域。电子离域范围愈大，体系的能量愈低，分子就愈稳定。

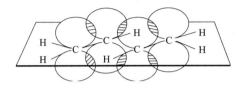

图9-9　1,3-丁二烯分子中π键所在平面与纸面垂直

共轭体系的各原子必须在同一平面上，每一个碳原子都有一个未杂化且垂直于该平面的p轨道，这是形成共轭体系的必要条件。

9.4.2.2　共轭二烯烃的化学性质

(1) 1,2-加成和1,4-加成反应

① 催化加氢　在铂、钯等催化剂作用下，1,3-丁二烯既可与一分子氢气加成生成1,2-加成产物（1-丁烯）与1,4-加成产物（2-丁烯），又可与两分子氢加成生成正丁烷。

$$CH_2=CH-CH=CH_2 \xrightarrow{H_2} \begin{array}{l} \xrightarrow{1,4\text{-加成}} CH_3-CH=CH-CH_3 \\ \xrightarrow{1,2\text{-加成}} CH_2=CH-CH_2-CH_3 \end{array}$$

$$CH_2=CH-CH=CH_2 \xrightarrow{H_2} CH_3CH_2CH_2CH_3$$

② 亲电加成

a. 加氯或溴　1,3-丁二烯可与氯或溴加成。1,3-丁二烯与溴加成，既生成1,2-加成产物，又生成1,4-加成产物。

$$CH_2=CH-CH=CH_2 \xrightarrow{Br_2,\text{冰醋酸}} \begin{array}{l} \xrightarrow{1,4\text{-加成}} CH_2Br-CH=CH-CH_2Br \\ \xrightarrow{1,2\text{-加成}} CH_2=CH-CHBrCH_2Br \end{array}$$

1,3-丁二烯与氯加成与此类似。

b. 加氯化氢或溴化氢　1,3-丁二烯与氯化氢或溴化氢加成，既生成1,2-加成产物，又生成1,4-加成产物。

$$CH_2=CH-CH=CH_2 + HBr \begin{array}{l} \xrightarrow{-80℃} CH_2=CH-CHBr-CH_3 \;(80\%) + H_2C-CH=CH-CH_3 \;(20\%) \\ \xrightarrow{40℃} CH_2=CH-CHBr-CH_3 \;(20\%) + H_2C-CH=CH-CH_3 \;(80\%) \end{array}$$

温度升高，1,2-加成产物逐渐变成1,4-加成产物。由此可见，1,2-加成产物和1,4-加成产物的含量随反应物、加成试剂和反应条件的不同而不同。

(2) 双烯合成反应（迪尔斯-阿尔德反应）

① 双烯合成反应的定义　共轭双烯与含有烯键或炔键的化合物相互作用发生1,4-加成反应，生成六元环状化合物的反应，也叫双烯合成。双烯合成是共轭二烯烃的特性反应之

一，也是合成环状化合物的重要反应。

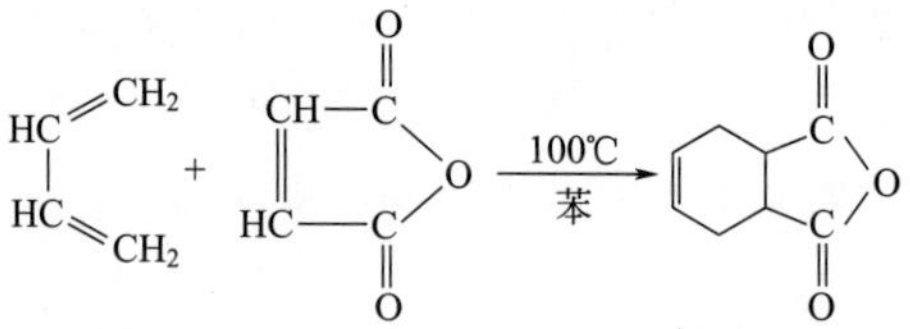

$$\text{CH}_2=\text{CH}-\text{CH}=\text{CH}_2 + \text{马来酸酐} \xrightarrow[\text{苯}]{100℃} \text{四氢邻苯二甲酸酐}$$

② 双烯合成反应的反应特点

a. 反应具有很强的区域选择性　当双烯体和亲双烯体上均有取代基时，产生两种产物，邻或对位的产物占优势。

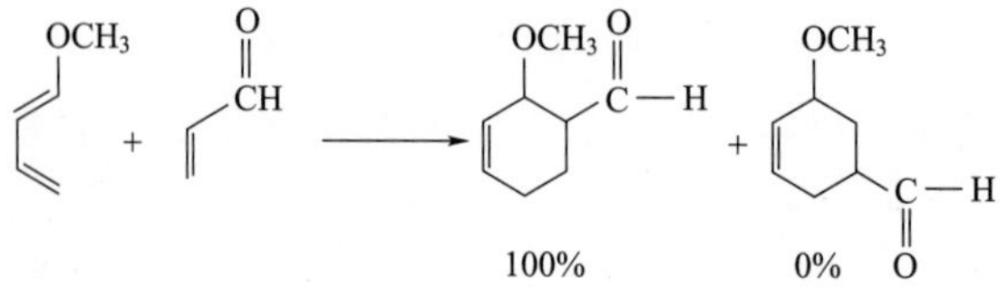

b. 反应是立体专一的顺式加成反应。

(3) 聚合反应与合成橡胶　含有共轭双键的二烯烃也容易发生聚合反应。

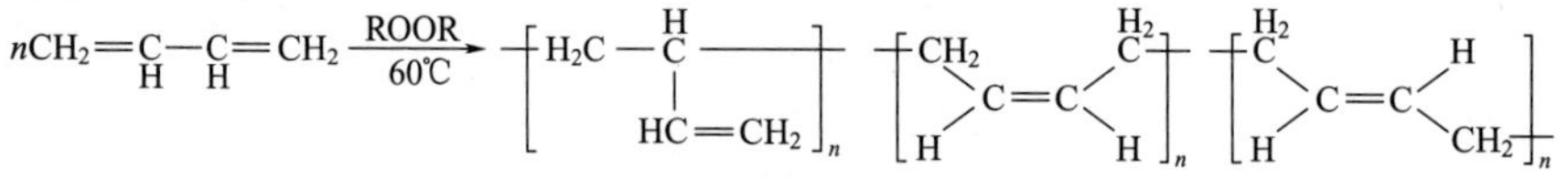

$$n\text{CH}_2=\underset{H}{C}-\underset{H}{C}=\text{CH}_2 \xrightarrow[60℃]{\text{ROOR}}$$

1,2-加成聚合物　　顺-1,4-加成聚合物　　反-1,4-加成聚合物

其中 1,4-加成聚合反应是制备橡胶的基本反应。利用不同的反应物，选择不同的反应条件和催化剂，可以控制加成聚合的方式，得到不同的高聚物——橡胶。

9.4.2.3　1,3-丁二烯的制备

由于 1,3-丁二烯在合成橡胶工业中的特殊地位，它的合成方法一直在不断更新。工业上生产 1,3-丁二烯的主要方法如下。

(1) 从石油裂解气中分离　1,3-丁二烯主要从石油裂解气 C_4 馏分中提取得到，常用的提取溶液有 N,N-二甲基甲酰胺、N-甲基吡咯烷酮和乙腈等。

(2) 丁烷或丁烯脱氢　将丁烷、1-丁烯、2-丁烯进行催化脱氢，可以转化成 1,3-丁二烯。例如，在磷酸镍钙-氧化铬的催化下，于 600～700℃，丁烯可以脱氢转化为丁二烯。

$$\left. \begin{array}{l} \text{CH}_2=\text{CH}-\text{CH}_2-\text{CH}_3 \\ \text{CH}_3-\text{HC}=\text{CH}-\text{CH}_3 \end{array} \right\} \xrightarrow[600\sim700℃]{\text{磷酸镍钙-氧化铬}} \text{CH}_2=\underset{H}{C}-\underset{H}{C}=\text{CH}_2$$

9.5　环　烃

环烃又称闭链烃，为碳骨架成环状结构的一类碳氢化合物。根据结构和性质，又可分为：

环烃 ┬ 脂环烃 ┬ 单脂环烃 ┐ 性质似脂肪烃
　　 │　　　 └ 多脂环烃 ┘
　　 └ 芳香烃 ┬ 苯型芳香烃 ┐ 性质似苯
　　　　　　　└ 非苯型芳香烃 ┘

9.5.1 脂环烃的分类、命名及结构

9.5.1.1 分类

- 脂环烃
  - 单环烃
    - 环烷烃(C_nH_{2n})
      - 普通环化合物 n=5～7
      - 中环化合物 n=8～11
      - 大环化合物 $n \geqslant 12$
    - 环烯烃
    - 环炔烃
  - 双环烃
    - 桥环
    - 螺环
  - 多环烃

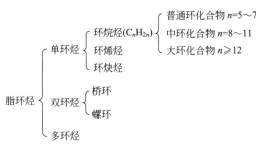

本节主要介绍单环烃。

9.5.1.2 命名

(1) 环烷烃的命名

① 以相应的开链烃冠以“环”字来命名。

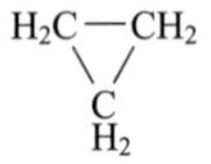

环丙烷

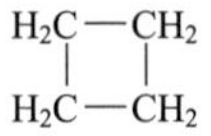

环丁烷

② 若环上有多个取代基时，编号从较小的取代基开始，且使取代基的位次最小。

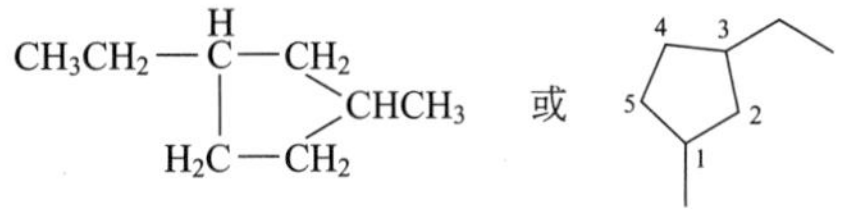

1-甲基-3-乙基环戊烷

(2) 环烯烃的命名

① 环烃中有双键时，编号应从双键开始，且使编号的数值最小。

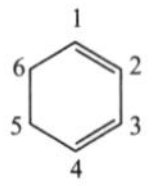

1,3-环己二烯

② 环中有双键也有支链时，编号从双键起，且要使支链编号尽可能最小。

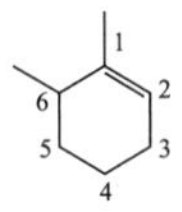

1,6-二甲基环己烯

9.5.1.3 结构

(1) 环丙烷的结构 环丙烷分子内三个碳原子核连线构成一个正三角形，原子轨道在轴线（两核连线）之外头碰头、斜侧式重叠，重叠程度较小，形成的键比通常的 σ 键弱，比 π 键强，称弯曲键，俗称香蕉键，如图 9-10。

特点：

图 9-10　丙烷和环丙烷分子内的 C—C—C 之间键角

① "香蕉键" 重叠程度小, 键能下降, 从而产生角张力恢复正常 σ 键的倾向;

② "香蕉键" 使电子云暴露在成键两原子的外侧, 类似于烯烃中的 π 键, 易受亲电试剂的进攻。

(2) 环丁烷、环戊烷的结构　环丁烷的 C—C 键与环丙烷类似也呈弯曲键, 也易开环。但它的碳原子杂化轨道重叠程度比环丙烷大, 而且四个碳原子不在同一个平面内, 主要以"蝶式"构象存在（约与平面成 30°角）使张力有所降低, 故比环丙烷稳定。环戊烷中的碳原子不在一个平面上, 碳碳 σ 键的夹角接近或保持 109.5°, 分子中既无角张力, 又无扭转张力, 所以环戊烷较稳定。

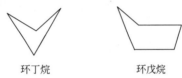

环丁烷　　　　　环戊烷

(3) 环己烷的结构

① 船式构象和椅式构象　在环己烷分子中, 碳原子以 sp^3 杂化, 六个碳原子不在同一个平面上, 可以有如下两种典型的构象:

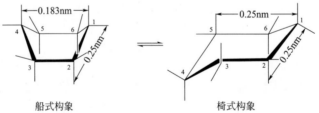

船式构象　　　　　　　　椅式构象

比较环己烷的船式构象和椅式构象：在船式构象中, 两个船头碳原子 C_1 和 C_4 上的氢原子相距很近, 只间隔 0.183nm, 比它们的范德华半径之和 0.25nm 小得多, 因此相互之间斥力较大; 而在椅式构象中, 相邻的两个碳原子上的氢都处于邻位交叉式; 船式构象中, C_2—C_3 和 C_5—C_6 上的 C—H 是全重叠, 因而具有扭转张力。所以船式构象不如椅式构象稳定, 环己烷及其衍生物在一般情况下都以椅式构象存在, 椅式构象为环己烷的优势构象。

环己烷的船式构象和椅式构象之间能相互转换, 通常的环己烷就处于这两种构象的转换平衡中。由于船式构象远没有椅式构象稳定, 环己烷几乎都是以椅式构象存在, 因此在讨论环己烷结构时通常只考虑椅式构象。

船式构象　　　　　　　　椅式构象

② 平伏键和直立键　环己烷椅式构象中的 12 个 C—H 键可分为两类: 与分子对称轴平行的 6 个 C—H 键称为直立键或 a 键, 其中 3 个朝上 3 个朝下; 另外 6 个键与对称轴成

109.5°，称为平伏键或 e 键。

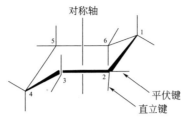

③ 椅式构象环的翻转　椅式构象也有两种构象，由于分子的热运动，在常温下，通过 C—C 键的不断扭动，环己烷的一种椅式构象可以转变到另一种椅式构象，而且这种翻转进行得非常快。翻转以后原来的 e 键变为 a 键，a 键变为 e 键。

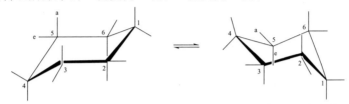

通过对比环烷烃的化学性质可以发现，环的大小不同，其化学稳定性也不同，稳定性顺序：三元环＜四元环＜五元环＜六元环。环越稳定，化学性质越不活泼；相反，环越不稳定，化学性质越活泼。

9.5.2　脂环烃的物理性质、化学性质

9.5.2.1　物理性质

环烷烃的物理性质和递变规律与烷烃和烯烃相似，但亦有差别。显著的差别是环烷烃的熔点、沸点都较含同数碳原子的烷烃和烯烃高，相对密度较含同数碳原子的直链烷烃和烯烃大，但仍比水轻。

9.5.2.2　化学性质

(1) 环烷烃的性质

① 取代反应　和烷烃一样，在光照或加热的情况下，环烷烃可与卤素进行取代反应生成环烷烃的卤代衍生物。

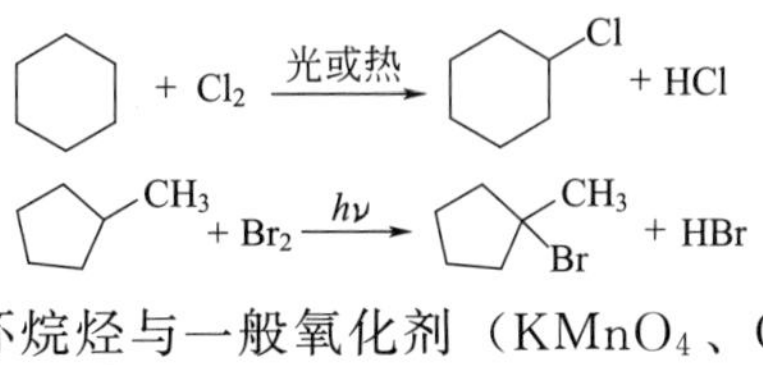

$$\text{C}_6\text{H}_{12} + \text{Cl}_2 \xrightarrow{\text{光或热}} \text{C}_6\text{H}_{11}\text{Cl} + \text{HCl}$$

$$\text{环戊基-CH}_3 + \text{Br}_2 \xrightarrow{h\nu} \text{环戊基(CH}_3\text{)Br} + \text{HBr}$$

② 氧化反应　常温下，环烷烃与一般氧化剂（$KMnO_4$、O_3）不反应。

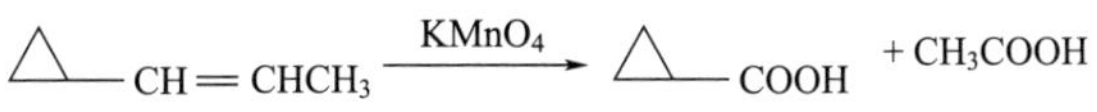

$$\triangle\text{—CH=CHCH}_3 \xrightarrow{KMnO_4} \triangle\text{—COOH} + CH_3COOH$$

在加热、强氧化剂作用或催化剂存在时，可用空气氧化成各种氧化产物。

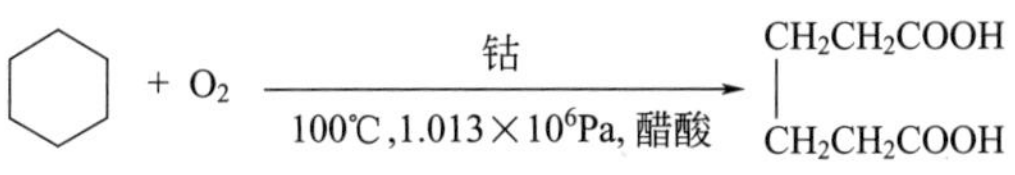

$$\text{C}_6\text{H}_{12} + O_2 \xrightarrow[100℃,1.013\times10^6\text{Pa,醋酸}]{\text{钴}} \begin{array}{c}CH_2CH_2COOH\\|\\CH_2CH_2COOH\end{array}$$

己二酸

③ 开环反应　环烷烃中，环丙烷和环丁烷能与氢气、溴、卤化氢等试剂发生开环反应，而环戊烷和环己烷却不易发生或不能发生类似的开环反应。

a. 催化加氢　小环烷烃的性质与烯烃类似，在催化剂存在下能发生加氢反应，生成烷烃。

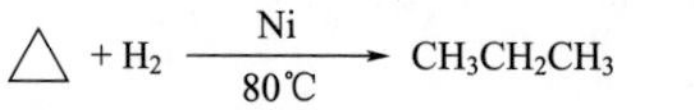

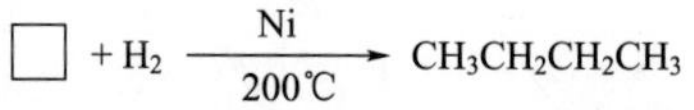

$$\triangle + H_2 \xrightarrow[80℃]{Ni} CH_3CH_2CH_3$$

$$\square + H_2 \xrightarrow[200℃]{Ni} CH_3CH_2CH_2CH_3$$

环戊烷需要用活性高的铂为催化剂在 300℃ 以上才能加成。环己烷、环庚烷在此条件下不发生加氢反应。

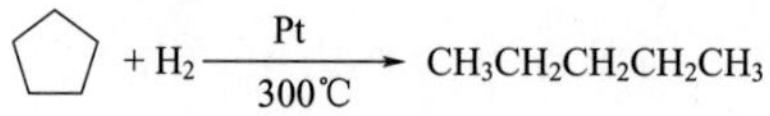

$$\pentagon + H_2 \xrightarrow[300℃]{Pt} CH_3CH_2CH_2CH_2CH_3$$

b. 加溴　环丙烷在室温下与溴发生加成反应生成 1,3-二溴丙烷。

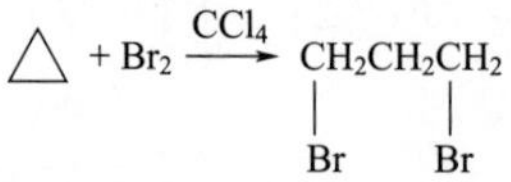

$$\triangle + Br_2 \xrightarrow{CCl_4} \underset{\underset{Br}{|}}{CH_2}CH_2\underset{\underset{Br}{|}}{CH_2}$$

在加热条件下，环丁烷与溴发生加成反应，生成 1,4-二溴丁烷。

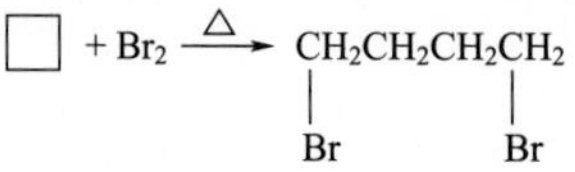

$$\square + Br_2 \xrightarrow{\triangle} \underset{\underset{Br}{|}}{CH_2}CH_2CH_2\underset{\underset{Br}{|}}{CH_2}$$

c. 加卤化氢　环丙烷、环丁烷与卤化氢发生加成反应生成卤代烷。环戊烷、环己烷不易发生反应。

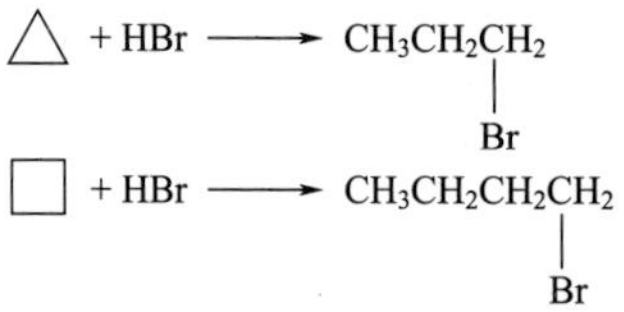

$$\triangle + HBr \longrightarrow CH_3CH_2\underset{\underset{Br}{|}}{CH_2}$$

$$\square + HBr \longrightarrow CH_3CH_2CH_2\underset{\underset{Br}{|}}{CH_2}$$

(2) 环烯烃的性质　环烯烃具有一般烯烃的特性：催化加氢、亲电加成且遵循马氏规则，能被 $KMnO_4$、臭氧等氧化剂氧化。

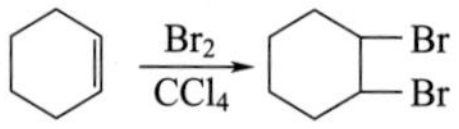

9.5.3　芳香烃的结构、分类及命名

芳香烃简称"芳烃"，通常指分子中含有苯环结构的碳氢化合物。历史上早期发现的这类化合物多有芳香味道，所以称这些烃类物质为芳香烃。后来发现的不具有芳香味道的烃类也都统一沿用这种叫法，例如苯、萘等。苯的同系物的通式是 C_nH_{2n-6}（$n \geqslant 6$）。

9.5.3.1　苯的结构

苯是芳香烃中最简单而又最重要的化合物。
苯的凯库勒（Kekule）式：

凯库勒式存在的问题：
① 式中含有三个双键，但不能起烯烃的加成反应。
② 邻位二元取代物应有两种，实际上只有一种。

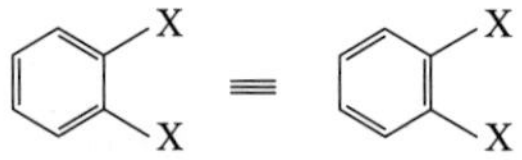

③ 式中含有单、双键，就不应该是等边六边形。

苯的结构为6中心6电子的环状共轭大π键（图9-11），使π电子高度离域，电子云完全平均化（图9-12），故无单双键之分。

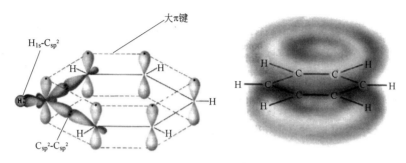

图 9-11　苯的结构

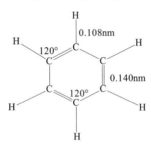

图 9-12　苯的键参数

9.5.3.2　分类

根据结构的不同可分为三类。

① 单环芳香烃，如苯的同系物，例如：

苯　　甲苯　　乙苯

② 稠环芳香烃，例如：

萘　　蒽　　菲

③ 多环芳香烃，例如：

联苯　　二苯甲烷

主要来源于石油和煤焦油。芳香烃在有机化学工业里是最基本的原料。现代用的药物、炸药、染料，绝大多数是由芳香烃合成的。燃料、塑料、橡胶及糖精也用芳香烃为原料。

9.5.3.3　命名

（1）单环芳香烃命名：一元取代物　苯环上的氢原子被烷基取代而成的一元取代物，命名时是以苯为母体，烷基为取代基，称为"某苯"。

单环芳烃的命名

例如：

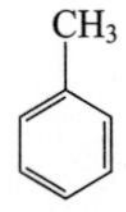

甲苯 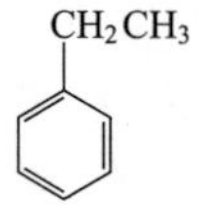　　　乙苯 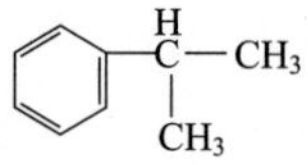　　　异丙苯

(2) 单环芳香烃命名：二元取代物　苯的二元取代物有三种结构，两个取代基在苯环上的相对位置常用邻、间、对来表示，英文分别为 orth、meta、para，简写为 o-、m-、p-；也可用阿拉伯数字表示取代基的相对位置。例如：

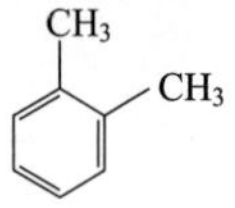

1,2-二甲苯　　　1,3-二甲苯　　　1,4-二甲苯
（邻二甲苯）　　（间二甲苯）　　（对二甲苯）
（o-二甲苯）　　（m-二甲苯）　　（p-二甲苯）

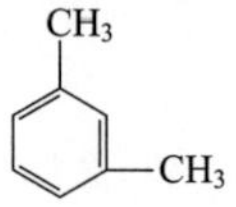

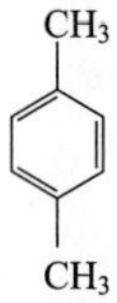

若苯环上有三个相同的取代基，常用"连"为词头，表示三个基团处在 1,2,3 位。用"偏"为词头，表示三个基团处在 1,2,4 位。用"均"为词头，表示三个基团处在 1,3,5 位。例如：

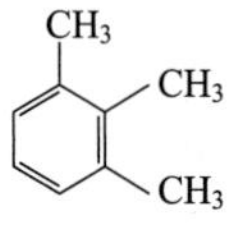

1,2,3-三甲苯　　　1,2,4-三甲苯　　　1,3,5-三甲苯
（连三甲苯）　　　（偏三甲苯）　　　（均三甲苯）

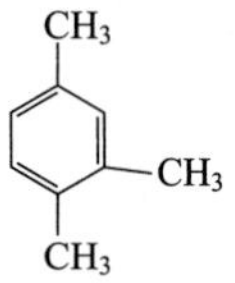

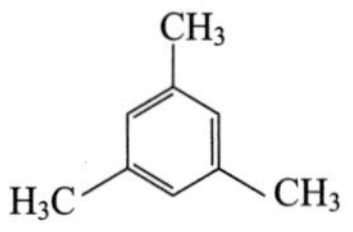

当苯环上有两个或多个取代基时，苯环上的编号应符合最低系列原则。而当应用最低系列原则无法确定哪一种编号优先时，与单环烷烃的情况一样，中文命名时应让次序规则中较小的基团位次尽可能小，英文命名时，应按英文字母顺序，让字母排在前面的基团位次尽可能小。例如：

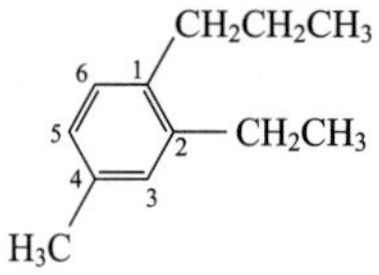

中文名称　4-甲基-2-乙基-1-丙基苯　　　中文名称　1-甲基-3,5-二乙基苯
英文名称　2-ethyl-4-methyl-1-propylbenzene　　英文名称　3,5-diethyl-1-methylbenzene

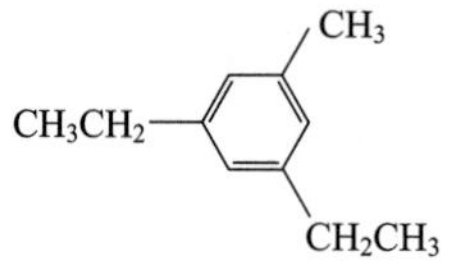

除苯外，下面六个芳香烃的俗名也可作为母体化合物的名称。而其他芳烃化合物可看作它们的衍生物。

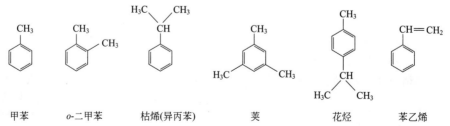

甲苯　　o-二甲苯　　枯烯(异丙苯)　　䓛　　花烃　　苯乙烯

(3) 多环芳烃的命名　分子中含有多个苯环的烃称为多环芳烃。主要有多苯代脂烃、联苯和稠合多环芳烃。

① **多苯代脂烃的命名** 链烃分子中的氢被两个或多个苯基取代的化合物称为多苯代脂烃。命名时，一般是将苯基作为取代基，链烃作为母体。例如：

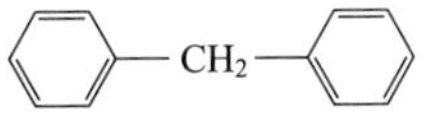

二苯甲烷 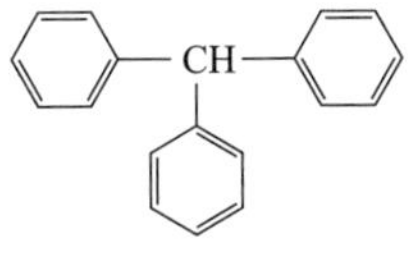　　　　　　三苯甲烷 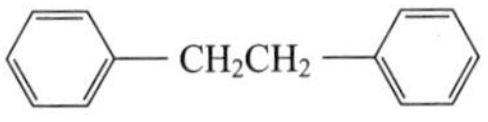　　　　　　1,2-二苯基乙烷

② **联苯型化合物的命名** 两个或多个苯环以单键直接相连的化合物称为联苯型化合物。例如：

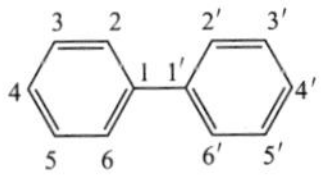

二联苯(简称联苯) 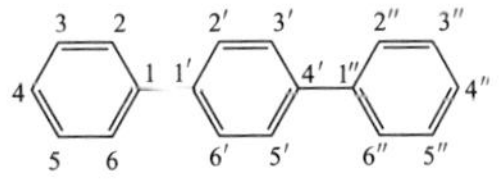　　　　　　三联苯

联苯类化合物的编号总是从苯环和单键的直接连接处开始，第二个苯环上的号码分别加上"′"符号，第三个苯环上的号码分别加上"″"符号，其他依次类推。苯环上如有取代基，编号的方向应使取代基位置尽可能小，命名时以联苯为母体。例如：

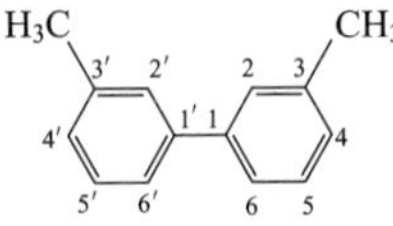

3,3′-二甲基联苯 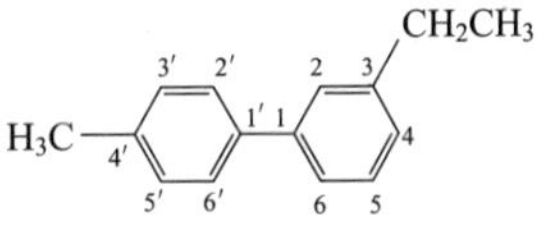　　　　　　4′-甲基-3-乙基联苯

③ **稠环芳烃的命名** 两个或多个苯环共用两个邻位碳原子的化合物称为稠环芳烃。最简单最重要的稠环芳烃是萘、蒽、菲。

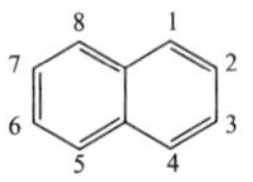

萘 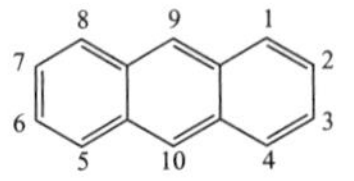　　　　　　蒽 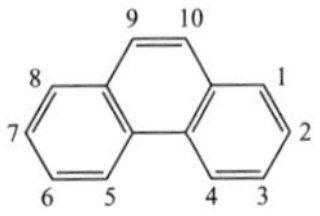　　　　　　菲

萘、蒽、菲的编号都是固定的，如上所示。例如：

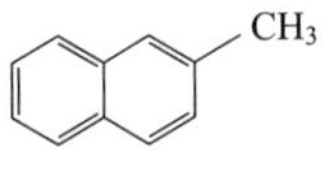

2-甲基萘(或β-甲基萘) 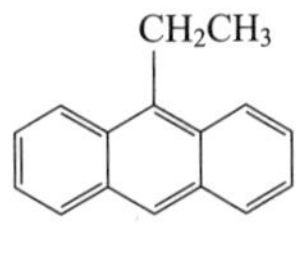　　　9-乙基蒽 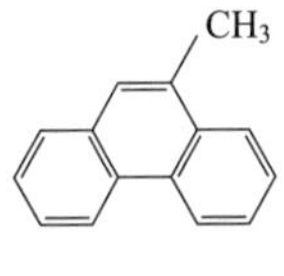　　　9-甲基菲

(4) 非苯芳烃 分子中没有苯环而又具有芳香性的环烃称为非苯芳烃。单环非苯芳烃的结构一般符合 Huckel 规则。即它们都是含有 $4n+2$ 个 π 电子的单环平面共轭多烯。例如：

环丙烯正离子　　环戊二烯负离子　　环庚三烯正离子　　[18]轮烯

常见的单环非苯芳烃化合物可按前面讲过的一般原则来命名。轮烯是一类单双键交替出现的环状烃类化合物。命名时，将成环的碳原子数放在方括号内，括号后面写上轮烯即可。也可以不写括号，用一短线将数字和轮烯相连。例如上面第四个化合物可称为[18]轮烯。轮烯也可以根据碳氢的数目来命名。[18]轮烯含有十八个碳，九个双键，所以也可以称为

环十八碳九烯。

9.5.4 芳香烃的物理性质、化学性质

9.5.4.1 单环芳烃的物理性质

苯及其同系物为无色液体，有特殊气味，比水轻，不溶于水，易溶于乙醚、汽油、四氯化碳等有机溶剂。单环芳烃有毒，损害造血器官，其中苯的毒性较大，长期接触易引起肺炎和癌症，使用时应注意防护。苯、甲苯、二甲苯是很好的溶剂，又是三大合成材料塑料、橡胶和纤维的原料。一些单环芳烃的物理常数见表 9-5。

表 9-5 单环芳烃的物理常数

名称	熔点/℃	沸点/℃	相对密度 d_4^{20}
苯	5.5	80.1	0.879
甲苯	-95	110.6	0.867
乙苯	-95	136.1	0.867
邻二甲苯	-25.2	144.4	0.880
间二甲苯	-47.9	139.1	0.864
对二甲苯	13.2	183.3	0.861
正丙苯	-99.6	159.3	0.862
异丙苯	-96	152.4	0.862
连三甲苯	-25.5	176.1	0.894
偏三甲苯	-43.9	169.2	0.876
均三甲苯	-44.7	164.6	0.865

9.5.4.2 单环芳烃的化学性质

苯的特殊结构决定了单环芳烃的化学性质与烯烃和炔烃不同，苯环上容易发生取代反应，不易发生加成和氧化反应。像这种碳环异常稳定，易发生取代反应、不易发生加成和氧化反应的性质称为芳香性。芳烃都具有芳香性。

(1) 取代反应 苯及其同系物易受亲电试剂的进攻，苯环上的氢原子被取代，从而发生亲电取代反应，主要有卤化、硝化、磺化、烷基化和酰基化反应。亲电取代反应是芳烃最重要的性质。

① 卤化反应 在铁等催化剂的作用下，苯与卤素作用生成卤苯，同时放出卤化氢：

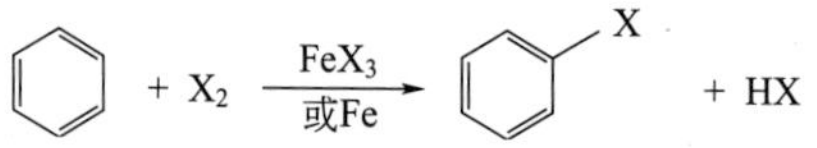

$$\text{C}_6\text{H}_6 + \text{X}_2 \xrightarrow[\text{或Fe}]{\text{FeX}_3} \text{C}_6\text{H}_5\text{X} + \text{HX}$$

例如：

$$\text{C}_6\text{H}_6 + \text{Cl}_2 \xrightarrow[\text{或Fe}]{\text{FeCl}_3} \text{C}_6\text{H}_5\text{Cl} + \text{HCl}$$

$$\text{C}_6\text{H}_6 + \text{Br}_2 \xrightarrow[\text{或Fe}]{\text{FeBr}_3} \text{C}_6\text{H}_5\text{Br} + \text{HBr}$$

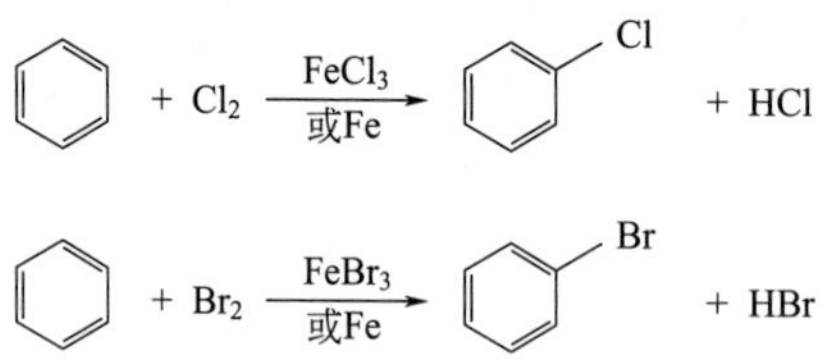

卤素反应活性次序为：$F_2 > Cl_2 > Br_2 > I_2$。其中氟化反应很猛烈，碘化反应速率慢且为可逆反应。故卤化反应常指氯化和溴化反应。

氯苯和溴苯在比较强烈条件下可继续反应生成二元取代物，且主要是邻和对位取代物。

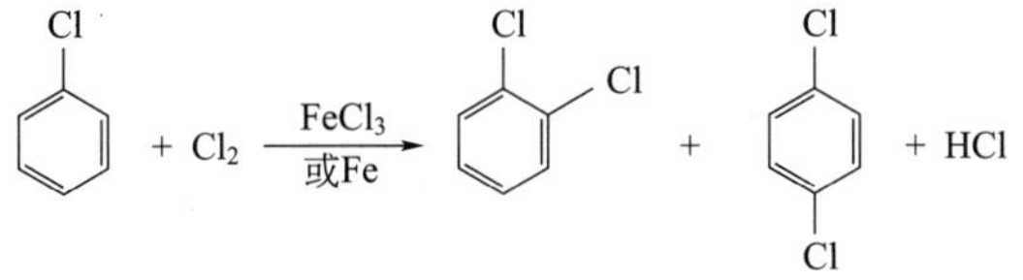

$$C_6H_5Cl + Cl_2 \xrightarrow{FeCl_3 \text{或} Fe} \text{邻二氯苯} + \text{对二氯苯} + HCl$$

烷基苯的卤化比苯容易进行，主要得到邻、对位取代物。例如：

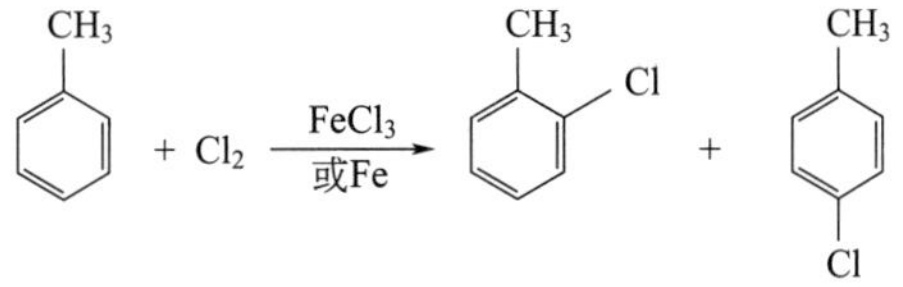

$$C_6H_5CH_3 + Cl_2 \xrightarrow{FeCl_3 \text{或} Fe} \text{邻氯甲苯} + \text{对氯甲苯}$$

烷基苯在高温或光照条件下与卤素反应，则卤原子取代烷基侧链上的 α-H 原子。此反应不再是亲电取代反应，而是自由基取代反应。例如，在光照作用下，甲苯与氯反应生成 α-氯代甲苯（苄基氯）。

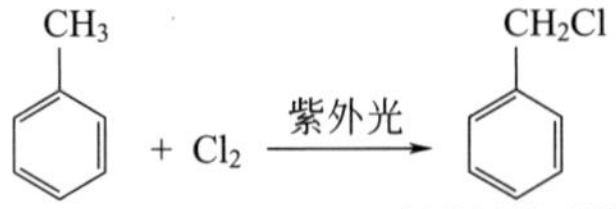

$$C_6H_5CH_3 + Cl_2 \xrightarrow{\text{紫外光}} C_6H_5CH_2Cl \quad (\alpha\text{-氯代甲苯(苄基氯)})$$

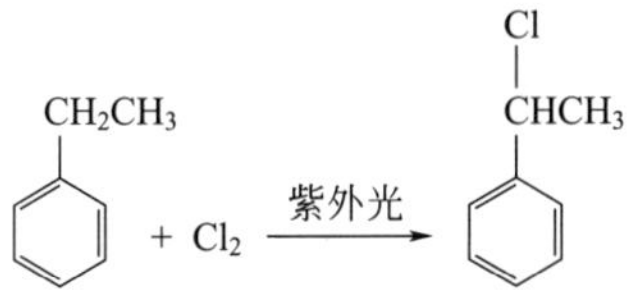

$$C_6H_5CH_2CH_3 + Cl_2 \xrightarrow{\text{紫外光}} C_6H_5CHClCH_3 \quad (1\text{-苯基-}1\text{-氯乙烷})$$

② 硝化反应　苯与浓硝酸及浓硫酸的混合物（又称混酸）于 50～60℃ 反应，生成硝基苯。

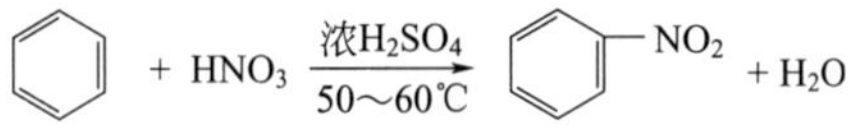

$$C_6H_6 + HNO_3 \xrightarrow[50\sim60℃]{\text{浓}H_2SO_4} C_6H_5NO_2 + H_2O$$

反应中，浓硫酸起催化剂和脱水剂的作用。硝基苯在较高温度下可继续与混酸作用，主要生成间二硝基苯。

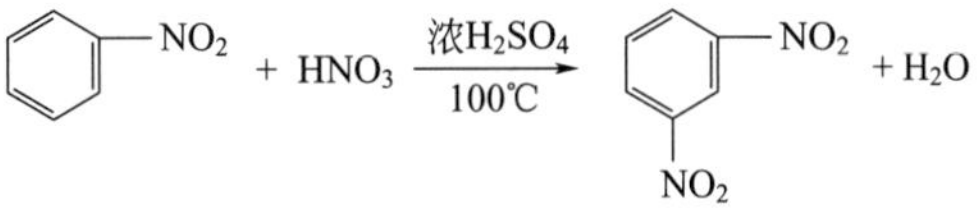

$$C_6H_5NO_2 + HNO_3 \xrightarrow[100℃]{\text{浓}H_2SO_4} \text{间二硝基苯} + H_2O$$

烷基苯比苯容易硝化，主要生成邻位和对位取代物。例如：

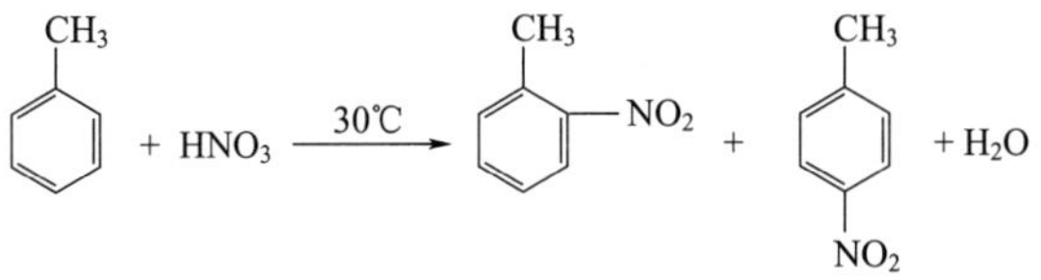

$$C_6H_5CH_3 + HNO_3 \xrightarrow{30℃} \text{邻硝基甲苯} + \text{对硝基甲苯} + H_2O$$

③ 磺化反应　苯与浓硫酸或发烟硫酸共热，环上的一个氢原子被磺酸基（—SO_3H）取代生成苯磺酸。

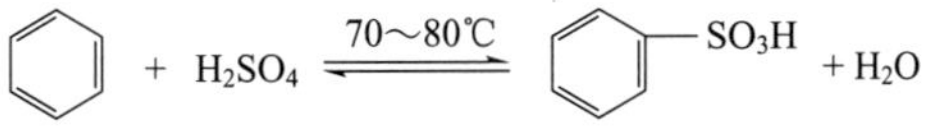

$$C_6H_6 + H_2SO_4 \xrightleftharpoons{70\sim80℃} C_6H_5SO_3H + H_2O$$

用浓硫酸进行的磺化反应是一个可逆反应，其逆反应称为水解反应。例如，由甲苯制备较纯净的邻氯甲苯就可以采用磺酸基的基团占位法。合成路线为：

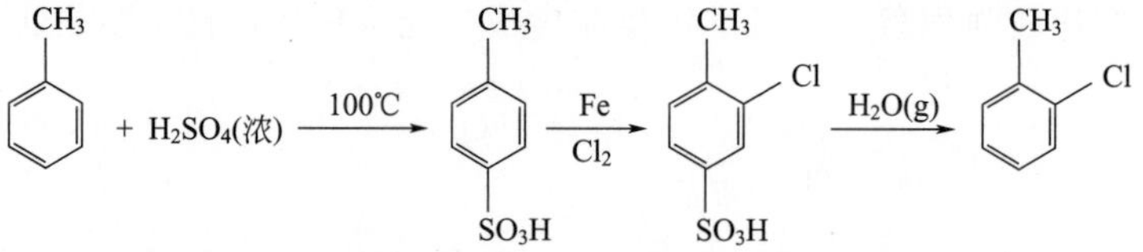

$$\text{甲苯} + H_2SO_4(浓) \xrightarrow{100℃} \text{对甲苯磺酸} \xrightarrow{Fe, Cl_2} \text{氯代物} \xrightarrow{H_2O(g)} \text{邻氯甲苯}$$

在有机化合物的合成中，常利用磺化反应的可逆性，使磺酸基占据化合物中某个不需要引入基团的位置，待反应完成后再把磺酸基去掉，这种方法称为基团占位。

苯磺酸继续磺化时，需要用发烟硫酸及较高温度，产物主要为间苯二磺酸。

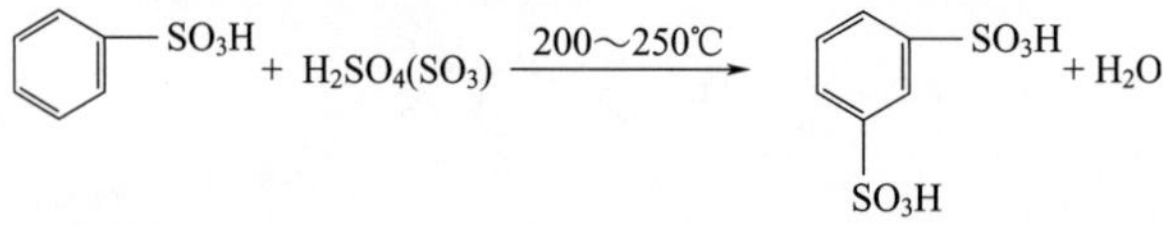

$$\text{苯磺酸} + H_2SO_4(SO_3) \xrightarrow{200\sim250℃} \text{间苯二磺酸} + H_2O$$

烷基苯的磺化反应比苯容易进行。例如，甲苯与浓硫酸在常温下即可发生磺化反应，主要产物是邻、对甲苯磺酸，而在 100～120℃ 时反应，则对甲苯磺酸为主要产物。

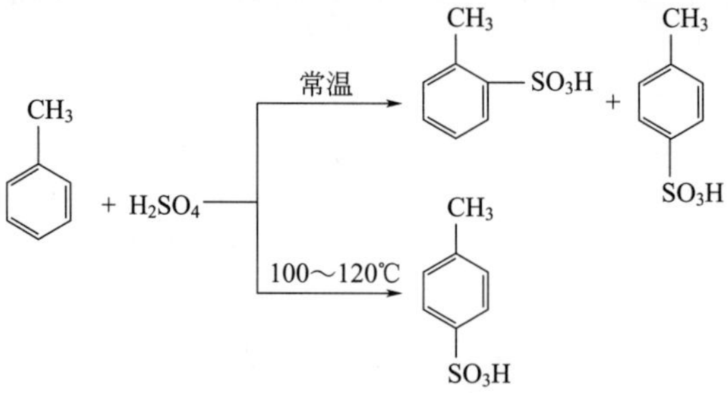

$$\text{甲苯} + H_2SO_4 \begin{cases} \xrightarrow{常温} \text{邻甲苯磺酸} + \text{对甲苯磺酸} \\ \xrightarrow{100\sim120℃} \text{对甲苯磺酸} \end{cases}$$

④ 傅-克（Friedel-Crafts）反应　傅-克反应是法国化学家傅列德尔（Friedel）和美国化学家克拉夫茨（Crafts）首先发现的，用以制备烷基苯和芳酮。其中，在苯环上引入烷基的反应称为烷基化反应；在苯环上引入酰基的反应称为酰基化反应。

a. 烷基化反应　苯在无水三氯化铝催化剂作用下与卤代烷反应生成烷基苯。

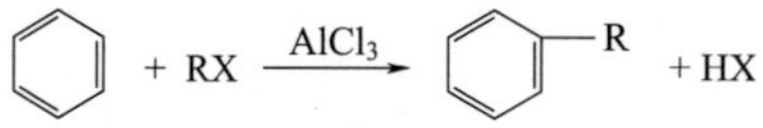

$$\text{苯} + RX \xrightarrow{AlCl_3} \text{烷基苯} + HX$$

例如：

$$\text{苯} + C_2H_5Br \xrightarrow{AlCl_3} \text{乙基苯} + HBr$$

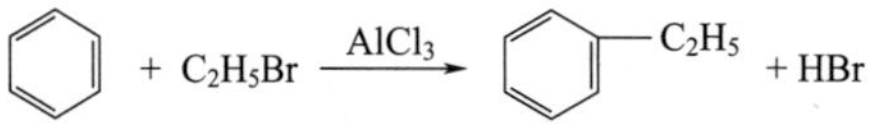

常用的催化剂还有 $FeCl_3$、$ZnCl_2$、BF_3、H_2SO_4 等，其中无水 $AlCl_3$ 的活性最高。烷基化剂除卤代烷外，还可以是烯烃和醇。例如：

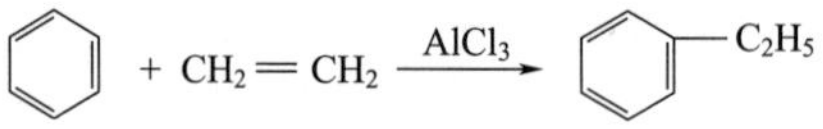

$$\text{苯} + CH_2=CH_2 \xrightarrow{AlCl_3} \text{乙基苯}$$

当烷基化剂含有三个或三个以上直链碳原子时，产物发生异构化。例如：

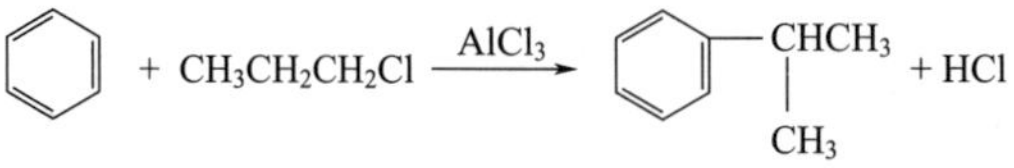

$$\text{苯} + CH_3CH_2CH_2Cl \xrightarrow{AlCl_3} \text{异丙基苯} + HCl \quad (70\%)$$

烷基化反应不易停留在一元取代阶段，常有多烷基苯生成。例如：

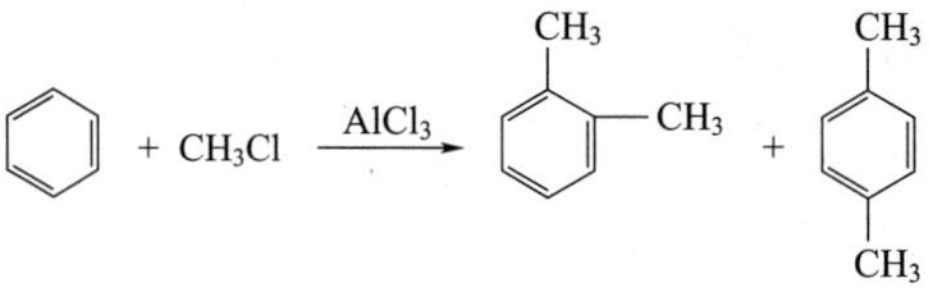

$$\text{苯} + CH_3Cl \xrightarrow{AlCl_3} \text{邻二甲苯} + \text{对二甲苯}$$

b. 酰基化反应　苯与酰卤或酸酐等酰基化剂在无水三氯化铝催化剂作用下反应可生成芳酮。

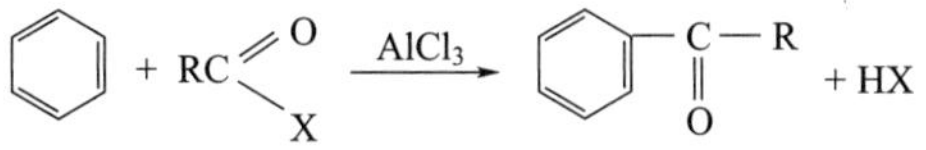

$$\text{C}_6\text{H}_6 + RC(=O)X \xrightarrow{AlCl_3} C_6H_5-C(=O)-R + HX$$

例如：

$$\text{C}_6\text{H}_6 + CH_3C(=O)Cl \xrightarrow{AlCl_3} C_6H_5-C(=O)-CH_3 + HCl$$

（苯乙酮）

$$\text{C}_6\text{H}_6 + (RCO)_2O \xrightarrow{AlCl_3} C_6H_5-C(=O)-R + RCOOH$$

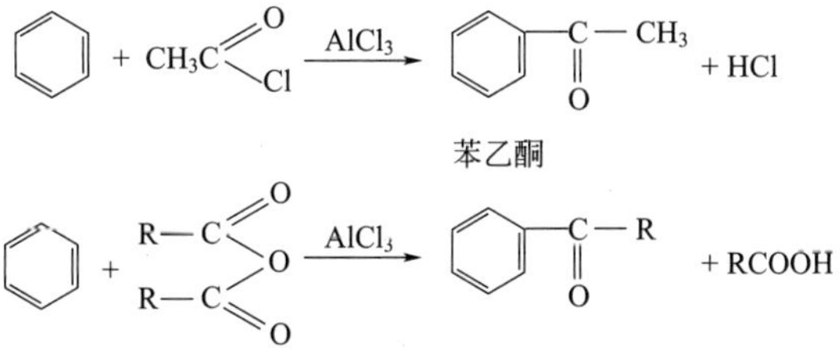

烷基化和酰基化反应有许多相同之处：催化剂相同；反应历程类似；苯环上连有吸电子基团如硝基、磺酸基、羧基等时一般不反应。但二者也有不同之处：酰基化反应无多元取代产物；不会发生异构化。

（2）氧化反应

① 苯环的氧化　苯环一般较稳定，不能被高锰酸钾氧化，但在高温和五氧化二钒等催化剂作用下，被空气氧化成顺丁烯二酸酐：

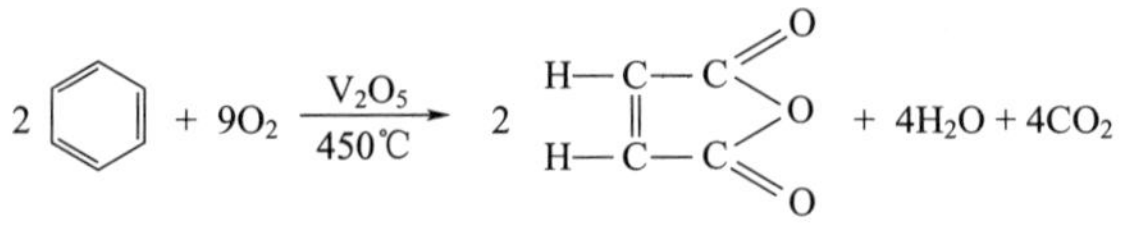

$$2\,\text{C}_6\text{H}_6 + 9O_2 \xrightarrow[450\,^\circ\!C]{V_2O_5} 2\begin{array}{c}H-C-C=O\\ \diagdown O\\ H-C-C=O\end{array} + 4H_2O + 4CO_2$$

这是工业上制备顺丁烯二酸酐的方法。

② 侧链氧化　带有侧链的苯在强氧化剂如高锰酸钾、重铬酸钾、硝酸的氧化下，若侧链含有 α-H 原子，则被氧化成羧酸，且无论侧链长短，氧化产物均为苯甲酸。例如：

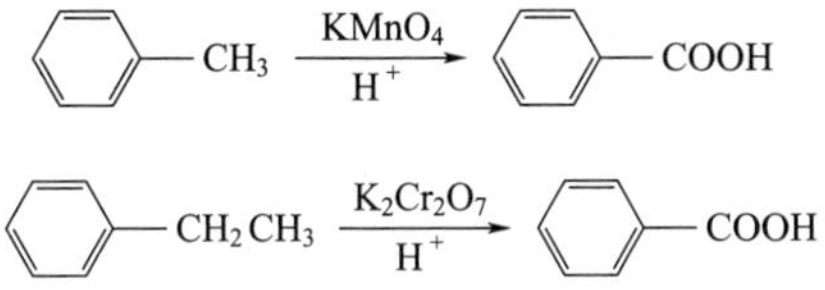

$$C_6H_5-CH_3 \xrightarrow[H^+]{KMnO_4} C_6H_5-COOH$$

$$C_6H_5-CH_2CH_3 \xrightarrow[H^+]{K_2Cr_2O_7} C_6H_5-COOH$$

若侧链不含有 α-H 原子，如叔烷基苯，则不能发生此类氧化反应。强烈氧化时，苯环通常被氧化。利用此反应可鉴别苯环侧链有无 α-H 原子。

（3）加成反应　苯不易进行加成反应，但在一定条件下仍然可以发生。

① 加氢　在镍的催化作用下，苯加氢生成环己烷。这是工业生产环己烷的方法，原料苯可从煤焦油或石油中得到。

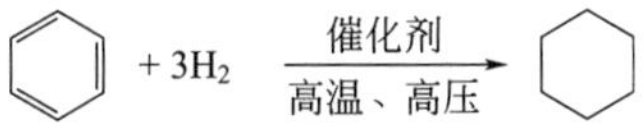

$$C_6H_6 + 3H_2 \xrightarrow[\text{高温、高压}]{\text{催化剂}} C_6H_{12}$$

② 加氯　苯在紫外光照射下，与氯加成生成六氯化苯（俗称六六六）。

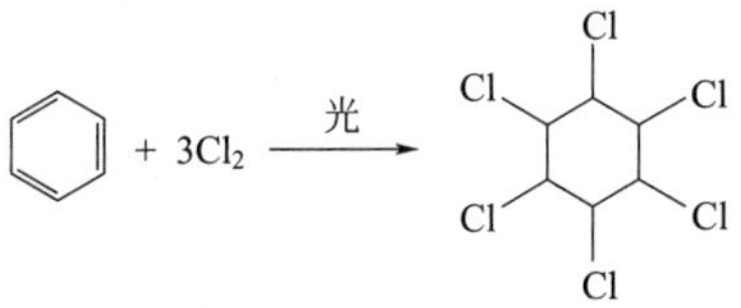

$$C_6H_6 + 3Cl_2 \xrightarrow{\text{光}} C_6H_6Cl_6$$

六氯化苯曾为我国主要杀虫剂，但它的化学性质稳定，残存毒性大，污染环境，现已禁止使用，被高效的有机磷农药所代替。

9.5.4.3 苯环上亲电取代反应的定位规律

单环芳烃的取代性质指出，烷基苯的卤化、硝化等反应主要是邻位和对位产物的混合物，而硝基苯的硝化反应却以间位产物为主。可见，取代的苯环再发生亲电取代反应时，新取代基进入苯环的位置是由原有取代基所决定的。

(1) 一元取代苯的定位规律 一元取代苯进行亲电取代反应时，苯环上原有的基团决定着第二个取代基进入苯环的位置。根据大量的实验事实，可以把苯环上的取代基按照所得产物比例不同分成两类。

① 第一类定位基——邻、对位定位基 第一类定位基使新进入的取代基主要进入邻位和对位（邻和对位异构体之和大于60%），同时使苯环活化（卤素除外）。这类定位基按照它们对苯环亲电取代反应的致活作用由强到弱排列如下：

$-O^-$（氧负离子基）、$-N(CH_3)_2$（二甲氨基）、$-NHCH_3$（甲氨基）、$-NH_2$（氨基）、$-OH$（羟基）、$-OCH_3$（甲氧基）、$-NHCOCH_3$（乙酰氨基）、$-OCOCH_3$（乙酰氧基）、$-CH_3$（甲基）、$-Cl$、$-Br$、$-I$、$-C_6H_5$等。

需要特别指出的是，卤素虽然是邻对位定位基，但却使苯环钝化。

经验得知，这类定位基中与苯环直接相连的原子一般带有负电荷或带有孤对电子或全部是饱和键，但也有例外（如$-CCl_3$是间位定位基）。

② 第二类定位基——间位定位基 第二类定位基使新进入的取代基主要进入间位（间位异构体大于40%），同时使苯环钝化。这类定位基按照它们对苯环亲电取代反应的致活作用由强到弱排列如下：

$-N^+(CH_3)_3$（三甲铵正离子基）、$-NO_2$（硝基）、$-CN$（氰基）、$-SO_3H$（磺酸基）、$-CHO$（醛基）、$-COOH$（羧基）、$-CCl_3$（三氯甲基）等。

经验得知，这类定位基中与苯环直接相连的原子常是带有正电荷或带有不饱和键的，但也有例外（如$-CH=CH_2$是邻对位定位基）。

③ 空间效应 当第一类定位基连接于苯环上时，虽然指导新基团进入邻和对位，但邻、对位异构体的比例将随原取代基空间效应发生变化。

a. 若原取代基空间体积越大，则邻位异构体越少。例如，甲苯和叔丁苯进行硝化时，其邻位和对位异构体的比例如下：

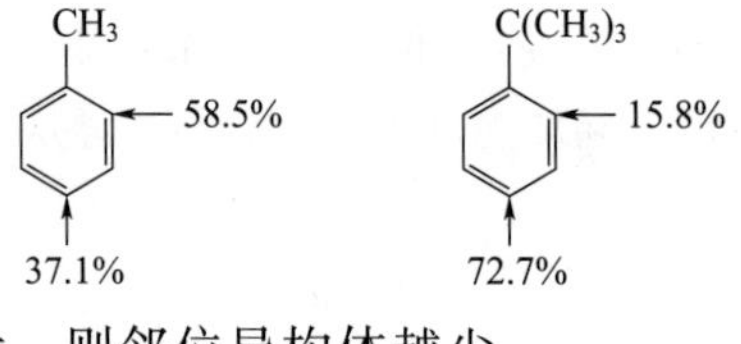

（甲苯：邻位58.5%，对位37.1%；叔丁苯：邻位15.8%，对位72.7%）

b. 若新基团空间体积越大，则邻位异构体越少。

c. 若原取代基和新基团空间体积都很大，如叔丁苯、氯苯和溴苯的磺化几乎生成100%对位异构体。

(2) 二元取代苯的定位规律 当苯环上有两个取代基时，再进行亲电取代反应时，第三个基团进入苯环的位置，将主要由原来两个取代基决定。

① 两定位基定位效应一致 若苯环上原有的两个定位基的定位效应一致时，则第三个基团进入两定位基一致指向的位置。例如，下列化合物引入第三个基团时，取代基主要进入箭头所示位置。

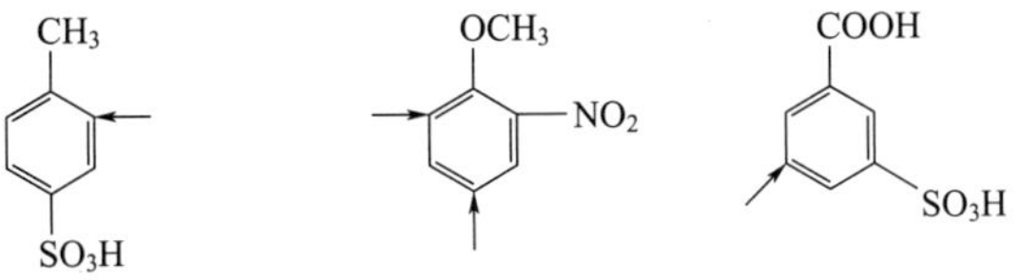

② 两定位基定位效应不一致 若苯环上原有的两个定位基的定位效应不一致时，会出现两种情况。

a. 两个定位基属于同一类，第三个基团进入苯环的位置由定位效应强的定位基决定。例如，下列化合物引入第三个基团时，取代基主要进入箭头所示位置。

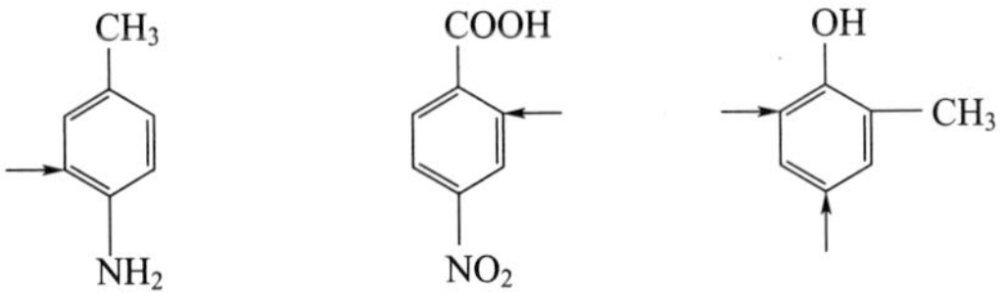

b. 两个定位基属于不同类时，第三个基团进入苯环的位置主要由邻对位定位基决定。例如，下列化合物引入第三个基团时，取代基主要进入箭头所示位置。

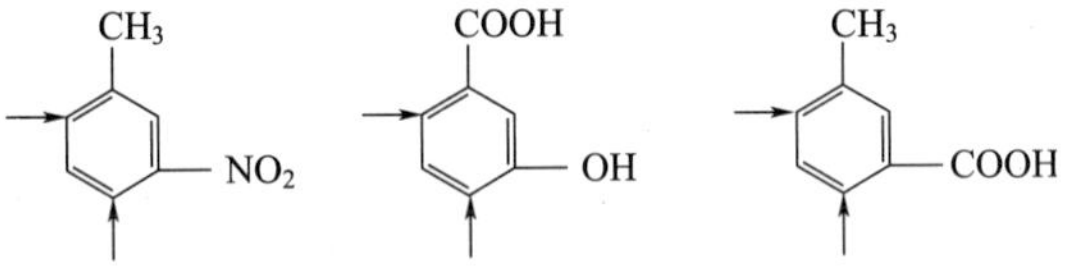

(3) 定位规律的应用 苯环上亲电取代反应的定位规律既可以用来解释苯的某些化学性质，还可以指导多官能团取代苯的合成，包括选择正确的合成路线并预测反应产物。

例 9-1 由甲苯合成具有广泛用途的医药原料间硝基苯甲酸。

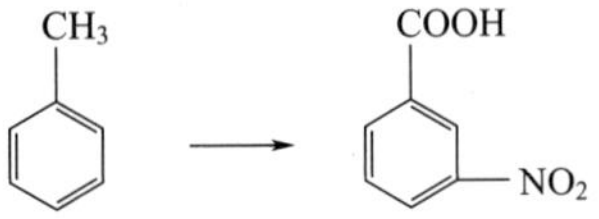

合成路线有两种可能：先硝化后氧化；先氧化后硝化。若先硝化，甲基是邻对位定位基，得到邻和对位硝基甲苯，再氧化则得到邻和对位硝基苯甲酸。如先氧化得到苯甲酸，羧基为间位定位基，再硝化可得到目的产物间硝基苯甲酸。

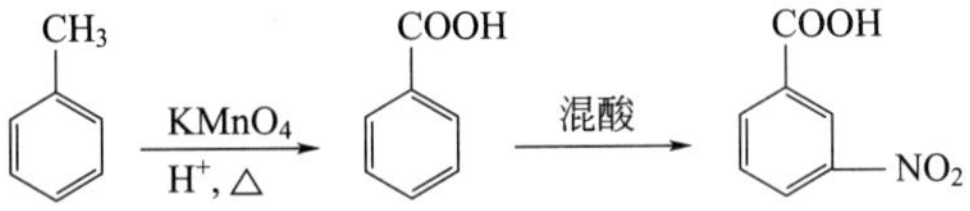

例 9-2 由苯合成有机合成原料间硝基氯苯。

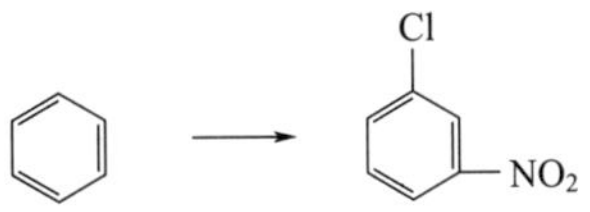

其合成方法有如下两条路线：

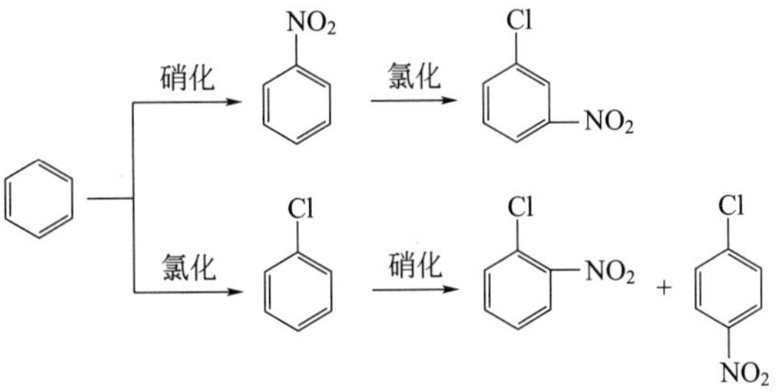

显然第一条合成路线是正确的。

例 9-3 由苯合成间硝基对氯苯磺酸。

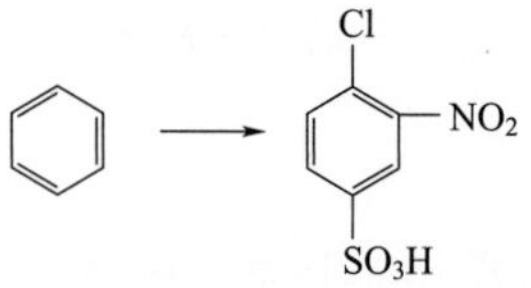

合成路线为先氯化后磺化再硝化。氯原子是邻对位定位基，可以使硝基和磺酸基进入其邻和对位。氯苯在 100℃ 磺化，几乎生成 100% 对氯苯磺酸。如果先硝化，将得到邻和对硝基氯苯两种产物，故应先磺化后硝化。

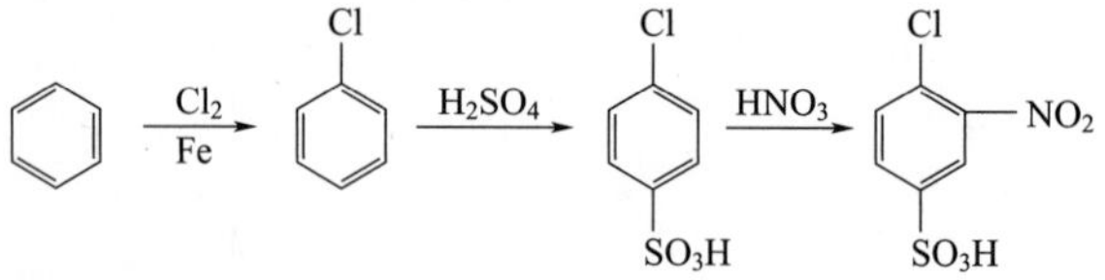

9.5.4.4 稠环芳烃

(1) 萘 萘是煤焦油中含量最多的一种化合物，也是最重要的稠环芳烃。萘为白色闪光状晶体，熔点 80.2℃，沸点 218℃，有特殊气味，能挥发，易升华。萘是重要化工原料，也曾用作驱虫剂（俗称卫生球），但有致癌作用，现已禁止使用。

① 萘的结构　萘的分子式 $C_{10}H_8$，由两个苯环共享相邻两个碳原子稠合而成。与苯相似，萘环上的每个碳原子以 sp^2 杂化轨道形成 σ 键以外，各碳原子的 p 轨道平行重叠形成共轭大 π 键，垂直于萘环平面，但各 p 轨道的重叠程度不同。

萘分子中碳原子的位置不是等同的，命名时对萘环作如下编号：

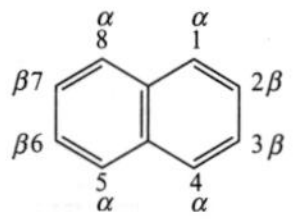

1、4、5、8 四个碳原子位置相同，又称 α 位；2、3、6、7 四个位置也是等同的，但与 α 位不同，又称 β 位。因此，萘的一元取代物有两种：α-取代物和 β-取代物。命名时可以用阿拉伯数字标明取代基的位次，也可用 α、β 字母标明取代基的位次。例如：

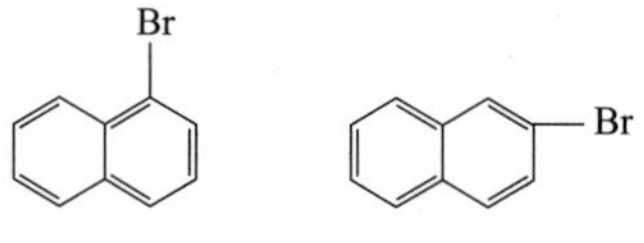

1-溴萘 (α-溴萘)　　2-溴萘 (β-溴萘)

② 萘的化学性质　萘似苯能起亲电取代反应。但与苯比较稳定性较差，反应活性更高。

a. 取代反应　萘比苯容易发生卤化、硝化、磺化等反应。萘分子 α 位的电子云密度比 β 位大，故取代反应较易发生在 α 位。

卤化：萘与氯在三氯化铁的催化下主要得到无色液体 α-氯萘。

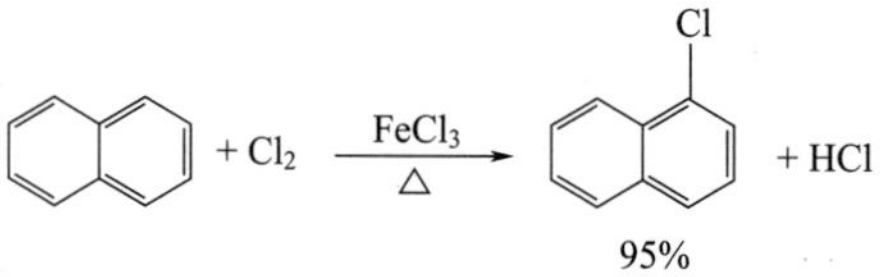

硝化：萘和混酸在室温下即可发生硝化反应，主要生成 α-硝基萘。

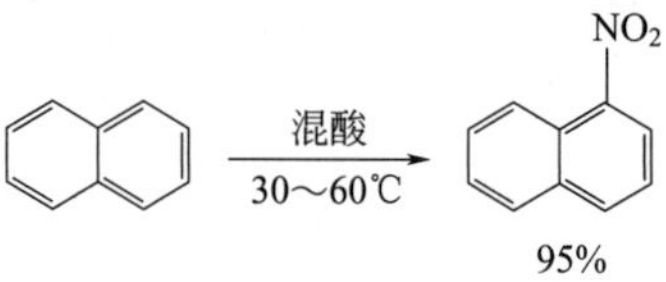

磺化：萘的磺化反应产物随温度的不同而不同，低温主要生成 α-萘磺酸，高温主要生成 β-萘磺酸。α-萘磺酸在 165°C 时可转变成 β-萘磺酸。

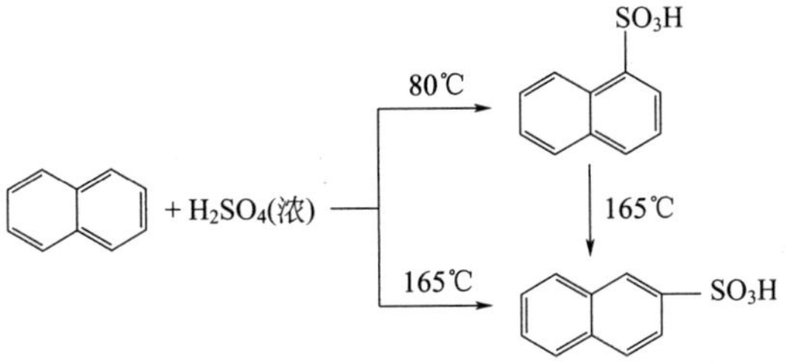

b. 氧化反应　萘比苯容易氧化。反应条件不同，氧化产物也不同。在缓和条件下，萘氧化生成 1,4-萘醌。

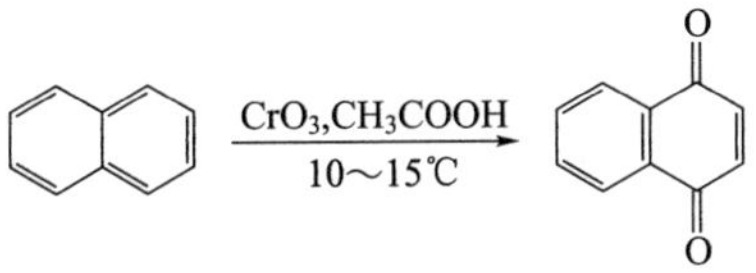

以五氧化二钒为催化剂，萘于高温下被空气氧化生成邻苯二甲酸酐（苯酐）。

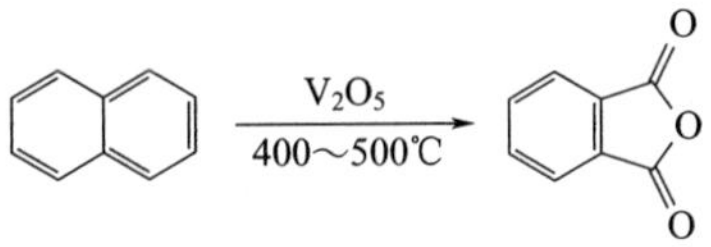

这是工业上合成邻苯二甲酸酐的方法之一。

c. 加成反应　萘比苯容易加成。可以在金属钠和醇的共同作用下实现，也可以通过催化加氢的方法实现。

1,4- 二氢萘

四氢化萘　　　十氢化萘

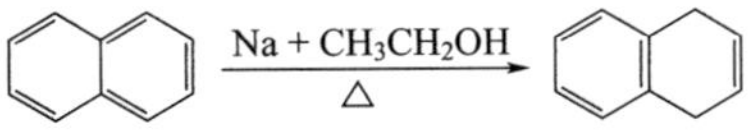

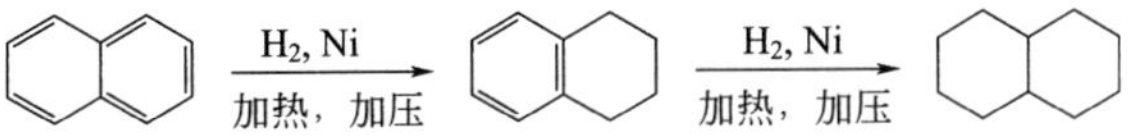

③ 萘的取代定位规则　一取代萘进行亲电取代反应时，第二个基团进入萘环的位置由原取代基的位置和性质决定。

a. 萘环上有邻对位定位基时，发生同环取代。若原定位基在 1 位，则第二个基团优先进入 4 位；若原定位基在 2 位，则第二个基团优先进入 1 位。例如：

4- 硝基 -1- 甲基萘

1- 硝基 -2- 甲基萘

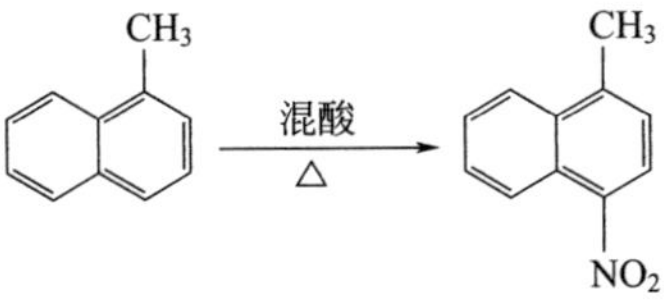

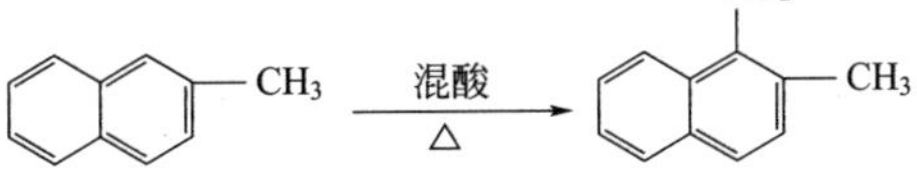

b. 萘环上有间位定位基时，取代主要发生在异环的 α 位。例如：

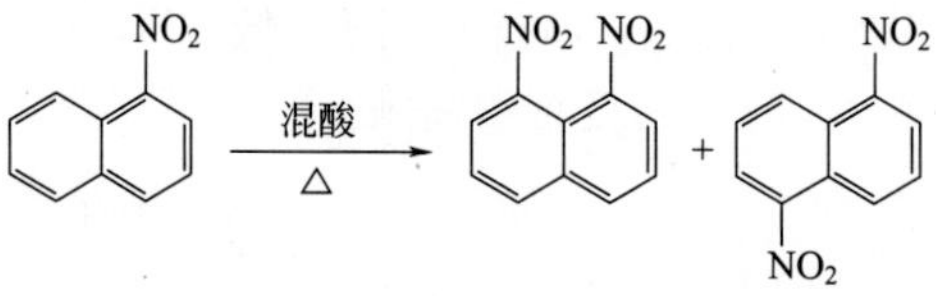

1,8-二硝基萘　1,5-二硝基萘

(2) 其他稠环芳烃　比较重要的稠环芳烃除萘以外还有蒽和菲，它们都是由三个苯环稠合而成的。蒽的三个苯环直线稠合排列，菲的三个苯环角式稠合排列。蒽和菲的分子式均为 $C_{14}H_{10}$，互为同分异构体。蒽和菲的构造式及碳原子的编号如下所示：

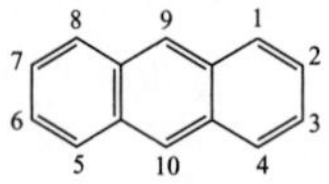

蒽 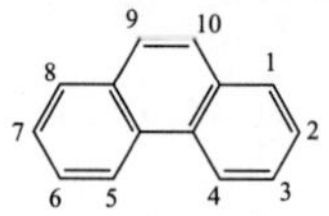　　　菲

蒽的各个碳原子位置不完全相同，其中 1，4，5，8 位等同，又称 α 位；2，3，6，7 位等同，又称 β 位；9，10 位等同，又称 γ 位。因此蒽的一元取代物有 3 种异构体。

在菲的分子中有 5 对相对应的位置，即 1，8 位、2，7 位、3，6 位、4，5 位、9，10 位。因此菲的一元取代物有 5 种异构体。

蒽和菲具有芳香性，比萘更容易发生氧化及还原反应，但反应主要发生在 9 和 10 位上。例如：

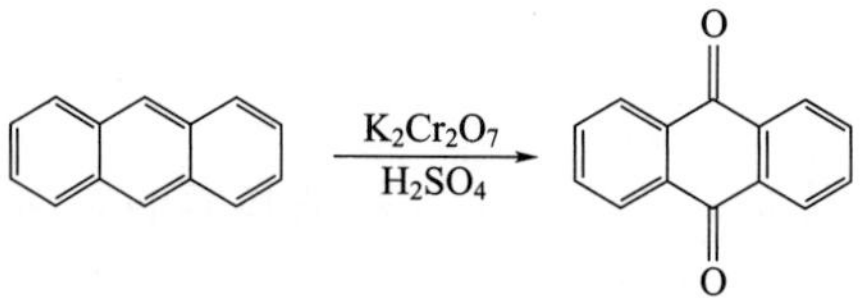

9,10-蒽醌

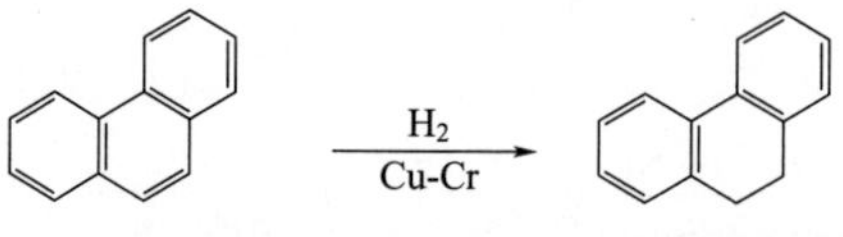

9,10-二氢化菲

某些稠环芳烃具有明显的致癌作用，称为致癌烃。这类化合物都含有四个或更多的苯环。例如：

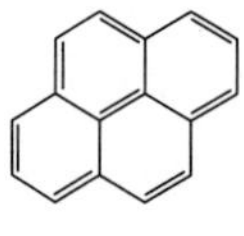

芘 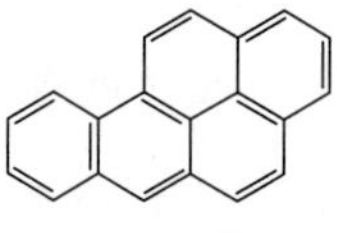　　　3,4-苯并芘 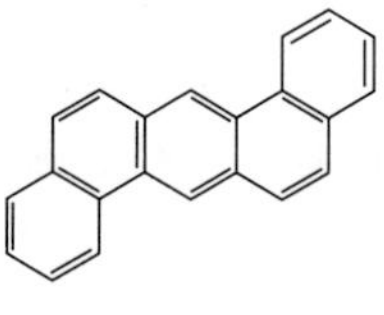　　　1,2,5,6-二苯并蒽

这些致癌烃的致癌作用是因为它们与体内的 DNA 结合，引起细胞突变。煤、石油、木材和烟草等不完全燃烧时能够产生致癌烃。

=== 复习思考题 ===

1. 用系统命名法命名下列化合物。

(1) 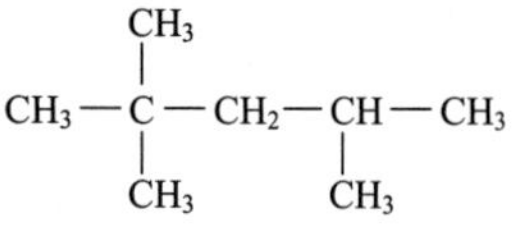 $CH_3-\underset{\underset{CH_3}{|}}{\overset{\overset{CH_3}{|}}{C}}-CH-CH_3$
　　　　　　$\overset{|}{CH_3}$

(2) 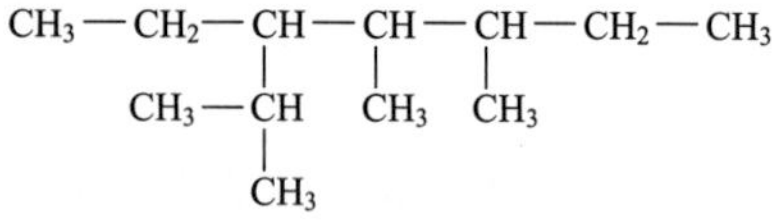 $CH_3-CH_2-\underset{\underset{CH_3}{|}}{CH}-\underset{\underset{CH_3}{|}}{CH}-CH-CH_2-CH_3$
　　　　　　　　　　　　　　$\overset{|}{CH_3}$

(3) $CH_3-\underset{\underset{CH_2CH_3}{|}}{\overset{\overset{CH_2CH_3}{|}}{CH}}-CH-CH_3$

(4) $CH_3-CH_2-\underset{\underset{CH_3}{|}}{\overset{\overset{CH_3}{|}}{C}}-\underset{\underset{CH_3}{|}}{CH}-\underset{\underset{CH_3}{|}}{CH}-CH_3$

(5) $CH_3-\overset{\overset{CH_3}{|}}{C}=CH-\underset{\underset{CH_2CH_3}{|}}{\overset{\overset{CH_3}{|}}{CH}}-CH_2CH_3$

(6) $CH_3CH_2\underset{\underset{CH_2CH_3}{|}}{\overset{\overset{CH_3}{|}}{C}}=CH-CH_2CH_3$

(7) $CH_3-\overset{\overset{CH_3}{|}}{CH}CH_2C\equiv CCH_3$

(8) $\underset{H_3C}{\overset{CH_3CH_2}{>}}C=C\underset{CH_2CH_3}{\overset{CH_3}{<}}$

(9) $CH_3-\triangle-CH_3$

(10) [methylcyclopentadiene structure]

(11) [2,4-dimethyl-1-propylbenzene structure]

(12) [4-methylstyrene structure]

(13) [3-methyl-ethylbenzene structure]

(14) $CH_3CH_2-\underset{\underset{CH_3}{|}}{\overset{\overset{CH_3}{|}}{C}}-\underset{\underset{C_6H_5}{|}}{CH}-CH_3$

2. 写出下列化合物的构造式。

(1) 2,3-二甲基己烷
(2) 2-甲基-3-乙基庚烷
(3) 2,4-二甲基-3-乙基己烷
(4) 2,3,4-三甲基-3-乙基庚烷
(5) 2-甲基-2,4-己二烯
(6) (Z)-2-氯-2-丁烯
(7) 3,4,4-三甲基-1-己炔
(8) 1,3-二甲基环戊烯
(9) 乙基环己烷
(10) 2,4-二硝基甲苯
(11) 3-苯基-1-丁炔
(12) 对硝基氯苯

3. 完成下列反应。

(1) $CH_3CH_2-\underset{\underset{CH_3}{|}}{C}=CH_2 + HCl \longrightarrow$

(2) $HC\equiv CH + ? \longrightarrow CH_2=CH-OCH_3$

(3) $(CH_3)_2C=CH-CH_3 + H_2O \xrightarrow{H_3PO_4/硅藻土}$

(4) $H_3C-\underset{H}{\overset{}{C}}=\underset{\underset{CH_3}{|}}{C}-CH_3 \xrightarrow[H^+]{KMnO_4}$

(5) [3-methylcyclohexene] + HBr $\longrightarrow$

(6) [1,4-methylethylbenzene] $\xrightarrow[H^+]{KMnO_4}$

(7) [benzene] + $CH_3CH_2Cl \xrightarrow{AlCl_3}$

(8) [ethylbenzene] $\xrightarrow{浓H_2SO_4}$

(9) 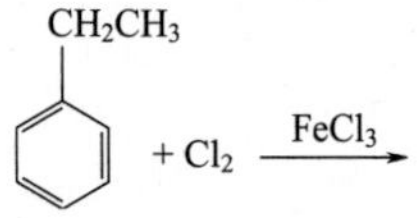 $C_6H_5CH_2CH_3 + Cl_2 \xrightarrow{FeCl_3}$

(10) 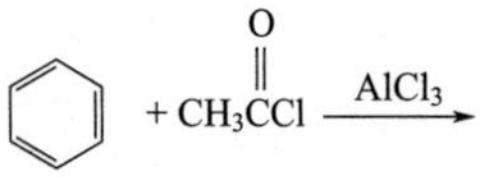 $C_6H_6 + CH_3COCl \xrightarrow{AlCl_3}$

(11) 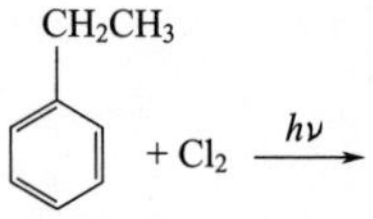 $C_6H_5CH_2CH_3 + Cl_2 \xrightarrow{h\nu}$

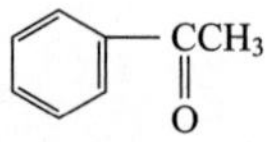

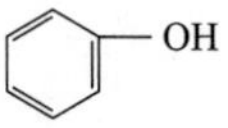

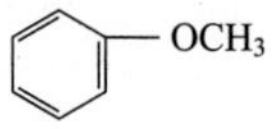

(12) 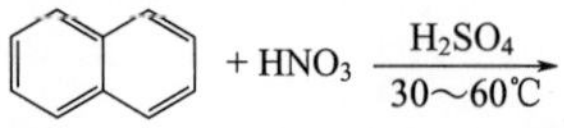 萘 $+ HNO_3 \xrightarrow[30\sim60℃]{H_2SO_4}$

4. 用箭头表示下列化合物一元硝化时硝基进入苯环的位置。

(1) 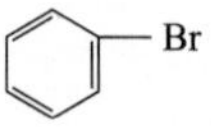 C_6H_5—Br

(2) C_6H_5—COCH$_3$

(3) C_6H_5—OH

(4) C_6H_5—OCH$_3$

(5) C_6H_5—COOH

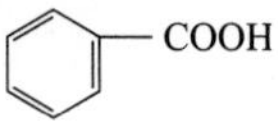

(6) 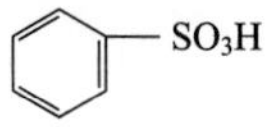 C_6H_5—SO$_3$H

5. 用化学方法区别下列各组化合物。

(1) 1-丁炔、2-丁炔

(2) 戊烷、1-戊烯、1-戊炔

(3) 丁烷、1,3-丁二烯、2-丁炔

(4) 环己烷、环己烯、苯

(5) 苯、甲苯、苯乙烯

6. 分析推断题。

(1) 有 A 和 B 两种化合物，它们的分子式都是 C_5H_8，都能使溴的四氯化碳溶液褪色。A 与硝酸银的氨溶液反应生成白色沉淀，用高锰酸钾溶液氧化，则生成 $CH_3CH_2CH_2COOH$ 和 CO_2。B 不与硝酸银的氨溶液反应，用高锰酸钾溶液氧化，生成 CH_3COOH 和 CH_3CH_2COOH。写出 A 和 B 的构造式及各步化学反应式。

(2) 某化合物分子式为 C_7H_{14}，能使溴的四氯化碳溶液褪色，能溶于浓硫酸中，催化加氢得 3-甲基己烷，用过量的酸性高锰酸钾溶液氧化，得到两种不同的有机酸。试写出该化合物的构造式，并写出上述各步反应式。

(3) A、B、C 三种芳烃，分子式都是 C_9H_{12}，经酸性高锰酸钾氧化后，A 生成一元羧酸；B 生成二元羧酸；C 生成三元羧酸。分别硝化后，A 和 B 主要得到两种一元硝化产物，C 得到一种一元硝化产物。试推测 A、B、C 三者的构造式。

7. 如何以苯为原料制取邻氯苯甲酸和间氯苯甲酸，分别写出各步骤的反应式。

第 10 章 卤代烃

【学习指南】

熟悉卤代烃的分类、结构、命名等；掌握卤代烃的化学性质及重要卤代烃的应用。

【阅读材料】

全氟碳化合物（卤代烃）可作红细胞的代用品。

血液代用品

10.1 卤代烃的分类和命名

烃分子的一个或多个氢原子被卤素取代后的化合物称为卤代烃。可用 R-X 或 Ar-X 表示。卤原子（-X）是此类化合物的官能团。

10.1.1 卤代烃的分类

卤代烃根据分子的结构、组成可以有多种分类方式，常见的有以下的分类方法。

(1) 根据卤代烃中含有的卤素不同 氟代烃 CH_3CH_2F、氯代烃 CH_3CH_2Cl、溴代烃 CH_3CH_2Br、碘代烃 CH_3CH_2I。

(2) 根据卤代烃中烃基的种类不同 卤代烷烃 CH_3CH_2X，又称为饱和卤代烃；卤代烯烃 $CH_2=CHX$，又称为不饱和卤代烃；卤代芳烃 $\text{C}_6\text{H}_5\text{CH}_2\text{Cl}$，又称为芳香卤代烃。

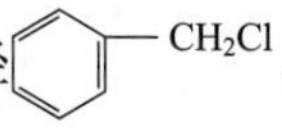

(3) 根据卤代烃中所含卤原子的数量不同

一元卤代烃，卤代烃分子中含有一个卤原子，如 $CH_3CH_2CH_2X$。

二元卤代烃，卤代烃分子中含有两个卤原子，如 $\underset{X\ \ X}{CH_3CHCH_2}$。

多元卤代烃，卤代烃分子中含有三个或三个以上卤原子，如 CHX_3，CX_4。

(4) 根据卤代烃中卤原子连接的碳原子不同

伯卤代烃（1°）：卤代烃中卤原子连接在伯碳原子上，如 $CH_3CH_2CH_2Cl$。

仲卤代烃（2°）：卤代烃中卤原子连接在仲碳原子上，如 $\underset{Br}{CH_3CHCH_3}$。

叔卤代烃（3°）：卤代烃中卤原子连接在叔碳原子上，如 $CH_3\underset{Br}{\overset{CH_3}{C}}CH_3$。

10.1.2 卤代烃的命名

10.1.2.1 习惯命名法

习惯命名法适用于结构比较简单的卤代烃。常以卤原子连接的烃基名称来命名，称作"某烃基卤"。某些多卤代烷常用俗名。

$CH_3CH_2CH_2Cl$ $CH_3CH=CHBr$ C₆H₅-CH₂Cl $CHCl_3$

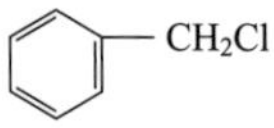

丙基氯   丙烯基溴   苯甲基氯(苄基氯)   氯仿

10.1.2.2 系统命名法

系统命名法适用于结构比较复杂的卤代烃。以卤原子为取代基，以相应的烃为母体，命名原则、方法与烃类命名相同。具体方法如下。

① 选主链 选取连有卤原子的最长碳链为主链。

② 编号 将卤原子视为取代基，按最低系列原则为碳链编号。当有两个以上取代基时，如烷基与卤原子编号相同，则以烷基编号小优先；当卤代烃分子含有双键或叁键时，则应使双键或叁键位号最小。

③ 命名 将烷基、卤原子的位次、数目、名称依次写在烃的名称前并用"-"隔开。例如：

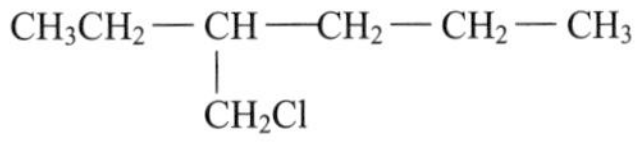

$$CH_3CH_2-\underset{\underset{CH_2Cl}{|}}{CH}-CH_2-CH_2-CH_3$$

2-乙基-1-氯戊烷

$$H_3C-\underset{H}{C}=\underset{\underset{CH_3}{|}}{C}-\underset{\underset{Br}{|}}{\overset{H}{C}}-CH_3$$

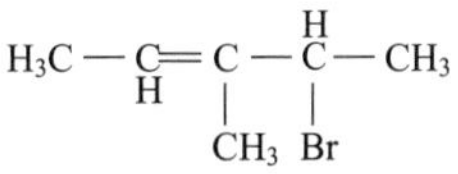

3-甲基-4-溴-2-戊烯

卤代芳烃和卤代脂环烃的命名，是以芳烃或脂环烃为母体，以卤原子为取代基，根据卤原子的相对位置来命名。例如：

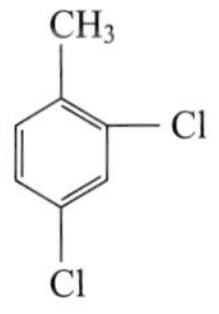

2,4-二氯甲苯 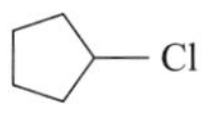　　　　氯代环戊烷

10.1.3　卤代烃的同分异构

卤代烃如烃分子一样也存在同分异构现象，但较烃分子复杂。以氯丁烷为例，卤代烃的异构有以下两种。

（1）碳链异构

$$CH_3-CH_2-CH_2-CH_2Cl \qquad CH_3\underset{\underset{CH_3}{|}}{CH}CH_2Cl$$

1-氯丁烷　　　　　　　　2-甲基-1-氯丙烷

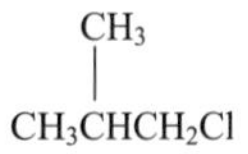

（2）官能团异构

$$CH_3-CH_2-CH_2-CH_2Cl \qquad CH_3\underset{\underset{Cl}{|}}{CH}CH_2CH_3$$

1-氯丁烷　　　　　　　　2-氯丁烷

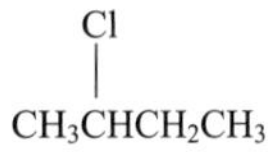

10.2　卤代烷的物理性质

常温常压下，一元卤代烷烃中，除氯甲烷、氯乙烷、溴甲烷、氟乙烷等是气体外，碘甲烷及其他含两个至十五个碳原子的卤代烷烃均为液体，碳原子数大于十五以上的卤代烷烃多为固体。

一元卤代烷烃的沸点随碳原子数的增加而升高。由于分子中含有卤原子，卤代烷烃的沸点较相同碳数的烷烃高；在相同烃基的卤代烃中，通常是碘代烃的沸点最高，氯代烃的沸点最低。即：碘代烷＞溴代烷＞氯代烷。同分异构体中，支链越多，沸点越低。卤代烃的蒸气有毒，应避免吸入体内。

一氯代烷的相对密度小于1，碘代烷、溴代烷以及多氯代烷的相对密度都大于1。一卤代烷的相对密度都大于相同碳数的烷烃，随碳原子数的增加，这种差异逐渐减小。

卤代烷不溶于水，而溶于有机溶剂。有些卤代烷本身就是优良的溶剂，如氯仿、四氯化碳等。

纯的卤代烷是无色的。碘代烷由于易分解而产生游离的碘，故长期放置的碘代烷会变为红色或棕色。遇有此种情况，可加入少量汞并用力振荡，可使颜色脱去。

卤代烷在铜丝上燃烧时，能产生绿色火焰。可用此法检验有机物分子中是否含有卤素。常见卤代烷的物理常数见表10-1。

表10-1　常见卤代烷的物理常数

名称	结构式	熔点/℃	沸点/℃	相对密度
氯甲烷	CH_3Cl	−97	−24	0.920
溴甲烷	CH_3Br	−93	4	1.732
碘甲烷	CH_3I	−66	42	2.279
二氯甲烷	CH_2Cl_2	−96	40	1.326
三氯甲烷	$CHCl_3$	−64	62	1.489
四氯甲烷	CCl_4	−23	77	1.594
氯乙烷	C_2H_5Cl	−139	12	0.898
溴乙烷	C_2H_5Br	−119	38	1.461
碘乙烷	C_2H_5I	−111	72	1.936
1-氯丙烷	$CH_3CH_2CH_2Cl$	−123	47	0.890
2-氯丙烷	$CH_3CHClCH_3$	−117	36	0.860

10.3　卤代烷的化学性质

由于卤原子的电负性大于碳原子，C—X 键虽然还是共价键，但成键电子云偏向卤原子，使成键的卤原子带部分的负电荷，碳原子带部分的正电荷，即 $C^{\delta+}—X^{\delta-}$。所以，C—X键较 C—C 键易于断裂，表现为卤代烷的化学性质较烷烃活泼。

卤原子的原子半径大小顺序为 I>Br>Cl，因此 C—X 键键长的大小为 C—I>C—Br>C—Cl。键长越长，键越容易变形，也就越容易断裂。所以，烷基相同而卤原子不同的卤代烷，其化学反应活性的顺序为 R—I>R—Br>R—Cl。在不同试剂的作用下，卤代烷能够发生一系列的化学反应。

10.3.1　取代反应

卤代烷的卤原子被其他原子或原子团所取代的反应称为取代反应。

10.3.1.1　被羟基取代

卤代烷与水反应，卤代烷的卤原子被羟基（—OH）取代而生成醇。此反应也称为水解反应。

$$RX + H_2O \rightleftharpoons ROH + HX$$

因为此反应为可逆反应，且反应速率很低，通常是在加热且有强碱存在的情况下进行的。

$$RX + H_2O \xrightarrow[\triangle]{NaOH} ROH + NaX$$

10.3.1.2 被氨基取代

卤代烷与过量的 NH_3 反应，卤代烷的卤原子被氨基（—NH_2）取代而生成胺。例如：

$$R\text{—}X + 2HNH_2 \longrightarrow R\text{—}NH_2 + NH_4X$$

10.3.1.3 被氰基取代

卤代烷与氰化钠、氰化钾反应，卤代烷的卤原子被氰基（—CN）取代而生成腈。例如：

$$R\text{—}X + NaCN \longrightarrow R\text{—}CN + NaX$$

此反应在分子中增加了一个碳原子，是有机合成中增长碳链的方法之一。

10.3.1.4 被烷氧基取代

卤代烷与醇钠反应，卤代烷的卤原子被烷氧基（—OR）取代而生成醚。此反应称为威廉森（Williamson）合成法，是醚的制备方法之一。例如：

$$CH_3Cl + NaOCH_2CH_3 \longrightarrow \underset{\text{甲基乙基醚}}{CH_3OCH_2CH_3} + NaCl$$

对于叔卤代烃来讲，在强碱条件下极易发生另外一类反应，得到的产物主要是烯烃。例如：

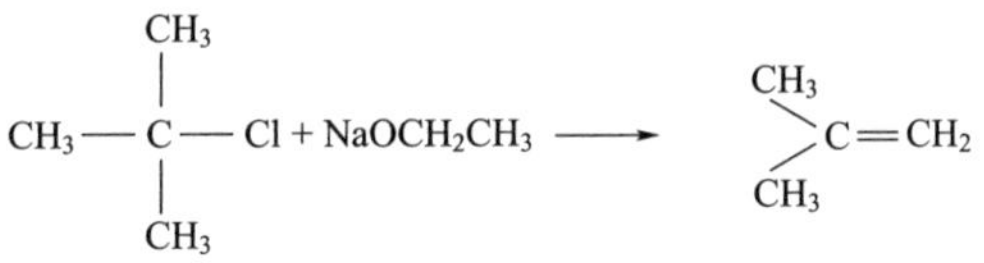

$$\underset{\underset{CH_3}{|}}{\overset{\overset{CH_3}{|}}{CH_3\text{—}C\text{—}Cl}} + NaOCH_2CH_3 \longrightarrow \underset{CH_3}{\overset{CH_3}{>}}C = CH_2$$

10.3.1.5 与 $AgNO_3$ 反应

卤代烷与 $AgNO_3$ 的醇溶液反应，生成硝酸酯和卤化银沉淀。例如：

$$R\text{—}X + Ag\text{—}ONO_2 \longrightarrow R\text{—}ONO_2 + AgX\downarrow$$

不同卤代烷表现出不同的反应现象，叔卤代烷与 $AgNO_3$ 的醇溶液反应，在室温下就能立刻生成卤化银沉淀；仲卤代烷则稍慢；而伯卤代烷则需在加热情况下才有沉淀生成。此类反应的活泼次序为：叔卤代烷＞仲卤代烷＞伯卤代烷。利用卤化银沉淀生成速率可判定卤代烷的类型。

10.3.2 消除反应

卤代烷在浓的强碱的醇溶液中加热，有机物分子脱去一些小分子（如 HX、H_2O 等），生成不饱和化合物或环状化合物的反应称为消除反应。

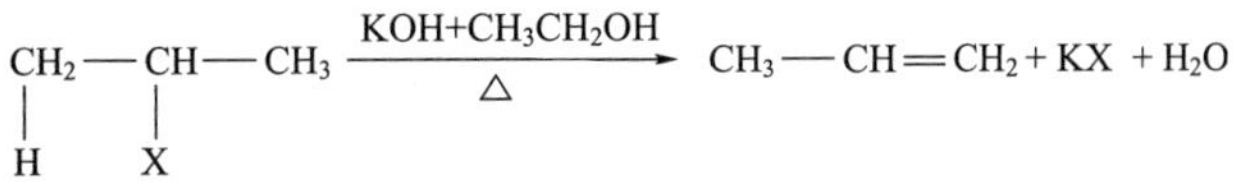

$$\underset{\underset{H}{|}}{CH_2}\text{—}\underset{\underset{X}{|}}{CH}\text{—}CH_3 \xrightarrow[\triangle]{KOH+CH_3CH_2OH} CH_3\text{—}CH = CH_2 + KX + H_2O$$

若反应中消去的氢原子总是来源于 β-碳原子上，则消除反应也称为 β-消除反应。不同卤代烷在消除反应中表现的活性不同，叔卤代烷＞仲卤代烷＞伯卤代烷。对于仲卤代烷或叔卤代烷来讲，在发生消除反应时，消去的氢原子总是来源于连接氢原子较少的碳原子上的氢。这一经验规律被叫做查依采夫（Saytzeff）规律。

$$CH_3-CH_2-\underset{\underset{Cl}{|}}{CH}-CH_3 \xrightarrow[\triangle]{KOH+CH_3CH_2OH} \underset{81\%}{CH_3-CH=CH-CH_3} + \underset{19\%}{CH_3-CH_2-CH=CH_2}$$

10.3.3 与金属镁反应

卤代烷能够与一些活泼金属（如 Li、Na、K、Mg 等）发生反应，生成有机金属化合物。有机金属化合物是指化合物分子中碳原子与金属原子以共价键直接相连的一类化合物。

例如：常温下，一卤代烷与金属镁在绝对乙醚中生成有机金属镁化合物—— 烷基卤化镁。

$$R-X+Mg \xrightarrow{绝对乙醚} R-Mg-X$$

烷基卤化镁统称为格利雅（Grignard）试剂，简称格氏试剂。通常用 RMgX 表示。格氏试剂性质非常活泼，能与多种含活泼氢的混合物反应，是有机合成中一种常用的试剂。如：

$$CH_3CH_2-MgX \begin{cases} \xrightarrow{HOH} CH_3CH_3 + HO-MgX \\ \xrightarrow{HOR} CH_3CH_3 + RO-MgX \\ \xrightarrow{HX} CH_3CH_3 + MgX_2 \end{cases}$$

因为，格氏试剂能与水、醇发生反应。所以，制备格氏试剂所用乙醚为绝对乙醚，即无水、无醇的乙醚。

10.4 重要的卤代烃

10.4.1 三氯甲烷与四氯甲烷

10.4.1.1 三氯甲烷

三氯甲烷（$CHCl_3$）俗称氯仿，常温下为无色而有香甜味的液体，沸点为 62℃，不易燃烧，微溶于水，与乙醇、乙醚、苯等有机溶剂能够混溶，是一种良好的有机溶剂。三氯甲烷的蒸气有麻醉作用。三氯甲烷在阳光的作用下，可被空气中的氧气氧化成剧毒的光气（$COCl_2$）。所以，三氯甲烷应密闭存放在棕色瓶中，避免光照和与空气接触。并应在棕色瓶中加少量乙醇以分解光气。

工业上常用还原四氯化碳的方法制备三氯甲烷。

$$CCl_4 + 2[H] \xrightarrow{Fe+H_2O} CHCl_3 + HCl$$

10.4.1.2 四氯甲烷

四氯甲烷（CCl_4）俗称四氯化碳，无色液体，沸点为 77℃，不燃烧，它的密度大于水，蒸气密度比空气重，故常被用于灭火剂。灭火的原理是：四氯化碳的蒸气将燃烧物与空气隔绝开，主要用于灭精密仪器火灾和遇水燃烧物质的火灾。四氯化碳微溶于水，脂肪、树脂、橡胶等多种有机物能溶解在其中，本身是一种良好的有机溶剂。工业上常用作溶剂、萃取剂和干洗剂。四氯化碳对人体有害，使用时应注意安全。

10.4.2 氯乙烯与聚氯乙烯

10.4.2.1 氯乙烯

氯乙烯（$CH_2=CHCl$）是无色气体，沸点$-13.9℃$，与空气混合能形成爆炸混合物，爆炸极限为 3.6%～26.4%（体积百分数）。氯乙烯难溶于水，溶于乙醇、二氯乙烷等有机溶剂。主要用于合成聚氯乙烯。

工业上常用乙炔与氯化氢反应的方法制备氯乙烯。

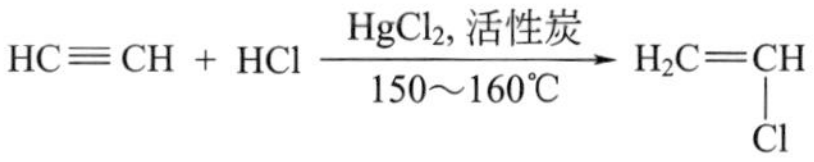

$$HC\equiv CH + HCl \xrightarrow[150\sim160℃]{HgCl_2, 活性炭} H_2C=CH-Cl$$

10.4.2.2 聚氯乙烯

聚氯乙烯是多个氯乙烯通过聚合反应得到的产物。简称 PVC。

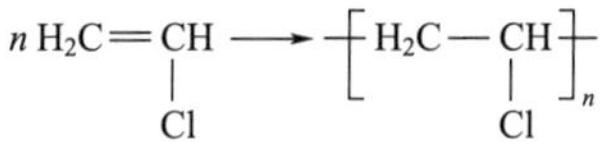

$$n\,H_2C=CH-Cl \longrightarrow [H_2C-CH(Cl)]_n$$

PVC 曾是世界上产量最大的通用塑料，应用非常广泛。在建筑材料、工业制品、日用品、地板革、地板砖、人造革、管材、电线电缆、包装膜、瓶、发泡材料、密封材料、纤维等方面均有广泛应用。

10.4.3 二氟二氯甲烷与四氟乙烯

10.4.3.1 二氟二氯甲烷（CCl_2F_2）

二氟二氯甲烷（CCl_2F_2）是无色无味的气体，沸点为$-30℃$，不燃烧，化学性质稳定，对人体无害，易被压缩成液体。当压力解除时能够立即气化，同时带走大量热量。所以，二氟二氯甲烷常被用作制冷剂，商品名称氟利昂。科学研究发现，氟利昂在光照下能转变成破坏臭氧层的物质，因此，近年来氟利昂已不允许作制冷剂使用。

10.4.3.2 四氟乙烯（$CF_2=CF_2$）

四氟乙烯（$CF_2=CF_2$）是无色的气体，沸点为$-76.3℃$，不溶于水，溶于有机试剂，主要用于制备聚四氟乙烯。

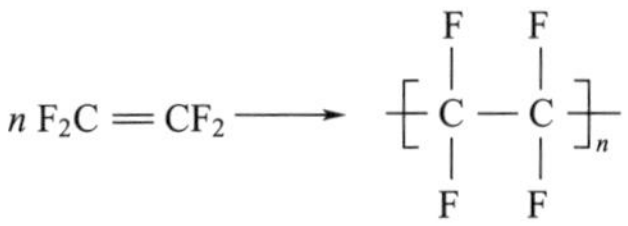

$$n\,F_2C=CF_2 \longrightarrow [CF_2-CF_2]_n$$

聚四氟乙烯的机械强度高，化学性质稳定。包括王水在内的许多化学试剂都不能与其反应。因此，有"塑料王"的称谓。主要用作耐腐蚀、耐高温的材料。

复习思考题

1. 写出乙苯的各种一氯代物的构造式，用系统命名法命名。
2. 用系统命名法命名下列各化合物。

(1) 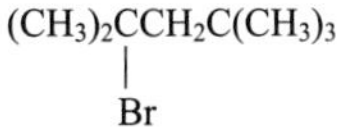 $(CH_3)_2CHCH_2C(CH_3)_3$ 中带 Br

(2) $(CH_3)_2CHCH_2CH_2CHCH_3$ 中带 Br 和 Cl

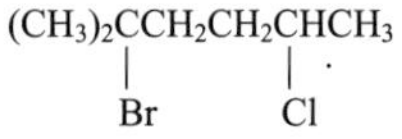

(3) $H_3C-C\equiv C-CH_2-\underset{H}{\overset{|}{C}}=CH_2$ (4) $\underset{H_3C}{\overset{H}{>}}C=C\underset{Br}{\overset{H}{<}}$

3. 写出符合下列名称的结构式。
(1) 叔丁基氯 (2) 烯丙基溴 (3) 苄基氯 (4) 对氯苄基氯

4. 用方程式分别表示正丁基溴、α-溴代乙苯与下列化合物反应的主要产物。
(1) NaOH（水）　(2) KOH（醇）　(3) Mg，乙醚　(4) NaI/丙酮
(5) NH_3　　　　(6) NaCN　　　(7) $AgNO_3$　　(8) C_2H_5ONa

5. 完成下列反应。

(1) $\underset{Cl}{\underset{|}{\underset{\text{（对位）}}{C_6H_4}}}-CHClCH_3 + H_2O \xrightarrow{NaHCO_3}$

(2) $HOCH_2CH_2CH_2Cl + HBr \longrightarrow$

(3) $HOCH_2CH_2Cl + KI \xrightarrow{\text{丙酮}}$

(4) p-Br-C$_6$H$_4$-Cl + Mg $\xrightarrow{\text{无水乙醚}}$

(5) o-(CH=CHBr)(CH$_2$Cl)C$_6$H$_4$ $\xrightarrow{KCN}$

(6) $CH_3C\equiv CH + CH_3MgI \longrightarrow$

(7) p-Br-C$_6$H$_4$-CH$_3$ $\xrightarrow[\text{无水乙醚}]{Mg}$ A $\xrightarrow{C_2H_5OH}$ B + C

6. 用简便化学方法鉴别下列几组化合物。
(1) $CH_3CH_2CH_2Br$、$(CH_3)_3CBr$、$CH_2=CH-CH_2Br$、$BrCH=CHCH_3$
(2) 对氯甲苯、氯化苄、β-氯乙苯
(3) 3-溴环己烯、氯代环己烷、碘代环己烷、甲苯、环己烷

7. 由指定的原料（其他有机或无机试剂可任选）合成以下化合物。

$CH_3CH=CH_2 \longrightarrow$
- $CH_3CHBrCHBr$ (即 $CH_3CHBr-CH_2Br$... 实为 $CH_3\underset{Br}{\overset{Br}{\underset{|}{\overset{|}{C}}}}H CH_3$ 即 2,2-二溴?) — $CH_3CHBrCH_2Br$? 实际: $CH_3\underset{|}{\overset{Br}{C}}HCH_3$ 上下两Br即 $CH_3CBr_2CH_3$
- $ClCH_2CHCH_2Cl$ 带 OH (即 $ClCH_2CH(OH)CH_2Cl$)
- CH_2CHCH_2OH 带 Br、Br (即 $CH_2Br-CHBr-CH_2OH$)
- $CH_2=CHCH_2I$
- $H_3C-CH(OH)-CH_3$

8. 将以下各组化合物，按照不同要求排列成序。
(1) 水解速率。

$C_6H_5-CH_2CH_2Cl$　　$C_6H_5-\underset{Cl}{\overset{CH_3}{\underset{|}{C}}}H$　　$H_3CH_2C-C_6H_4-Cl$ (对位)

（2）与 $AgNO_3$-乙醇溶液反应难易程度。

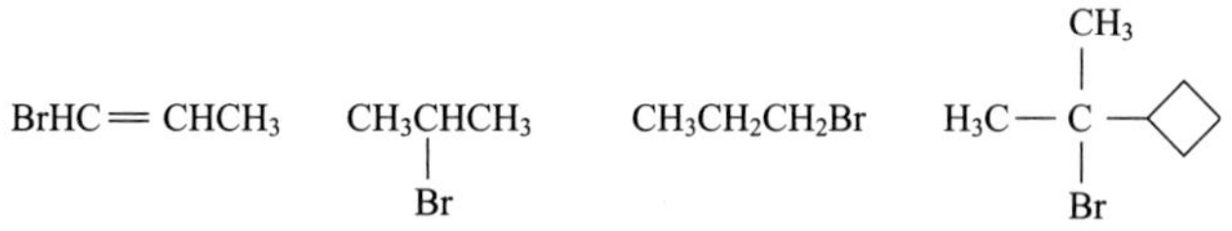

$$BrHC=CHCH_3 \quad CH_3\underset{Br}{CH}CH_3 \quad CH_3CH_2CH_2Br \quad H_3C-\underset{Br}{\overset{CH_3}{C}}-\diamondsuit$$

9. 分析推断题。

分子式为 C_4H_8 的化合物（A），加溴后的产物用 NaOH/醇处理，生成 C_4H_6（B），（B）能使溴水褪色，并能与 $AgNO_3$ 的氨溶液发生沉淀。试推出（A）、（B）的结构式，并写出相应的反应式。

第 11 章

醇、酚、醚

【学习指南】

熟悉醇、酚、醚的结构、分类、命名等;掌握醇、酚、醚的主要化学性质及重要物质的应用;了解醇、酚的鉴别和分离方法。

【阅读材料】

苯酚首次被"外科消毒之父"约瑟夫·利斯特用于外科手术消毒。

利斯特和石炭酸

11.1 醇

醇与酚都是烃的羟基（—OH）衍生物。脂肪烃或芳香烃侧链上的氢被羟基取代生成的化合物叫醇；芳香环上的氢被羟基取代生成的化合物叫酚。醇与酚也可以看成水分子中的氢被脂肪烃基（R—）或芳基（Ar—）取代的产物：

$$\underset{\text{水}}{\text{H—O—H}} \quad \underset{\text{醇}}{\text{R—O—H}} \quad \underset{\text{酚}}{\text{Ar—O—H}}$$

醇与酚分子中羟基的氢被其他烃基取代生成的产物叫醚。醚也可以看成烃的氢原子被烃氧基（RO—，ArO—）取代后生成的产物：

$$\underset{\text{醚}}{\text{R—O—R} \quad \text{R—O—Ar}}$$

思政教育：屠呦呦研制青蒿素的故事

醇与酚都含有羟基，所以在性质上有某些共性。但是由于烃基的不同，它们在性质上又有明显的差别。醚与醇、酚在结构上不同，因此在性质上有很大差别。

11.1.1 醇的分类和命名

11.1.1.1 醇的分类

① 根据羟基所连烃基的种类，醇可分为脂肪醇、脂环醇和芳香醇；根据饱和程度又可分为饱和醇与不饱和醇。例如：

CH₃CH₂CH₂OH　　CH₂=CHCH₂OH　　C₆H₅—CH₂OH　　环己基—OH

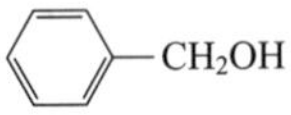

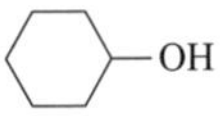

丙醇(饱和脂肪醇)　烯丙醇(不饱和脂肪醇)　苯甲醇(芳香醇)　环己醇(脂环醇)

② 根据羟基所连的碳原子的种类，醇可分为伯、仲、叔醇。羟基与伯碳原子相连称为伯醇（第一醇）；与仲碳原子相连称为仲醇（第二醇）；与叔碳原子相连称为叔醇（第三醇）。例如：

CH₃CH₂CH₂CH₂OH　　　(CH₃)₂CHCH₂OH

正丁醇(伯醇)　　　　　　异丁醇(伯醇)

CH₃CHCH₂CH₃　　　　(CH₃)₃C—OH
　　|
　　OH

仲丁醇(仲醇)　　　　　　叔丁醇(叔醇)

③ 根据醇分子结构中羟基的数目，醇可分为一元醇、二元醇、三元醇……分子中含一个羟基为一元醇，以此类推。二元醇以上者统称为多元醇。例如：

CH₃CH₂CH₂OH　　CH₂—OH　　CH₂—OH　　环己六醇
　　　　　　　　　　|　　　　　　|
　　　　　　　　　　CH₂—OH　　CH—OH
　　　　　　　　　　　　　　　　|
　　　　　　　　　　　　　　　　CH₂—OH

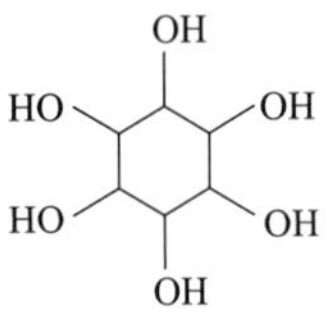

丙醇(一元醇)　　乙二醇(二元醇)　丙三醇(三元醇)　环己六醇(六元醇)

11.1.1.2 醇的命名

(1) 普通命名法 比较简单的醇常用普通命名法来命名，它的原则是在醇字前加上和羟基相连的烃基名称。不同烃基结构的醇，在名称前加上"正""异""新""仲""叔"等词头表示结构上的差异。例如：

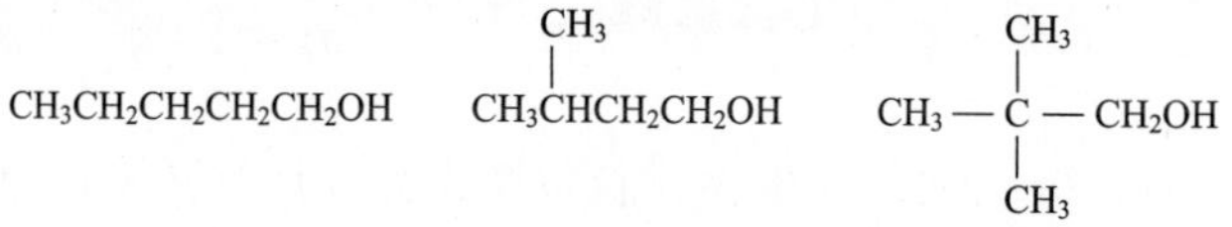

$$CH_3CH_2CH_2CH_2CH_2OH \qquad CH_3\underset{CH_3}{\overset{|}{C}H}CH_2CH_2OH \qquad CH_3-\underset{\underset{CH_3}{|}}{\overset{\overset{CH_3}{|}}{C}}-CH_2OH$$

正戊醇　　　　　　　异戊醇　　　　　　　新戊醇

$$CH_3CH_2\underset{OH}{\overset{|}{C}}H CH_3 \qquad CH_3-\underset{\underset{OH}{|}}{\overset{\overset{CH_3}{|}}{C}}-CH_3$$

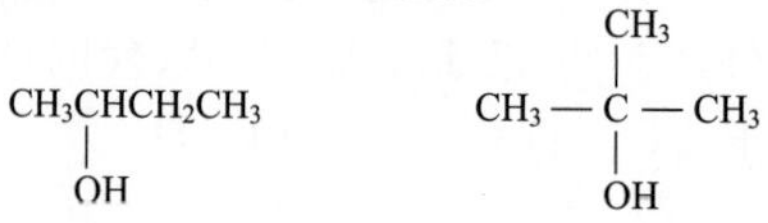

仲丁醇　　　　　　　叔丁醇

(2) 系统命名法　系统命名法命名原则如下。

① 选主链　选择与羟基相连的碳原子及不饱和的碳碳双键或叁键在内最长的碳链为主链，根据主链的碳原子数称为某醇。

② 编位号　从靠近羟基一端给主链编号，使与羟基所连的碳原子位次数字最小。

③ 写名称　按照主链碳原子的数目称为某醇，支链的位次、名称以及羟基的位次写在母体名称前。

例如：

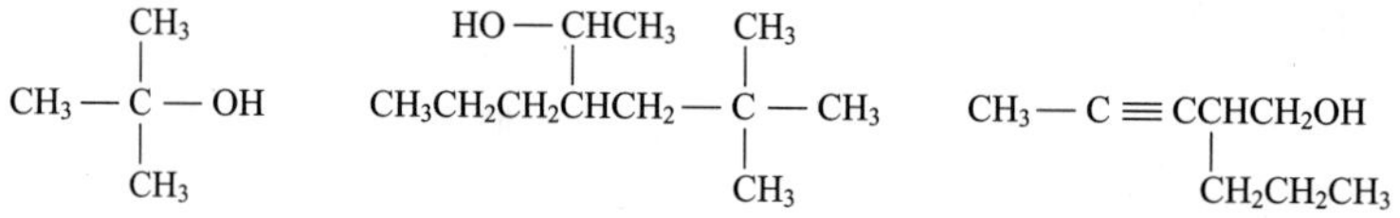

2-甲基-2-丙醇　　　　5,5-二甲基-3-丙基-2-己醇　　　　2-丙基-3-戊炔-1-醇

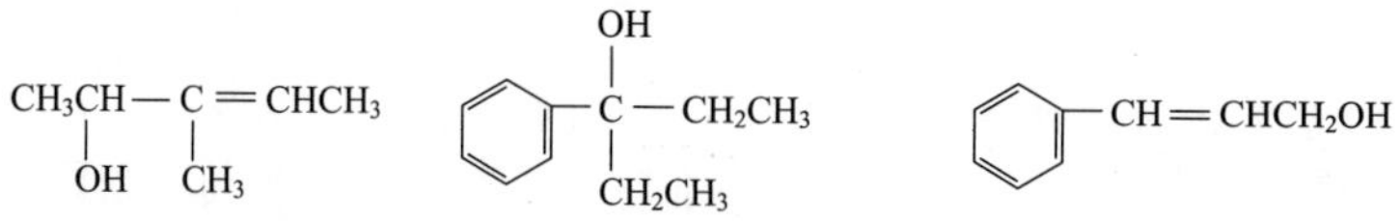

3-甲基-3-戊烯-2-醇　　　　3-苯基-3-戊醇　　　　3-苯基-2-丙烯醇

11.1.2　醇的物理性质

在常温下，十一个碳原子以下的饱和一元醇是液体；十二个碳以上的醇为蜡状固体。三个碳以下的醇有酒味；四个至十一个碳的醇有不愉快的气味；十二个碳以上的饱和一元醇无味。一元醇的相对密度小于1；芳香醇及多元醇相对密度大于1。

醇的沸点比相应烷烃的沸点高，特别是低分子量的醇与烷烃的沸点差别更大，这是由于醇分子间存在氢键，增加了分子间的引力。低级醇分子还可通过氢键形成较大的复合体（缔合）。烷烃分子间不形成氢键，没有缔合现象存在，所以沸点要远低于分子量相近的醇。

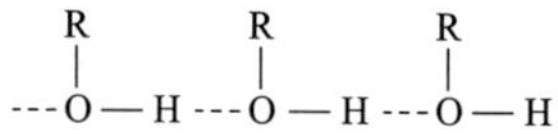

$$\cdots\underset{H}{\overset{R}{\overset{|}{O}}}-H\cdots\underset{H}{\overset{R}{\overset{|}{O}}}-H\cdots\overset{R}{\overset{|}{O}}-H$$

碳原子数相同的一元醇，支链越多沸点越低，其中直链一元醇的沸点是最高的。例如：

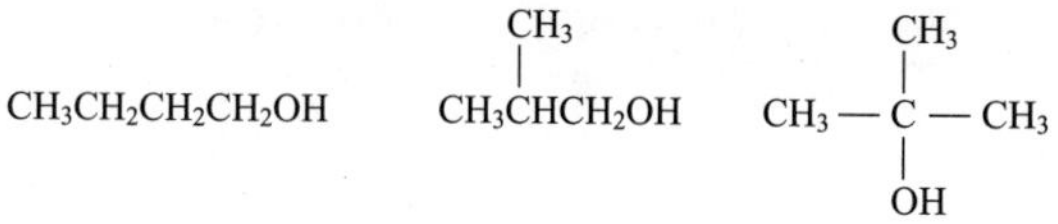

$$CH_3CH_2CH_2CH_2OH \qquad CH_3\underset{CH_3}{\overset{|}{C}H}CH_2OH \qquad CH_3-\underset{\underset{OH}{|}}{\overset{\overset{CH_3}{|}}{C}}-CH_3$$

沸点/℃　　　117.2　　　　　108.0　　　　　82.3

这是由于醇分子结构中支链越多，分子的结构越紧密，表面积越小，分子间相互吸引的

范围变小,因而分子间吸引力变小。另一个更重要的原因是,支链的增加,阻碍了羟基间形成氢键,所以支链越多,沸点就越低。

醇中羟基与水可形成氢键,醇与水之间吸引力接近水分子间吸引力,这两种分子就可以互溶。随着碳原子数的增多,烃基所占比例增大,增加了疏水性,且阻碍了羟基与水形成氢键,所以醇在水中的溶解性也就降低了。如甲醇、乙醇、丙醇与水以任意比例混溶,四个碳以上的醇水溶性逐渐降低,十个碳以上的醇几乎不溶于水。部分醇的物理常数如表11-1所示。

表 11-1 部分醇的物理常数

名 称	沸点/℃	熔点/℃	相对密度	折射率	每百克水中溶解量/g
甲醇	65	−93.9	0.7914	1.3288	∞
乙醇	78.4	−117.3	0.7893	1.3611	∞
正丙醇	97.4	−126.5	0.8035	1.3850	∞
异丙醇	82.4	−89.5	0.7855	1.3776	∞
正丁醇	117.2	−89.5	0.8098	1.3993	7.9
异丁醇	108.0	−108	0.8018	1.3968	9.5
仲丁醇	99.5	−115	0.8063		12.5
叔丁醇	82.3	25.5	0.7887		∞
正戊醇	137.3	−79	0.8144	1.4101	2.7
正己醇	158	−46.7	0.8136		0.59
烯丙醇	97	−129	0.8540		∞
乙二醇	198	−11.5	1.1088	1.4318	∞
丙三醇	290	20	1.2613	1.4746	∞
苯丙醇	205.3	−15.3	1.0419		4

某些无机盐与水作用生成结晶水,醇也有相似的性质,可以生成结晶醇。例如 $MgCl_2 \cdot 6CH_3OH$、$CaCl_2 \cdot 4CH_3OH$ 及 $CaCl_2 \cdot 4C_2H_5OH$ 等。结晶醇溶于水,而不溶于有机溶剂,因此某些有机物中混有少量甲醇、乙醇时,可用 $MgCl_2$、$CaCl_2$ 除去。但要除去甲醇、乙醇中的水,则不能用 $CaCl_2$ 作脱水剂。

11.1.3 醇的化学性质

羟基是醇的特征官能团,是醇发生化学反应的核心部位。碳氧键和氢氧键都是极性键,比较活泼,易发生断裂。氢氧键断裂,羟基中的氢被取代;碳氧键断裂,羟基被其他基团取代或发生消除反应。羟基与烃基互相影响,使烃基 α-氢具有较大的反应性能,也能进行某些反应。

11.1.3.1 醇与活泼金属反应

水分子有羟基,能与活泼金属(如钾、钠)作用,生成氢氧化物并放出氢气,该反应十分激烈。醇羟基也能与金属钠等活泼金属作用,生成醇钠等化合物,并放出氢气,但反应要缓和得多。

$$HO-H + Na \longrightarrow NaOH + \frac{1}{2}H_2 \quad \text{剧烈反应,放热,自燃}$$

$$RO-H + Na \longrightarrow RONa + \frac{1}{2}H_2 \quad \text{反应缓和,放热,不自燃}$$

水可以离解为 H^+ 和 OH^- 两种离子,醇也可以离解为 H^+ 和 RO^- 两种离子。但是,由于烃基具有给电子效应,它能使氧周围的电子云密度增大,使烷氧基更容易结合 H^+。所以,醇与金属钠作用不如水活泼。随着烃基变大和烃基增多,烷氧基结合 H^+ 的能力更强,使得低级醇的反应比高级醇容易得多。伯、仲、叔三种醇与金属钠反应活性次序如下:

伯醇＞仲醇＞叔醇

$$CH_3OH > CH_3CH_2OH > (CH_3)_2CHOH > (CH_3)_3COH$$

由于水的酸性比醇强,所以醇钠在水中很容易水解成醇和氢氧化钠。

$$RONa + H_2O \longrightarrow ROH + NaOH$$

11.1.3.2 醇的酯化反应

醇与羧酸作用生成酯的反应称为酯化反应。酯化反应是可逆反应,$K_c \approx 4$,一般只有 2/3 的转化率。为了提高产率,必须增加某一反应物的浓度(一般是加过量的醇)或及时移走低沸点的酯或水,促使平衡向生成酯的方向移动。

$$ROH + R'COOH \stackrel{H^+}{\rightleftharpoons} R'COOR + H_2O$$

近代同位素方法证明:酯化反应是羧酸的羟基与醇羟基中的氢脱水而成的。例如:用含同位素 ^{18}O 的醇与羧酸酯化,测定的结果是 ^{18}O 同位素在酯里,而生成的水不含同位素 ^{18}O。

$$CH_3-\underset{\underset{}{\overset{O}{\|}}}{C}-OH + H-O^{18}C_2H_5 \stackrel{H^+}{\rightleftharpoons} CH_3-\underset{\underset{}{\overset{O}{\|}}}{C}-O^{18}C_2H_5 + H_2O$$

某些无机酸与醇作用生成无机酸酯:

$$R-OH + HNO_3 \longrightarrow R-ONO_2 + H_2O$$

$$ROH + \underset{HO}{\overset{HO}{>}}P=O \longrightarrow \underset{HO}{\overset{HO}{>}}P=O + H_2O$$

(第二个产物中 RO 替换一个 HO)

硫酸也能与醇生成酯。由于硫酸是二元酸,所以酯化的产物有酸性硫酸酯和中性硫酸酯之分。

$$CH_3OH + H_2SO_4 \longrightarrow \underset{\text{硫酸氢甲酯}}{CH_3OSO_2OH} + H_2O$$

$$2CH_3OSO_2OH \stackrel{\text{加热}}{\longrightarrow} \underset{\text{硫酸二甲酯}}{(CH_3O)_2SO_2} + H_2SO_4$$

硫酸二甲酯是常用的甲基化试剂,极毒。较高级的伯烷基硫酸酯钠盐是重要的合成洗涤剂。

多元醇的硝酸酯,例如乙二醇和甘油的硝酸酯都是烈性炸药,后者又俗称硝酸甘油,它具有扩张冠状动脉的作用,因此在医药上用作治疗心肌梗死和心绞痛等的药物。

$$\begin{array}{c} CH_2OH \\ | \\ CHOH \\ | \\ CH_2OH \end{array} + 3HONO_2 \longrightarrow \begin{array}{c} CH_2ONO_2 \\ | \\ CHONO_2 \\ | \\ CH_2ONO_2 \end{array} + 3H_2O$$

硝酸甘油可以有效缓解心绞痛,但它的作用机理困扰了医学家、药理学家百余年,直到

20世纪80年代才因为弗奇戈特、伊格纳罗和穆拉德这三位美国药理学家的出色工作而得以解决。硝酸甘油及其他有机硝酸酯通过释放一氧化氮气体而舒张血管平滑肌，从而扩张血管。由于这一发现，弗奇戈特、伊格纳罗和穆拉德获得了1998年诺贝尔生理学医学奖。

11.1.3.3 醇与氢卤酸的反应

醇与氢卤酸作用，醇分子中羟基被卤原子取代，生成卤代烃和水。

$$R-OH + HX \longrightarrow R-X + H_2O$$

不同氢卤酸的反应活性次序是：

$$HI > HBr > HCl$$

伯、仲、叔醇羟基被取代都发生了碳氧键的断裂，在醇的分子中烃基诱导效应的作用与烃基氧强电负性的吸引电子方向对碳氧键极性的影响是一致的（实线表示氧吸引电子的方向，虚线表示烃基诱导效应的作用）：

$$\underset{\text{伯醇}}{R-\overset{H}{\underset{H}{C}}-O-H} \qquad \underset{\text{仲醇}}{R-\overset{R}{\underset{H}{C}}-O-H} \qquad \underset{\text{叔醇}}{R-\overset{R}{\underset{R}{C}}-O-H}$$

由于氧的电负性和诱导效应而得到加强最多的是叔醇，伯醇则最少。因此，结构不同的醇与氢卤酸反应活性顺序是：

$$\text{叔醇} > \text{仲醇} > \text{伯醇}$$

在实验室中，氢碘酸和氢溴酸能顺利地与醇反应，而盐酸和醇的作用则需要无水氯化锌作催化剂。浓盐酸与无水氯化锌配置成的溶液称为卢卡斯试剂，它与伯、仲、叔醇反应情况如下：

$$R_3COH + HCl(ZnCl_2) \xrightarrow{\text{室温}} R_3CCl + H_2O \text{（立即混浊）}$$

$$R_2CHOH + HCl(ZnCl_2) \xrightarrow{\text{室温}} R_2CHCl + H_2O \text{（数分钟混浊）}$$

$$RCH_2OH + HCl(ZnCl_2) \xrightarrow{\text{室温}} \text{无现象}$$

根据各种醇与卢卡斯试剂反应速率的不同，可区别伯、仲、叔醇。这是实验室常用的鉴别六个碳以下醇的方法，叫卢卡斯反应。

11.1.3.4 醇与 PX_3、PX_5 的反应

醇可以与 PX_3 或 PX_5 作用生成卤代烃。卤化磷是很强的卤化剂，它不仅能与醇作用，而且能和其他含烃基的化合物反应，使烃基被卤原子取代。

$$ROH + PX_3 \longrightarrow RX + H_3PO_3$$
$$ROH + PX_5 \longrightarrow RX + PXO_3$$
$$RCOOH + PX_3 \longrightarrow RCOX + H_3PO_3$$

卤化磷与醇作用有一个重要的优点是，反应过程中反应物分子很少发生重排，即在原来连有羟基的碳上生成碳卤键。该反应产量高、副反应少。

醇羟基被氯取代，还可以用亚硫酰氯（$SOCl_2$）。生成的产物除氯代物外，其他副产物 SO_2 和 HCl 都是气体，容易分离，产物易纯化且产量高。

$$ROH + SOCl_2 \longrightarrow RCl + SO_2\uparrow + HCl\uparrow$$

11.1.3.5 醇的脱水反应

醇与催化剂（如 H_2SO_4、H_3PO_4、Al_2O_3 等）共热，可以发生两种脱水反应，即分子

内脱水反应和分子间脱水反应。

（1）分子内脱水 醇与催化剂共热时，羟基与 β 位碳原子上的氢脱去一分子水生成烯烃。

$$\underset{\underset{H}{|}}{H_2\overset{\beta}{C}}-\underset{\underset{OH}{|}}{\overset{\alpha}{C}H_2} \xrightarrow[170℃]{浓 H_2SO_4} H_2C=CH_2 + H_2O$$

若一种醇在脱水时可生成两种烯烃，也就是有不同消除取向时，它与卤代烃的消除反应一样，也遵循查依采夫规则。例如：

$$CH_3CH=CHCH_3 \longleftarrow CH_3\underset{\underset{OH}{|}}{C}HCH_2CH_3 \longrightarrow CH_3CH_2CH=CH_2$$
$$\quad\quad 65\%\sim80\%$$

结构不同的醇分子内脱水难易情况是不一样的。如：

仲醇 $\quad CH_3CH_2\underset{\underset{OH}{|}}{C}HCH_3 \xrightarrow[140℃]{62\% H_2SO_4} CH_3CH_2CH=CHCH_3 + H_2O$

叔醇 $\quad CH_3\underset{\underset{OH}{|}}{\overset{\overset{CH_3}{|}}{C}}CH_3 \xrightarrow[87℃]{46\% H_2SO_4} CH_3CH=\underset{\underset{CH_3}{|}}{C}CH_3 + H_2O$

伯、仲、叔醇脱水由易到难的顺序是：叔醇＞仲醇＞伯醇

（2）分子间脱水 醇分子间脱水生成醚。例如：

$$CH_3CH_2OH + HOCH_2CH_3 \xrightarrow[140℃]{浓 H_2SO_4} CH_3CH_2OCH_2CH_3 + H_2O$$

分子内与分子间两种脱水反应常常是相伴而发生的，按哪种方式脱水，反应条件起着重要作用。在比较高的温度及酸过量情况下，反应有利于分子内脱水生成烯烃；在较低的温度及醇过量情况下，反应有利于分子间脱水生成醚。显然，可以通过严格控制反应条件来决定醇的脱水方式，以减少副反应的发生。

11.1.3.6 醇的氧化反应

与羟基连在同一个碳上的氢受羟基的影响很活泼，易被氧化成羟基。两个羟基连在同一个碳上叫胞二醇，它很不稳定，容易脱去一分子水，伯醇生成醛，醛可以继续被氧化成酸；仲醇氧化成酮。

$$CH_3CH_2OH \xrightarrow[H^+]{K_2Cr_2O_7} CH_3-\underset{\underset{胞二醇}{}}{\overset{\overset{O\,\vdots\,H}{|}}{C}-OH} \xrightarrow{-H_2O} CH_3CHO \xrightarrow{氧化} CH_3COOH$$

$$CH_3-\underset{\underset{OH}{|}}{C}H-CH_3 \xrightarrow[H^+]{K_2Cr_2O_7} CH_3-\underset{\underset{\underset{胞二醇}{CH_3}}{|}}{\overset{\overset{O\,\vdots\,H}{|}}{C}-OH} \xrightarrow{-H_2O} CH_3-\overset{\overset{O}{\|}}{C}-CH_3$$

酸性 $KMnO_4$ 和酸性 $K_2Cr_2O_7$ 是常用的氧化剂。在伯醇分子中含两个 α-H，氧化产物为醛，醛很容易被进一步氧化得到羧酸。例如：

$$\underset{橙色}{CH_3CH_2OH + K_2Cr_2O_7} + H_2SO_4 \longrightarrow CH_3COOH + \underset{深绿色}{Cr_2(SO_4)_3} + H_2O$$

用于检测汽车驾驶员是否饮酒的呼吸分析仪，其原理就是利用醇能被 $K_2Cr_2O_7$ 氧化的反应。由于醛的沸点比相应的醇低得多，因此在伯醇的氧化反应中，如果想使反应产物停留在醛的阶段，可以采用蒸馏的方法将生成的醛由反应体系中蒸出。但这只限于制备沸点不高于 100℃ 的醛。

叔醇分子中羟基所连碳上没有氢，一般反应条件下不被氧化；若在强烈条件下氧化（如在酸性条件下加热），原料首先脱水成烯烃，烯烃再被氧化成小分子化合物。例如：

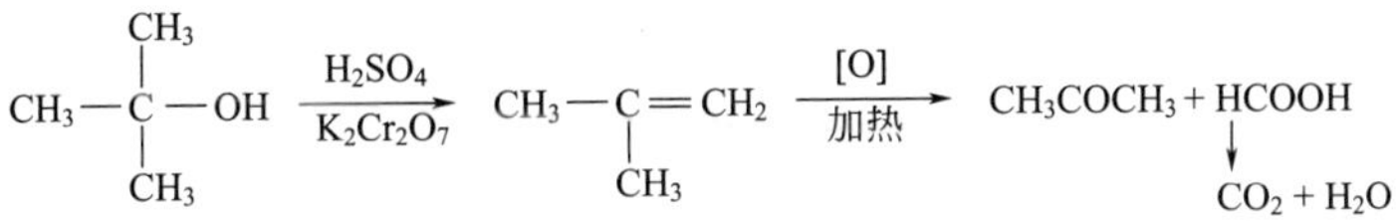

$$(CH_3)_3C-OH \xrightarrow[K_2Cr_2O_7]{H_2SO_4} CH_3-C(CH_3)=CH_2 \xrightarrow[\text{加热}]{[O]} CH_3COCH_3 + HCOOH \rightarrow CO_2 + H_2O$$

实验室里在缓和条件下氧化各类醇时，伯醇生成酸，仲醇生成酮，叔醇不被氧化，利用这个性质可以区别这三类醇。

醇氧化的另一种方式是脱氢。在高温和催化剂（Cu、Ag、Ni）作用下，伯醇脱氢生成醛；仲醇脱氢生成酮。

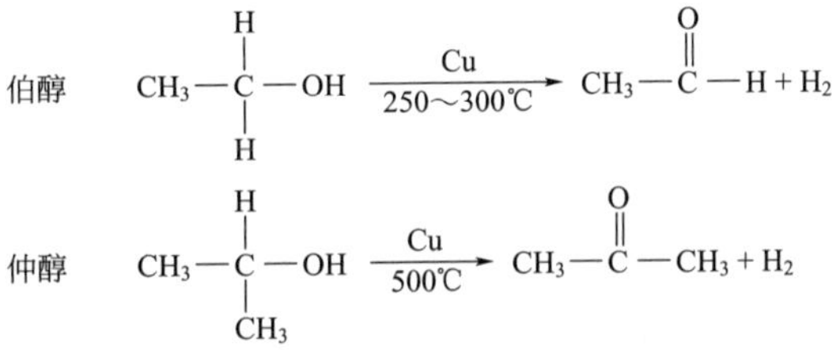

伯醇 $CH_3-CH_2-OH \xrightarrow[250\sim300℃]{Cu} CH_3-CHO + H_2$

仲醇 $CH_3-CH(OH)-CH_3 \xrightarrow[500℃]{Cu} CH_3-CO-CH_3 + H_2$

叔醇没有 α-氢，所以不能脱氢。

11.1.4 重要的醇类化合物

11.1.4.1 甲醇

甲醇可以由木材干馏得到，所以也叫木精。它可由一氧化碳和氢在 300～400℃ 和 $2\times10^7\sim3\times10^7$ Pa 下，以铜、锌和铬的氧化物为催化剂直接合成：

$$CO + 2H_2 \xrightarrow[20\sim30MPa, 300\sim400℃]{ZnO\text{-}Cr_2O_3\text{-}CuO} CH_3OH$$

甲醇是无色易燃液体，与水可混溶。它剧毒。10mL 可使人失明，30mL 致人死亡。甲醇是良好的溶剂，也是抗冻剂，同时是重要的工业原料。

11.1.4.2 乙醇

乙醇也叫酒精，是酒的主要成分。它是无色易燃液体，沸点 78.4℃，相对密度为 0.789。乙醇是重要的工业原料和溶剂，医药上用作消毒剂，又可作防腐剂和燃料。少量饮用可兴奋神经，但多量久饮可引起肝、脑、心脏等器官中毒。在工业上，乙醇是以石油裂化气中的乙烯为原料，用浓硫酸吸收，再水解来制备：

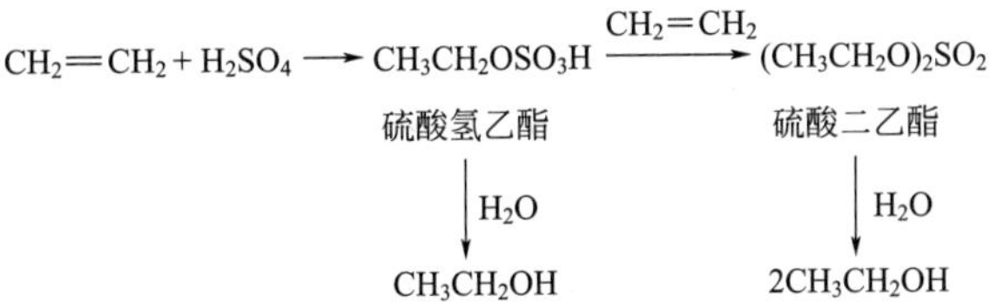

$$CH_2=CH_2 + H_2SO_4 \longrightarrow CH_3CH_2OSO_3H \xrightarrow{CH_2=CH_2} (CH_3CH_2O)_2SO_2$$
$$\text{硫酸氢乙酯} \qquad\qquad \text{硫酸二乙酯}$$
$$\downarrow H_2O \qquad\qquad\qquad \downarrow H_2O$$
$$CH_3CH_2OH \qquad\qquad 2CH_3CH_2OH$$

糖类在酶的作用下发酵也可以制得酒精，有些饲料发酵时有酒味就是这个道理。

经过蒸馏得到纯度为 95.6% 的工业酒精,所余的 4.4% 水因构成恒沸混合物用一般蒸馏方法是无法除去的。要除掉这部分水,可向其中加入生石灰回流,再蒸馏,这样可得 99.5% 的乙醇。若要除掉 0.5% 的水,可再加入一些金属镁,使之成为醇镁,再与残存的水作用生成氢氧化镁,蒸馏就得无水乙醇。若要检查乙醇中是否有水,可向其中加入无水硫酸铜,如不再生成蓝色的水合铜离子,则表示为无水乙醇。

11.1.4.3 丙三醇

丙三醇也叫甘油,它是油脂皂化的副产物。工业上是用石油裂解的丙烯制取。

甘油是一种黏稠带有甜味的液体。它的沸点是 290.0℃,相对密度为 1.261,溶于水,吸湿性强,无毒,用于食品、卷烟、化妆品工业中。甘油不溶于乙醚、氯仿等有机溶剂。丙三醇遇 $Cu(OH)_2$ 可生成绛蓝色甘油铜,这也是检查多元醇的方法。

11.1.4.4 环己六醇

环己六醇为白色晶体,熔点 225℃,相对密度 1.725。它主要存在于动物肌肉、心脏等器官中。环己六醇最初从肌肉中制得,常用于治疗肝病和胆固醇过高症。它的六磷酸酯是某些动物和微生物生长的必要物质,广泛存在于植物界,称为植物精,也叫植酸。植酸在谷类种皮及胚胎中含量较高,在酶作用下水解,为幼芽生长提供必要的磷酸。

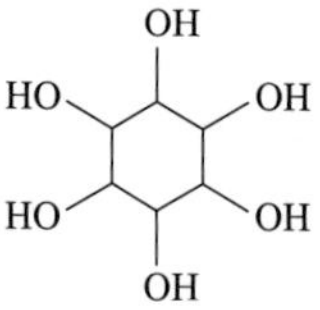

环己六醇 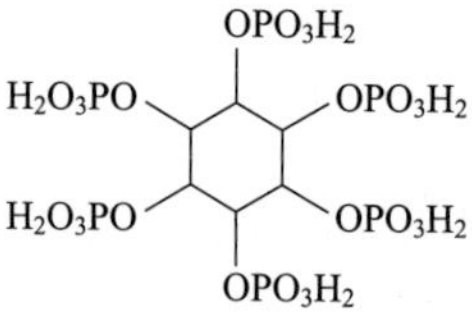　　　　植酸

环己六醇分子中六个碳原子上的氢原子和羟基在环的上下排列不同,能有八种异构体。在自然界中得到的环己六醇叫肌醇。

11.2 酚

11.2.1 酚的分类和命名

羟基直接连在芳环上的化合物称为酚。虽有芳环,但不与羟基直接相连仍属醇类,这是从结构上区别醇与酚的标志。例如:

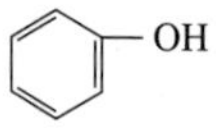

苯酚 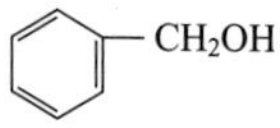　　　　苯甲醇

不同的芳环,生成的酚也不同,如苯酚、萘酚、蒽酚等。芳环上的羟基数目不同,又分为一元酚、二元酚、多元酚等。

酚的命名是在酚字之前加上芳环的名称作为母体。苯酚以羟基所连的碳为 1 位,给芳环编号使取代基位次最小。取代基的位次及羟基的位次均写在母体名称之前。萘酚、蒽酚等可按萘、蒽命名的规定,决定取代基位次号。如:

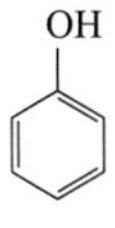

苯酚 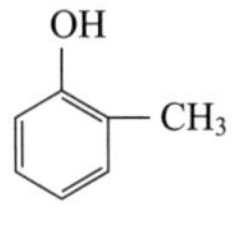　　邻甲苯酚 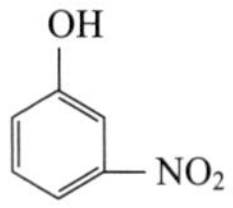　　间硝基苯酚 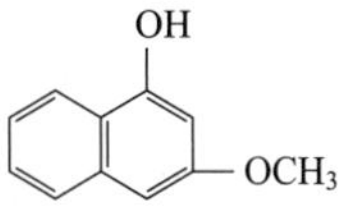　　3-甲氧基-1-萘酚

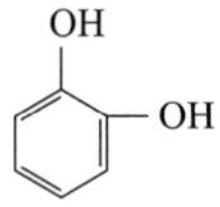

邻苯二酚 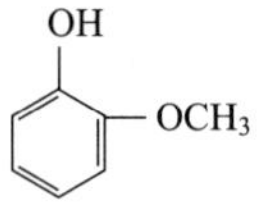　　2-甲氧基苯酚 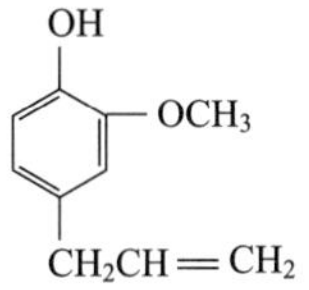　　4-丙烯基-2-甲氧基苯酚

11.2.2　酚的物理性质

酚有羟基，与醇一样可以通过氢键相互缔合，所以它的熔点、沸点比相应的芳烃要高。例如，苯酚的熔点是43℃，沸点181.8℃，而苯的熔点是5.5℃，沸点是80.1℃。

酚能溶于乙醇、乙醚、苯等有机溶剂中；它们在水中的溶解性随羟基增多、温度升高而增大。酚的物理常数如表11-2所示。

表11-2　酚的物理常数

名称	熔点/℃	沸点/℃	每100g水中溶解量/g	折射率	pK_a
苯酚	43	181.8	8.2(15)	1.5509	9.98
邻甲苯酚	31	191	2.5	1.5361	10.2
间甲苯酚	11.5	202.2	2.6	1.5438	10.01
对甲苯酚	34.8	201.6	1.8	1.5312	10.17
邻苯二酚	105	245	45.1(20)	1.604	9.4
间苯二酚	111	281	147.3(12.5)		9.4
对苯二酚	173	285	6(15)		10.0
1,2,3-苯三酚	133	309	易溶	1.561	7.0
1,3,5-苯三酚	218	升华	易溶		7.0
邻氯苯酚	9	174.9	1.13	1.5524	
间氯苯酚	33	214	不溶	1.5565	
对氯苯酚	43.2	219.8	0.07	1.5579	
邻硝基苯酚	45.3	216		1.5723	
间硝基苯酚	97	197			
对硝基苯酚	114.9	279 分解			
α-萘酚	96	288			
β-萘酚	123	295			

绝大多数酚都是固体，容易氧化。平时见到的酚常是红色或黄色，有时是褐色，这是氧化生成醌的结果。酚有强烈气味和腐蚀性，有杀菌能力，医药上常用作消毒剂。

11.2.3 酚的化学性质

酚羟基氧原子上的孤对电子所占据的 p 轨道与苯环形成 p-π 共轭，氧周围的电子云向芳环上转移，这样就导致氧周围电子云密度降低，削弱了 O—H 键，氢易离解出去，显酸性；氧上电子云向芳环转移，增强了 C—O 键，使得酚羟基不易被取代；同时，苯环上电子云密度增加，使得苯环上容易发生亲电取代反应，特别是邻、对位上的取代。

11.2.3.1 酚的酸性

酚有很弱的酸性，其酸性比碳酸（$pK_a = 6.36$）还要弱，所以只能与强碱作用生成酚盐，而不与碳酸氢钠作用。

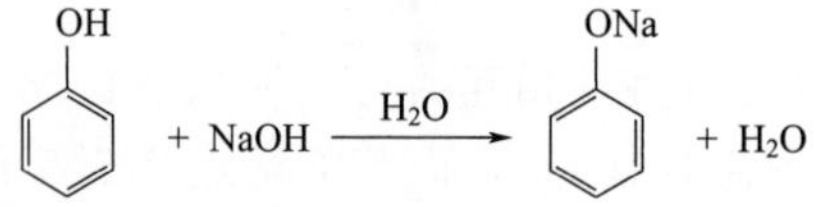

$$\text{C}_6\text{H}_5\text{OH} + \text{NaOH} \xrightarrow{\text{H}_2\text{O}} \text{C}_6\text{H}_5\text{ONa} + \text{H}_2\text{O}$$

在酚盐中通入二氧化碳，可以使酚游离出来。

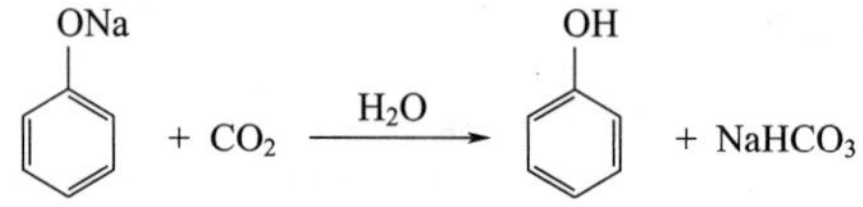

$$\text{C}_6\text{H}_5\text{ONa} + \text{CO}_2 \xrightarrow{\text{H}_2\text{O}} \text{C}_6\text{H}_5\text{OH} + \text{NaHCO}_3$$

酚的芳环上有取代基时，它对酚的酸性有明显的影响；吸电子基使酸性增强，给电子基则使酸性降低。

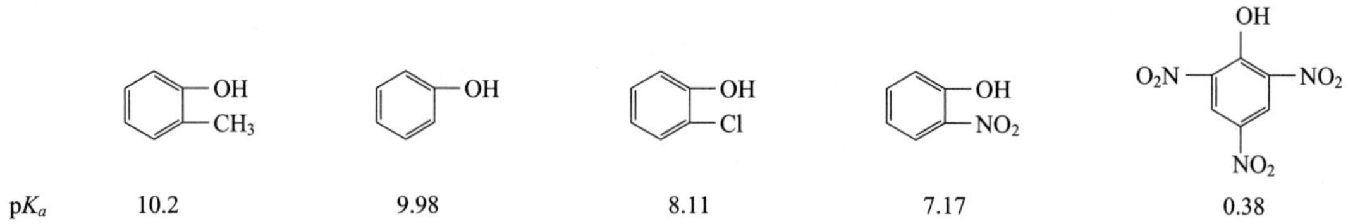

化合物	邻甲基苯酚	苯酚	邻氯苯酚	邻硝基苯酚	2,4,6-三硝基苯酚
pK_a	10.2	9.98	8.11	7.17	0.38

11.2.3.2 酚与 $FeCl_3$ 的反应

绝大多数酚都能与 $FeCl_3$ 溶液作用，生成有色的配合物。但不同的酚所形成的配合物颜色不同：苯酚为蓝色；邻苯二酚为深绿色；间苯二酚为蓝紫色；对苯二酚为暗绿色晶体；1,2,3-苯三酚为棕红色；α-萘酚为紫色等。颜色反应是鉴定酚的常用方法之一。

$$6\text{C}_6\text{H}_5\text{OH} + \text{FeCl}_3 \longrightarrow \text{H}_3[\text{Fe}(\text{OC}_6\text{H}_5)_6] + 3\text{HCl}$$

与 $FeCl_3$ 的颜色反应不是酚类独有的。从结构上来看，凡具有烯醇型结构的化合物都与 $FeCl_3$ 有类似的颜色反应。

11.2.3.3 酚的取代反应

酚羟基是邻、对位定位基，可使芳环上的氢活化。因此，苯酚比苯更易发生各种亲电取代反应。

(1) 卤化　苯酚在常温下与饱和溴水作用，生成三溴苯酚的白色沉淀。这个反应现象明显，作用完全，是实验室用来检查苯酚的存在和进行定量测定苯酚含量的方法。

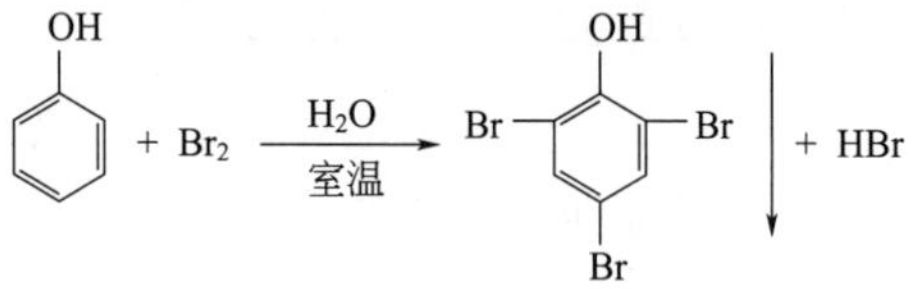

$$\text{C}_6\text{H}_5\text{OH} + \text{Br}_2 \xrightarrow[\text{室温}]{\text{H}_2\text{O}} \text{2,4,6-三溴苯酚} \downarrow + \text{HBr}$$

如果反应是在非极性介质（如 CCl_4、CS_2、$CHCl_3$ 等）中、低温，并且控制溴的用量条件下，可得到一溴代产物。

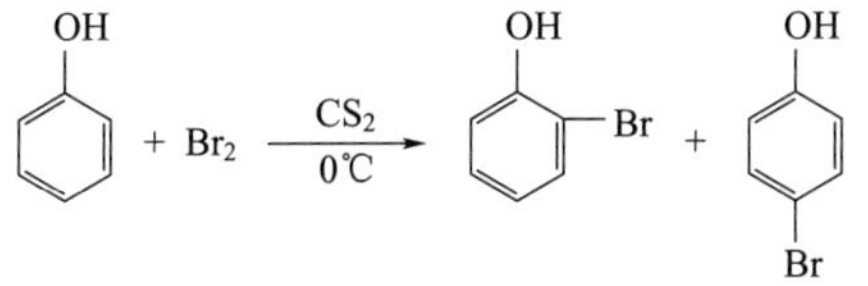

$$\text{C}_6\text{H}_5\text{OH} + Br_2 \xrightarrow[0℃]{CS_2} \text{邻溴苯酚} + \text{对溴苯酚}$$

(2) 硝化 酚容易硝化。苯酚在低温下与稀硝酸作用，可生成邻硝基苯酚和对硝基苯酚的混合物。

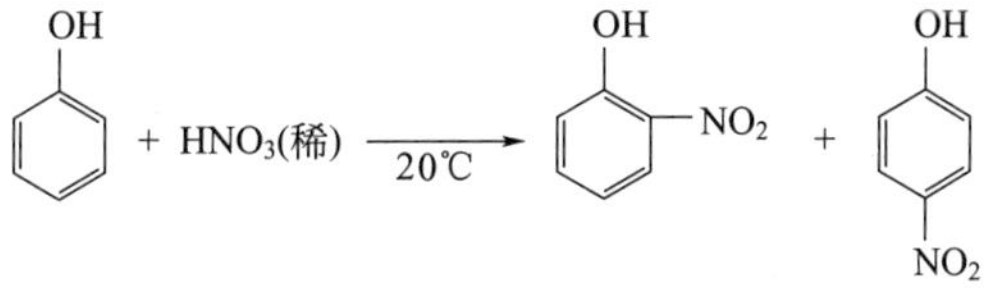

$$\text{C}_6\text{H}_5\text{OH} + HNO_3(\text{稀}) \xrightarrow{20℃} \text{邻硝基苯酚} + \text{对硝基苯酚}$$

邻硝基苯酚的—OH 与—NO_2 位置很近，容易形成分子内氢键，而不利于分子间形成氢键，使分子间作用力减小，所以具有较高的蒸气压，容易随水蒸气蒸馏出来。间位与对位产物则不易形成分子内氢键，易形成分子间氢键，故沸点较高。

如果用混酸（硝酸＋硫酸）与苯酚作用，可生成三硝基苯酚。

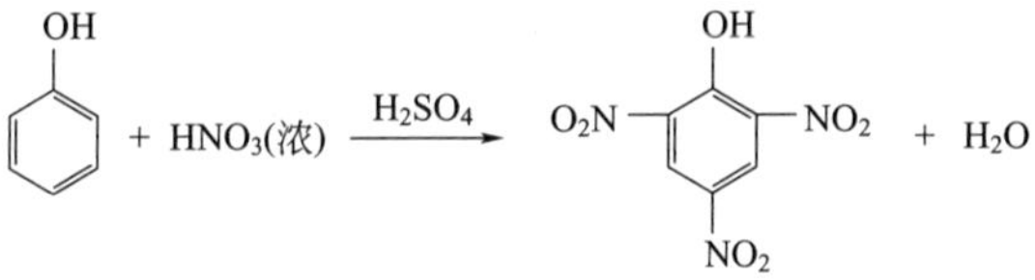

$$\text{C}_6\text{H}_5\text{OH} + HNO_3(\text{浓}) \xrightarrow{H_2SO_4} \text{2,4,6-三硝基苯酚} + H_2O$$

2,4,6-三硝基苯酚的水溶液有很强的酸性（$pK_a = 0.38$），俗称苦味酸。固体苦味酸受热或振动后容易爆炸，十分危险。

(3) 磺化 苯酚与浓硫酸作用生成邻位及对位的羟基苯磺酸。高温时，对位异构体多于邻位异构体。

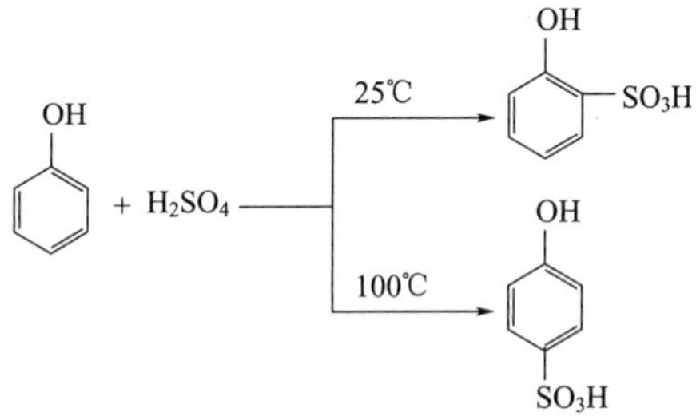

$$\text{C}_6\text{H}_5\text{OH} + H_2SO_4 \begin{cases} \xrightarrow{25℃} \text{邻羟基苯磺酸} \\ \xrightarrow{100℃} \text{对羟基苯磺酸} \end{cases}$$

11.2.3.4 酚的氧化反应

苯酚很容易氧化，放置时就能被空气中的氧氧化，生成有色的醌类。

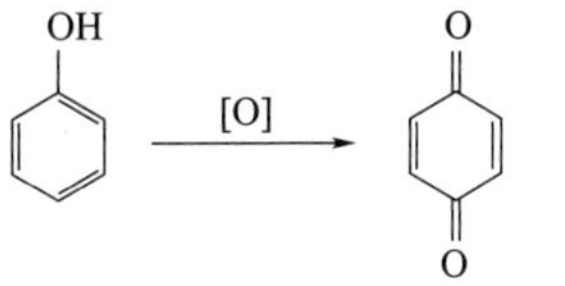

$$\text{C}_6\text{H}_5\text{OH} \xrightarrow{[O]} \text{对苯醌}$$

多元酚更易氧化，是很好的还原剂，它能将光感底片上的卤化银还原为银，用作显影剂。

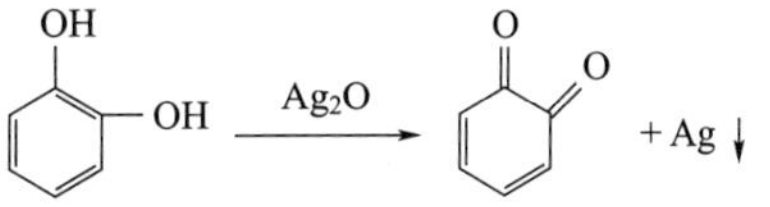

$$\text{邻苯二酚} \xrightarrow{Ag_2O} \text{邻苯醌} + Ag\downarrow$$

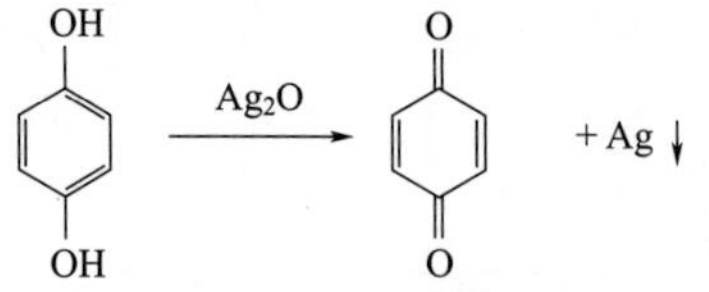

$$\text{对苯二酚} \xrightarrow{Ag_2O} \text{对苯醌} + Ag\downarrow$$

11.2.3.5 酚醚的生成

酚与醇不同，不能通过分子间脱水生成醚。通常用酚钠与卤代烷（或中性硫酸酯）作用而制得酚醚。

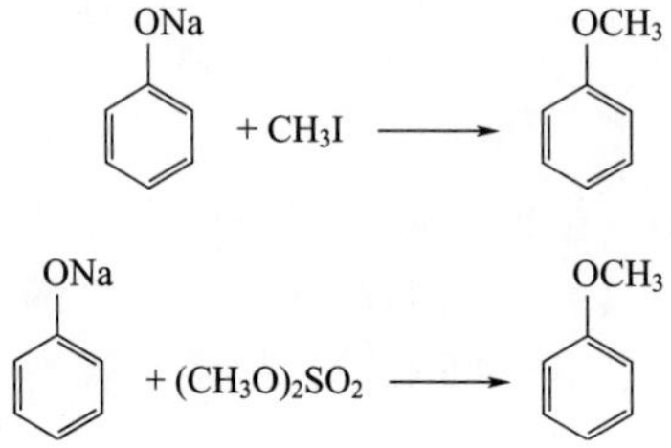

$$C_6H_5ONa + CH_3I \longrightarrow C_6H_5OCH_3$$

$$C_6H_5ONa + (CH_3O)_2SO_2 \longrightarrow C_6H_5OCH_3$$

有些酚醚可用作除草剂，例如，由 2,4-二氯苯酚钠与对硝基氯苯通过威廉姆逊合成得到的产物叫除草醚，可杀除水田一年生杂草。

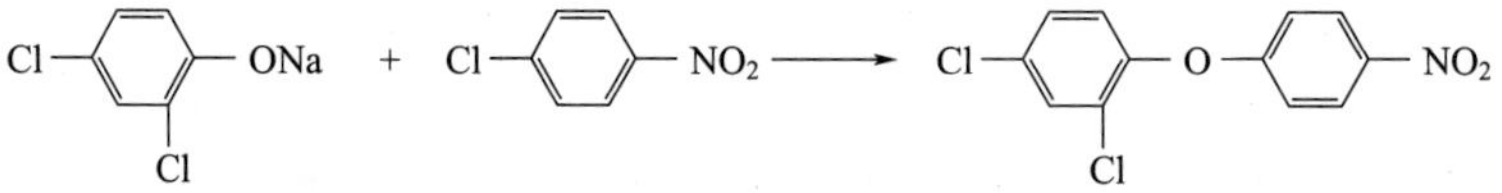

$$2,4\text{-}Cl_2C_6H_3ONa + Cl\text{-}C_6H_4\text{-}NO_2 \longrightarrow 2,4\text{-}Cl_2C_6H_3\text{-}O\text{-}C_6H_4\text{-}NO_2$$

11.2.4　重要的酚类化合物

11.2.4.1　苯酚

苯酚俗称石炭酸。纯净的苯酚为无色针状晶体，通常都带有微红色，这是被空气氧化成醌的结果。低温时苯酚的水溶性不大，65℃以上与水混溶。它易溶于乙醇、乙醚以及苯等有机溶剂中。苯酚可以由分馏煤焦油制得，目前大部分是工业合成苯酚。

苯酚有凝固蛋白质的作用，医药上用作消毒剂。苯酚还是医药、塑料、农药、染料等工业的原料。

11.2.4.2　五氯酚

五氯酚可由 666 在高压下水解或酚在 $AlCl_3$（或 $FeCl_3$）催化下氯代而制得。

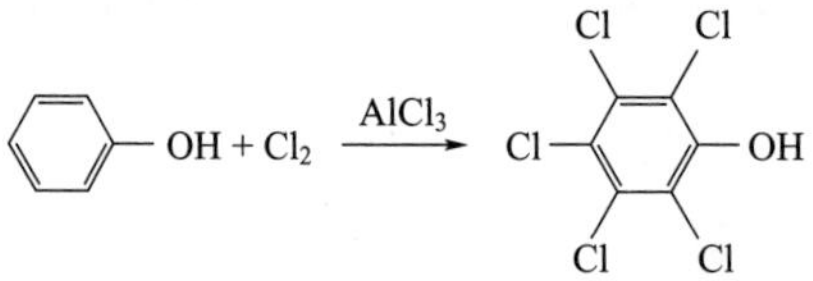

$$C_6H_5OH + Cl_2 \xrightarrow{AlCl_3} C_6Cl_5OH$$

五氯酚是无色晶体，熔点 191℃，是木材防腐剂，也能杀死钉螺和臭虫。农业上用作棉花脱叶剂。

11.2.4.3　甲酚

甲酚可以从煤焦油中提取，故也叫煤酚。甲酚有三种异构体：

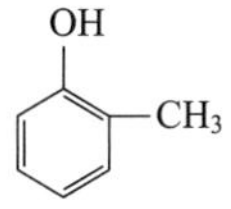

邻甲苯酚 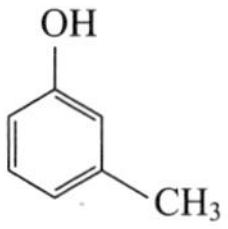　　　　间甲苯酚 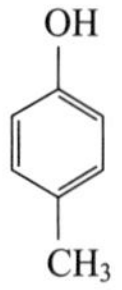　　　　对甲苯酚

这三种异构体的沸点很接近,难以分离,通常使用它们的混合物。甲酚的消毒能力比苯酚强,但是毒性也大些。医药上常用的消毒剂"来苏儿"就是含47%~53%的三种甲酚的肥皂水溶液。一般家庭消毒和畜舍消毒,可以稀释至3%~5%应用。甲酚也是染料、炸药、农药等工业的原料,还可作木材防腐剂。

11.3　醚

从结构上来看,醚的特点是氧原子同时连两个烃基,可用下面通式表示：

$$(Ar)R-O-R'(Ar')$$

烃基可以是脂肪族的,也可以是芳香族的,当然烃基中也可以含有不饱和键。

11.3.1　醚的分类和命名

构成醚的两个烃基相同时叫单醚；烃基不同的称为混醚；若氧与碳链构成环状结构,就称为环醚。

11.3.1.1　单醚

单醚的命名只需在醚前面加上烃基名字即可。

CH₃CH₂OCH₂CH₃

二乙基醚或乙醚　　　　二苯(基)醚或二苯醚

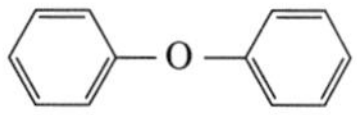

11.3.1.2　混醚

混醚命名时需要把两个烃基的名字都表示出来,小的烃基要放在大的烃基之前；如有芳基,则把芳基放在前。比较复杂的醚则把烷氧基当成取代基,把大的烃基作为母体命名。例如：

CH₃CH₂OCH₃　　　　　　　　　　　　　CH₃CHCH₂CH₃
　　　　　　　　　　　　　　　　　　　　　　|
　　　　　　　　　　　　　　　　　　　　　　OCH₃

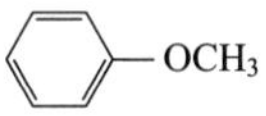

甲乙醚　　　　　　苯甲醚　　　　　　2-甲氧基戊烷

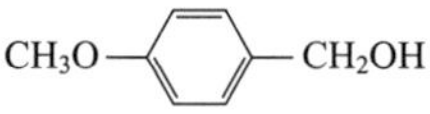

对甲氧基苯甲醇(茴香醇) 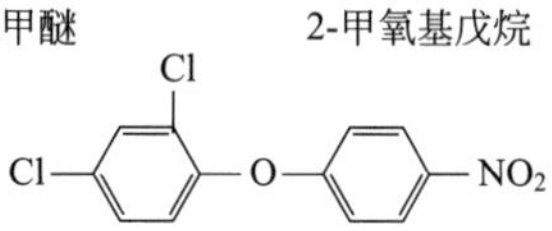　　　　2,4-二氯-4'-硝基二苯醚(除草醚)

11.3.1.3　环醚

环醚往往不按醚来命名,而是根据相关的化合物命名或用俗名。

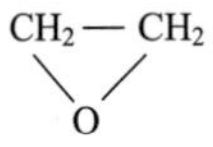

环氧乙烷 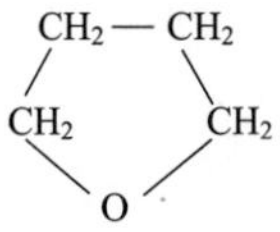　　　　四氢呋喃 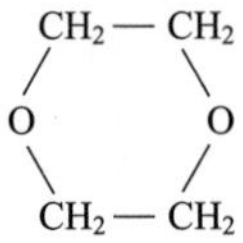　　　　1,4-二氧六环

11.3.2 醚的物理性质

室温下大多数醚都是液体。醚的沸点比分子量相近的醇或酚的沸点要低得多，这是因为醚的氧原子上不连有氢，分子间不能形成氢键。如甲醚的沸点为－23℃，而乙醇的沸点是78.4℃。醚的沸点与分子量相近的烷烃沸点差不多。如乙醚（分子量74）的沸点是34.6℃，而戊烷（分子量72）的沸点是36.1℃。

醚分子间不能形成氢键，但它和水分子间可以形成氢键，所以醚的水溶性大于烷烃。如甲醚、甲乙醚可以与水混溶。醚在水中的溶解度接近于分子量相近的醇，如乙醚和正丁醇在100g水中的溶解度分别是7.5g和7.9g。醚能溶于多种有机溶剂，其本身也是一种重要的有机溶剂。一些醚的物理性质如表11-3所示。

表 11-3 醚的物理性质

名称	熔点/℃	沸点/℃	相对密度
苯甲醚	－37.5	155	0.994
环氧乙烷	－111	14	0.887
甲醚	－141.5	－23	0.661
正丁醚	95.3	142	0.769
四氢呋喃	－65	67	0.889
二苯醚	26.8	258	1.074
乙醚	－116	34.6	0.714
1,4-二氧六环	11.8	101	1.033

11.3.3 醚的化学性质

11.3.3.1 䥺盐的生成

所有的醚都能溶于强酸中，由于醚链上的 O 原子具有未共享的电子对，能接受强酸中的 H^+ 而生成䥺盐。

$$R-O-R + HCl \longrightarrow R-\overset{+}{\underset{H}{O}}-R + Cl^-$$

$$R-O-R + H_2SO_4 \longrightarrow R-\overset{+}{\underset{H}{O}}-R + HSO_4^-$$

䥺盐是一种弱碱强酸盐，仅在浓酸中才稳定，在水中分解，醚即重新分出。

醚还可以和 Lewis 酸生成䥺盐（缺电子化合物生成配合物）。

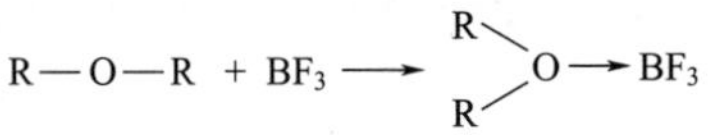

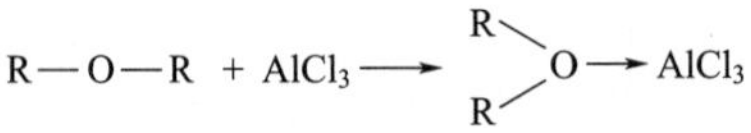

$$R-O-R + BF_3 \longrightarrow \underset{R}{\overset{R}{>}}O \rightarrow BF_3$$

$$R-O-R + AlCl_3 \longrightarrow \underset{R}{\overset{R}{>}}O \rightarrow AlCl_3$$

将乙醚和浓硫酸混合，乙醚溶解放出大量的热，同浓硫酸与水混合相似。将溶液倒入冰水中，锌盐分解，乙醚层又分离开来。

11.3.3.2 醚键的断裂

氢卤酸（如氢溴酸、氢碘酸）与醚一起加热，发生醚键的断裂，生成卤代烷和醇；如果是混醚反应，则较小的烃基生成碘代烷。芳基醚与氢碘酸作用总是生成酚和碘代烷。

$$CH_3OCH_2CH_3 + HI \xrightarrow{加热} CH_3I + CH_3CH_2OH$$

$$C_6H_5-OCH_3 + HI \xrightarrow{加热} CH_3I + C_6H_5-OH$$

醚分子中如果有一个是甲基，与 HI 作用能定量生成碘甲烷，把生成的碘甲烷蒸馏到硝酸银酒精溶液中，根据生成碘化银的量就能推算出甲氧基的含量，这就是蔡塞尔甲氧基测定法的原理。

二芳基之间的醚键稳定，不能与 HI 发生醚键断裂的反应。

11.3.3.3 过氧化物的形成

一般氧化剂不与醚反应，但是醚与空气长时间接触可以生成过氧化物，氧化通常发生在 α-碳原子上。

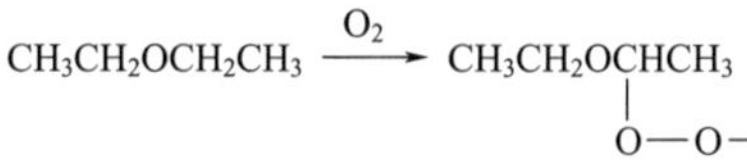

$$CH_3CH_2OCH_2CH_3 \xrightarrow{O_2} CH_3CH_2OCHCH_3$$
$$\hspace{5cm} |$$
$$\hspace{5cm} O-O-H$$

过氧化物不易挥发，受热易分解爆炸。因此，在蒸馏存放已久的乙醚前，必须用碘化钾醋酸溶液检查，如有过氧化醚存在，则析出碘与淀粉反应，试纸呈蓝色；或者用 $FeSO_4$ 和 KSCN 检查，如有过氧化醚，立即呈红色 $[Fe(SCN)_6]^{3-}$。除去过氧化物的方法是，加入还原剂（$FeSO_4$ 或 Na_2SO_3）后振荡，使过氧化物分解。乙醚贮存时应放在棕色瓶中。

11.3.4 重要的醚类化合物

11.3.4.1 乙醚

乙醚为无色液体，沸点 34.6℃，微溶于水，非常容易挥发和着火；它的爆炸极限为 1.85%～35.6%（体积），在制备和使用时应远离火源。乙醚蒸气比空气重 2.5 倍，当空气中混有乙醚时常会引起爆炸，使用时应倍加小心；实验时，反应中逸出的乙醚应引入水沟排出室外。乙醚是很好的溶剂，能溶解油脂、树脂、硝化纤维素等。在提取中草药中某些有效成分时，常用乙醚作抽提剂。纯乙醚在医药上作全身麻醉剂。普通乙醚中含有微量水和醇，经处理后的乙醚称为无水乙醚。

11.3.4.2 环醚和冠醚

(1) 环醚 环氧乙烷是最简单的环醚，为无色液体，能溶于水、乙醚和乙醇中。环氧乙烷由乙烯和氧在金属银的催化下制备。

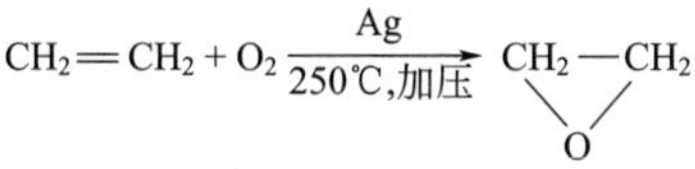

$$CH_2=CH_2 + O_2 \xrightarrow[250℃,加压]{Ag} \underset{O}{CH_2-CH_2}$$

环氧乙烷是一个三元环，有角张力和扭转张力。它与醚不同，化学性质非常活泼，容易和许多含活泼氢的试剂作用开环生成双官能团化合物。

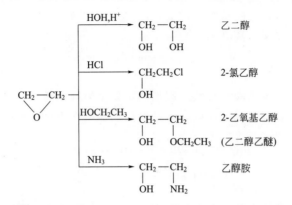

环氧乙烷与甲醇、乙醇、丁醇等作用生成相应的乙二醇醚类物质，这些乙二醇醚类物质具有醚和醇的双重性质，是很好的溶剂，俗称溶纤剂，广泛应用于纤维工业和油漆工业。

(2) 冠醚 冠醚是一类具有环状结构的大环多醚，由于它的形状似皇冠，故统称为冠醚。冠醚是一类 20 世纪 70 年代发展起来的具有特殊配位性能的化合物。不同结构的冠醚，其空穴大小不一样，这就决定了它们对金属离子具有较高的配位选择性，如 12-冠-4 与锂离子配位、18-冠-6 与钾离子配位，故可用来分离金属离子。

冠醚是一种能使某些反应物从水相转入有机相的试剂，而且还能将某些非均相之间的反应转变在均相中进行，提高反应速率。如 $KMnO_4$ 氧化环己烯时，因 $KMnO_4$ 不溶于环己烯，反应难进行，加入 18-冠-6 后，它能与 $KMnO_4$ 形成配合物而溶解在有机相中，可促进氧化剂相转移，使反应迅速进行。

冠醚在有机合成中的应用，近年来引人注目。如用于元素有机化合物的制备，反应历程的研究，外消旋氨基酸的拆分以及不对称合成等。所以冠醚在有机合成和理论研究上具有一定的意义。

11.4 硫醇、硫酚、硫醚

醇、酚、醚分子中的氧被硫代替之后得到的相应产物就是硫醇、硫酚、硫醚。硫醇与硫酚含有的硫氢基（—SH），也叫巯基。

H—O—H	水	H—S—H	硫化氢
R—O—H	醇	R—S—H	硫醇
Ar—O—H	酚	Ar—S—H	硫酚
R—O—R′	醚	R—S—R′	硫醚

硫醇、硫酚、硫醚的命名，是在含氧化合物的名称中的"醇""酚""醚"字之前加上一个"硫"字。

CH_3CH_2SH　　C_6H_5SH　　CH_3SCH_3
乙硫醇　　　苯硫酚　　　甲硫醚

11.4.1 硫醇的性质

硫醇有难闻的气味，空气中含 2×10^{-11}（体积含量）就能嗅出，因此它常用于煤气检漏。硫醇分子间以及与水之间都难形成氢键，故沸点和水溶性比相应的同碳醇都低。

(1) 弱酸性 硫醇的酸性比醇强，比碳酸弱，能与强碱作用成盐。

$$CH_3CH_2SH + NaOH \longrightarrow CH_3CH_2SNa + H_2O$$

硫醇与重金属（如 Hg、Cu、Pb、Ag 等）作用生成不溶性盐。

临床上常用的一种重金属解毒剂 2,3-二巯基丙醇（俗称巴尔）就是一个重要代表物。

$$\begin{array}{c} CH_2-SH \\ | \\ CH-SH \\ | \\ CH_2-OH \end{array} + Hg^{2+} \longrightarrow \begin{array}{c} CH_2-S \\ | \quad\quad\ \ \diagdown \\ CH-S \quad Hg \\ | \quad\quad\ \ \diagup \\ CH_2-OH \end{array} \downarrow$$

(2) 氧化反应 硫醇易被氧化成二硫化物。

$$2R-SH + H_2O_2 \longrightarrow R-S-S-R + 2H_2O$$

巯基被氧化，在生物体内也是一个重要的反应：

$$\begin{array}{c} CH_2-SH \\ | \\ CH-NH_2 \\ | \\ COOH \end{array} \underset{[H]}{\overset{[O]}{\rightleftharpoons}} \begin{array}{c} CH_2-S-S-CH_2 \\ | \quad\quad\quad\quad\quad\ | \\ CH-NH_2 \quad\ \ CH-NH_2 \\ | \quad\quad\quad\quad\quad\ | \\ COOH \quad\quad\ \ \ COOH \end{array}$$

半胱氨酸

二硫化物也可以进一步氧化成高价的化合物。例如，自然界存在的大蒜素和合成抗生剂 401、402 都是二硫化物的氧化物。

$$\begin{array}{c} CH_2=CHCH_2S\rightarrow O \\ CH_2=CHCH_2S \end{array} \quad\quad \begin{array}{c} CH_3CH_2S\rightarrow O \\ CH_3CH_2S \end{array} \quad\quad \begin{array}{c} \quad\ \ O \\ \quad\ \ \uparrow \\ CH_3CH_2S\rightarrow O \\ CH_3CH_2S \end{array}$$

　　　大蒜素　　　　　　　401抗生剂　　　　　402抗生剂

硫醇与强氧化剂作用，可被氧化成磺酸：

$$RSH \xrightarrow{HNO_3} RSO_2H \xrightarrow{HNO_3} RSO_3H$$

11.4.2　硫醚的性质

硫醚不溶于水，有难闻气味，沸点高于相应的醚。

硫醚的主要化学性质是氧化。硫原子有变成高价的倾向，在较缓和条件下氧化成亚砜；而在强烈条件下氧化成砜。例如：

$$CH_3SCH_3 \xrightarrow{浓\ HNO_3} \begin{array}{c} O \\ \uparrow \\ CH_3SCH_3 \end{array} \quad\quad CH_3SCH_3 \xrightarrow{发烟\ HNO_3} \begin{array}{c} O \\ \uparrow \\ CH_3SCH_3 \\ \downarrow \\ O \end{array}$$

　　　　　　　　　　二甲亚砜　　　　　　　　　　　　　二甲砜

二(2-氯乙基)硫醚俗称"芥子气"，是一个臭名昭著的化学物质，在战争中被用作化学武器。它的合成方法是：

$$\begin{array}{c} CH_2-CH_2 \\ \diagdown\ \diagup \\ O \end{array} \xrightarrow{H_2S} HOCH_2CH_2SCH_2CH_2OH \xrightarrow{HCl} ClCH_2CH_2SCH_2CH_2Cl$$

复习思考题

1. 选择题。

(1) 下列化合物中沸点最低的是（　　）。
A. 甲醇　　　　　B. 丙醇　　　　　C. 戊醇　　　　　D. 庚醇
(2) 一般条件下，不能使重铬酸钾溶液褪色的是（　　）。
A. 正丁醇　　　　B. 异丁醇　　　　C. 仲丁醇　　　　D. 叔丁醇
(3) 下列属于脂环醇的是（　　）。
A. 乙醇　　　　　B. 环己醇　　　　C. 苯甲醇　　　　D. 甘油
(4) 下列属于多元醇的是（　　）。
A. 丙醇　　　　　B. 环丙醇　　　　C. 苯甲醇　　　　D. 甘油
(5) 误食下列可引起人失明的是（　　）。
A. 甘油　　　　　B. 甲醇　　　　　C. 乙醇　　　　　D. 苯甲醇
(6) 能使溴水褪色，且有白色沉淀生成的物质是（　　）。
A. 甲苯　　　　　B. 苯酚　　　　　C. 丁烯　　　　　D. 丁炔
(7) 下列各组物质中，常温下就可以发生反应的是（　　）。
A. 苯和浓硫酸　　B. 苯酚和溴水　　C. 乙醇和浓硫酸　D. 乙炔和水
(8) 下列物质中与乙醇互为同分异构体的是（　　）。
A. 甲醇　　　　　B. 甲醚　　　　　C. 乙醚　　　　　D. 甲乙醚

2. 命名下列化合物。

(1) CH₃CHCH₂CH₃
         |
         OH

(2) 环己醇-OH

(3) 间甲基苯酚 (OH, CH₃)

(4) 邻甲氧基苯酚 (OH, OCH₃)

(5) CH₃OCHCH₂CH₃
         |
         CH₂CH₃

(6) 1-萘甲醇 (CH₂OH, CH₃取代的萘)

(7) 2-环己烯醇 (OH)

(8) H₃C—C=C—H
              |
              CH₂CH(CH₂)₃CH₃
              |
              OH

(9) 对硝基苯酚酯 (OC₂O₅, NO₂)

(10) 环己基甲醇 (CH₂OH)

3. 完成下列反应式。

(1) $CH_3CH_2CH_2CH_2OH + H_2SO_4 \xrightarrow{140℃}$

(2) $CH_3CH_2CHCH_3 + H_2SO_4 \xrightarrow{170℃}$
              |
              OH

(3) $(CH_3)_2CHOH + Na \longrightarrow \xrightarrow{CH_3Cl}$

(4) $CH_3CH_2CHCH_3 \xrightarrow{Cu}{325℃}$
              |
              OH

(5) ⌬—OCH₂CH₂CH₃ + Cl₂ $\xrightarrow{Fe}$

4. 用化学方法区别下列各组化合物。

(1) 乙醇、乙醚、苯酚、甘油、二氯甲烷

(2) 丙三醇、苯甲醇、烯丙醇

(3) 己烯、邻甲基苯酚、己醇

(4) 邻甲苯酚、苯甲醚、溴苯

5. 分析推断题。

(1) 某化合物能与金属钠反应放出氢气，能被高锰酸钾氧化成酮，与浓硫酸共热的产物能使溴水褪色，加氢后得到2,2-二甲基丁烷。推断该化合物的结构简式，并写出有关的反应方程式。

(2) 分子式为 C_3H_8O 的三种有机物 A、B、C，A 和 B 都能与金属钠反应产生氢气，C 与金属钠不反应；A 和 B 与重铬酸钾的酸性溶液作用分别生成醛和酮。推断 A、B、C 的结构简式，并写出有关的反应方程式。

第 12 章

醛、酮、醌

【学习指南】

熟悉醛、酮的结构、分类、命名；了解醛、酮的物理性质；掌握醛、酮的主要化学性质；熟悉醛、酮的鉴别、分离方法。

【阅读材料】

甲醛与生活中衣食住行都密切相关。

甲醛的作用

12.1 醛和酮

醛和酮都含有相同的官能团——羰基（$\diagdown\!\!\!\!\!\!\!C\!\!=\!\!O\diagup$），因此统称为羰基化合物。羰基至少与一个氢原子相连的化合物称为醛，—CHO 称为醛基，通式为 RCHO。羰基与二个烃基相连的化合物称为酮，酮分子中的羰基称为酮基，通式为 RCOR′，R 和 R′ 可以是各种饱和或不饱和的链烃、环烃或芳烃。由于醛和酮具有相同的官能团，所以具有许多相似的性质。

醛、酮

12.1.1 醛和酮的结构、分类和命名

12.1.1.1 醛和酮的结构

甲醛、乙醛和丙酮分子中的键长、键角如下：

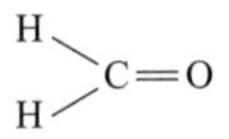

C—H 110.1pm	∠HCO	121.8°
C=O 120.3pm	∠HCH	111.5°

C=O 120.7pm	∠HCO	120.7°
C—C 151.5pm	∠CCH	117.3°
C(1)—H 111.4pm	∠HCH	108.9°
C(2)—H 107.3pm		

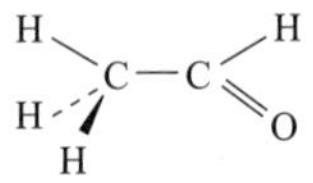

C=O 121.4pm	∠CCO	122°
C—C 152.0pm	∠CCC	116°
C—H 110.3pm	∠HCH	108.4°

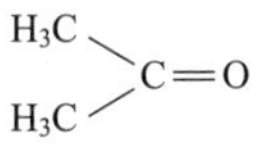

甲醛分子中 ∠HCO 和丙酮分子中的 ∠CCO 接近 120°，可以认为羰基碳原子为 sp^2 杂化，碳原子和氧原子上的 p 轨道在侧面互相重叠生成 π 键，氧原子上还有两个孤电子对，见图 12-1。

图 12-1 甲醛的结构

甲醛、乙醛和丙酮的偶极矩都比较大：

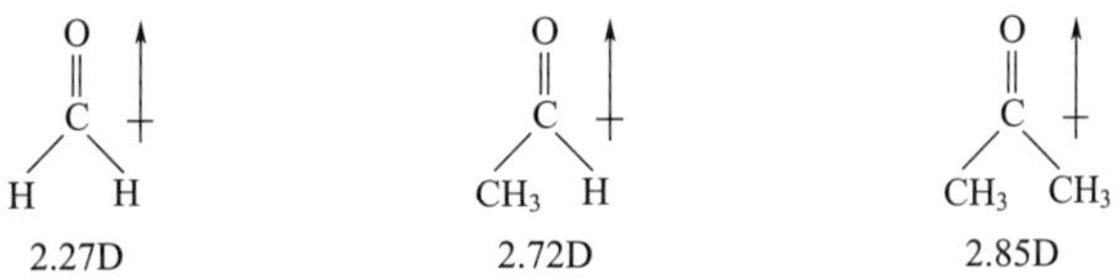

2.27D   2.72D   2.85D

C—O 单键的偶极矩（根据醚类的偶极矩算出）为 1.2D，可见羰基中的 π 键也是极化的，如假定 π 键完全极化，则偶极矩应在 6D 左右，因此 π 键只是部分极化。

丁醛和 2-丁酮的燃烧热分别为：

$$CH_3CH_2CH_2CHO + \frac{11}{2}O_2 \longrightarrow 4CO_2 + 4H_2O \quad \Delta H^{\ominus} = -2479 \text{kJ} \cdot \text{mol}^{-1}$$

$$CH_3CH_2COCH_3 + \frac{11}{2}O_2 \longrightarrow 4CO_2 + 4H_2O \quad \Delta H^\ominus = -2446 kJ \cdot mol^{-1}$$

可见，酮比醛更稳定，即羰基碳原子上烷基取代基多的化合物稳定。

12.1.1.2 醛和酮的分类

(1) 据分子中含羰基的数目可分为
- 一元醛、酮　$H_3C-\underset{\underset{O}{\|}}{C}-H$ 　$H_3C-\underset{\underset{O}{\|}}{C}-CH_3$
- 二元醛、酮　$OHC-CHO$ 　$H_3C-\underset{\underset{O}{\|}}{C}-CH_2-\underset{\underset{O}{\|}}{C}-CH_3$

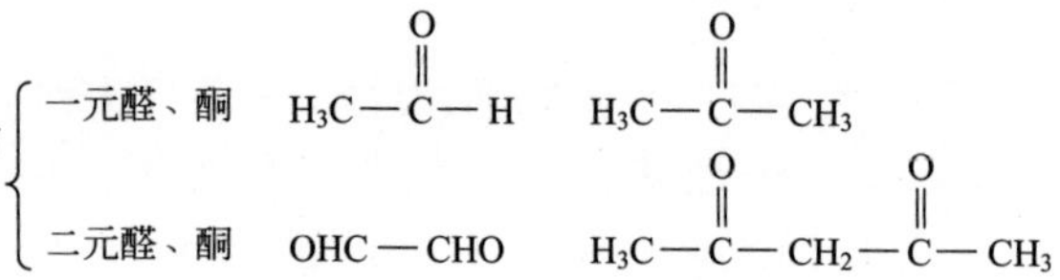

(2) 据烃基的饱和程度可分为
- 饱和醛、酮　$H_3C-\underset{\underset{O}{\|}}{C}-H$ 　$H_3C-\underset{\underset{O}{\|}}{C}-CH_3$
- 不饱和醛、酮　$H_2C=\underset{H}{\overset{}{C}}-\underset{\underset{O}{\|}}{C}-H$ 　$H_2C=C-\underset{\underset{O}{\|}}{C}-CH_3$

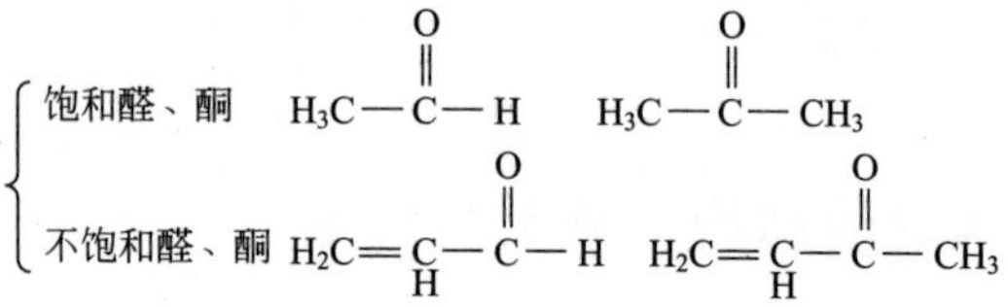

(3) 据烃基的不同可分为
- 脂肪醛、酮　$H_3C-\underset{\underset{O}{\|}}{C}-H$ 　$H_3C-\underset{\underset{O}{\|}}{C}-CH_3$
- 脂环醛、酮　环己基-CHO　环己基=O
- 芳香醛、酮　苯基-CHO　苯基-C(=O)-CH_3

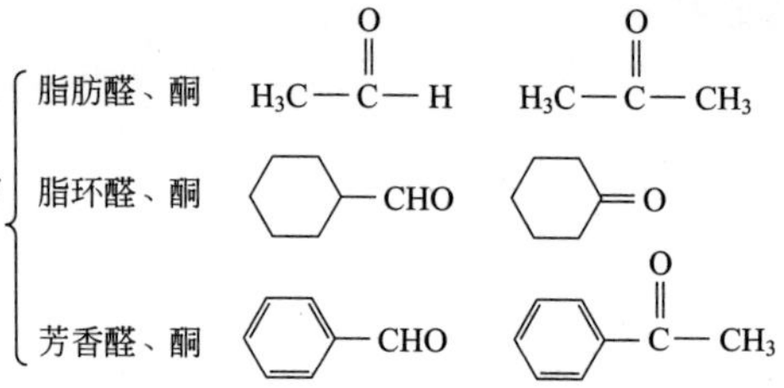

(4) 酮又可分为
- 单一酮　$H_3C-\underset{\underset{O}{\|}}{C}-CH_3$
- 混合酮　$H_3C-CH_2-\underset{\underset{O}{\|}}{C}-CH_3$

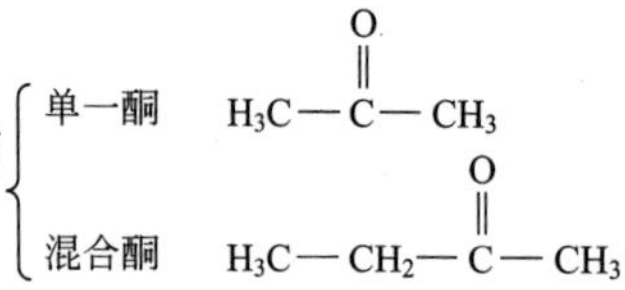

12.1.1.3 醛和酮的命名

简单醛、酮的命名可使用普通命名法，结构较为复杂的醛、酮则使用系统命名法。

(1) 普通命名法　醛的普通命名法与醇相似，只需要将名称中的"醇"字改为"醛"字即可。例如：

HCHO　　CH₃CHO　　(CH₃)₂CHCHO
甲醛　　　乙醛　　　　异丁醛

酮按照羰基所连的两个烃基的名称来命名。混合酮要把次序规则中较优的基团写在后面，再加"酮"字，称作某（基）某（基）酮。带有芳基的混合酮要把芳基写在前面。在不致发生误解的情况下，烃基名称的基字可以省去。例如：

$CH_3\underset{\underset{O}{\|}}{C}CH_2CH_3$　　$CH_3\underset{\underset{O}{\|}}{C}CH_3$　　苯基-$\underset{\underset{O}{\|}}{C}CH_2CH_3$

甲基乙基酮(甲乙酮)　　二甲基酮(二甲酮)　　苯基乙基酮(苯乙酮)

(2) 系统命名法　选择含有羰基的最长碳链作为主链，从靠近羰基最近的一端开始将主链碳原子编号。由于醛基总在碳链一端，因此不需要注明醛基的位次，但酮除丙酮、丁酮外，其他酮的羰基需要注明位次。如：

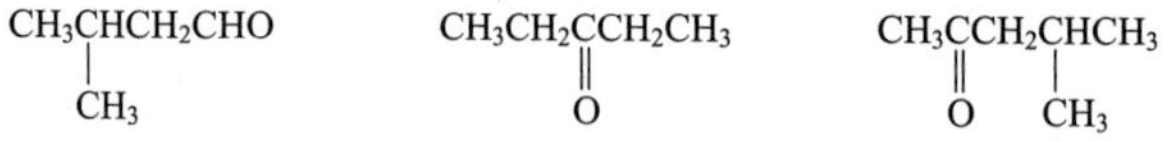

$\underset{\underset{CH_3}{|}}{CH_3CHCH_2CHO}$　　$CH_3CH_2\underset{\underset{O}{\|}}{C}CH_2CH_3$　　$CH_3\underset{\underset{O}{\|}}{C}CH_2\underset{\underset{CH_3}{|}}{CH}CH_3$

3-甲基丁醛　　　　3-戊酮　　　　　　4-甲基-2-戊酮

取代基的位次也可用希腊字母 α、β、γ…表示。用希腊字母表示时，则是从官能团相邻的碳原子开始，如：

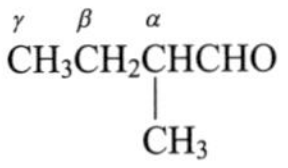

$$\underset{CH_3}{\overset{\gamma\quad\beta\quad\alpha}{CH_3CH_2CHCHO}}\qquad \underset{CH_3}{\overset{\gamma\quad\beta\quad\alpha}{CH_3CHCH_2CHO}}\qquad \underset{Cl}{\overset{\beta\quad\alpha\quad\alpha'\quad\beta'}{CH_3CHCOCH_2CH_2Cl}}$$

α-甲基丁醛　　　　　β-甲基丁醛　　　　　α,β'-二氯-3-戊酮

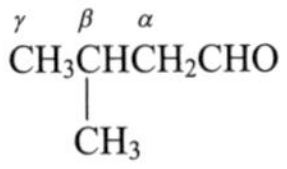

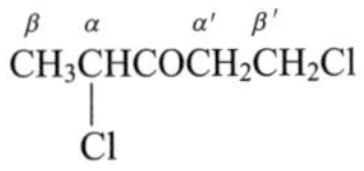

脂环酮的羰基在环内，称为环某酮，如羰基在环外，则将环当作取代基，例如：

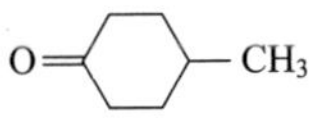

4-甲基环己酮 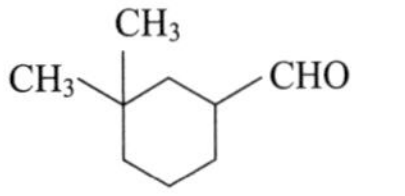　　　　3,3-二甲环己基甲醛

不饱和醛、酮的命名是选择含有羰基与不饱和键的最长碳链作为主链，称为某烯醛或某烯酮，编号时，从最靠近羰基一段开始，并注明不饱和键的位次，如：

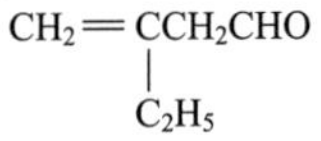

$$\underset{C_2H_5}{CH_2=CCH_2CHO}\qquad\qquad \underset{O}{CH_3CHCH=CH_2}$$

3-乙基-3-丁烯醛 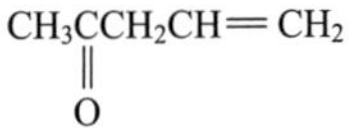　　　　　　　　4-戊烯-2-酮

芳香族醛、酮的命名是将芳环当作取代基，例如：

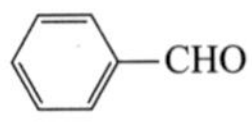

苯(基)甲醛 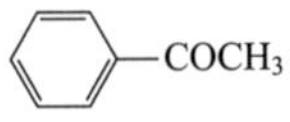　　　　苯(基)乙酮 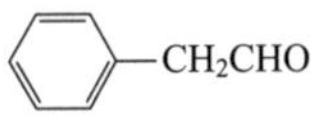　　　　苯(基)乙醛

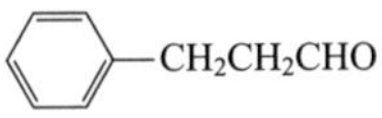

3-苯(基)丙醛 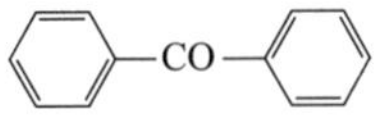　　　　　　二苯(基)甲酮

多元醛、酮的命名是将所有的羰基都选到主链里，编号时，使多个羰基的位次之和最小，如：

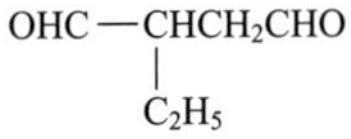

$$\underset{C_2H_5}{OHC-CHCH_2CHO}\qquad \underset{CH_3}{\overset{O\quad\ O}{CH_3CH_2CCCHCH_3}}\qquad \overset{O}{CH_3CCH_2CHO}$$

2-乙基丁二醛 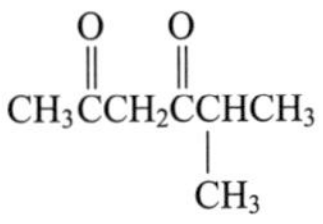　　　　5-甲基-2,4-己二酮 　　　　4-戊酮醛

12.1.2　醛和酮的物理性质

室温下，除甲醛是气体外，C_{12} 以下的各种醛、酮都是无色液体，高级醛、酮和芳香酮为固体。低级醛具有刺激性气味，中级醛（$C_8 \sim C_{12}$）有水果香味。因而，某些醛、酮常用于香料工业。

醛、酮分子间不能生成氢键，因此沸点比相应的醇低得多，但由于醛、酮的偶极矩较大，偶极间的静电吸引力使它们的沸点比分子量相当的烃或醚高。一些一元醛、酮的物理常数见表12-1。

醛、酮分子中羰基上的氧原子可以作为受体，与水分子生成氢键，因此，低级醛、酮在水里有一定的溶解度。甲醛、乙醛和丙酮能与水混溶，其他的醛、酮在水中的溶解度随分子量增加而减小，大多数微溶于水或不溶于水，但易溶于一般的有机溶剂。

脂肪族醛、酮的密度小于1，芳香族醛、酮的密度大于1。

表 12-1 一些一元醛、酮的物理常数

名称	熔点/℃	沸点/℃	溶解度/g·100g⁻¹水	名称	熔点/℃	沸点/℃	溶解度/g·100g⁻¹水
甲醛	-92	-21	易溶于水	丁酮	-86	80	26
乙醛	-121	20	∞	2-戊酮	-78	102	6.3
丙醛	-81	49	16	3-戊酮	-41	101	5
正丁醛	-99	76	7	2,4-二戊酮	-23	127	2.0
正戊醛	-91	103	微溶	环己酮	-45	156	溶
苯甲醛	-26	178	0.3	苯乙酮	21	202	微溶
丙酮	-94	56	∞	二苯甲酮	48	306	不溶

12.1.3 醛和酮的化学性质

醛、酮的化学性质主要表现在羰基上，以及受羰基影响较大的 α-氢原子上。羰基碳原子是 sp^2 杂化，碳原子的 3 个 sp^2 杂化轨道分别与氧原子、氢原子或碳原子形成 3 个 σ 键，键角约为 120°，是平面三角形结构。碳原子没有参与杂化的 p 轨道与氧原子的 p 轨道侧面重叠形成 π 键。由于氧原子的电负性较大，吸引电子的能力较强，碳氧双键之间的电子强烈地偏向氧原子一边，使羰基氧原子带有部分负电荷，碳原子带有部分正电荷，因此羰基是强极性基团，如图 12-2 所示。

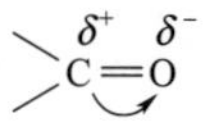

图 12-2 羰基的结构

羰基碳原子易受亲核试剂的进攻而发生亲核加成反应。另外，受羰基的影响，α-H 也有一定的活性。羰基的反应部位如下所示：

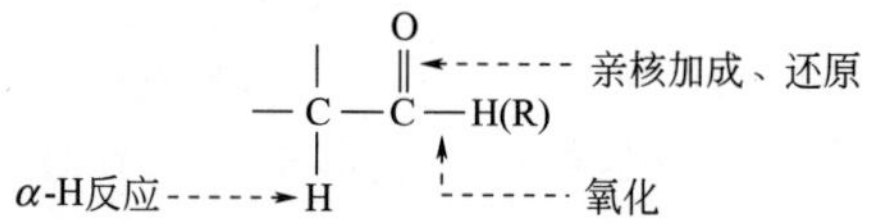

醛、酮的化学性质有许多相似之处，但由于酮中的羰基与两个烃基相连，而醛中的羰基与一个烃基和一个氢原子（或与两个氢原子）相连，这种结构上的差异，使它们的化学性质也有一定的差异，醛比酮活泼，有些反应醛可以进行，而酮不能进行。

12.1.3.1 羰基的亲核加成反应

(1) 反应机理和反应活性

① 反应机理 以 HNu 代表亲核试剂，Nu 为亲核部分，H 为亲电部分，反应可被酸或碱催化。

加成反应通式为：

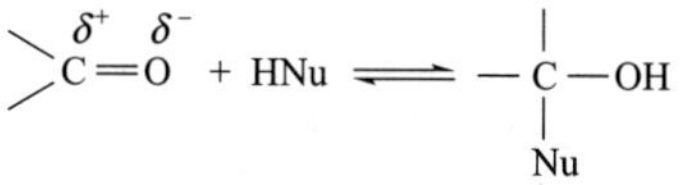

$$\!>\!\!\overset{\delta^+}{C}\!=\!\overset{\delta^-}{O} + HNu \rightleftharpoons -\underset{\underset{Nu}{|}}{\overset{|}{C}}-OH$$

a. 碱催化机理：碱首先与 HNu 作用形成强亲核试剂 Nu^-，从而加速反应。Nu^- 进攻羰基碳是决定反应速率的步骤，反应往往是可逆的。

$$OH^- + HNu \longrightarrow H_2O + Nu^-$$

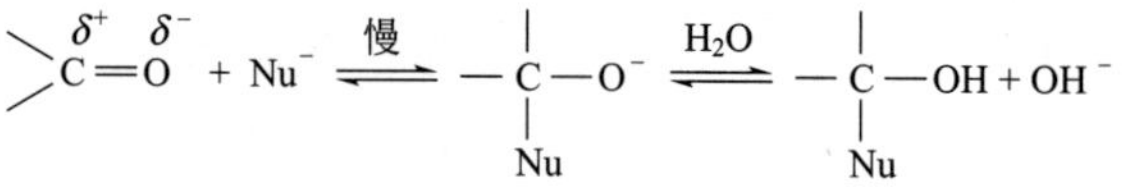

$$>\!\!\overset{\delta^+}{C}\!=\!\overset{\delta^-}{O} + Nu^- \xrightleftharpoons{\text{慢}} -\underset{\underset{Nu}{|}}{\overset{|}{C}}-O^- \xrightleftharpoons{H_2O} -\underset{\underset{Nu}{|}}{\overset{|}{C}}-OH + OH^-$$

b. 酸催化机理：酸的作用是使羰基氧质子化，这一步容易进行，决定反应速率的步骤

是亲核试剂进攻羰基碳原子这一步。

$$\underset{}{\overset{\delta^+ \; \delta^-}{>C=O}} + H^+ \underset{快}{\rightleftharpoons} \left[>\overset{+}{C}=OH \leftrightarrow >\overset{+}{C}-OH \right] \underset{慢}{\overset{HNu}{\longrightarrow}} -\underset{|}{\overset{NuH^+}{C}}-OH \overset{-H^+}{\longrightarrow} -\underset{|}{\overset{Nu}{C}}-OH$$

② 反应活性及影响反应活性的因素

a. 电子效应：羰基加成反应关键的一步是亲核试剂对羰基碳原子的进攻。当羰基连有吸电子基团时，羰基碳原子上电子云密度降低有利于亲核加成。若羰基连有芳基、烯基或具未共用电子对的基团（如—OR，—NR_2），因给电子共轭效应使羰基稳定化，加成反应速率降低，因而有关化合物反应活性次序是：

$$HCHO > RCHO > RCOR' > RCOOR' > RCONR_2'$$

$$RCOR' > RC\text{-C}_6H_5 > RC\text{-C}_6H_4\text{-}NR_2$$

$$RCHO > C_6H_5\text{-}CHO$$

b. 立体（空间）效应：羰基所连基团越大，立体障碍使试剂进攻越困难。同时，加成过程中羰基碳原子由 sp^2 逐渐向 sp^3 转化，是增加立体障碍的过程，基团大时太"拥挤"。故反应活性是：

$$HCHO > RCHO > RCOR'$$

c. 亲核试剂的影响：对于一定的羰基化合物来说，试剂的亲核性越强，反应越容易。一般讲：

带负电荷的亲核试剂比它的共轭酸的亲核性强，如 OH^- 比 H_2O 强；

极性大的比极性小的强，如 HCN 比 H_2O 强；

碳负离子比同周期其他元素负离子亲核性强，即 $R_3C^- > R_2N^- > RO^- > F^-$；

试剂的体积越大，反应越不易进行，例如，与同一醛加成时 HCN 比 $NaHSO_3$ 容易。

羰基加成反应是一个平衡反应，影响反应速率的诸因素都直接影响平衡位置，所以，各种不同的加成反应平衡常数不一样。

(2) 羰基的加成反应

① 与水的加成　羰基与水加成生成水合醛即胞二醇，从热力学上讲是不利的，故醛的水合物大多不稳定，很少见。只有甲醛在水中几乎全部形成水合物，但分离不出来。三氯乙醛和水可形成稳定的水合氯醛，这是由于三氯甲基（—CCl_3）的强吸电子作用使羰基碳原子的正电性增强，OH^- 不易离去，因此失水困难。

$$Cl_3CCHO + H_2O \longrightarrow Cl_3C-\underset{\underset{H}{|}}{\overset{\overset{OH}{|}}{C}}-OH$$

水合氯醛 m.p.57℃

② 与醇的加成　醇与水相似，也能与羰基发生加成反应。在酸催化下一分子醇加到羰基上形成半缩醛或半缩酮，半缩醛和半缩酮不稳定，不能分离出来。在酸催化下可继续与醇分子缩合，生成缩醛或缩酮。

$$R-\overset{O}{\underset{H}{C}} + ROH \underset{}{\overset{无水 HCl}{\rightleftharpoons}} R-\underset{\underset{H}{|}}{\overset{\overset{OR}{|}}{C}}-OH \overset{H^+, ROH}{\rightleftharpoons} R-\underset{\underset{H}{|}}{\overset{\overset{OR}{|}}{C}}-OR$$

半缩醛　　　　　缩醛

$$R-\overset{O}{\underset{R}{C}} + ROH \xrightleftharpoons{\text{无水 HCl}} R-\underset{R}{\overset{OR}{\underset{|}{C}}}-OH \xrightleftharpoons{H^+, ROH} R-\underset{R}{\overset{OR}{\underset{|}{C}}}-OR$$
半缩酮　　　　　缩酮

简单的醛与过量的醇在酸性催化剂存在下即可变成缩醛,分子量大的醛要加苯蒸馏,把生成的水带出,使平衡向右移动。

酮与简单的醇不容易得到缩酮,如丙酮与乙醇反应达平衡后,只有2%缩酮,但与1,2-二醇反应能顺利地生成环状缩酮。

$$C_6H_5CH_2\overset{O}{\underset{}{C}}CH_3 + HOCH_2CH_2OH \xrightarrow[\triangle]{p\text{-}CH_3C_6H_4SO_3H, C_6H_6} C_6H_5CH_2\underset{}{\overset{O\diagup\diagdown O}{C}}CH_3$$
甲基苄基酮　　乙二醇　　　　　　　　　　　　　　甲基苄基酮缩乙二醇

缩醛和缩酮对碱稳定,在酸性溶液中容易水解成醛和酮。有机合成中,常用生成缩醛的方法来保护羰基,使羰基在反应中不受破坏,反应结束后,再用稀酸水解生成原来的醛基。如:

$$CH_2BrCH_2CHO \xrightarrow{C_2H_5OH/H^+} CH_2BrCH_2CH(OC_2H_5)_2 \xrightarrow{OH^-}$$

$$CH_2=CHCH(OC_2H_5)_2 \xrightarrow{H_3O^+} CH_2=CHCHO$$

③ 与亚硫酸氢钠的加成　过量的饱和亚硫酸氢钠水溶液(40%)与醛或酮一起摇动,有白色晶体析出,这是醛或酮与亚硫酸氢钠反应生成的加成产物。

$$\overset{}{\underset{}{>}}C=O + NaHSO_3 \rightleftharpoons \overset{}{\underset{SO_3H}{>C-O^-Na^+}} \xrightleftharpoons[\text{强酸}]{\text{醇钠}} \overset{}{\underset{SO_3Na}{>C-OH}} \leftarrow \text{强酸盐}$$
α-羟基磺酸钠盐

反应是可逆的,加成产物能溶于水而不溶于亚硫酸氢钠的饱和溶液,所以要用过量的饱和亚硫酸氢钠溶液。酸和碱能从平衡中除去亚硫酸氢钠,因此加成产物可以用酸或碱分解回收原来的醛和酮:

$$\underset{SO_3Na}{>C-OH} + H_3O^+ \longrightarrow >C=O + SO_2 + 2H_2O + Na^+$$

$$\underset{SO_3Na}{>C-OH} + OH^- \longrightarrow >C=O + H_2O + Na^+ + SO_3^{2-}$$

醛、脂肪族甲基酮和低级环酮(环内碳原子在8个以下)都能与亚硫酸氢钠生成加成产物,其他的酮(包括芳香族甲基酮)实际上不反应。

由于亚硫酸氢钠加成产物容易分离,也容易变回原来的醛或酮,因此,常用于醛和酮的分离、提纯。

④ 与氢氰酸的加成　在碱催化下,醛、酮与氢氰酸反应生成氰醇:

$$OH^- + HCN \longrightarrow H_2O + CN^-$$

$$\overset{\delta^+}{>}C\overset{\delta^-}{=}O + CN^- \xrightleftharpoons{\text{慢}} \underset{CN}{-\overset{|}{C}-O^-} \xrightarrow{H_2O} \underset{CN}{-\overset{|}{C}-OH} + OH^-$$

用无水的液体氢氰酸制备氰醇能得到满意的结果,但是它的挥发性大,有剧毒,使用不便。在实验室中,常将醛、酮与氰化钾或氰化钠的溶液混合,再加入无机酸。即使采用这样的实验方法,仍必须在通风橱内仔细进行操作。

醛、酮与氢氰酸的加成产物比原来的醛、酮增加了一个碳原子,是有机合成上增长碳链的方法之一,许多氰醇是有机合成的重要中间体,例如有机玻璃的单体 α-甲基丙烯酸甲酯,就是以 2-甲基-2-羟基丙腈作为中间体。

$$CH_3CCH_3 \xrightarrow{HCN} CH_3\underset{OH}{\overset{CN}{|}}CCH_3 \xrightarrow[H_2SO_4]{CH_3OH} CH_2=\underset{CH_3}{\overset{|}{C}}COOCH_3 \quad \alpha\text{-甲基丙烯酸甲酯}$$

⑤ 与格氏试剂的加成　格氏试剂 RMgX 分子中有一个极性很强的碳—金属键。与金属相连的碳具有很强的亲核性,是强亲核试剂,反应几乎是不可逆的。醛、酮与格氏试剂加成后水解得到醇。

$$\overset{\delta^-}{R}-\overset{\delta^+}{MgX} + \overset{\delta^+}{\underset{}{C}}=\overset{\delta^-}{O} \xrightarrow{无水醚} R-\overset{|}{\underset{|}{C}}-OMgX \xrightarrow[H^+]{H_2O} R-\overset{|}{\underset{|}{C}}-OH + Mg\overset{OH}{\underset{X}{\diagdown}}$$

甲醛与格氏试剂反应,得到伯醇,其他醛与格氏试剂反应,得到仲醇,酮与格氏试剂反应,得到叔醇。

$$R-MgX + \begin{cases} HCHO \xrightarrow{无水醚} RCH_2OMgX \xrightarrow[H^+]{H_2O} RCH_2OH & 增加一个C伯醇 \\ R'CHO \xrightarrow{无水醚} R'\underset{R}{\overset{|}{C}}HOMgX \xrightarrow[H^+]{H_2O} R'\underset{R}{\overset{|}{C}}HOH & 仲醇 \\ R'\underset{R'}{\overset{|}{C}}=O \xrightarrow{无水醚} R'-\underset{R'}{\overset{R}{\underset{|}{\overset{|}{C}}}}-OMgX \xrightarrow[H^+]{H_2O} R'-\underset{R'}{\overset{R}{\underset{|}{\overset{|}{C}}}}-OH & 叔醇 \end{cases}$$

此反应是增长碳链的方法,具体增长碳原子数随格氏试剂中烃基的碳原子数的变化而定。例如,合成 3-甲基-3-己醇可以用 3 种方法。

第一种:

$$CH_3CH_2\underset{O}{\overset{\|}{C}}CH_3 + CH_3CH_2CH_2MgBr \xrightarrow{无水醚} \xrightarrow[H^+]{H_2O} CH_3CH_2\underset{OH}{\overset{CH_3}{\underset{|}{C}}}CH_2CH_2CH_3$$

第二种:

$$CH_3CH_2CH_2\underset{O}{\overset{\|}{C}}CH_3 + CH_3CH_2MgBr \xrightarrow{无水醚} \xrightarrow[H^+]{H_2O} CH_3CH_2\underset{OH}{\overset{CH_3}{\underset{|}{C}}}CH_2CH_2CH_3$$

第三种:

$$CH_3CH_2CH_2\underset{O}{\overset{\|}{C}}CH_2CH_3 + CH_3MgBr \xrightarrow{无水醚} \xrightarrow[H^+]{H_2O} CH_3CH_2\underset{OH}{\overset{CH_3}{\underset{|}{C}}}CH_2CH_2CH_3$$

⑥ 与氨的衍生物的加成　醛、酮与氨的衍生物加成,产物一般不稳定,很容易失去一分子水。弱酸催化下,反应是碱性的胺对羰基碳的亲核进攻,酸可使羰基质子化,从而降低羰基碳的电子云密度,有利于亲核试剂的进攻,但酸也能使胺质子化,降低试剂的亲核性,因此,溶液 pH 值的控制很重要。

用 H_2N-X 代表氨的衍生物。

$$\begin{aligned} X= & -OH & & 羟胺 \\ & -NH_2 & & 肼 \\ & -NHC_6H_5 & & 苯肼 \end{aligned}$$

$$>C=O + H_2N-OH \longrightarrow \left[>C\underset{OH\ H}{\overset{-NHCONH_2\ 氨基脲}{\underset{|}{\overset{|}{-N-OH}}}} \right] \xrightarrow{-H_2O} >C=N-OH \quad (肟)$$

$$>C=O + H_2N-NH_2 \xrightarrow{-H_2O} >C=N-NH_2 \quad (腙)$$

$$>C=O + H_2N-NHC_6H_5 \xrightarrow{-H_2O} >C=N-NHC_6H_5 \quad (苯腙)$$

$$>C=O + H_2N-NHCONH_2 \xrightarrow{-H_2O} >C=N-NHCONH_2 \quad (缩氨脲)$$

$$>C=O + H_2N-R' \xrightarrow{-H_2O} >C=N-R' \quad (取代亚胺,不太稳定)$$

脂肪胺和脂肪醛、酮形成的亚胺稳定性比芳基取代亚胺低,制备也比后者困难,通常需要用恒沸蒸馏的办法及时移去反应中生成的水以促进反应进行。例如,环己酮与叔丁基胺在苯中进行缩合,利用苯与水形成恒沸物将水及时移去。

$$\bigcirc=O + (CH_3)_3C-NH_2 \longrightarrow \bigcirc=N-C(CH_3)_3$$
$$85\%$$

醛、酮与肼(H_2N-NH_2)、取代肼($RNH-NH_2$)及氨基脲($H_2N-NHCONH_2$)反应,分别形成腙和缩氨脲,这些产物通常是稳定的。

醛、酮与苯肼、2,4-二硝基苯肼、氨基脲的缩合物都有很好的结晶,且具有一定的熔点,经酸水解后又可得原来的醛、酮,所以可用来鉴别和提纯醛、酮。

醛、酮与羟胺(H_2N-OH)反应生成肟。羟胺亲核性较强,反应不需要酸催化。

12.1.3.2 α-H 的反应

醛、酮分子中与羰基直接相连的碳原子,称为 α-碳原子,α-碳原子上的氢原子称为 α-氢原子。α-氢原子受羰基吸电子效应的影响,化学性质比较活泼。

(1) 卤代反应 含 α-H 的醛、酮可被卤素取代生成 α-卤代醛、酮。

$$CH_3CHO + Cl_2 \xrightarrow{H_2O} ClCH_2CHO + HCl$$

$$\bigcirc=O + Br_2 \longrightarrow \bigcirc(Br)=O + HBr$$

(2) 卤仿反应 醛、酮中的 α-H 易被卤素取代,特别是在碱性溶液中,反应进行得很顺利,生成卤仿。

$$R-\overset{O}{\underset{\|}{C}}-CH_3 \xrightarrow{X_2 + NaOH} R-\overset{O}{\underset{\|}{C}}-O^- + HCX_3$$

$$RCOCH_3 + I_2 + NaOH \longrightarrow RCOONa + CHI_3\downarrow \quad 黄色$$
$$\downarrow H^+$$
$$RCOOH \quad 少一个C$$

① 碘仿是黄色晶体,不溶于水,具有特殊的气味,易于发觉。所以,碘仿反应常用来鉴定具有甲基的醛、酮和醇[CH_3CO- 或 $CH_3CH(OH)-$]。

② 甲基酮的卤仿反应是制备少一个C原子羧酸的途径。

(3) 羟醛缩合 在稀 OH^- 作用下,两分子的醛或酮结合生成一分子 β-羟基醛或 β-羟基酮的反应。

$$CH_3CHO + CH_3CHO \underset{}{\overset{稀碱}{\rightleftharpoons}} CH_3\underset{OH}{CH}-CH_2CHO \xrightarrow{-H_2O} CH_3\overset{\beta}{CH}=\overset{\alpha}{CH}CHO$$

酮发生羟醛缩合时，比醛要困难些。主要是由于空间效应的影响。

① 除乙醛外，其他醛经羟醛缩合，所得产物都是在 α-C 上带有支链的羟醛或烯醛。

② 无 α-H 的醛、酮不能发生羟醛缩合。

③ 两种不同的带 α-H 的醛、酮进行羟醛缩合，反应产物复杂，这样"交叉"羟醛缩合在合成上的应用是有限的。

④ 无 α-H 的醛、酮可和另一分子有 α-H 的醛的负离子接受者在不同的分子间发生"交叉"羟醛缩合反应。

$$\text{C}_6\text{H}_5\text{—CHO} + CH_3CHO \overset{稀碱}{\rightleftharpoons} \text{C}_6\text{H}_5\text{—}\underset{OH}{CH}-CH_2CHO \xrightarrow[\triangle]{-H_2O} \text{C}_6\text{H}_5\text{—CH}=CHCHO \text{ (肉桂醛)}$$

⑤ 在合成上有重要的意义：增长碳链，产生支链；常用来制备 β-羟基醛、酮和 α,β-不饱和醛、酮。

12.1.3.3 氧化反应

醛分子中有一个氢原子直接连在羰基上，因此容易被氧化，常用的氧化剂是铬酸和高锰酸钾。如：

$$n\text{-}C_6H_{13}CHO \xrightarrow[H_2O,20℃]{KMnO_4/H_2SO_4} n\text{-}C_6H_{13}COOH$$

酮不易被氧化，在比较激烈的条件下，碳链从羰基两边均可断裂，生成分子量较小的羧酸混合物。如：

$$CH_3COCH_2CH_3 \xrightarrow{HNO_3} CH_3COOH + CH_3CH_2COOH + HCOOH$$

因此不能用于合成。但若为环酮则得二酸，如环己酮氧化得己二酸，己二酸是生产尼龙-66 的原料：

$$\text{C}_6\text{H}_{10}\text{=O} + HNO_3 \xrightarrow{V_2O_5} HOOC(CH_2)_4COOH$$

比较弱的氧化剂也可使醛氧化，生成羧酸。而酮较难发生氧化，因此可以利用氧化反应来鉴别醛和酮。常用于鉴别醛、酮的弱氧化剂是 Tollens 试剂和 Fehling 试剂。

(1) Tollens 试剂 Tollens 试剂是硝酸银的氨溶液，能将醛氧化成羧酸，银离子被还原为金属银，这个反应又称为银镜反应，反应式为：

$$RCHO + 2Ag(NH_3)_2OH \xrightarrow{\triangle} RCOO^-NH_4^+ + 2Ag\downarrow + 3NH_3 + H_2O$$

脂肪醛和芳香醛都能被 Tollens 试剂氧化。

(2) Fehling 试剂 Fehling 试剂是硫酸铜溶液和酒石酸钾钠的碱溶液的混合液，酒石酸钾钠的作用是和二价铜离子形成配离子，避免生成氢氧化铜沉淀。醛与 Fehling 试剂反应生成羧酸，铜离子被还原成砖红色的氧化亚铜沉淀，反应式为：

$$RCHO + 2Cu^{2+} + 5OH^- \xrightarrow{\triangle} RCOO^- + \underset{砖红色}{Cu_2O\downarrow} + 3H_2O$$
$$\text{配离子}$$

芳香醛和酮不能被 Fehling 试剂氧化，因此 Fehling 试剂可用于鉴别脂肪醛和芳香醛，也可用于鉴别脂肪醛和酮。

12.1.3.4 还原反应

醛、酮的还原反应可分为两类，一类是醛、酮被还原成醇，另一类是羰基被还原成亚甲基。

(1) 还原成醇 醛、酮在加压和加热条件下催化加氢，分别生成伯醇和仲醇。如：

$$CH_3CH_2CHO \xrightarrow[\triangle]{H_2/Pt} CH_3CH_2CH_2OH$$

$$CH_3COCH_3 \xrightarrow[\triangle]{H_2/Pt} CH_3CHCH_3 \\ \quad\quad\quad\quad\quad\quad OH$$

其产率一般很高（90%～100%），但反应的选择性不高，醛、酮分子中若同时含有不饱和键，羰基和不饱和键同时被还原。如：

$$CH_3CH=CHCHO \xrightarrow{H_2}_{Ni} CH_3CH_2CH_2CH_2OH$$

如果只还原羰基，而保留不饱和键，则需要使用选择性高的还原剂，如硼氢化钠（$NaBH_4$）、氢化铝锂（$LiAlH_4$）、异丙醇铝等。如：

$$\underset{\text{巴豆醛}}{CH_3CH=CHCHO} \xrightarrow{NaBH_4} \underset{\text{巴豆醇}}{CH_3CH=CHCH_2OH}$$

上述还原剂中，氢化铝锂还原能力最强，除了还原羰基外，还可还原—COOH、—COOR、—$CONH_2$ 等基团。如：

$$C_6H_5COCH_2CH_2COOH \xrightarrow{LiAlH_4 \quad H_3O^+} C_6H_5CH(OH)CH_2CH_2CH_2OH$$

(2) 还原成亚甲基

① Clemmensen 还原法 用锌汞齐和浓盐酸作还原剂，羰基被还原成亚甲基，这种方法被称为 Clemmensen 还原法。

锌汞齐是用锌粒与汞盐（$HgCl_2$）在稀盐酸溶液中反应制得的。锌把 Hg^{2+} 还原成 Hg，然后 Hg 与 Zn 在锌的表面上形成锌汞齐。还原反应在活化了的锌表面上进行。如：

$$C_6H_5COCH_2CH_3 \xrightarrow[\text{浓HCl}]{Zn-Hg} C_6H_5CH_2CH_2CH_3$$

$$\underset{OCH_3}{\underset{|}{HO-C_6H_3}}-CHO \xrightarrow[\text{浓HCl}/C_2H_5OH]{Zn-Hg} \underset{OCH_3}{\underset{|}{HO-C_6H_3}}-CH_3$$

由于反应是在酸性介质中进行，因此，羰基化合物中含有对酸敏感的基团时，不能用此法还原。若要还原对酸敏感的醛、酮，可用 Kishner-Wolff-黄鸣龙反应。

$$C_6H_5CH=CHCOCH_3 \xrightarrow[\text{浓HCl}]{Zn-Hg} C_6H_5CH_2-CH_2CH_2CH_3$$

② Kishner-Wolff-黄鸣龙还原法 醛、酮与肼反应生成腙，然后将腙与乙醇钠及无水乙醇在封管或高压釜中加热到 180℃ 左右，即放出氮气而生成烃，这种方法称为 Wolff-Kishner 还原法。如：

$$CH_3CHO \xrightarrow{NH_2NH_2} CH_3CH=NNH_2 \xrightarrow{NaOC_2H_5} CH_3CH_3 + N_2$$

反应需在高压釜或封管中进行，操作很不方便。1946 年黄鸣龙对此法进行了改进，不用封管，而将醛、酮和 KOH 或 NaOH、50%～85%水合肼及高沸点水溶性有机溶剂（如一缩乙二醇 $HOCH_2CH_2OCH_2CH_2OH$，沸点 245℃）回流几小时，然后蒸出水分，再在 190～200℃回流 1～2h 以完成分解，这种方法称为 Wolff-Kishner-黄鸣龙还原法。如：

$$C_6H_5-COCH_2CH_3 \xrightarrow[\text{一缩乙二醇，}\triangle]{NH_2NH_2, H_2O/KOH} C_6H_5-CH_2CH_2CH_3$$

这个反应是在碱性介质中进行的，因此羰基化合物中不能含有对碱敏感的基团。此法与 Clemmensen 还原法相互补充，是在苯环上间接引入直链烷基的最好方法。

12.1.3.5 歧化反应

不含 α-氢的醛在浓碱作用下发生自身氧化还原反应，一分子被氧化生成酸，一分子被还原生成醇，这种反应称为歧化反应，也称为 Cannizzaro 反应。如：

$$2\ C_6H_5-CHO \xrightarrow{\text{浓NaOH}} C_6H_5-COONa + C_6H_5-CH_2OH$$

若甲醛与其他不含 α-氢的醛作用，由于甲醛容易氧化，因此一般是甲醛被氧化成甲酸。如：

$$HCHO + C_6H_5-CHO \xrightarrow{\text{浓KOH}} HCOOK + C_6H_5-CH_2OH$$

12.1.4 重要的醛、酮

12.1.4.1 甲醛

甲醛俗称蚁醛，是一种重要的化工原料。由于其分子中具有碳氧双键，因此易进行聚合和加成反应。甲醛的沸点为 -21℃，常温下为无色气体，具有强烈的刺激性气味，易溶于水。37%～40%的甲醛水溶液俗称福尔马林，是医药上常用的消毒剂和防腐剂。甲醛蒸气和空气混合物的爆炸极限为 7%～73%。

甲醛的分子结构和其他醛不同，它的羰基与两个氢原子相连，由于分子结构上的差异，在化学性质上表现出一些特殊性。

(1) 聚合　甲醛极易聚合，条件不同，生成的聚合物不同。气体甲醛在常温下，能自行聚合，生成三聚甲醛。60%～65%的甲醛水溶液在约 2%硫酸催化下煮沸，可以得到三聚甲醛。

$$3HCHO \xrightarrow{H_2SO_4} \text{三聚甲醛（1,3,5-三氧六环）}$$

将甲醛水溶液慢慢蒸发，甲醛水合物分子间即发生聚合反应生成链状聚合物。

$$HCHO + H_2O \longrightarrow HOCH_2OH$$

$$n\,HOCH_2OH \longrightarrow HO\!\left[\!\begin{array}{c}H_2\\C\\\end{array}\!-\!O\right]_n\!H + (n-1)H_2O$$

三聚或多聚甲醛加热都可解聚重新生成甲醛。因此，工业上常用此法来制备无水气态甲醛。

(2) 与氨反应　甲醛与氨反应生成环六亚甲基四胺，商品名称为乌洛托品。

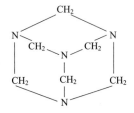

甲醛的用途很广,是化学工业中非常重要的化工原料,特别是合成高分子工业中合成酚醛树脂、脲醛树脂的原料,在医药上可作为消毒、防腐剂。

12.1.4.2 乙醛

乙醛是重要的有机合成原料,主要用于合成乙酸、乙酐、乙醇、丁醇、丁醛等。乙醛的沸点在常压下仅为 20℃,是极易挥发、具有刺激性气味的液体,能溶于水、乙醇和乙醚。乙醛易燃烧,它的蒸气与空气混合物爆炸极限为 4%~57%。

工业上生产乙醛由乙炔水合制得,还可以由乙烯在氯化铜和氯化钯的催化下,用空气氧化合成。

$$H_2C=CH_2 + 1/2O_2 \xrightarrow{CuCl_2 \cdot PdCl_2} CH_3CHO$$

12.1.4.3 丙酮

丙酮是无色、易挥发、易燃的液体。沸点为 56℃,有微弱的香味,能与水、乙醇、乙醚、氯仿等混溶,并能溶解油脂、树脂、橡胶、蜡等多种有机物,是很好的溶剂。丙酮蒸气与空气混合物爆炸极限为 2.55%~12.80%。

丙酮是重要的有机化工原料之一,是生产甲基丙烯酸甲酯、高级酯和双酚 A 的原料,还可用于油漆、制药等行业。

丙酮的工业制法很多,可以用异丙醇氧化及异丙苯氧化法制得,也可由丙烯直接氧化法制得。

$$CH_3CH=CH_2 + 1/2O_2 \xrightarrow[110℃, 1MPa]{CuCl_2 \cdot PdCl_2} CH_3\overset{O}{\underset{\|}{C}}CH_3$$

12.2 醌

醌是一类特殊的环酮,可以由芳香族化合物制备,但醌环并没有芳香族化合物的特性。

12.2.1 醌的结构、命名

醌分子中具有环己二烯二酮的结构,分子中 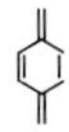 和 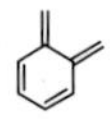 结构单元,称为醌式结构,根据 X 射线晶体分析,对苯醌中 C—C 键的长度为 149pm 及 132pm,与 C—C 单键(154pm)及 C=C 双键(134pm)的长度非常接近,说明它不具备苯环的特征。

因醌类与芳香族化合物密切相关,故作为芳香族化合物的衍生物来命名。如:

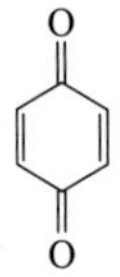

对苯醌或1,4-苯醌 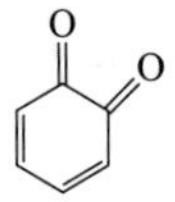   邻苯醌或1,2-苯醌 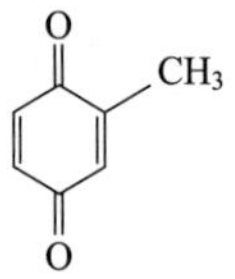   2-甲基-1,4-苯醌

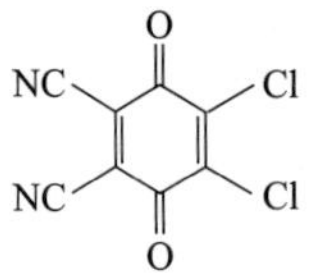

2,3-二氰基-5,6-二氯-1,4-苯醌 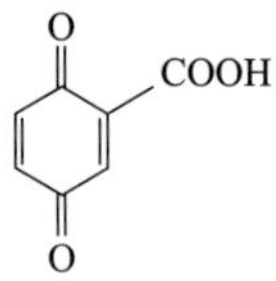   1,4-苯醌-2-甲酸 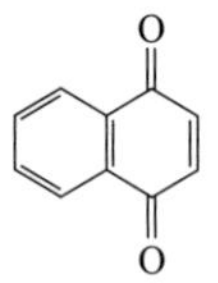   1,4-萘醌

12.2.2 醌的主要性质

12.2.2.1 醌的物理性质

醌为结晶固体，一般有颜色，对苯醌为黄色，邻苯醌为红色。

游离态醌类化合物一般具有升华性，常压下加热可升华而不分解，一般升华温度随酸度增加而升高，小分子的苯醌及萘醌类具有挥发性。

12.2.2.2 醌的化学性质

(1) 还原反应 对苯醌容易还原成氢醌，氢醌也易氧化成对苯醌，因而构成一对氧化-还原对。

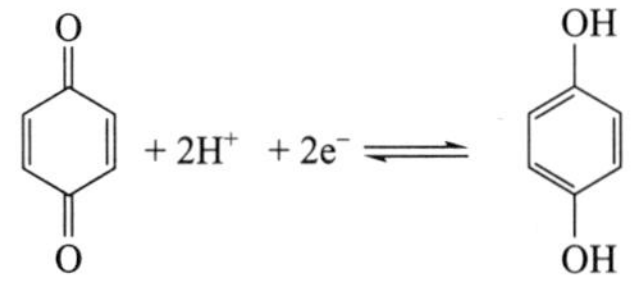

醌的还原，为两次接受单电子过程，生成氢醌双负离子，再与质子结合得到氢醌。第一次接受单电子的活性中间体叫做半醌，它是一种自由基负离子，它的存在已被电子自旋共振谱证实。

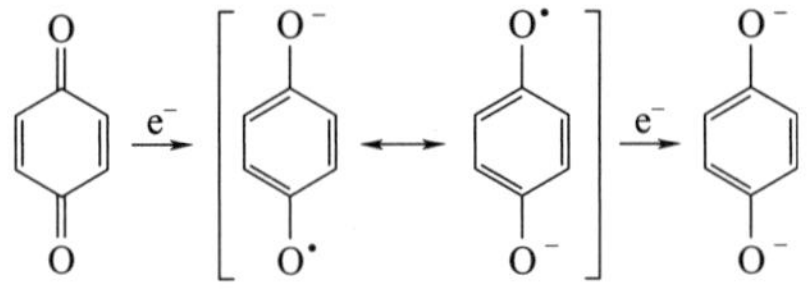

具有半醌结构的苯氧自由基的形成，是酚类作为抗氧剂的基础，它们能阻止链反应传递。如：

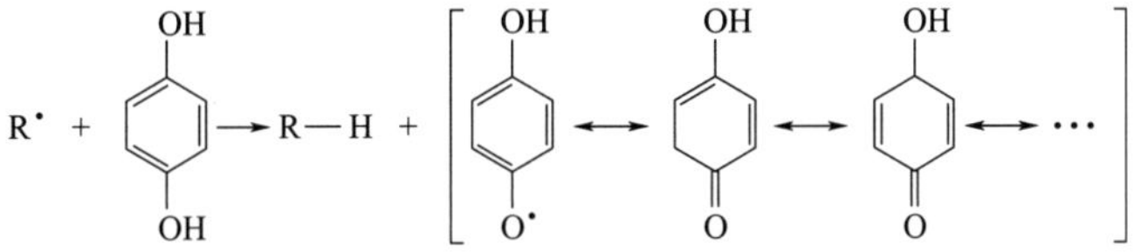

产生的自由基可歧化成醌和氢醌，并能彼此形成电荷转移配合物，因而终止链反应。

醌类容易还原，可作为脱氢试剂。四氯苯醌、2,3-二氰基-5,6-二氯-1,4-苯醌（DDQ）都是常用的脱氢试剂，如：

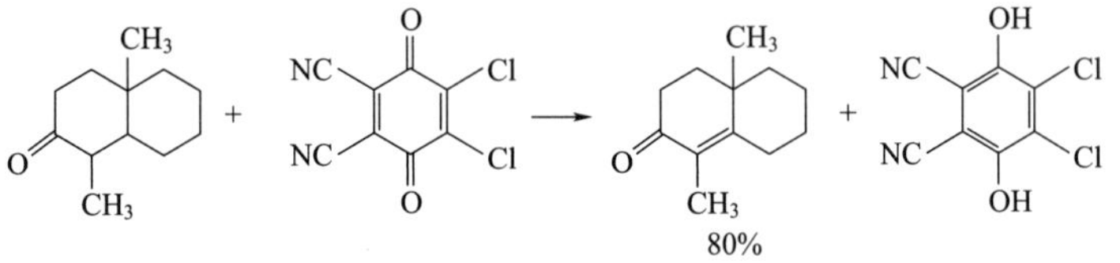

生理氧化还原中，氢醌和醌类化合物起着重要的作用。

(2) 加成反应 对苯醌与羟胺反应生成一肟和二肟。

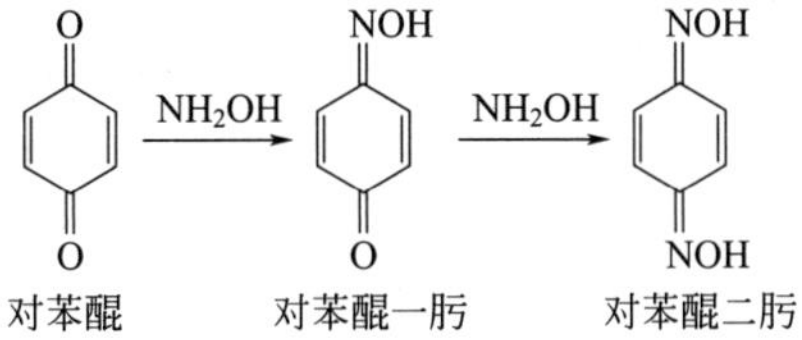

对苯醌　　对苯醌一肟　　对苯醌二肟

反应必须在酸性溶液中进行，因为在碱性溶液中，苯醌可以使羟胺氧化。对苯醌一肟与苯酚起亚硝化反应所得的对亚硝基苯酚为同一化合物，说明这两种结构可以彼此互变。

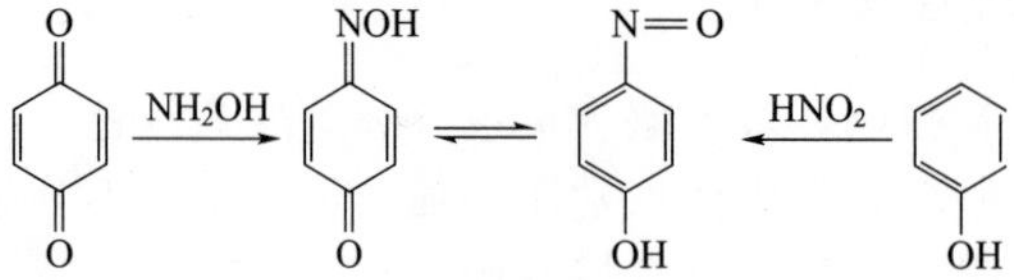

对亚硝基苯酚

对苯醌与氢氰酸加成生成2-氰基-1,4-苯二酚。

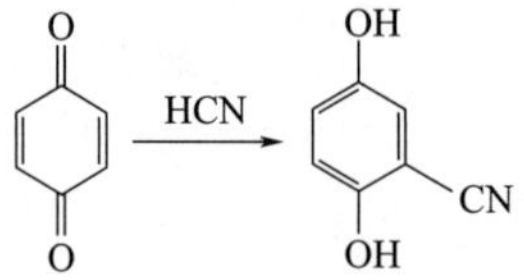

对苯醌与甲醇的加成反应要复杂一些，第一步生成的2-甲氧基-1,4-苯二酚容易被过量的对苯醌氧化，生成2-甲氧基-1,4-苯醌，它与甲醇继续反应，生成2,5-二甲氧基-1,4-苯二酚，后者更容易被苯醌氧化，因此，产物为2,5-二甲氧基-1,4-苯醌。

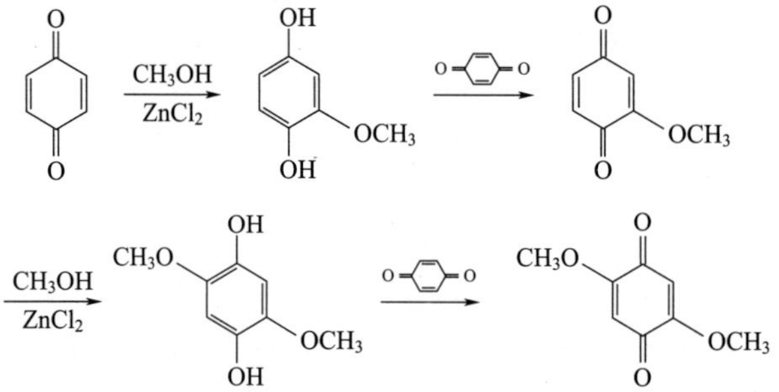

复习思考题

1. 用系统命名法命名下列化合物。

(1) $CH_3CH(CH_3)CH_2CHO$ (2) $(CH_3)_2CHCOCH_2CH_3$

(3) 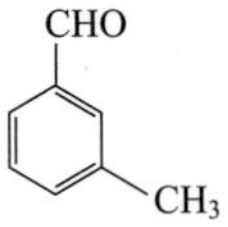 3-甲基苯甲醛   (4) 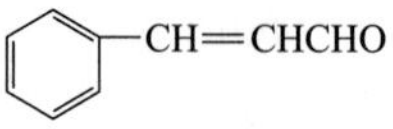 $C_6H_5CH=CHCHO$

(5) $CH_2=C(CH_3)CH(C_2H_5)CHO$ (6) $CH_3COCH_2COCH_2CH_3$

(7) 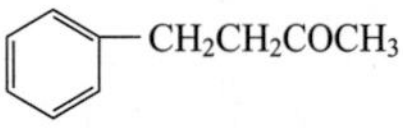 $C_6H_5CH_2CH_2COCH_3$ (8) $CHOCH_2CH_2CHO$

2. 写出下列化合物的结构式。

(1) 水合三氯乙醛   (2) 苯乙醛

(3) 2-三氟甲基-4-异丙基苯甲醛   (4) 丙基苯基酮肟

(5) 2-己酮苯腙   (6) 甲乙酮

(7) 邻氯苯乙酮   (8) 邻苯醌

3. 下列化合物哪些能与饱和 $NaHSO_3$ 作用？哪些能发生碘仿反应？写出相应的反应式。

(1) CH_3CHO (2) CH_3CH_2OH

(3) $CH_3CH_2CH_2CHO$ (4) $CH_3COCH_2CH_3$

(5) $CH_3CH_2CH(OH)CH_2CH_3$ (6) $CH_3CH_2COCH_2CH_3$

(7) 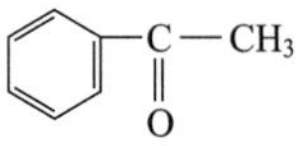 $C_6H_5COCH_3$ (8) 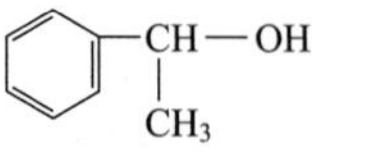 $C_6H_5CH(OH)CH_3$

4. 完成下列反应式。

(1) $CH_3CH_2CHO \xrightarrow[\triangle]{10\% NaOH} A \xrightarrow[\triangle]{H_2, Ni} B$

(2) $CH_3CH=CH_2 \xrightarrow[H^+]{H_2O} A \xrightarrow{NaOI} B+C$

(3) $\underset{\underset{OH}{|}}{CH_3CHCH_2CH_3} \xrightarrow{A} \underset{\underset{O}{\parallel}}{CH_3CCH_2CH_3}$

(4) $CH\equiv CH \xrightarrow[H^+/HgSO_4]{H_2O} A \xrightarrow[干\ HCl]{2C_2H_5OH} B$

(5) $CH_3C\equiv CH \xrightarrow[H^+/HgSO_4]{H_2O} A \xrightarrow{HCN} B$

(6) $(CH_3)_3CCHO + HCHO \xrightarrow{NaOH} A+B$

(7) ⬡ $+ CH_3CH_2COCl \xrightarrow{AlCl_3} A \xrightarrow[HCl]{Zn-Hg} B$

5. 用化学方法鉴别下列各组化合物。

(1) 正丙醇和异丙醇
(2) 甲醛和苯甲醛
(3) 甲醛、乙醛、丙酮、正丁醇
(4) 乙醛、丙醛、2-戊酮、3-戊酮

6. 由三碳及三碳以下的醇及必要的无机试剂合成下列化合物。

(1) $CH_3CH(CH_3)CH_2OH$ (2) $CH_3CH_2CH_2CH_2Br$
(3) $CH_3CH_2CH_2CH(CH_3)CH_2OH$ (4) $CH_3CH_2CH(OH)CH_2CH_2CH_3$
(5) $\underset{\underset{OH}{|}}{CH_3CH_2CH_2C(CH_3)_2}$ (6) $\underset{\underset{O}{\parallel}}{CH_3CCH(CH_3)_2}$

7. 分析推断题。

(1) 某化合物分子式为 $C_5H_{12}O(A)$，氧化后得 $C_5H_{10}O(B)$，B 能和苯肼反应，也能发生碘仿反应，A 和浓硫酸共热得 $C_5H_{10}(C)$，C 经氧化后得丙酮和乙酸。推测 A 的结构，并用反应式表明推断过程。

(2) 某一化合物分子式为 $C_{10}H_{14}O_2(A)$，它不与 Tollens 试剂、Fehling 试剂、热的 NaOH 及金属起作用，但稀 HCl 能将其转变成具有分子式为 $C_8H_8O(B)$ 的产物。B 与 Tollens 试剂作用。强烈氧化时，能将 A 和 B 转变为邻苯二甲酸，试写出 A 的结构式，并用反应式表示转变过程。

第 13 章

羧酸及其衍生物

【学习指南】

　　熟悉羧酸及其衍生物的结构、分类、命名等；了解羧酸及其衍生物的物理性质；掌握羧酸及其衍生物的主要化学性质；了解羧酸及其衍生物的鉴别、分离方法。

【阅读材料】

　　"黄金比例"食用油是指饱和脂肪酸、单不饱和脂肪酸、多不饱和脂肪酸比例为 1∶1∶1。

从 1∶1∶1 说起

羧酸可看成是烃分子中的氢原子被羧基（—COOH）取代而生成的化合物，其通式为 RCOOH。羧酸的官能团是羧基。羧基中的羟基被其他原子或基团取代的产物称为羧酸衍生物（如酰卤、酸酐、酯、酰胺等），羧酸烃基上的氢原子被其他原子或基团取代的产物称为取代羧酸（如卤代酸、羟基酸、羰基酸、氨基酸等）。羧酸是许多有机物氧化的最终产物，它在自然界普遍存在（以酯的形式），在工业、农业、医药和人们的日常生活中有着广泛的应用。

13.1 羧 酸

13.1.1 羧酸的结构、分类和命名

13.1.1.1 羧酸的结构

在羧酸分子中，羧基碳原子是 sp^2 杂化的，3 个 sp^2 杂化轨道分别与烃基中的碳原子和 2 个氧原子形成 3 个 σ 键，其未参与杂化的 p 轨道与一个氧原子的 p 轨道形成 C=O 中的 π 键，而羧基中羟基氧原子上的未共用电子对与羧基中的 C=O 形成 p-π 共轭体系，从而使羟基氧原子上的电子向 C=O 转移，结果使 C=O 和 C—O 的键长趋于平均化。

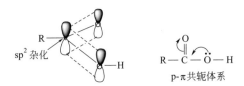

在 p-π 共轭体系中，羟基氧上的电子云密度降低，使羟基之间的电子更靠近氧原子，O—H 键减弱，H^+ 易离去，使得羧酸的酸性比醇强。当羧基中的 H^+ 离去后，羧基负离子的 p-π 共轭更完全，键长平均化使体系更稳定，因此，羧酸的 H^+ 更易离去，生成更稳定的羧酸负离子。

X 射线衍射测定结果表明：甲酸分子中 C=O 的键长（0.123nm）比醛、酮分子中 C=O 的键长（0.120nm）略长，而 C—O 的键长（0.136nm）比醇分子中 C—O 的键长（0.143nm）稍短。

13.1.1.2 羧酸的分类和命名

(1) 羧酸的分类 根据分子中烃基的结构，可把羧酸分为脂肪羧酸（饱和脂肪羧酸和不饱和脂肪羧酸）、脂环羧酸（饱和脂环羧酸和不饱和脂环羧酸）、芳香羧酸等；根据分子中羧基的数目，又可把羧酸分为一元羧酸、二元羧酸、多元羧酸等，见表 13-1。

表 13-1　羧酸的分类

类型	实例	
脂肪羧酸	CH_3CH_2COOH	$CH_3CH=CHCOOH$

续表

类型	实例	
脂环羧酸	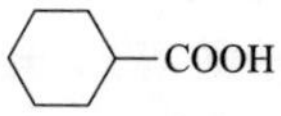 环己基—COOH	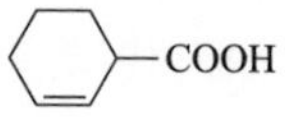 环己烯基—COOH
芳香羧酸	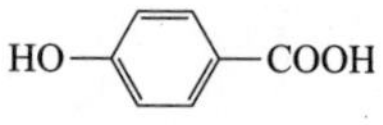 HO—C₆H₄—COOH	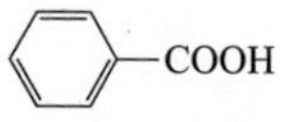 苯基—COOH
二元羧酸	HOOC—COOH	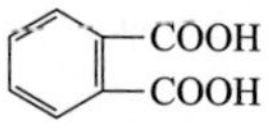 邻苯二甲酸 COOH/COOH

多元羧酸	HOOCCH₂CHCH₂COOH
	          |
	         COOH	

(2) 羧酸的命名 羧酸的命名方法有俗名命名法和系统命名法两种。俗名命名法是根据羧酸的最初来源而采用的命名法,通俗易懂。在下面的举例中,括号中的名称即为该羧酸的俗名。

脂肪族一元羧酸的系统命名方法与醛的命名方法类似,即首先选择含有羧基的最长碳链作为主链,根据主链的碳原子数称为"某酸"。从含有羧基的一端编号,用阿拉伯数字或用希腊字母(α、β、γ、δ…)表示取代基的位置,将取代基的位次及名称写在主链名称之前。例如:

$$\underset{\text{2-甲基丁酸或}\alpha\text{-甲基丁酸}}{CH_3CH_2CHCOOH} \qquad \underset{\text{3-甲基丁酸或}\beta\text{-甲基丁酸}}{CH_3CHCH_2COOH}$$
$$\qquad\qquad |\qquad\qquad\qquad\qquad\qquad |$$
$$\qquad\qquad CH_3\qquad\qquad\qquad\qquad\qquad CH_3$$

脂肪族二元羧酸的系统命名是选择包含两个羧基的最长碳链作为主链,根据碳原子数称为"某二酸",把取代基的位置和名称写在"某二酸"之前。例如:

$$\underset{\text{乙二酸(草酸)}}{HOOC—COOH} \qquad \underset{\text{丙二酸}}{HOOC—CH_2—COOH} \qquad \underset{\text{丁二酸(琥珀酸)}}{HOOC—CH_2—CH_2—COOH}$$

不饱和脂肪羧酸的系统命名是选择含有重键和羧基的最长碳链作为主链,根据碳原子数称为"某烯酸"或"某炔酸",把重键的位置写在"某"字之前。例如:

$$\underset{\text{丙烯酸}}{CH_2=CH—COOH} \qquad \underset{\text{2-丁烯酸(巴豆酸)}}{CH_3—CH=CH—COOH}$$

芳香羧酸和脂环羧酸的系统命名一般把环作为取代基。例如:

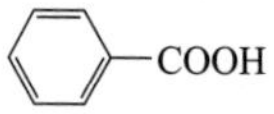

苯甲酸(安息香酸) 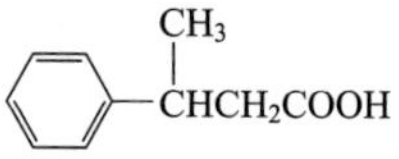　　3-苯基丁酸或β-苯基丁酸 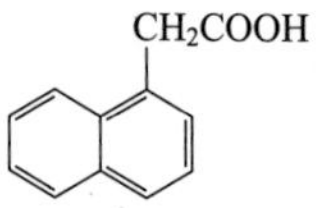　　1-萘乙酸或α-萘乙酸

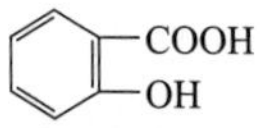

邻羟基苯甲酸(水杨酸) 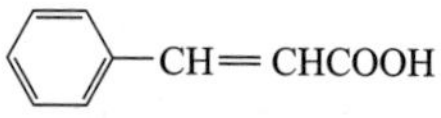　　3-苯基丙烯酸(肉桂酸) 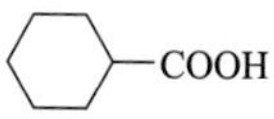　　环己基甲酸

13.1.2 羧酸的物理性质

羧基是极性较强的亲水基团,其与水分子间的缔合比醇与水的缔合强,所以羧酸在水中的溶解度比相应的醇大。甲酸、乙酸、丙酸、丁酸与水混溶。随着羧酸分子量的增大,其疏水烃基的比例增大,在水中的溶解度迅速降低。高级脂肪羧酸不溶于水,而易溶于乙醇、乙

醚等有机溶剂。芳香羧酸在水中的溶解度都很小。

羧酸的沸点随分子量的增大而逐渐升高，并且比分子量相近的烷烃、卤代烃、醇、醛、酮的沸点高。这是由于羧基是强极性基团，羧酸分子间的氢键（键能约为 $14kJ \cdot mol^{-1}$）比醇羟基间的氢键（键能为 $5\sim 7kJ \cdot mol^{-1}$）更强。分子量较小的羧酸，如甲酸、乙酸，即使在气态时也以双分子二缔合体的形式存在：

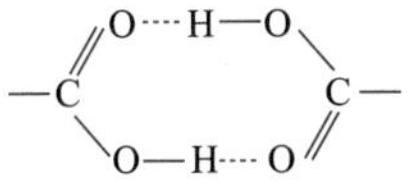

室温下，十个碳原子以下的饱和一元脂肪羧酸是有刺激气味的液体，十个碳原子以上的是蜡状固体。饱和二元脂肪羧酸和芳香羧酸在室温下是结晶状固体。

甲酸、乙酸和丙酸有较强的刺鼻气味，水溶液有酸味。$C_4 \sim C_9$ 酸有难闻的酸臭味。高级脂肪酸无气味，挥发性很低。

一元羧酸中甲酸、乙酸密度大于 1；其他羧酸的密度小于 1。二元羧酸、芳香羧酸的密度大于 1。

13.1.3 羧酸的化学性质

根据羧酸的结构，它可发生的一些主要反应如下所示：

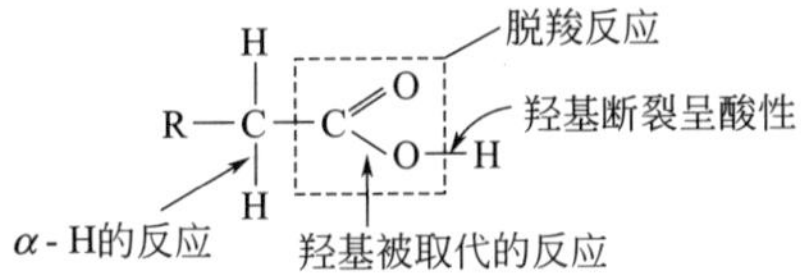

13.1.3.1 酸性及取代基对酸性的影响

羧酸具有酸性，在水溶液中能离解出 H^+：

$$RCOOH \rightleftharpoons RCOO^- + H^+$$

通常用离解平衡常数 K_a 或 pK_a 来表示羧酸酸性的强弱，K_a 值越大或 pK_a 值越小，其酸性越强。乙酸的离解常数 K_a 为 1.76×10^{-5}，甲酸的 $K_a=1.77\times 10^{-4}$，$pK_a=3.75$，其他一元酸的 K_a 在 $(1.1\sim 1.8)\times 10^{-5}$ 之间，pK_a 在 $4.7\sim 5$ 之间。可见，羧酸的酸性小于无机酸而大于碳酸（$pK_a=6.38$）。故羧酸能与碱作用成盐，也可分解碳酸盐。

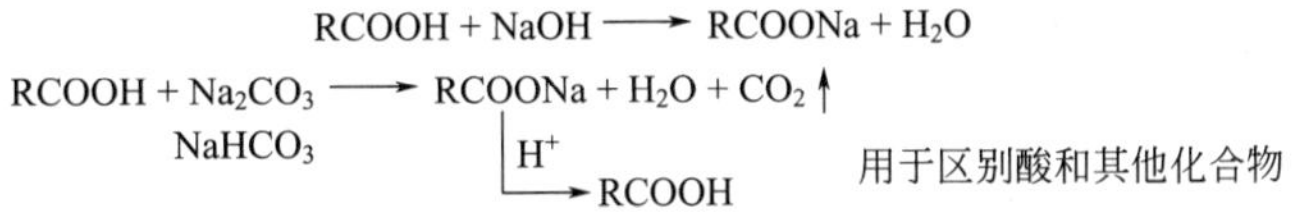

$$RCOOH + NaOH \longrightarrow RCOONa + H_2O$$
$$RCOOH + Na_2CO_3 \longrightarrow RCOONa + H_2O + CO_2 \uparrow$$
$$NaHCO_3 \xrightarrow{H^+} RCOOH \quad \text{用于区别酸和其他化合物}$$

此性质可用于醇、酚、酸的鉴别和分离，不溶于水的羧酸既溶于 NaOH 也溶于 $NaHCO_3$，不溶于水的酚能溶于 NaOH 不溶于 $NaHCO_3$，不溶于水的醇既不溶于 NaOH 也不溶于 $NaHCO_3$。

羧酸的酸性受烃基的影响。当烃基上连有吸电子基团时，由于吸电子诱导效应，羧基中 O—H 键的极性增大，更易离解生成 H^+，酸性增强。基团的电负性越大，取代基数目越多，距羧基的距离越近，吸电子诱导效应就越强，则使酸性越强。相反，当烃基上连有供电子基团时，供电子效应使得酸性减弱。烃基上基团诱导效应对羧酸酸性的影响：

$$FCH_2COOH > ClCH_2COOH > BrCH_2COOH > ICH_2COOH > CH_3COOH$$
pK_a 2.66   2.86   2.89   3.16   4.75

$$ClCH_2COOH < Cl_2CHCOOH < Cl_3CCOOH$$
pK_a 2.86   1.29   0.65

$$CH_3CH_2ClCHCOOH > CH_3ClCHCH_2COOH > ClCH_2CH_2CH_2COOH > CH_3CH_2CH_2COOH$$
$$pK_a \quad 2.86 \qquad\qquad 4.06 \qquad\qquad 4.52 \qquad\qquad 4.81$$

$$CH_3COOH > CH_3CH_2COOH > (CH_3)_3CCOOH$$
$$pK_a \quad 4.75 \qquad\quad 4.87 \qquad\quad 5.05$$

取代基对芳香酸酸性的影响与对脂肪酸的影响规律相同。二元羧酸中，由于羧基是吸电子基团，两个羧基相互影响使一级离解常数比一元饱和羧酸大，这种影响随着两个羧基距离的增大而减弱。二元羧酸中，草酸的酸性最强。

不饱和脂肪羧酸和芳香羧酸的酸性，除受到基团的诱导效应影响外，往往还受到共轭效应的影响。一般来说，不饱和脂肪羧酸的酸性略强于相应的饱和脂肪羧酸。当芳香环上有基团产生吸电子效应时，酸性增强，产生给电子效应时，酸性减弱，例如：

$$\text{p-NO}_2\text{C}_6\text{H}_4\text{COOH} > \text{p-Cl}\text{C}_6\text{H}_4\text{COOH} > \text{C}_6\text{H}_5\text{COOH} > \text{p-CH}_3\text{O}\text{C}_6\text{H}_4\text{COOH}$$
$$pK_a \quad 3.40 \qquad\qquad 3.97 \qquad\qquad 4.20 \qquad\qquad 4.47$$

13.1.3.2 羧酸衍生物的生成

羧基中羟基被其他原子或基团取代的产物称为羧酸衍生物。如果羟基分别被卤素（—X）、酰氧基（—OCOR）、烷氧基（—OR）、氨基（—NH$_2$）取代，则分别生成酰卤、酸酐、酯、酰胺，这些都是羧酸的重要衍生物。

(1) 酯的生成

$$ROH + R'COOH \underset{}{\overset{H^+}{\rightleftharpoons}} R'COOR + H_2O$$

羧酸与醇作用生成酯的反应称为酯化反应。羧酸和醇的结构对酯化反应的速率影响很大。一般 α-C 原子上连有较多烃基或所连基团较大的羧酸和醇，由于空间位阻的因素，使酯化反应速率减慢。不同结构的羧酸和醇进行酯化反应的活性顺序为：

$$HCOOH > CH_3COOH > RCH_2COOH > R_2CHCOOH > R_3CCOOH$$
$$CH_3OH > RCH_2OH(伯醇) > R_2CHOH(仲醇) > R_3COH(叔醇)$$

(2) 酰卤的生成 羧酸与 PX$_3$、PX$_5$ 或 SOCl$_2$ 等反应，羧基中的羟基可被卤素取代生成酰卤。

$$R-COOH + PCl_3 \xrightarrow{\triangle} R-COCl + H_3PO_3$$
$$R-COOH + PCl_5 \xrightarrow{\triangle} R-COCl + POCl_3 + HCl\uparrow$$
$$R-COOH + SOCl_2 \xrightarrow{\triangle} R-COCl + SO_2\uparrow + HCl\uparrow$$

上述三种方法中，当 SOCl$_2$ 作卤化剂时，副产物都是气体，产物纯、易分离，因而产率高，是一种合成酰卤的好方法。

(3) 酸酐的生成 一元羧酸在脱水剂五氧化二磷或乙酸酐作用下，两分子羧酸受热脱去一分子水生成酸酐。

$$R-COOH + HO-CO-R \xrightarrow[\triangle]{P_2O_5} R-CO-O-CO-R + H_2O$$

某些二元羧酸分子内脱水生成内酐（一般生成五、六元环）。

$$\text{邻苯二甲酸} \longrightarrow \text{邻苯二甲酸酐} + H_2O$$

（4）酰胺的生成　羧酸与氨或碳酸铵反应，生成羧酸的铵盐，铵盐受强热或在脱水剂的作用下加热，可在分子内失去一分子水形成酰胺。

$$R-\underset{\underset{O}{\parallel}}{C}-OH + NH_3/(NH_4)_2CO_3 \longrightarrow R-\underset{\underset{O}{\parallel}}{C}-ONH_4 \xrightarrow[\triangle]{P_2O_5} R-\underset{\underset{O}{\parallel}}{C}-NH_2 + H_2O$$

二元羧酸与氨共热脱水，可生成酰亚胺。例如：

$$\text{邻苯二甲酸} + NH_3 \xrightarrow{\triangle} \text{邻苯二甲酰亚胺}$$

13.1.3.3　脱羧反应

通常情况下，羧酸中的羧基是比较稳定的，但在一些特殊条件下也可以发生脱去羧基，放出二氧化碳的反应，称为脱羧反应。一元羧酸的钠盐与强碱共热，生成比原来羧酸少一个碳原子的烃。例如，实验室常用无水醋酸钠和碱石灰混合加热，发生脱羧反应制备甲烷。

$$CH_3COONa + NaOH \xrightarrow[\triangle]{CaO} CH_4 + Na_2CO_3$$

有些低级二元羧酸，由于羧基是吸电子基团，在两个羧基的相互影响下，受热也容易发生脱羧反应。如乙二酸和丙二酸加热，脱去二氧化碳，生成比原来羧酸少一个碳原子的一元羧酸。

$$HOOC-COOH \xrightarrow{\triangle} HCOOH + CO_2 \uparrow$$

$$HOOC-CH_2-COOH \xrightarrow{\triangle} CH_3COOH + CO_2 \uparrow$$

丁二酸及戊二酸加热至熔点以上不发生脱羧反应，而是分子内脱水生成稳定的内酐。己二酸及庚二酸在氢氧化钡存在下加热，既脱羧又失水，生成环酮。

$$\begin{array}{l} CH_2-CH_2-COOH \\ | \\ CH_2-CH_2-COOH \end{array} \xrightarrow[\triangle]{Ba(OH)_2} \text{环戊酮} =O + CO_2 \uparrow + H_2O$$

$$\begin{array}{l} CH_2-CH_2-COOH \\ | \\ CH_2 \\ | \\ CH_2-CH_2-COOH \end{array} \xrightarrow[\triangle]{Ba(OH)_2} \text{环己酮} =O + CO_2 \uparrow + H_2O$$

脱羧反应是生物体内重要的生物化学反应，呼吸作用所生成的二氧化碳就是羧酸脱羧的结果。生物体内的脱羧是在脱羧酶的作用下完成的。

$$CH_3COOH \xrightarrow{\text{脱羧酶}} CH_4 \uparrow + CO_2 \uparrow$$

13.1.3.4　α-H 的卤代反应

羧基是较强的吸电子基团，它可通过诱导效应和 σ-π 超共轭效应使 α-H 活化。但羧基的致活作用比羰基小得多，所以羧酸的 α-H 被卤素取代的反应比醛、酮困难。但在碘、红磷、硫等的催化下，取代反应可顺利发生在羧酸的 α-位上，生成 α-卤代酸。例如：

$$CH_3COOH \xrightarrow[P]{Cl_2} ClCH_2COOH \xrightarrow[P]{Cl_2} Cl_2CHCOOH \xrightarrow[P]{Cl_2} Cl_3CCOOH$$

$$\text{一氯乙酸} \qquad \text{二氯乙酸} \qquad \text{三氯乙酸}$$

α-卤代酸性质较为活泼，是合成多种农药和药物的重要原料，如可以用来制备 α-羟基酸和 α-氨基酸。

13.1.3.5 还原反应

羧基中的羰基由于 p-π 共轭效应的结果，失去了典型羰基的特性，所以羧基很难用催化氢化或一般的还原剂还原，只有特殊的还原剂如 $LiAlH_4$ 能将其直接还原成伯醇。$LiAlH_4$ 是选择性的还原剂，只还原羧基，不还原碳碳双键。例如：

$$CH_3CH=CHCOOH \xrightarrow{LiAlH_4} CH_3CH=CHCH_2OH$$

13.1.4 重要的一元羧酸

13.1.4.1 甲酸

甲酸俗名蚁酸，是最简单的羧酸，存在于蚂蚁等昆虫和荨麻中。甲酸为无色有刺激性的液体，酸性和腐蚀性较强，易溶于水。甲酸中的羧基直接与一个氢原子相连，因而与其他同类酸有某些不一样的性质，甲酸能使高锰酸钾褪色，也能发生银镜反应；与浓硫酸在 60～80℃ 条件下共热，可以分解为水和一氧化碳，实验室中用此法制备纯净的一氧化碳。

$$HCOOH \xrightarrow[\triangle]{H_2SO_4} CO\uparrow + H_2O$$

甲酸是重要的有机化工原料，广泛用于农药、医药、染料和橡胶等工业。甲酸可直接用于织物加工、鞣革和纺织品印染，也可用作金属表面处理剂、橡胶助剂和工业溶剂。还可以用于合成各种甲酸酯、吖啶类染料和甲酰胺系列医药中间体。

13.1.4.2 乙酸

乙酸俗名醋酸，是食醋的主要成分，一般食醋中含 6%～8% 的乙酸。乙酸广泛存在于自然界，常以盐的形式存在于植物果实和液汁中。乙酸为无色有刺激性气味的液体，沸点 118℃，熔点 16.6℃，由于乙酸在 16℃ 以下能结成冰状固体，因此纯乙酸又叫冰醋酸。

乙酸能与水按任何比例混溶，也可溶于乙醇、乙醚和其他有机溶剂。乙酸是人类最早使用的食品调料，同时也是重要的工业原料，它可以用来合成乙酸酐、乙酸酯等，又可用于生产醋酸纤维、胶卷、喷漆、溶剂、香料等。

13.1.4.3 乙二酸

乙二酸受热可发生脱羧反应，在浓硫酸存在下加热可同时发生脱羧、脱水反应生成二氧化碳。乙二酸可以还原高锰酸钾，由于这一反应是定量进行的，乙二酸又极易精制提纯，所以被用作标定高锰酸钾的基准物质。

$$5NaOOC-COONa + 2KMnO_4 + 8H_2SO_4 = K_2SO_4 + 2MnSO_4 + 5Na_2SO_4 + 10CO_2\uparrow + 8H_2O$$

乙二酸还用作媒染剂和麦草编织物的漂白剂。

13.2 羧酸衍生物

羧酸衍生物主要有酰卤、酸酐、酯和酰胺，它们都是含有酰基的化合物。羧酸衍生物反应活性很高，可以转变成多种其他化合物，是十分重要的有机合成中间体。

13.2.1 羧酸衍生物的命名

酰卤根据酰基和卤原子来命名，称为"某酰卤"。

CH₃—C(=O)—Cl　　CH₃—CH₂—C(=O)—Br　　H₃C—C₆H₄—C(=O)—Cl
乙酰氯　　　　　　丙酰溴　　　　　　　对甲基苯甲酰氯

酸酐根据相应的羧酸命名。两个相同羧酸形成的酸酐为简单酸酐，称为"某酸酐"，简称"某酐"；两个不相同羧酸形成的酸酐为混合酸酐，称为"某酸某酸酐"，简称"某某酐"；二元羧酸分子内失去一分子水形成的酸酐为内酐，称为"某二酸酐"。

乙(酸)酐　　　　乙(酸)丙(酸)酐　　　邻苯二甲酸酐

酯根据形成它的羧酸和醇来命名，称为"某酸某酯"。

H—C(=O)—OCH₂CH₃　　H₃C—C(=O)—OCH₂CH₃
甲酸乙酯　　　　　　　乙酸乙酯

酰胺和酰卤相似，根据相应的酰基来命名，称为"某酰胺"。

H—C(=O)—NH₂　　C₆H₅—C(=O)—NH₂　　C₆H₅—C(=O)—NMe₂
甲酰胺　　　　　苯甲酰胺　　　　　N,N-二甲基苯甲酰胺

13.2.2 羧酸衍生物的物理性质

室温下，低级的酰氯和酸酐都是无色且对黏膜有刺激性的液体，高级的酰氯和酸酐为白色固体，内酐也是固体。酰氯和酸酐的沸点比分子量相近的羧酸低，这是因为它们的分子间不能通过氢键缔合。

室温下，大多数常见的酯是液体，低级的酯具有花果香味。如乙酸异戊酯有香蕉香味（俗称香蕉水）；正戊酸异戊酯有苹果香味；甲酸苯乙酯有野玫瑰香味；丁酸甲酯有菠萝香味等。许多花和水果的香味都与酯有关，因此酯多用于香料工业。

羧酸衍生物一般都难溶于水而易溶于乙醚、氯仿、丙酮、苯等有机溶剂。

13.2.3 羧酸衍生物的化学性质

羧酸衍生物由于结构相似，因此化学性质也有相似之处，只是在反应活性上有较大的差异。化学反应的活性次序为：酰氯＞酸酐＞酯≥酰胺。

13.2.3.1 水解反应

酰氯、酸酐、酯、酰胺都可水解生成相应的羧酸。低级的酰卤遇水迅速反应,高级的酰卤由于在水中溶解度较小,水解反应速率较慢;多数酸酐由于不溶于水,在冷水中缓慢水解,在热水中迅速反应;酯、酰胺的水解只有在酸或碱的催化下才能顺利进行。

$$\text{减慢} \downarrow \begin{cases} \text{R-COCl} + \text{H}_2\text{O} \xrightarrow{\text{剧烈反应}} \text{RCOOH} + \text{HCl} \\ \text{R-CO-O-CO-R} + \text{H}_2\text{O} \xrightarrow[\triangle]{\text{H}^+\text{或OH}^-} 2\text{RCOOH} \\ \text{R-COOR}' + \text{H}_2\text{O} \xrightarrow[\triangle]{\text{H}^+\text{或OH}^-} \text{RCOOH} + \text{R}'\text{OH} \\ \text{R-CONH}_2 + \text{H}_2\text{O} \xrightarrow[\triangle]{\text{H}^+\text{或OH}^-} \text{RCOOH} + \text{NH}_3 \end{cases}$$

酯的水解在理论上和生产上都有重要意义。酸催化下的水解是酯化反应的逆反应,水解不能进行完全。碱催化下的水解,生成的羧酸可与碱生成盐而从平衡体系中除去,所以水解反应可以进行到底。酯的碱性水解反应也称为皂化。狭义的皂化反应仅限于油脂与氢氧化钠或氢氧化钾混合,得到高级脂肪酸的钠/钾盐和甘油的反应。这个反应是制造肥皂流程中的一步,因此而得名。

13.2.3.2 醇解反应

酰氯、酸酐、酯、酰胺都能发生醇解反应,产物主要是酯。它们进行醇解反应速率顺序与水解相同。酯的醇解反应也叫酯交换反应,即醇分子中的烷氧基取代了酯中的烷氧基。酯交换反应不但需要酸催化,而且反应是可逆的。

$$\text{减慢} \downarrow \begin{cases} \text{R-COCl} + \text{CH}_3\text{CH}_2\text{OH} \xrightarrow{\text{剧烈反应}} \text{R-COOC}_2\text{H}_5 + \text{HCl} \\ \text{R-CO-O-CO-R} + \text{CH}_3\text{CH}_2\text{OH} \xrightarrow{\triangle} \text{R-COOC}_2\text{H}_5 + \text{RCOOH} \\ \text{R-COOR}' + \text{CH}_3\text{CH}_2\text{OH} \rightleftharpoons \text{R-COOC}_2\text{H}_5 + \text{R}'\text{OH} \\ \text{R-CONH}_2 + \text{CH}_3\text{CH}_2\text{OH} \rightleftharpoons \text{R-COOC}_2\text{H}_5 + \text{NH}_3 \end{cases}$$

酯交换反应常用来制取高级醇的酯,因为结构复杂的高级醇一般难与羧酸直接酯化,往往是先制得低级醇的酯,再利用酯交换反应,即可得到所需要高级醇的酯。

13.2.3.3 氨解反应

酰氯、酸酐、酯可以发生氨解反应,产物是酰胺。由于氨本身是碱,所以氨解反应比水解反应更易进行。酰氯和酸酐与氨的反应都很剧烈,需要在冷却或稀释的条件下缓慢混合进行反应。

$$\text{R-COCl} + 2\text{NH}_3 \longrightarrow \text{R-CONH}_2 + \text{NH}_4\text{Cl}$$

$$\text{R-CO-O-CO-R} + 2\text{NH}_3 \xrightarrow{\triangle} \text{R-CONH}_2 + \text{RCOONH}_4$$

$$\text{R-COOR}' + \text{NH}_3 \xrightarrow{\triangle} \text{R-CONH}_2 + \text{R}'\text{OH}$$

$$\text{R-CONH}_2 + \text{R}'\text{NH}_2(\text{过量}) \xrightarrow{\triangle} \text{R-CONHR}' + \text{NH}_3$$

羧酸衍生物的水解、醇解、氨解都属于亲核取代反应历程，可用下列通式表示：

$$R-\underset{\underset{}{}}{\overset{O}{\overset{\|}{C}}}-A + HNu \rightleftharpoons \left[R-\overset{O-H}{\underset{Nu}{\overset{|}{C}-A}}\right] \rightleftharpoons R-\overset{O}{\overset{\|}{C}}-Nu + HA$$

$A = X, OOCR, OR, NH_2 \qquad HNu = H_2O, ROH, NH_3$

羧酸衍生物的酰—A键断裂的活性（也称酰基化能力）次序为：酰氯＞酸酐＞酯≥酰胺。酰氯和酸酐都是很好的酰基化试剂。

13.2.3.4 酯的还原反应

$$R-\overset{O}{\overset{\|}{C}}-OR' \xrightarrow[\triangle]{Na + C_2H_5OH} RCH_2OH + R'OH$$

酯容易还原成醇。常用的还原剂是金属钠和乙醇，$LiAlH_4$是更有效的还原剂。由于羧酸较难还原，经常把羧酸转变成酯后再还原。

13.2.3.5 酯缩合反应

酯分子中的 α-H 原子由于受到酯基的影响变得较活泼，用醇钠等强碱处理时，两分子的酯脱去一分子醇生成 β-酮酸酯，这个反应称为克莱森（Claisen）酯缩合反应。例如，乙酰乙酸乙酯的合成。

$$H_3C-\overset{O}{\overset{\|}{C}}\boxed{+OC_2H_5+H}+H_2C-\overset{O}{\overset{\|}{C}}-OC_2H_5 \underset{}{\overset{C_2H_5ONa}{\rightleftharpoons}} H_3C-\overset{O}{\overset{\|}{C}}-\overset{H_2}{\overset{}{C}}-\overset{O}{\overset{\|}{C}}-OC_2H_5 + C_2H_5OH$$

13.2.3.6 酰胺的特殊反应

(1) 酸碱性 酰胺的碱性很弱，接近于中性。这是因为氮原子上的未共用电子对与碳氧双键形成 p-π 共轭。羰基的吸电子性也使 N—H 键的电子云密度向氮原子偏移，使氢原子表现出一定的酸性。

$$CH_3CONH_2 + HCl \xrightarrow{乙醚} CH_3CONH_2 \cdot HCl \downarrow$$

$$CH_3CONH_2 + Na \xrightarrow{乙醚} CH_3CONHNa + H_2 \uparrow$$

邻苯二甲酰亚胺 + NaOH $\xrightarrow{乙醚}$ 邻苯二甲酰亚胺钠 + H_2O

$$NH_3 \longrightarrow NH_2COR \longrightarrow NH(COR)_2$$

酸性加强，碱性减弱

(2) 脱水反应 酰胺与强脱水剂（如 P_2O_5、$POCl_3$、$SOCl_2$）共热则脱水生成腈。这是实验室制备腈的一种好方法。

$$RCONH_2 \xrightarrow[\triangle]{P_2O_5} RCN + H_2O$$

酰胺、铵盐和腈的关系：

$$RCOOH \underset{HCl}{\overset{NH_3}{\rightleftharpoons}} RCOONH_4 \underset{+H_2O}{\overset{-H_2O}{\rightleftharpoons}} RCONH_2 \underset{+H_2O}{\overset{-H_2O}{\rightleftharpoons}} RCN$$

(3) Hofmann 降解反应 酰胺与溴或氯在碱溶液中作用，可以降解失去羰基得到胺，在反应中碳链少一个碳原子，这个反应称为 Hofmann 降解反应。

$$RCONH_2 + NaOX + 2NaOH \longrightarrow RNH_2 + Na_2CO_3 + NaX + H_2O$$

注意：N-取代的酰胺不能发生脱水反应和 Hofmann 降解反应。

13.2.4 重要的羧酸衍生物

13.2.4.1 乙酰氯

乙酰氯分子式为 CH_3COCl，为无色发烟液体，有强烈刺激性气味，遇水会剧烈水解，并放出大量的热。乙酰氯主要用于生产农药、医药、新型电镀配位剂以及其他多种精细有机合成中间体。乙酰氯是常用的乙酰化试剂。

13.2.4.2 乙酸酐

乙酸酐分子式为 $(CH_3CO)_2O$，无色透明液体，相对密度 1.080，沸点 139℃。有强烈的乙酸气味，味酸，有吸湿性，溶于氯仿和乙醚，缓慢地溶于水形成乙酸。低毒，易燃，有腐蚀性和催泪性。乙酸酐是重要的乙酰化试剂，可以用于制造纤维素乙酸酯、乙酸塑料和不燃性电影胶片等；在医药工业中用于制造多种药物，还可以用于合成多种香料，如香豆素、乙酸龙脑酯、葵子麝香等。乙酸酐还用作溶剂和脱水剂，也是重要的聚合物引发剂。

13.2.4.3 乙酸乙酯

乙酸乙酯分子式是 $C_4H_8O_2$，无色透明液体，沸点 77℃。有水果香，易挥发，对空气敏感，能吸收水分，水分能使其缓慢分解而呈酸性反应。乙酸乙酯用途极为广泛，如作为溶剂，用于涂料、黏合剂和人造纤维中；还可以作为香料，用于菠萝、香蕉、草莓等水果香精和威士忌、奶油等香料的主要原料；它还可用作纺织工业的清洗剂和天然香料的萃取剂，同时也是制药工业和有机合成的重要原料。

13.2.4.4 乙酰乙酸乙酯

乙酰乙酸乙酯为无色液体，有令人愉快的香味，稍溶于水，易溶于有机溶剂。乙酰乙酸乙酯是由酮式和烯醇式互变异构体的混合物组成的平衡体系，其中酮式占93%，烯醇式占7%。

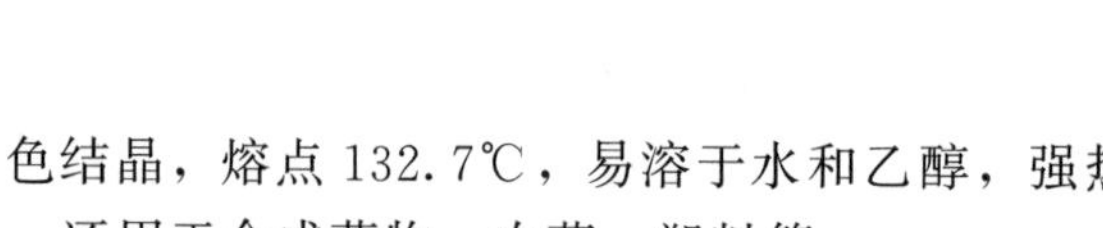

$$H_3C-\overset{O}{\underset{}{C}}-\overset{H_2}{\underset{}{C}}-\overset{O}{\underset{}{C}}-OC_2H_5 \longrightarrow H_3C-\overset{OH}{\underset{}{C}}-\overset{}{\underset{H}{C}}-\overset{O}{\underset{}{C}}-OC_2H_5$$

酮式93%　　　　　　　　烯醇式7%

乙酰乙酸乙酯与三氯化铁反应显紫色，说明分子中具有烯醇型结构；可使溴水褪色，说明分子中含有碳碳双键。向刚刚滴过溴水的乙酰乙酸乙酯中再接着加三氯化铁试液，不会显色，但片刻后会出现紫色，证明有一部分酮式转变为烯醇式，二者之间存在动态平衡。

13.2.4.5 脲

脲也叫尿素，为白色结晶，熔点 132.7℃，易溶于水和乙醇，强热时分解成氨和二氧化碳。它除可用作肥料外，还用于合成药物、农药、塑料等。

尿素是碳酸的二酰胺，由于含两个氨基，所以显碱性，但碱性很弱，不能用石蕊试纸检验。尿素能与硝酸或草酸生成不溶性盐，利用这种性质可从尿液中分离尿素。

尿素在化学性质上与酰胺相似，如在酸、碱或脲酶作用下，可水解为氨和二氧化碳。

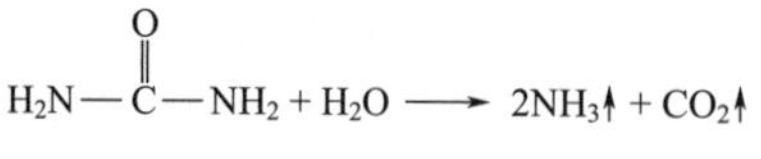

$$H_2N-\overset{O}{\underset{}{C}}-NH_2 + H_2O \longrightarrow 2NH_3\uparrow + CO_2\uparrow$$

尿素与亚硝酸作用放出氮气，可从氮气体积测定尿素含量。

$$H_2N-\underset{\underset{O}{\|}}{C}-NH_2 + 2HNO_2 \longrightarrow 2H_2O + H_2CO_3 + 2N_2\uparrow$$

13.3 取代羧酸

羧酸分子中烃基上的氢原子被其他原子或原子团取代后生成的化合物称为取代羧酸。常见的取代羧酸有卤代酸、羟基酸、羰基酸（氧代酸）和氨基酸等，其中卤代酸和氨基酸均在有关章节中予以讨论，本部分只讨论羟基酸和羰基酸。

13.3.1 羟基酸

13.3.1.1 羟基酸的分类和命名

分子中含有羟基的羧酸叫做羟基酸，即羧酸烃基上的氢原子被羟基取代的产物。按照羟基类型的不同，羟基酸可分为醇酸和酚酸，前者羟基和羧基均连在脂肪链上，后者羟基和羧基连在芳环上。醇酸可根据羟基与羧基的相对位置称为 α-羟基酸、β-羟基酸、γ-羟基酸、δ-羟基酸，羟基连在碳链末端时，称为 ω-羟基酸。酚酸以芳香酸为母体，羟基作为取代基。自然界中存在的羟基酸常按其来源而采用俗名（括号中的名称），辅以系统命名。

$$\underset{\text{2-羟基丙酸(乳酸)}}{\underset{\underset{OH}{|}}{CH_3-CH-COOH}} \quad \underset{\text{2,3-二羟基丁二酸(酒石酸)}}{\underset{\underset{HO-CH-COOH}{|}}{HO-CH-COOH}} \quad \underset{\text{羟基丁二酸(苹果酸)}}{\underset{\underset{CH_2-COOH}{|}}{HO-CH-COOH}}$$

$$\underset{\text{3-羟基-3-羧基戊二酸(柠檬酸)}}{\underset{\underset{CH_2-COOH}{|}}{\underset{\underset{HO-C-COOH}{|}}{CH_2-COOH}}} \quad \underset{\text{邻羟基苯甲酸(水杨酸)}}{\text{C}_6\text{H}_4(OH)(COOH)} \quad \underset{\text{3,4,5-三羟基苯甲酸(没食子酸)}}{\text{HOOC-C}_6\text{H}_2(OH)_3}$$

13.3.1.2 羟基酸的性质

羟基酸多为结晶固体或黏稠液体。由于分子中含有两个或两个以上能形成氢键的官能团，羟基酸一般能溶于水，水溶性大于相应的羧酸，疏水支链或碳环的存在使水溶性降低。羟基酸的熔点一般高于相应的羧酸。许多羟基酸具有手性碳原子，也具有旋光活性。

羟基酸除具有羧酸和醇（酚）的典型化学性质外，还具有两种官能团相互影响而表现出的特殊性质。

(1) 酸性 醇酸含有羟基和羧基两种官能团，由于羟基具有吸电子效应并能形成氢键，醇酸的酸性较母体羧酸强，水溶性也较大。羟基离羧基越近，其酸性越强。例如，羟基乙酸的酸性比乙酸强，而 2-羟基丙酸的酸性比 3-羟基丙酸强：

	CH$_3$COOH	CH$_2$COOH $|$ OH	CH$_3$CH$_2$COOH	CH$_2$COOH $|$ OH	CH$_3$CHCOOH $|$ OH
pK_a	4.75	3.83	4.87	4.51	3.87

酚酸的酸性与羟基在苯环上的位置有关。当羟基在羧基的对位时，羟基与苯环形成 p-π

共轭，尽管羟基还具有吸电子诱导效应，但共轭效应相对强于诱导效应，总的效应使羧基电子云密度增大，这不利于羧基中氢离子的离解，因此对位取代的酚酸酸性弱于母体羧酸；当羟基在羧基的间位时，羟基不能与羧基形成共轭体系，对羧基只表现出吸电子诱导效应，因此间位取代的酚酸酸性强于母体羧酸；当羟基在羧基的邻位时，羟基和羧基负离子形成分子内氢键，增强了羧基负离子的稳定性，有利于羧酸的离解，使酸性明显增强。羟基在苯环上不同位置的酚酸酸性顺序为：邻位＞间位＞对位。

(2) 醇酸的脱水反应　醇酸受热能发生脱水反应，羟基的位置不同，得到的产物也不同。α-醇酸受热一般发生分子间交叉脱水反应，生成交酯：

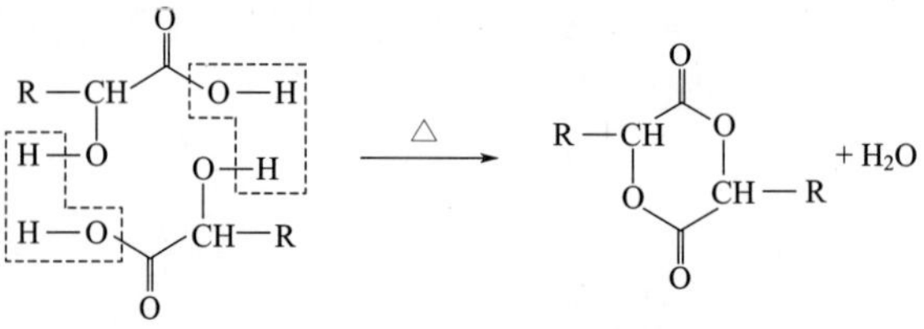

$$\text{α-醇酸} \xrightarrow{\triangle} \text{交酯} + H_2O$$

β-醇酸受热易发生分子内脱水，生成 α，β-不饱和羧酸：

$$CH_3-\underset{\underset{OH}{|}}{CH}-CH_2COOH \xrightarrow{\triangle} CH_3CH=CHCOOH + H_2O$$

(3) α-醇酸的分解反应　α-醇酸在稀硫酸的作用下，容易发生分解反应，生成醛和甲酸：

$$CH_3-\underset{\underset{OH}{|}}{CH}-COOH \xrightarrow[\triangle]{\text{稀}H_2SO_4} CH_3CHO + HCOOH$$

(4) α-醇酸的氧化反应　α-醇酸中的羟基由于受羧基的影响，比醇中的羟基更容易氧化。如乳酸在弱氧化剂条件下就能被氧化生成丙酮酸：

$$CH_3-\underset{\underset{OH}{|}}{CH}-COOH \xrightarrow[\triangle]{[Ag(NH_3)_2]^+} CH_3\underset{\underset{O}{\|}}{C}COOH$$

(5) 酚酸的脱羧反应　羟基在羧基的邻、对位的酚酸，受热易发生脱羧反应生成酚。

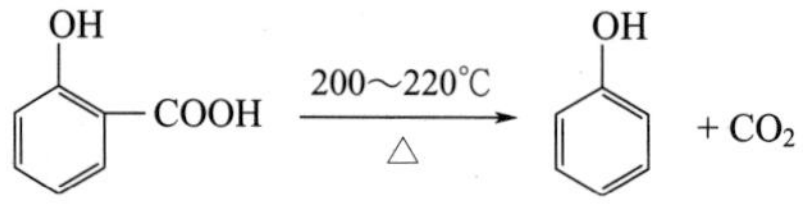

$$\text{邻羟基苯甲酸} \xrightarrow[\triangle]{200\sim220\text{℃}} \text{苯酚} + CO_2$$

13.3.1.3　重要的羟基酸

(1) 乳酸 [2(α)-羟基丙酸]　分子式是 $C_3H_6O_3$，最初是从酸牛奶中获得的，无色黏稠状液体，具有吸湿性。能与水、乙醇、甘油混溶，水溶液呈酸性，不溶于氯仿、二硫化碳和石油醚。

在一般的新陈代谢和运动中，乳酸不断被产生，但是其浓度一般不会上升。在长时间的剧烈运动过程中，会产生大量乳酸并堆积，乳酸堆积会引起局部肌肉的酸痛。临床上常用乳酸钙作为钙源用于治疗钙缺乏症。在医学里，由氯化钠、氯化钾和乳酸共同溶于蒸馏水而形成的与人的血液等张的乳酸林格氏液常被用于损伤、手术或烧伤失血后的血液补充。

(2) 酒石酸（2,3-二羟基丁二酸）　分子式为 $C_4H_6O_6$，无色透明结晶或白色结晶粉末，存在于多种植物中，无臭，酸性较强，溶于水和乙醇，微溶于乙醚，不溶于甲苯、氯仿。酒石酸在空气中稳定。无毒，是葡萄酒中主要的有机酸之一。

酒石酸最大的用途是饮料添加剂，常用作食品中的抗氧化剂，同时其也是药物工业原料。在有机合成中，酒石酸可以用来制备手性催化剂，以及作为手性源来合成复杂的天然产物分子。在制镜工业中，酒石酸是一个重要的助剂和还原剂，可以控制银镜的形成速率，获得非常均一的镀层。

(3) 柠檬酸 (3-羟基-3-羧基戊二酸) 又名枸橼酸，是一种重要的有机酸，无色晶体，常含一分子结晶水，熔点为153℃，无臭，有很强的酸味，易溶于水。天然柠檬酸在自然界中分布很广，主要存在于植物，如柠檬、柑橘、菠萝等果实和动物的骨骼、肌肉、血液中。人工合成的柠檬酸是用砂糖、糖蜜、淀粉、葡萄等含糖物质发酵而制得的，分为无水和水合物两种。

柠檬酸的用途非常广泛，可作为食品的酸味剂、pH调节剂；在医药工业中，主要用作抗凝血剂、解酸药等；还用作缓冲剂、配位剂和金属清洗剂等。

(4) 乙酰水杨酸 [2-(乙酰氧基)苯甲酸] 俗称阿司匹林，分子式为 $C_9H_8O_4$，白色结晶性粉末，熔点135℃，无臭，微带酸味。微溶于水，易溶于乙醇、乙醚和氯仿。

1853年，弗雷德里克·热拉尔最早用水杨酸与乙酸酐合成了乙酰水杨酸，但直到1898年阿司匹林才正式上市。到现在为止，阿司匹林已应用百年，成为医药史上三大经典药物之一，至今它仍是世界上应用最广泛的解热、镇痛和抗炎药，也是作为比较和评价其他药物的标准制剂。在体内具有抗血栓的作用，临床上用于预防心脑血管疾病的发作。

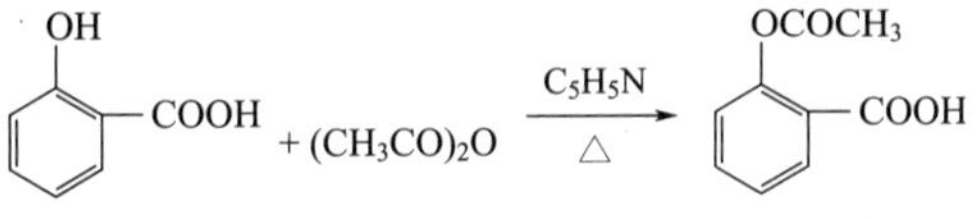

$$\text{水杨酸} + (CH_3CO)_2O \xrightarrow[\triangle]{C_5H_5N} \text{乙酰水杨酸}$$

13.3.2 羰基酸

13.3.2.1 羰基酸的分类和命名

分子中同时含有羰基和羧基的化合物称为羰基酸。根据其所含的是醛基还是酮基，将其分为醛酸和酮酸；还可以根据羰基和羧基的相对位置，分为 α-羰基酸、β-羰基酸、γ-羰基酸等。

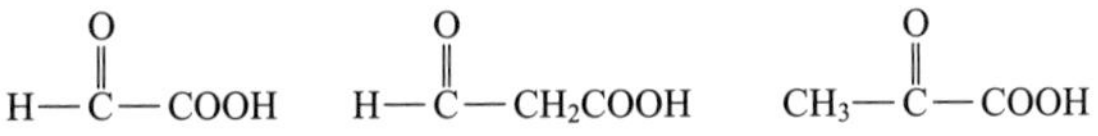

乙醛酸　　丙醛酸　　丙酮酸

3-丁酮酸(β-丁酮酸)　　2-酮戊二酸(α-酮戊二酸)

13.3.2.2 羰基酸的化学性质

(1) 脱羧反应　α-酮酸和 β-酮酸都容易进行脱羧反应。

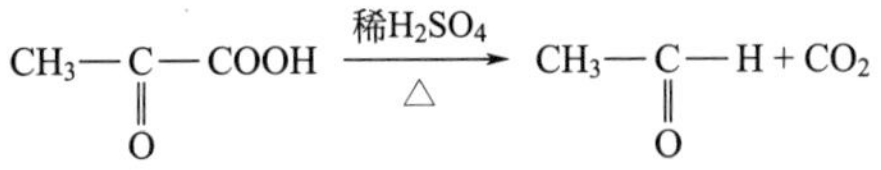

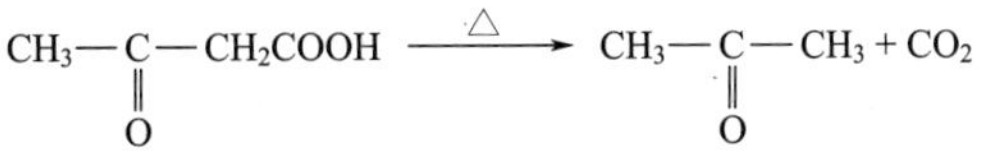

$$CH_3-\underset{O}{\underset{\|}{C}}-COOH \xrightarrow[\triangle]{\text{稀}H_2SO_4} CH_3-\underset{O}{\underset{\|}{C}}-H + CO_2$$

$$CH_3-\underset{O}{\underset{\|}{C}}-CH_2COOH \xrightarrow{\triangle} CH_3-\underset{O}{\underset{\|}{C}}-CH_3 + CO_2$$

(2) 氧化还原反应　酮和羧酸都不易氧化，但酮酸易氧化。

$$CH_3-\underset{\underset{O}{\|}}{C}-COOH \xrightarrow{[O]} CH_3-\underset{\underset{O}{\|}}{C}-OH + CO_2$$

生物体内在氧化脱羧酶的催化下也能发生类似的氧化脱羧反应。

$$HOOC-\underset{\underset{O}{\|}}{C}-CH_2COOH \xrightarrow{\text{氧化脱羧酶}} HOOC-\underset{\underset{O}{\|}}{C}-CH_3 + CO_2$$

13.3.2.3　重要的羰基酸

(1) 乙醛酸　乙醛酸是最简单的醛酸，是一种白色晶体，有不愉快气味。可溶于水，水溶液呈黄色；难溶于乙醚、乙醇和苯等。暴露于空气中短时间即能吸潮变为浆状，有腐蚀性，存在于未成熟的水果中。

乙醛酸是一种基本有机化工原料，用途广泛。由乙醛酸和愈创木酚反应制得的乙基香兰素，广泛用于食品、日用化妆品中，起增香和定香作用；还可做饲料的添加剂、电镀行业的增亮剂，制药行业的中间体。乙醛酸还是制备对羟基苯甘氨酸（羟氨苄青霉素及头孢氨青霉素的原料）、对羟基苯乙酰胺（用作制造治疗心血管疾病和高血压的有效物——阿替尔），以及对羟基苯乙酸、对羟基苯海因等医药产品的原料之一。

(2) 丙酮酸　丙酮酸为浅黄色至黄色的透明液体，有醋酸气味。天然产品存在于薄荷及蔗糖发酵液中。熔点 13.8℃。沸点 165℃（分解），闪点 82℃。折射率 1.4280。与水、乙醇、乙醚等混溶。

丙酮酸在空气中颜色变暗，加热时缓慢聚合，反应活性较强，易与氮化物、醛、卤化物、磷化物等反应，参与生物体的糖代谢，氨基酸、蛋白质等的生化合成、代谢，醇的发酵等。丙酮酸可通过乙酰 CoA 和三羧酸循环实现体内糖、脂肪和氨基酸间的互相转化，在三大营养物质的代谢联系中起着重要的枢纽作用。

复习思考题

1. 写出下列化合物结构简式。
   (1) 乙酸　　　　　(2) 2,3-二甲基戊酸　　　(3) 对苯二甲酸
   (4) 甲乙酐　　　　(5) 丁二酸酐　　　　　　(6) 间硝基苯乙酰溴
   (7) 乙二醇二乙酸酯　(8) 己二酸单酰胺

2. 命名下列化合物。
   (1) CH_3CH_2COOH　　　　　　(2) ICH_2CH_2COOH

   (3) C₆H₅—COOCH₂CH₃　　　　　(4) $H_3C-C_6H_4-\underset{\underset{O}{\|}}{C}-Cl$

   (5) $CH_3-\underset{\underset{O}{\|}}{C}-COOH$　　　　(6) $CH_3-\underset{\underset{O}{\|}}{C}-O-\underset{\underset{O}{\|}}{C}-CH_2CH_3$

3. 完成下列反应式。
   (1) $CH_3\underset{\underset{CH_3}{|}}{C}HCH_2COOH + SOCl_2 \longrightarrow$

   (2) $CH_3CH_2COOH + CH_3CH_2CH_2OH \xrightarrow[\triangle]{\text{浓 } H_2SO_4}$

   (3) 邻-HO-C₆H₄-COOH + NaHCO₃(过量) ⟶

(4)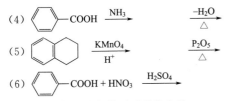

(5) ![structure] $\xrightarrow[H^+]{KMnO_4}$ $\xrightarrow[\triangle]{P_2O_5}$

(6) C₆H₅—COOH + HNO₃ $\xrightarrow{H_2SO_4}$

4. 按酸性大小顺序排列下列化合物。

(1) $CH_2ClCOOH$、CCl_3COOH、$CHCl_2COOH$、CH_3COOH

(2) H_2O、CH_3CH_2OH、CH_3COOH、$CH\equiv CH$、C_6H_5OH、H_2CO_3

(3) CH_3COOH、$HOOCCH_2COOH$、$HOOCCOOH$、$HCOOH$

5. 用化学方法鉴别下列化合物。

(1) 甲酸、乙酸、草酸

(2) 草酸、丙二酸、丁二酸

(3) 乙酰氯、乙酸酐、乙酸乙酯

6. 完成下列合成（其他原料任选）。

(1) 由 $CH_3CH_2CH_2OH$ 合成 $CH_3CH_2CHOHCOOH$

(2) 由 $CH_3CH_2CH_2OH$ 合成 $(CH_3)_2CHCOOH$

(3) 由 CH_3CHO 合成 $HOOCCH_2COOH$

(4) 由 $CH_3CH_2CH_2CN$ 合成 $CH_3CH_2CH_2NH_2$

7. 分析推断题。

(1) 化合物 A、B、C，分子式都是 $C_3H_6O_2$，只有 A 能与 $NaHCO_3$ 作用放出 CO_2，B 和 C 都不能，B 和 C 在 NaOH 溶液中可水解，B 的水解产物之一能起碘仿反应。推测 A、B、C 的结构式，并写出有关反应方程式。

(2) 化合物 A 分子式为 $C_6H_8O_4$，能使溴水褪色，用臭氧氧化后在锌粉存在下水解得到唯一的产物 B($C_3H_4O_3$)，B 能与碳酸氢钠反应放出二氧化碳，也能与碘的氢氧化钠溶液发生碘仿反应。A 受热即失水生成 C($C_6H_6O_3$)。试写出 A、B、C 的结构式。

第 14 章

含氮有机化合物

【学习指南】

熟悉硝基化合物、胺类物质的结构、分类、命名等,掌握它们的主要化学性质及重要物质的应用;了解重氮和偶氮化合物的性质。

【阅读材料】

硝基化合物及有关酚类农药的中毒时,需要解救。

硝基化合物及有关酚类农药中毒的解救

14.1 硝基化合物

14.1.1 硝基化合物的分类、命名和结构

分子中含有硝基（—NO_2）的化合物称为硝基化合物，结构通式为 R—NO_2 和 Ar—NO_2。

14.1.1.1 分类

硝基化合物从结构上可看作烃的一个或多个氢原子被硝基取代的产物。
① 据烃基不同可分为：脂肪族硝基化合物 R—NO_2 和芳香族硝基化合物 Ar—NO_2。
② 据硝基的数目可分为：一硝基化合物和多硝基化合物。
③ 据硝基所连的 C 原子不同可分为：可分为伯、仲、叔硝基化合物。

14.1.1.2 命名

硝基化合物的命名类似于卤代烃，即以烃为母体，硝基为取代基来命名，例如：

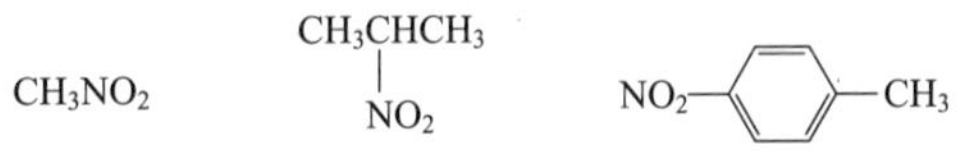

CH_3NO_2　　　　CH_3CHCH_3　　　　NO_2—〈 〉—CH_3
　　　　　　　　　　　|
硝基甲烷　　　　　　NO_2　　　　　　　　　对硝基甲苯
　　　　　　　2-硝基丙烷

14.1.1.3 结构

在硝基化合物中，N 原子为 sp^2 杂化态，形成三个共平面的 σ 键，未参加杂化的具有一孤对电子的 p 轨道与两个氧原子的 p 轨道形成 π_3^4 共轭体系，两个 N—O 键是等价的，但习惯上写成 R—N^+(=O)(—O^-)，也有的写成 R—N(=O)(=O)。

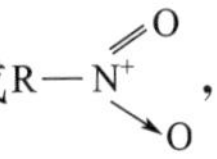

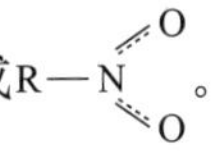

两个 N—O 键的键长相等，说明它们没有区别。因此，硝基的结构可用共振结构式表示如下：

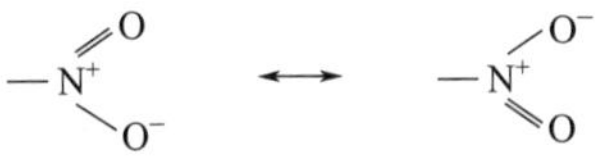

应该注意的是，硝基化合物与亚硝酸酯互为同分异构体。

R—NO_2　　　　R—O—N=O
硝基化合物　　　亚硝酸酯

14.1.2 硝基化合物的物理性质

脂肪族硝基化合物是无色而具有香味的液体，难溶于水，易溶于醇和醚。大部分芳香族硝基化合物都是淡黄色固体，有些一硝基化合物是液体，具有苦杏仁味，不溶于水，溶于有机溶剂。硝基化合物的相对密度都大于 1。多硝基化合物在受热时一般易分解而发生爆炸。芳香族硝基化合物都有毒性。硝基化合物的物理性质见表 14-1。

表 14-1　硝基化合物的物理性质

名称	构造式	熔点/℃	沸点/℃
硝基甲烷	CH_3NO_2	-28.5	100.8

续表

名称	构造式	熔点/℃	沸点/℃
硝基乙烷	$CH_3CH_2NO_2$	−50	115
1-硝基丙烷	$CH_3CH_2CH_2NO_2$	−108	131.5
2-硝基丙烷	$(CH_3)_2CHNO_2$	−93	120
硝基苯	$C_6H_5NO_2$	5.7	210.8
间二硝基苯	$1,3\text{-}C_6H_4(NO_2)_2$	89.8	303
1,3,5-三硝基苯	$1,3,5\text{-}C_6H_3(NO_2)_3$	122	315
邻硝基甲苯	$1,2\text{-}CH_3C_6H_4NO_2$	−9	222.5
对硝基甲苯	$1,4\text{-}CH_3C_6H_4NO_2$	54.5	238.3
2,4-二硝基甲苯	$1,2,4\text{-}CH_3C_6H_3(NO_2)_2$	71	300
2,4,6-三硝基甲苯	$1,2,4,6\text{-}CH_3C_6H_2(NO_2)_3$	81.8	分解

14.1.3 硝基化合物的化学性质

伯、仲硝基化合物由于硝基的强吸电子作用使 α-H 较易离去。芳香族硝基化合物的硝基使其邻、对位电子云密度大大降低，使其邻、对位上取代基易被其他亲核试剂取代。

14.1.3.1 α-H 的酸性

具有 α-H 的硝基化合物重要的化学性质之一是它的酸性。例如：

$$CH_3NO_2 \quad (pK_a = 10.2)$$
$$CH_3CH_2NO_2 \quad (pK_a = 8.5)$$
$$CH_3CH_2CH_2NO_2 \quad (pK_a = 7.8)$$

都显示出足够的酸性，原因是 α-H 受到硝基的吸电子效应的影响。硝基烷烃能跟 NaOH 作用生成盐：

$$RCH_2NO_2 + NaOH \longrightarrow [R\bar{C}HNO_2]Na^+ + H_2O$$

14.1.3.2 还原

硝基化合物能被多种还原剂还原，如被催化氢化（H_2/Ni）或在强酸性系统中被金属（如 Fe、Zn、Sn）还原生成伯胺。

$$R-NO_2 \xrightarrow{H_2, Ni} R-NH_2 + H_2O$$

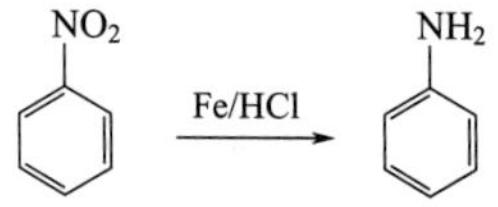

$$\text{PhNO}_2 \xrightarrow{Fe/HCl} \text{PhNH}_2$$

在弱酸性、中性或碱性溶液中，还原剂的还原能力降低，硝基苯还原为中间产物，它们均被强还原剂（如 $Na + C_2H_5OH$ 或 $Fe + HCl$ 等）还原为苯胺。

二硝基化合物可以被 NH_4HS、$(NH_4)_2S$ 或多硫化铵选择性地还原一个硝基为氨基。

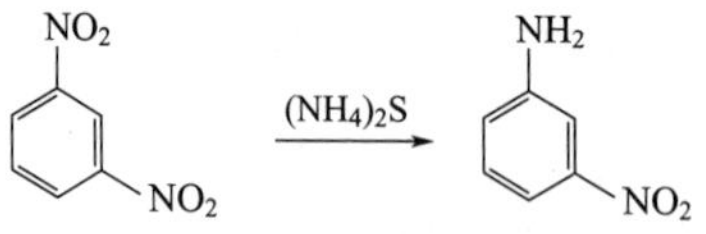

$$m\text{-}C_6H_4(NO_2)_2 \xrightarrow{(NH_4)_2S} m\text{-}H_2N\text{-}C_6H_4\text{-}NO_2$$

14.1.3.3 与羰基化合物的缩合

第一和第二硝基化合物（都含有 α-H 原子）在碱催化下，能与某些羰基化合物起缩合反应：

$$CH_3NO_2 \xrightarrow{OH^-} {}^-CH_2NO_2 \xrightarrow{HCHO} O_2N-CH_2CH_2OH \xrightarrow[2HCHO]{OH^-} O_2N-C(CH_2OH)_3$$

14.1.3.4 与亚硝酸的反应

第一硝基烷烃与亚硝酸作用，生成结晶的硝基肟酸：

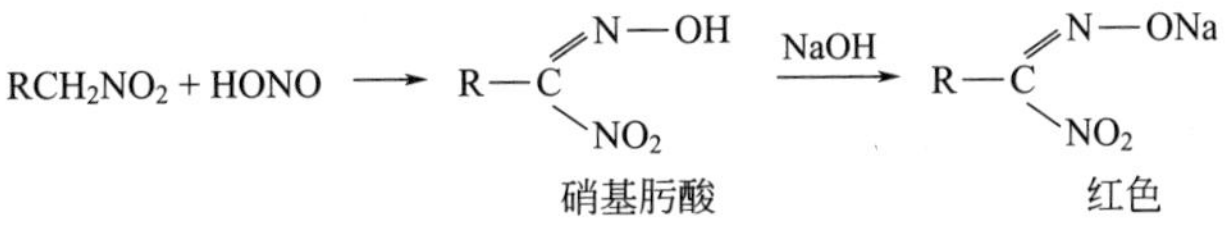

$$RCH_2NO_2 + HONO \longrightarrow \underset{\text{硝基肟酸}}{R-\underset{NO_2}{\overset{N-OH}{C}}} \xrightarrow{NaOH} \underset{\text{红色}}{R-\underset{NO_2}{\overset{N-ONa}{C}}}$$

产物硝基肟酸溶于 NaOH 溶液中，得到红色的硝基肟酸钠盐溶液。

第二硝基烷烃与亚硝酸作用，生成结晶的亚硝基取代的硝基化合物：

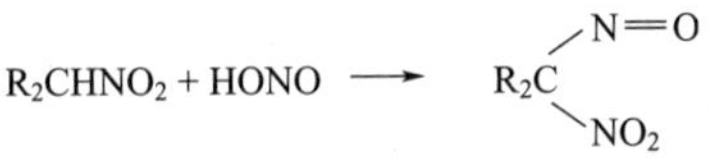

$$R_2CHNO_2 + HONO \longrightarrow R_2\underset{NO_2}{\overset{N=O}{C}}$$

产物溶于 NaOH 溶液中，生成蓝色溶液。

第三硝基烷烃不与亚硝酸作用。

此反应可用来区别伯、仲、叔硝基化合物。

14.1.3.5 硝基对芳香环上取代基的影响

芳环上的硝基是强吸电子基，使苯环上的电子云密度降低，钝化苯环，不利于亲电试剂的进攻。同时，硝基对苯环上的其他取代基也产生极大的影响。

(1) 硝基对卤素活泼性的影响 在通常情况下，氯苯上的氯原子不能被—OH 取代，但当氯苯的邻位和对位被硝基取代后，由于硝基的吸电子作用使与 Cl 原子相连的 C 原子上电子云密度大大降低，有利于亲核试剂的进攻，而容易发生苯环上的亲核取代反应：

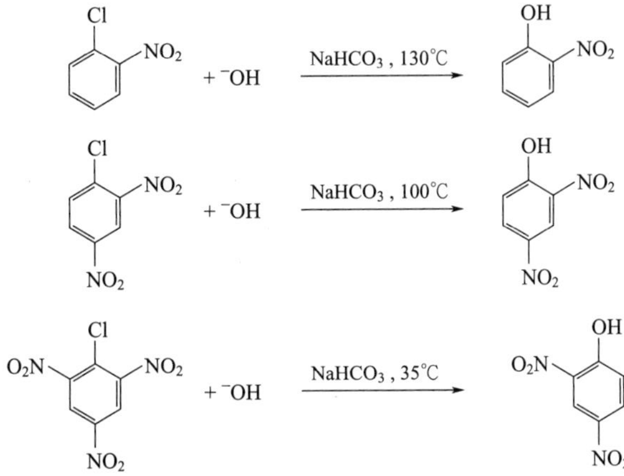

硝基越多，亲核取代反应越容易。

(2) 硝基对苯酚酸性的影响 在苯酚的苯环上引入硝基，吸电子的硝基通过诱导效应和共轭效应的传递，增加了羟基中的氢离解成质子的能力。例如：

	OH	OH	OH	OH	OH
	苯酚	间硝基苯酚	对硝基苯酚	2,4-二硝基苯酚	2,4,6-三硝基苯酚
pK_a	9.98	8.28	7.16	3.96	0.38

其中三硝基苯酚的酸性已接近无机酸，可与 NaOH、Na_2CO_3、$NaHCO_3$ 作用。

14.1.4 硝基化合物的制法及应用

14.1.4.1 烷烃的硝化

脂肪族硝基化合物可以通过烷烃的直接硝化（气相硝化）制备：

$$CH_3CH_2CH_3 + HONO_2 \xrightarrow{400℃} CH_3CH_2CH_2NO_2 + CH_3CHCH_3 + CH_3CH_2NO_2 + CH_3NO_2$$
$$\qquad\qquad\qquad\qquad\qquad\qquad\qquad\qquad\qquad\ \ |$$
$$\qquad\qquad\qquad\qquad\qquad\qquad\qquad\qquad\quad NO_2$$

产物为混合物，较难分离，合成上意义不大，在工业上作为混合溶剂。

14.1.4.2 芳烃的硝化

芳香族硝基化合物的应用价值远远超过脂肪族硝基化合物。制备芳香族硝基化合物最简单、最便利的方法是用混酸作用于芳烃：

$$C_6H_6 + HONO_2 \xrightarrow[50\sim60℃]{H_2SO_4} C_6H_5NO_2 + H_2O$$

在更强烈的条件下还可以合成二硝基化合物和三硝基化合物。三硝基化合物是猛烈的炸药。

14.1.4.3 亚硝酸盐的烃基化

脂肪族硝基化合物还可以通过无机亚硝酸盐跟卤代烷进行亲核取代反应制备，分别生成亚硝酸酯和硝基化合物：

$$:\!\!\overset{O^-}{\underset{O}{N}}\!\! + \overset{H_2C-X}{\underset{R}{|}} \longrightarrow O=N-OCH_2R + X^-$$

$$\overset{O^-}{\underset{O}{N}}\!\!:\!+ \overset{H_2C-X}{\underset{R}{|}} \longrightarrow \overset{O}{\underset{O}{N}}-CH_2R + X^-$$

例如：

$$CH_3(CH_2)_6CH_2I + AgNO_2 \longrightarrow CH_3(CH_2)_6CH_2NO_2 + CH_3(CH_2)_6CH_2ONO$$
$$\qquad\qquad\qquad\qquad\qquad\qquad\qquad\quad 83\% \qquad\qquad\quad 11\%$$

亚硝酸盐可以是亚硝酸的锂、钠、钾盐，卤代烷可用溴代烷或碘代烷。在二甲亚砜溶液中进行反应可得 60% 以上的硝基化合物。

14.1.4.4 重要的硝基化合物

(1) 硝基苯 硝基苯为浅黄色的油状液体，熔点为 5.7℃，沸点 210.8℃，相对密度 1.197，具有苦杏仁气味，有毒，不溶于水，而易溶于乙醇、乙醚等有机溶剂。硝基苯可通过苯的硝化反应制备。它是生产苯胺及制备染料和药物的重要原料。此外，它还可用作溶剂和缓和的氧化剂。

(2) 2,4,6-三硝基甲苯 2,4,6-三硝基甲苯俗称 TNT，为黄色晶体，熔点 81.8℃，不溶于水，可溶于苯、甲苯和丙酮，有毒，由甲苯直接硝化制得。

TNT 是一种重要的军用炸药。因其熔融后不分解，受震动也相当稳定，所以装弹运输也比较安全。经起爆剂引发，就会发生猛烈爆炸。原子弹、氢弹的爆炸常用 TNT 的万吨级来表示。TNT 也可用在民用筑路、开山、采矿等爆破工程中。此外，还可用于制造染料和照相用药品等。

(3) 2,4,6-三硝基苯酚 2,4,6-三硝基苯酚为黄色晶体，熔点 122℃，味苦，俗称苦味酸。不溶于冷水，可溶于热水、乙醇和乙醚中，有毒，并有强烈的爆炸性。苦味酸是一种强酸，其酸性与强无机酸相近。由 2,4-二硝基氯苯经水解再硝化制得。

苦味酸是制造硫化染料的原料，也可作为生物碱的沉淀剂，医药上用作外科收敛剂。

14.2 胺

14.2.1 胺的分类和命名

14.2.1.1 胺的分类

胺可以看作氨的烃基衍生物。氨分子中的一个、两个或三个氢原子被烃基取代的产物分别称为第一胺（伯胺）、第二胺（仲胺）、第三胺（叔胺）。其通式为

$$NH_3 \qquad RNH_2 \qquad RR'NH \qquad RR'R''N$$
氨　　　伯胺　　　仲胺　　　叔胺

铵盐或氢氧化铵中的四个氢原子都被烃基取代，称为季铵盐或季铵碱。

$$R_4N^+Cl^- \qquad R_4N^+OH^-$$
季铵盐　　　季铵碱

胺分子中的氮原子与脂肪烃相连的称为脂肪胺，与芳香烃相连的称为芳香胺。例如：

$$CH_3CH_2NH_2 \qquad H_3C-\!\!\!\!\bigcirc\!\!\!\!-NH_2$$
乙胺(脂肪胺)　　　对甲苯胺(芳香胺)

胺分子中，如果含有两个以上的氨基，则根据氨基的多少称为二元胺、三元胺等。

14.2.1.2 胺的命名

简单的胺可以用它所含的烃基命名。即先写出连在氮原子上的烃基的名称，再以胺作词尾。例：

$$CH_3NHCH_3 \qquad CH_3NHCH_2CH_3 \qquad H_2NCH_2CH_2NH_2$$
二甲胺　　　甲基乙基胺　　　乙二胺

环己胺　　　对甲苯胺　　　1,2,4-苯三胺

对于芳香仲胺或叔胺，则在取代基前冠以"N"字，以表示这个基团是连接在氮上，而不是连接在芳环上。例如：

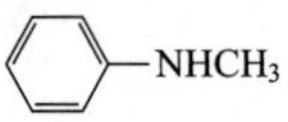

N-甲基苯胺 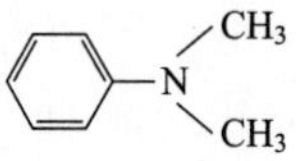　　　N,N-二甲基苯胺 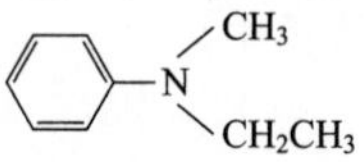　　　N-甲基-N-乙基苯胺

对于结构比较复杂的胺，按系统命名法，即将氨基当作取代基，以烃或其他官能团为母体，取代基按次序规则排列，将较优基团后列出。例如：

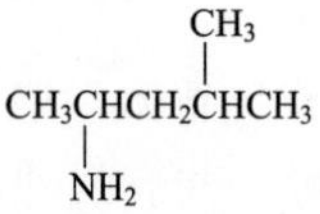

4-甲基-2-氨基戊烷 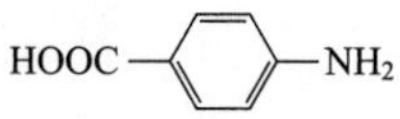　　　对氨基苯甲酸

季铵化合物可以看作是铵的衍生物来命名。例如：

$(C_2H_5)_4N^+I^-$　　　$(CH_3)_3N^+C_2H_5\,OH^-$

碘化四乙铵　　　三甲基乙基氢氧化铵

注意"氨""胺"及"铵"字的用法：表示基时，如氨基、亚氨基，用"氨"字；表示NH_3的烃基衍生物时用"胺"；而季铵类化合物用"铵"。

14.2.2　胺的物理性质

一些胺类化合物的物理常数见表14-2。

表 14-2　一些胺类化合物的物理常数

化合物	熔点/℃	沸点/℃	密度/g·cm^{-3}	折射率	pK_b
氨	−77.7	−33			4.76
甲胺	−92.5	−6.5	0.699(−1℃)	1.4321(1℃)	3.38
乙胺	−80.5	16.6	0.6829	1.3663	3.27
丙胺	−83	48.7	0.7173	1.3870	3.33
丁胺	−50.5	77.8	0.7417	1.4031	3.39
戊胺	−5.5	104	0.7574	1.4118	
己胺	−19	132.7			
二甲胺	−96	7.4	0.6804(0℃)	1.350(17℃)	3.29
二乙胺	−50	55.5	0.7108	1.3864	3.02
二丙胺	−39.6	110.7	0.7400	1.4050	3.03
三甲胺	−124	3.5	0.6356	1.3631(0℃)	4.4
三乙胺	−115	89.7	0.7275	1.4010	3.4
1,2-乙二胺	8.5	117	0.8995	1.4568	4.0,7.0[①]
1,2-丙二胺		135.5	0.884	1.4600	
1,4-丁二胺	27	158	0.877	1.4569	
1,5-戊二胺	9.0	178			
苯胺	−6	184	1.022	1.5863	9.34
N-甲基苯胺	−57	194	0.989	1.5684	9.31

续表

化合物	熔点/℃	沸点/℃	密度/g·cm^{-3}	折射率	pK_b
N,N-二甲基苯胺	2	193	0.956	1.5582	8.94
邻甲基苯胺	-24.4	197	1.008	1.5688	9.5,12.7①
间甲基苯胺	-31.5	203	0.991	1.570	9.3,11.4①
对甲基苯胺	44	200	0.962		8.9,10.7①
邻苯二胺	103	257			9.5
间苯二胺	63	284	1.139	1.6339(58℃)	9.3
对苯二胺	140	267			8.9
二苯胺	54	302	1.159		13
α-萘胺	49	301	1.131		11.1
β-萘胺	112	306	1.061		9.9

① 数字为 pK_{b2}。

伯胺、仲胺与醇相似，能形成分子间氢键，因此，沸点比较高。但叔胺的 N 原子上没有氢，不能形成分子间氢键，沸点较低。胺都能与水形成氢键，因此低级胺能溶于水。但随着分子量的增加，烃基的比例加大，其溶解度迅速降低。

胺有不愉快的难闻臭味，特别是低级脂肪胺，有臭鱼一样的气味。腌鱼的臭味就是由某些脂肪胺引起的。肉腐烂时能产生极臭而剧毒的 1,4-丁二胺及 1,5-戊二胺。

芳胺也具有特殊的气味，毒性较大而且容易渗入皮肤。无论吸入它们的蒸气或皮肤与之接触都能引起严重中毒。某些芳香胺（如联苯胺等）有致癌作用。因此，应该注意避免芳胺接触皮肤或吸入人体内而中毒。

14.2.3 胺的化学性质

14.2.3.1 碱性和成盐

胺分子中，氮原子具有一对未共用电子，能接受质子，显碱性，是一种路易斯（lewis）碱。胺与大多数酸作用生成盐。例如：

$$RNH_2 + HCl \longrightarrow RN^+H_3Cl^- （晶体）$$

随着氮原子上 R 的增加，碱性增强。这是由于烷基 R 是供电子基，能增加氮原子上的电子云密度，可增加它对质子的吸引力。因此，在气相中，其碱性顺序为

氨＜甲胺＜二甲胺＜三甲胺

在溶液中，受溶剂化的影响，三甲胺溶剂化作用极弱（由于位阻效应），其碱性强弱顺序有所改变，为

氨＜三甲胺＜甲胺＜二甲胺

总之，胺是一类弱碱，其盐和氢氧化钠等强碱作用时会放出游离的胺。利用此性质可以将胺与其他有机化合物分离。因为不溶于水的胺与盐酸反应形成铵盐而溶于稀盐酸，分离有机相与水相后，再用强碱可从铵盐中置换出胺：

$$RNH_2 + HCl \longrightarrow RN^+H_3Cl^- \xrightarrow{OH^-} RNH_2 + Cl^- + H_2O$$

季铵盐的氮原子上没有质子，与氢氧化物反应不能释放出胺，而是形成季铵碱：

$$R_4N^+I^- + AgOH \longrightarrow R_4N^+OH^- + AgI$$

季铵碱的碱性与 NaOH 相当。

在芳胺中，以第一胺的碱性较强，第二胺次之，第三胺最弱，接近于中性。碱性强弱次序为

$$C_6H_5NH_2 > (C_6H_5)_2NH > (C_6H_5)_3N$$

芳胺的碱性比脂肪胺弱得多。苯环上有吸电子基，碱性降低；苯环上有供电子基，碱性增强。胺与氨的碱性强弱次序为

$$脂肪胺 > 氨 > 芳香胺$$

14.2.3.2 酸性

伯胺和仲胺的氮原子上有氢，能失去一个质子而显酸性。例如：

$$2RNH_2 + 2Na \longrightarrow 2RNHNa + H_2\uparrow$$

$$(C_2H_5)_2NH + C_6H_5Li \xrightarrow{乙醚} (C_2H_5)_2NLi + C_6H_6$$

胺的酸性很弱，pK_a 值约为 34，因此它的共轭碱是一种很强的碱性试剂，在有机合成中应用非常广泛。

14.2.3.3 烃基化反应

伯胺作为亲核试剂与卤代烃发生亲核取代反应，结果生成仲胺、叔胺和季铵盐。胺的烃基化反应，往往得到一级胺、二级胺、三级胺和季铵盐的混合物，此法在工业上用于生产胺类：

$$CH_3NH_2 + RBr \longrightarrow CH_3N^+H_2RBr^- \xrightarrow{OH^-} CH_3NHR + H_2O + Br^-$$

$$CH_3NHR + RBr \longrightarrow CH_3N^+HR_2Br^- \xrightarrow{OH^-} CH_3NR_2 + H_2O + Br^-$$

$$CH_3NR_2 + RBr \longrightarrow CH_3N^+R_3Br^-$$

14.2.3.4 酰基化反应

第一胺、第二胺作为亲核试剂跟酰氯、酸酐、酯作用生成酰胺：

$$\begin{Bmatrix} R-\overset{O}{\underset{\|}{C}}-Cl \\ R-\overset{O}{\underset{\|}{C}}-O \\ R-\overset{O}{\underset{\|}{C}} \\ R-\overset{O}{\underset{\|}{C}}-OR' \end{Bmatrix} + R''NH_2 \longrightarrow R-\overset{O}{\underset{\|}{C}}-NHR'' + \begin{Bmatrix} HCl \\ RCOOH \\ R'OH \end{Bmatrix}$$

第三胺氮原子上没有氢原子，所以不能生成酰胺。

苯胺也能与酰氯、酸酐、酯作用生成酰胺。酰胺在强酸性或强碱性的水溶液中加热很容易水解生成胺。因此，在有机合成上，往往把芳胺酰化变成酰胺，把氨基保护起来，再进行其他反应，然后使酰胺水解再变成胺：

$$\text{PhNH}_2 + (CH_3CO)_2O \longrightarrow \text{Ph-NHCOCH}_3 \xrightarrow{其他反应} \text{R-C}_6\text{H}_4\text{-NHCOCH}_3 \xrightarrow[\Delta]{H_3O^+} \text{R-C}_6\text{H}_4\text{-NH}_2$$

14.2.3.5 与亚硝酸的反应

伯、仲、叔胺对于亚硝酸的作用是各不相同的。亚硝酸不稳定,通常将亚硝酸盐与强酸在反应体系中混合得到。

脂肪胺与 HNO_2 反应的情况为

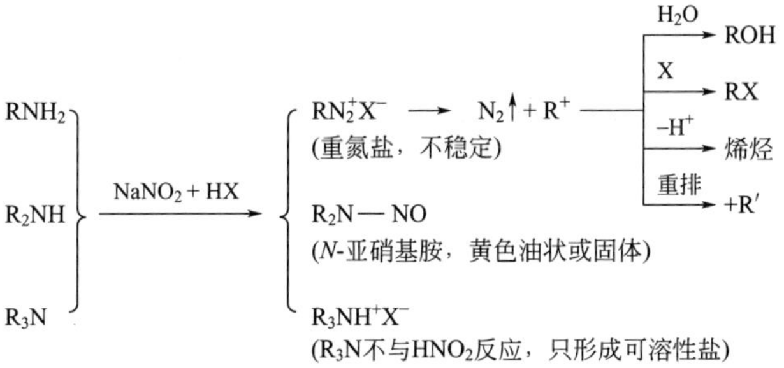

$$RNH_2, R_2NH, R_3N \xrightarrow{NaNO_2 + HX} \begin{cases} RN_2^+X^- \rightarrow N_2\uparrow + R^+ \rightarrow \begin{cases} ROH \\ RX \\ 烯烃 \\ 重排 \end{cases} \\ (重氮盐,不稳定) \\ R_2N—NO \\ (N\text{-}亚硝基胺,黄色油状或固体) \\ R_3NH^+X^- \\ (R_3N不与HNO_2反应,只形成可溶性盐) \end{cases}$$

利用上述反应,可以区别伯、仲、叔脂肪胺。

芳香胺也能与 HNO_2 发生类似的反应:

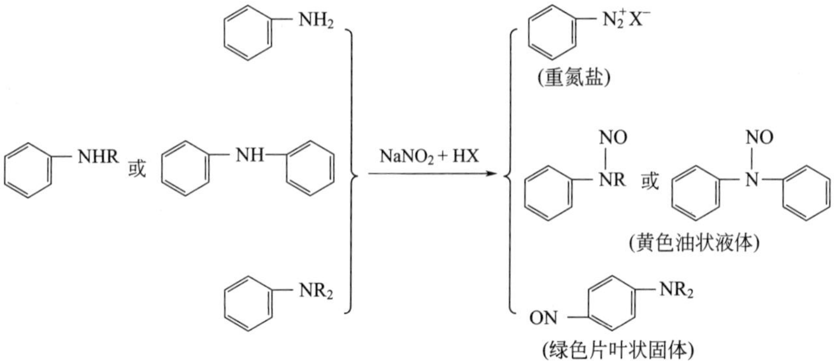

$$PhNH_2, PhNHR \text{ 或 } Ph_2NH, PhNR_2 \xrightarrow{NaNO_2 + HX} \begin{cases} PhN_2^+X^- \text{ (重氮盐)} \\ Ph-N(NO)R \text{ 或 } Ph_2N-NO \text{ (黄色油状液体)} \\ ON-C_6H_4-NR_2 \text{ (绿色片叶状固体)} \end{cases}$$

利用三类芳胺与 HNO_2 作用生成的产物不同,可以区别芳香族伯、仲、叔胺。脂肪族伯胺与 HNO_2 反应,总是迅速放出 N_2,但芳香族伯胺与 HNO_2 反应形成的芳香重氮盐在 5℃ 以下能稳定,在 5℃ 以上才放出 N_2,反应为

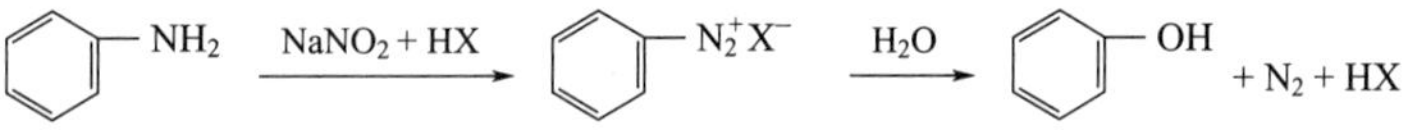

$$PhNH_2 \xrightarrow{NaNO_2 + HX} PhN_2^+X^- \xrightarrow{H_2O} PhOH + N_2 + HX$$

在 5℃ 以下时,芳香重氮盐可发生许多在合成上很有价值的反应。

14.2.3.6 氧化反应

胺类化合物很容易被氧化,通常久置的胺类化合物被氧化成深色的混合物,组成很复杂。在相同氧化剂作用下,不同类型的胺氧化产物不同。例如:

$$RCH_2NH_2 \xrightarrow{H_2O_2} RCH=N-OH(肟)$$
$$R_2NH \xrightarrow{H_2O_2} R_2N-OH(羟胺)$$
$$R_3N \xrightarrow{H_2O_2} R_3N \rightarrow O(氧化胺)$$

芳胺在贮藏中逐渐被空气中的氧所氧化,致使颜色变深。例如新的苯胺是无颜色的,但暴露在空气中,很快就变成黄色,然后变成红色,主要产物是苯醌:

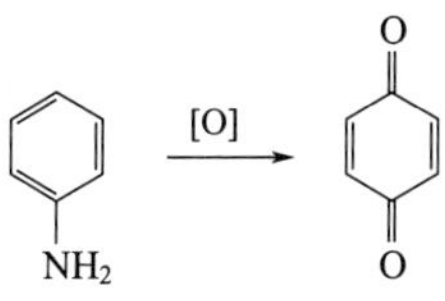

$$PhNH_2 \xrightarrow{[O]} \text{苯醌}$$

三级芳胺及其铵盐对氧化剂不太敏感，因此可将芳胺变成铵盐再贮藏。

14.2.3.7　芳胺的亲电取代反应

氨基活化苯环，使苯环上的亲电取代反应比苯容易进行，新进入的基团主要进入氨基的邻、对位。

苯胺容易被氧化，因此应先将苯胺酰化为乙酰苯胺，再进行其他反应。乙酰氨基仍是较强的邻、对位定位基。

(1) 卤化反应　苯胺与溴反应难以停留在一取代阶段，甚至在水溶液中苯胺与溴迅速反应生成2,4,6-三溴苯胺白色沉淀：

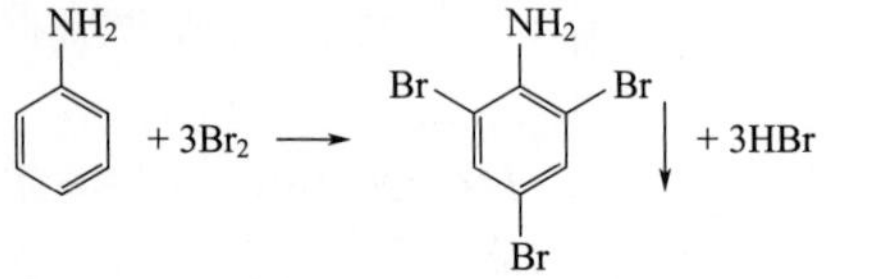

$$C_6H_5NH_2 + 3Br_2 \longrightarrow 2,4,6\text{-}Br_3C_6H_2NH_2 \downarrow + 3HBr$$

这个反应可用于苯胺的定性及定量分析。

但苯胺乙酰化后，溴代生成对位取代物：

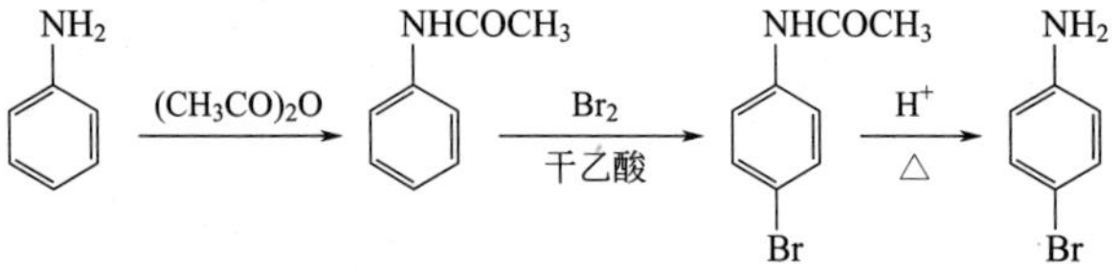

$$PhNH_2 \xrightarrow{(CH_3CO)_2O} PhNHCOCH_3 \xrightarrow[\text{干乙酸}]{Br_2} p\text{-}BrC_6H_4NHCOCH_3 \xrightarrow[\triangle]{H^+} p\text{-}BrC_6H_4NH_2$$

(2) 磺化反应　苯胺与发烟硫酸反应生成苯胺硫酸盐，若将此盐在180～190℃烘焙，得到对氨基苯磺酸。若将此盐进行磺化反应，然后与碱作用，则得到间氨基苯磺酸，因为—N^+H_3是间位定位基。反应式为：

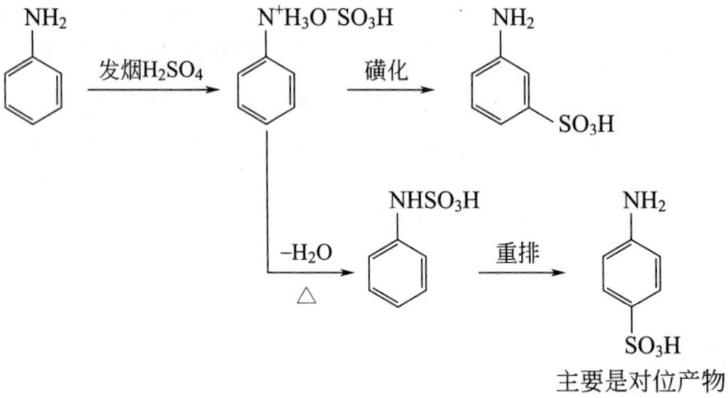

$$PhNH_2 \xrightarrow{\text{发烟}H_2SO_4} PhN^+H_3O^-SO_3H \begin{cases} \xrightarrow{\text{磺化}} m\text{-}HO_3SC_6H_4NH_2 \\ \xrightarrow[\triangle]{-H_2O} PhNHSO_3H \xrightarrow{\text{重排}} p\text{-}HO_3SC_6H_4NH_2 \end{cases}$$

主要是对位产物

(3) 硝化反应　硝酸具有强氧化性，故苯胺不能直接硝化。若要得到邻、对位硝基苯胺，需先将氨基酰基化，然后硝化，最后水解。反应式为：

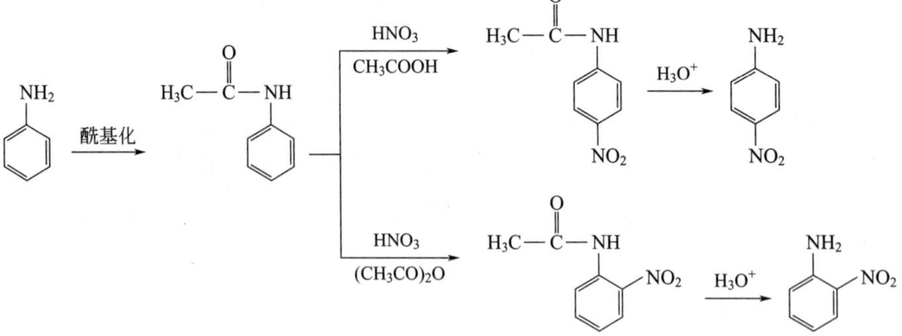

$$PhNH_2 \xrightarrow{\text{酰基化}} PhNHCOCH_3 \begin{cases} \xrightarrow[CH_3COOH]{HNO_3} p\text{-}O_2NC_6H_4NHCOCH_3 \xrightarrow{H_3O^+} p\text{-}O_2NC_6H_4NH_2 \\ \xrightarrow[(CH_3CO)_2O]{HNO_3} o\text{-}O_2NC_6H_4NHCOCH_3 \xrightarrow{H_3O^+} o\text{-}O_2NC_6H_4NH_2 \end{cases}$$

若要得到间硝基苯胺，先将苯胺溶于浓硫酸形成盐，然后硝化，最后与碱作用：

$$\text{C}_6\text{H}_5\text{NH}_2 \xrightarrow{\text{H}_2\text{SO}_4} \text{C}_6\text{H}_5\text{N}^+\text{H}_3\text{O}^-\text{SO}_3\text{H} \xrightarrow{\text{HNO}_3} m\text{-O}_2\text{N-C}_6\text{H}_4\text{-N}^+\text{H}_3\text{O}^-\text{SO}_3\text{H} \xrightarrow{\text{NaOH}} m\text{-O}_2\text{N-C}_6\text{H}_4\text{-NH}_2$$

第三胺可直接硝化，得到邻、对位产物。

（4）傅-克反应 芳香胺中的氨基用酰基保护后，可进行傅-克烷基化和酰基化反应：

$$\text{C}_6\text{H}_5\text{-NHCOCH}_3 + \text{CH}_3\text{COCl} \longrightarrow \text{H}_3\text{COC-C}_6\text{H}_4\text{-NHCOCH}_3$$

14.2.4 胺的制法

14.2.4.1 氨（胺）的烃基化

这个反应在性质里学习过了，溴苯在液态氨中能与强碱作用，发生亲核取代反应。

$$\text{C}_6\text{H}_5\text{Br} + {}^-\text{NH}_2 \xrightarrow[-33^\circ\text{C}]{\text{液NH}_3} \text{C}_6\text{H}_5\text{NH}_2 + \text{Br}^-$$

14.2.4.2 含 N 化合物的还原

① 硝基化合物的还原：催化氢化、化学还原、选择还原。
② 腈的还原：制备伯胺，并增加一个 C 原子。
③ 酰胺的还原

$$\text{R-CO-NH}_2 \xrightarrow{\text{LiAlH}_4} \text{R-CH}_2\text{-NH}_2$$

$$\text{R-CO-NEt}_2 \xrightarrow{\text{LiAlH}_4} \text{R-CH}_2\text{-NEt}_2$$

14.2.4.3 醛、酮氨化还原

$$\text{R}_2\text{C=O} \begin{cases} \xrightarrow[-\text{H}_2\text{O}]{\text{NH}_3} \text{R}_2\text{C=NH} \xrightarrow{\text{H}_2/\text{催化剂}} \text{R}_2\text{CH-NH}_2 & \text{伯胺} \\ \xrightarrow[-\text{H}_2\text{O}]{\text{NH}_2\text{R}} \text{R}_2\text{C=NR} \xrightarrow{\text{H}_2/\text{催化剂}} \text{R}_2\text{CH-NHR} & \text{仲胺} \\ \xrightarrow[-\text{H}_2\text{O}]{\text{NHR}_2} \text{R}_2\text{CH-NR}_2 & \text{叔胺} \end{cases}$$

$$\text{C}_6\text{H}_{11}\text{OH} \begin{cases} \xrightarrow[\text{H}_2\text{SO}_4]{\text{K}_2\text{Cr}_2\text{O}_7} \text{C}_6\text{H}_{10}\text{O} \xrightarrow[-\text{H}_2\text{O}]{\text{NH}_3} \xrightarrow{\text{H}_2/\text{催化剂}} \text{C}_6\text{H}_{11}\text{NH}_2 \\ \xrightarrow{\text{PBr}_3} \text{C}_6\text{H}_{11}\text{Br} \xrightarrow{\text{NH}_3} \text{C}_6\text{H}_{11}\text{NH}_2 \end{cases}$$

14.2.4.4 伯胺的特殊制备

（1）Hofmann 降解反应 此法是制备伯胺独特而又可靠的方法。

$$\text{R-CO-NH}_2 + \text{NaOBr} \xrightarrow{2\text{NaOH}} \text{RNH}_2 + \text{Na}_2\text{CO}_3 + \text{NaBr} + \text{H}_2\text{O}$$

(2) Grabriel 合成

$$\text{邻苯二甲酰亚胺} + \text{KOH} \longrightarrow \text{邻苯二甲酰亚胺钾} \xrightarrow{R-X} \text{N-烷基邻苯二甲酰亚胺}$$

$$\xrightarrow[\triangle]{20\%\text{HCl}} \begin{array}{c}\text{COOH}\\\text{COOH}\end{array} + RN^+H_3Cl^- \xrightarrow{\text{NaOH}} RNH_2$$

$$RCH_2OH \begin{cases} \xrightarrow{KMnO_4} RCOOH \xrightarrow{SOCl_2} RCOCl \xrightarrow{NH_3} RCONH_2 \xrightarrow{NaOBr} RNH_2 \quad \text{少一个} C \\ \xrightarrow{PBr_3} RCH_2Br \begin{cases}\xrightarrow{NaCN} RCH_2CN \xrightarrow{LiAlH_4} RCH_2CH_2NH_2 \quad \text{多一个} C\\ \xrightarrow{NH_3} RCH_2NH_2\end{cases} \\ \xrightarrow{K_2Cr_2O_7} RCHO \xrightarrow[-H_2O]{NH_3} \xrightarrow{H_2/\text{催化剂}} RCH_2NH_2 \end{cases}$$

（其中 $RCONH_2 \xrightarrow{LiAlH_4} RCH_2NH_2$）

14.2.5 季铵盐和季铵碱

叔胺与卤代烷反应得到季铵盐，季铵盐和碱作用不能释放游离胺，但与湿的 Ag_2O 作用，可转变为季铵碱：

$$R_3N + R'Cl \longrightarrow R_3N^+R'Cl^- \xrightarrow{Ag_2O} R_3N^+R'OH^- + AgCl\downarrow$$
$$\qquad\qquad\qquad\quad \text{季铵盐} \qquad\qquad \text{季铵碱}$$

季铵碱跟 KOH 一样是强碱，加热到 100～150℃ 会分解：

$$(CH_3)_4N^+OH^- \xrightarrow{\triangle} (CH_3)_3N + CH_3OH$$

如果烃基中含有大于或等于两个碳的链时，季铵碱加热分解得到烯烃。例如：

$$(CH_3CH_2)_4N^+OH^- \xrightarrow{\triangle} (CH_3CH_2)_3N + CH_2=CH_2$$

这种反应称为霍夫曼消除反应，反应特点如下。

① 季铵碱的热分解反应中，产物烯烃主要是在不饱和碳原子上连有烷基最少的烯烃，称为霍夫曼（Hofmann）规则。这一规则与 Saytzeff 规则正好相反。例如：

$$CH_3CH_2\overset{\overset{N^+(CH_3)_3OH^-}{|}}{C}HCH_3 \xrightarrow{\triangle} (CH_3)_3N + \underset{95\%}{CH_3CH_2CH=CH_2} + \underset{5\%}{CH_3CH=CHCH_3}$$

但是，当 β-碳原子上有芳基时，则主要生成能与苯环共轭的烯烃：

$$C_6H_5-CH_2CH_2\overset{+}{N}(CH_3)_2CH_2CH_3OH^- \xrightarrow{\triangle} \underset{94\%}{C_6H_5-CH=CH_2} + \underset{6\%}{CH_2=CH_2}$$

② 季铵碱的 N 原子上连有两个以上可变为烯烃的基团时，主要生成分子量较小的烯烃。季铵碱热消除变为烯烃的反应可用来测定胺的结构。

14.3 重氮和偶氮化合物

重氮和偶氮化合物分子都含有 $-N_2-$（或 $-N=N-$）基团。官能团（$-N=N-$）两端都和碳原子相连的化合物叫做偶氮化合物。官能团（—N＝N—）的一端与烃基碳原子相连，另一端与非碳原子相连的化合物叫做重氮化合物。例如：

$CH_3-N=N-CH_3$　　　　　$C_6H_5-N=N-C_6H_5$　　　　　$C_6H_5-N=N-C_6H_4-OH$

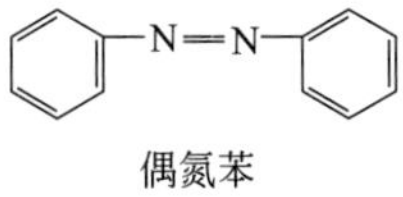

　　偶氮甲烷　　　　　　　　偶氮苯 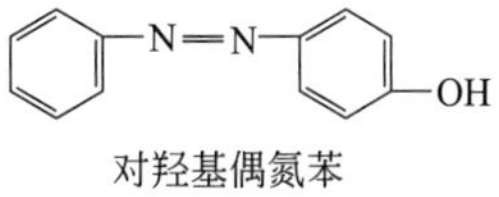　　　　　　　　　　对羟基偶氮苯

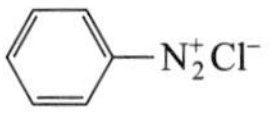

$C_6H_5-N_2^+Cl^-$　　　　　$C_6H_5-N=N-OH$

　氯化重氮苯 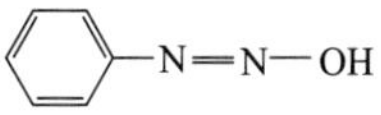　　　　　　　氢氧化重氮苯

14.3.1　重氮盐的制备

在 0～5℃下，伯胺在强酸存在下与亚硝酸反应，生成重氮盐，称为重氮化反应。例如：

$$C_6H_5NH_2 + NaNO_2 + 2HCl \longrightarrow C_6H_5N_2^+Cl^- + 2H_2O + NaCl$$

14.3.2　重氮化合物的性质

重氮盐是无色结晶，离子型化合物，易溶于水而不溶于一般有机溶剂。干燥的重氮盐对热和震动都很敏感，容易发生爆炸。重氮盐的化学性质非常活泼，能发生多种反应。这些反应可归纳为两类：放氮反应和保留氮反应。

14.3.2.1　放氮反应

重氮基（—N_2）能被—X、—NO_2、—OH 等取代，生成相应的芳香族化合物，同时放出氮气。

（1）氢取代　重氮盐与次磷酸或甲醛的碱性溶液作用，重氮基被氢取代，生成芳香烃。

$$ArN_2^+ HSO_4^- + H_3PO_2 + H_2O \longrightarrow ArH + N_2\uparrow + H_3PO_3 + H_2SO_4$$

$$ArN_2^+ HSO_4^- \xrightarrow{NaOH} ArN_2-OH \xrightarrow{HCHO} ArH + N_2\uparrow + HCOOH$$

（2）羟基取代　将重氮盐的水溶液加热，重氮盐即发生水解，重氮基被羟基取代生成酚。

$$ArN_2^+ HSO_4^- + H_2O \xrightarrow{\triangle} ArOH + N_2\uparrow + H_2SO_4$$

（3）卤原子、氰基取代　重氮盐与卤化亚铜（CuCl、CuBr）的氢卤酸（HCl、HBr）溶液共热时，重氮基可被卤原子取代生成相应的氯化物或溴化物。此反应称桑德迈尔（Sandmeyer）反应。

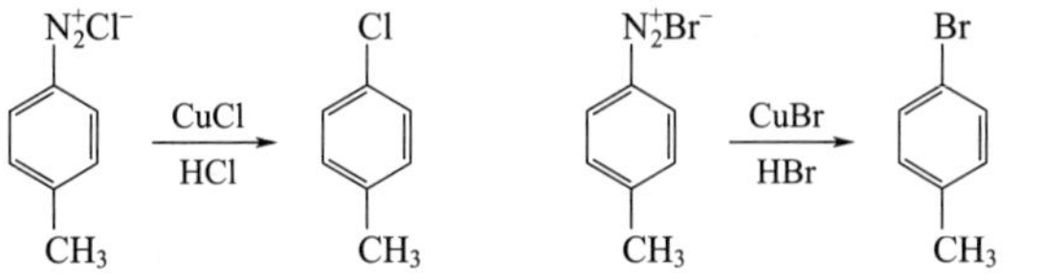

$$4-CH_3-C_6H_4-N_2^+Cl^- \xrightarrow[HCl]{CuCl} 4-CH_3-C_6H_4-Cl \quad (89\%\sim95\%)$$

$$4-CH_3-C_6H_4-N_2^+Br^- \xrightarrow[HBr]{CuBr} 4-CH_3-C_6H_4-Br \quad (70\%\sim79\%)$$

制备溴化物时，可用硫酸重氮盐代替氢溴酸重氮盐，不能用盐酸重氮盐，否则将得到溴化物与氯化物的混合物。

重氮盐在中性条件下与氰化亚铜作用，氰基取代重氮基生成芳香腈。

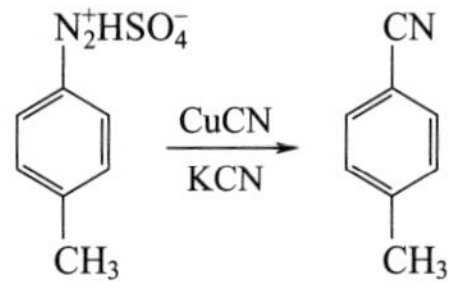

$$4-CH_3-C_6H_4-N_2^+HSO_4^- \xrightarrow[KCN]{CuCN} 4-CH_3-C_6H_4-CN \quad (64\%\sim70\%)$$

这个反应提供了一种将氰基直接引入芳环的方法，而氰基可通过水解生成酰胺或羧酸，也可通过还原生成伯胺，所以通过这一反应可以合成许多芳香族化合物。

14.3.2.2 保留氮的反应

(1) 还原反应 重氮盐可以被还原，所得产物是芳肼。氯化亚锡、锌粉以及饱和亚硫酸氢钠水溶液均可作为还原剂。例如：

$$\text{[C}_6\text{H}_5\text{N}_2\text{]}^+\text{Cl}^- \xrightarrow[0\text{°C}]{\text{SnCl}_2+\text{HCl}} \text{C}_6\text{H}_5\text{NHNH}_2\cdot\text{HCl} \xrightarrow[\text{H}_2\text{O}]{\text{NaOH}} \text{C}_6\text{H}_5\text{NHNH}_2$$

(2) 偶合反应 重氮盐与弱亲电试剂和高度活化的芳香化合物（如酚、芳香胺等）进行缩合，生成各种偶氮化合物，这种反应称为偶合反应或偶联反应。参与反应的重氮盐称为重氮组分，芳香胺、酚等称为偶合组分。

$$\text{C}_6\text{H}_5\text{N}_2^+\text{Cl}^- + \text{C}_6\text{H}_5\text{OH} \xrightarrow{\text{弱碱, pH=8}} \text{C}_6\text{H}_5-\text{N}=\text{N}-\text{C}_6\text{H}_4-\text{OH}$$

$$\text{C}_6\text{H}_5\text{N}_2^+\text{Cl}^- + \text{C}_6\text{H}_5\text{N(CH}_3)_2 \xrightarrow{\text{弱酸, pH=4~6}} \text{C}_6\text{H}_5-\text{N}=\text{N}-\text{C}_6\text{H}_4-\text{N(CH}_3)_2$$

偶合反应一般发生在羟基或氨基的对位，如对位已有基团占据，也可发生在邻位。例如：

$$\text{C}_6\text{H}_5\text{N}_2^+\text{Cl}^- + \text{对甲基苯酚} \xrightarrow{\text{弱碱}} \text{偶氮产物}$$

重氮化合物主要用于有机合成，如合成氰基、卤代芳烃等。

14.3.3 偶氮化合物

偶氮化合物是一种重要化合物。芳香族偶氮化合物往往带有颜色，有些偶氮化合物的颜色能随溶液的 pH 不同而发生灵敏显著的变化，在分析化学中可作酸碱指示剂。

14.3.3.1 甲基橙

甲基橙是由对氨基苯磺酸经重氮化后，再与 N,N-二甲基苯胺偶合而成的。

$$\text{HO}_3\text{S}-\text{C}_6\text{H}_4-\text{NH}_2 \xrightarrow[\text{HCl}]{\text{NaNO}_2} \text{HO}_3\text{S}-\text{C}_6\text{H}_4-\text{N}_2^+\text{Cl}^-$$

$$\xrightarrow[\text{CH}_3\text{COOH}]{\text{C}_6\text{H}_5\text{N(CH}_3)_2} \text{HO}_3\text{S}-\text{C}_6\text{H}_4-\text{N}=\text{N}-\text{C}_6\text{H}_4-\text{N(CH}_3)_2$$

$$\xrightarrow{\text{NaOH}} \text{NaO}_3\text{S}-\text{C}_6\text{H}_4-\text{N}=\text{N}-\text{C}_6\text{H}_4-\text{N(CH}_3)_2$$

甲基橙是一种酸碱指示剂，在 pH>4.4 显黄色，在 pH<3.1 显红色，pH 3.1~4.4 时溶液显橙色。

14.3.3.2 刚果红

刚果红又称直接朱红或直接大红 4B，变色范围 pH 3~5。刚果红的结构式为：

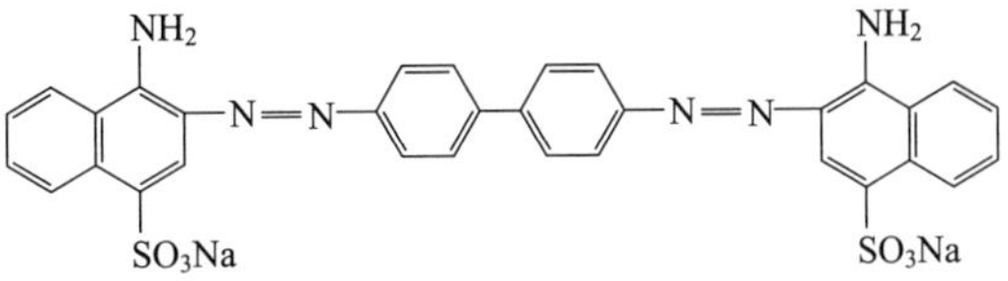

14.3.3.3 亚甲基蓝

亚甲基蓝可用于棉、麻、纸张、皮革等的染色。在生物学上可用于生物切片及作氧化还原指示剂等，比如各种微生物的形态观察，常用作染色剂。亚甲基蓝结构式为：

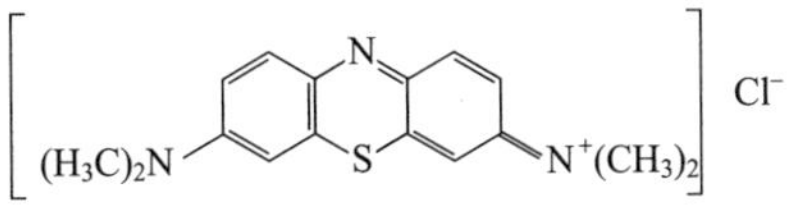

14.4 腈

分子中含有氰基（—CN）的化合物称为腈，一般用 RCN 或 ArCN 表示。

14.4.1 腈的分类和命名

根据所连烃基的结构分为脂肪腈和芳香腈。

按所含碳原子数命名，称为某腈。或以烃为母体，氰基为取代基，称为氰基某烷。

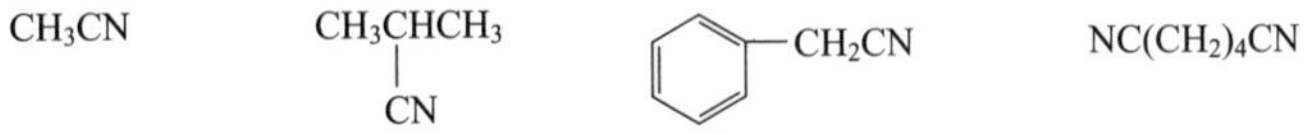

CH_3CN　　　CH_3CHCH_3　　　$C_6H_5CH_2CN$　　　$NC(CH_2)_4CN$
　　　　　　　　　|
　　　　　　　　CN

乙腈(氰基甲烷)　异丁腈(2-氰基丙烷)　苯甲腈(苄腈)　己二腈(1,4-二氰基丁烷)

14.4.2 腈的物理性质

—CN 是强极性基团，腈分子的极性较大。

(1) 状态　低级腈为无色液体，高级腈为固体。

(2) 沸点　腈的沸点较高，比分子量相近的烃、醚、醛、酮和胺高，比相应的羧酸低，与醇相近。

(3) 水溶性　低级腈易溶于水，高级腈（5 个碳以上）难溶于水。

腈是一种优良的溶剂，能溶解多种极性和非极性物质，并能溶解许多盐类。

14.4.3 腈的化学性质

14.4.3.1 水解反应

$$CH_3CH_2CH_2CN \xrightarrow[H^+]{H_2O} CH_3CH_2CH_2COOH$$

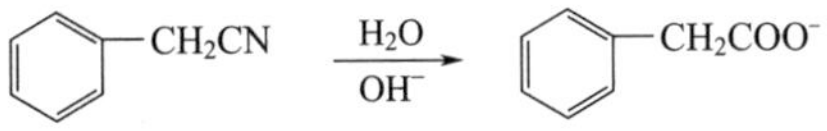

$$C_6H_5CH_2CN \xrightarrow[OH^-]{H_2O} C_6H_5CH_2COO^-$$

如果在温和的条件下水解，反应可以停留在生成酰胺阶段。

$$R-CN + H_2O_2 \xrightarrow{NaOH} R-\underset{\underset{\displaystyle O}{\|}}{C}-NH_2 + O_2$$

14.4.3.2 醇解反应

$$CH_3CH_2CN \xrightarrow[H^+]{CH_3OH} CH_3CH_2COOCH_3 + NH_3$$

14.4.3.3 还原反应

是制备伯胺的一种方法。

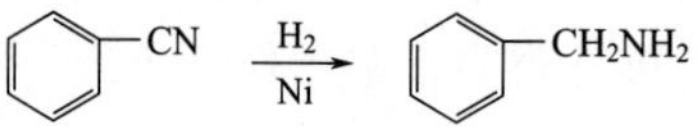

$$C_6H_5CN \xrightarrow[Ni]{H_2} C_6H_5CH_2NH_2$$

14.4.4 腈的制法及应用

14.4.4.1 乙腈

乙腈为无色液体,沸点 80~82℃,有芳香气味,有毒,可溶于水和乙醇。水解生成乙酸,还原时生成乙胺,能聚合成二聚物和三聚物。

工业上腈由碳酸二甲酯与氰化钠作用或乙炔与氨在催化剂存在下反应制得,也可由乙酰胺脱水制得。

乙腈可用于制备维生素 B_1 等药物及香料,也可用作脂肪酸萃取剂、酒精变性剂等。

14.4.4.2 丙烯腈

丙烯腈为无色液体,沸点 77.3~77.4℃,微溶于水,易溶于有机溶剂。其蒸气有毒,能与空气形成爆炸性混合物,爆炸极限为 3.05%~17.0%(体积)。

工业上丙烯腈的生产方法主要采用丙烯的氨氧化法。

$$H_2C=CHCH_3 + NH_3 + \frac{3}{2}O_2 \xrightarrow[470℃]{磷钼酸铋} H_2C=CHCN + 3H_2O$$

此法优点是原料便宜易得,且对丙烯纯度要求不高。工艺流程简单,成本低,收率高(约 65%)。

丙烯腈在引发剂(如过氧化苯甲酰)存在下,聚合生成聚丙烯腈。

$$n\,H_2C=CHCN \xrightarrow{引发剂} {\left[\!\!\begin{array}{c} H_2C-CH \\ | \\ CN \end{array}\!\!\right]}_n$$

聚丙烯腈可以制成合成纤维,商品名为"腈纶",它类似羊毛,俗称"人造羊毛",具有强度高、密度小、保暖性好、耐光、耐酸及耐溶剂等特性。

复习思考题

1. 命名下列化合物。

(1) 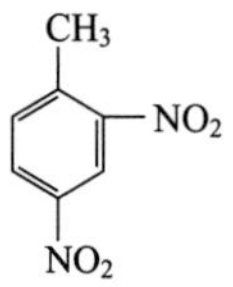 2,4-二硝基甲苯结构   (2) $CH_3NHCH(CH_3)_2$

(3) $C_6H_5N(CH_2CH_3)_2$ (4) 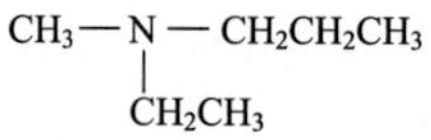 $CH_3-N(CH_2CH_3)-CH_2CH_3$

(5) 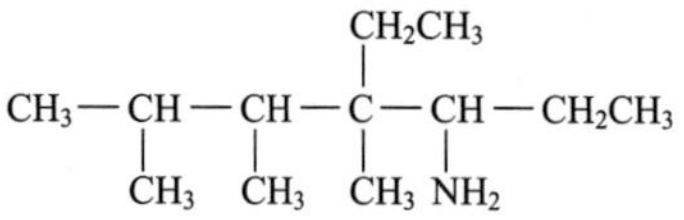 $CH_3-CH(CH_3)-CH(CH_3)-C(CH_3)(NH_2)-CH_2CH_3$ (6) 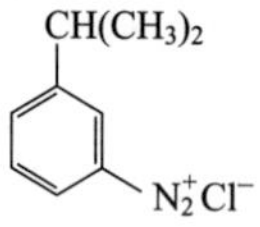 间异丙基苯重氮氯盐

(7) $O_2N-C_6H_4-N_2^+Br^-$ (8) $H_3C-C_6H_4-NH_2$

(9) $C_6H_5-N=N-C_6H_4-OH$ (10) $Br-C_6H_4-N^+(CH_3)_3Cl^-$

2. 根据下列化合物的名称写出相应的结构式。
(1) 苯胺 (2) 氯化甲基乙基正丙基苯基铵
(3) 2-硝基-4-氯甲苯 (4) 苄胺
(5) 对,对二羟基偶氮苯 (6) 甲基橙

3. 将下列化合物按碱性强弱排序。
(1) 甲胺、二甲胺、三甲胺、苯胺、氨、N-甲基苯胺
(2) 苯胺、对硝基苯胺、间甲基苯胺、2,4-二硝基苯胺、甲胺、二甲胺、氨、苄胺
(3) 甲胺、对硝基苯胺、对甲基苯胺

4. 用化学方法鉴别下列各组化合物。
(1) 苯胺和三苯胺
(2) 乙胺、二乙胺、三乙胺
(3) 硝基苯和硝基苄
(4) 对甲基苯胺、N-甲基苯胺、N,N-二甲基苯胺

5. 完成下列反应。

(1) $C_6H_5-CH_2NO_2 \xrightarrow{NaOH} ?$ (2) $CH_3CH_2CH_2NH_2 + HNO_2 \longrightarrow ?$

(3) $C_6H_5-NHCH_3 \xrightarrow[HCl]{NaNO_2} ?$ (4) $C_6H_5-N(CH_3)_2 \xrightarrow[HCl]{NaNO_2} ?$

(5) $H_3C-C_6H_4-NHCH_3 \xrightarrow{(CH_3CO)_2O} ?$ (6) $CH_3(CH_2)_3NH_2 + C_6H_5SO_2Cl \longrightarrow ?$

(7) $C_6H_5-NH_2 \xrightarrow{?} C_6H_5-N_2^+Cl^- \xrightarrow{HO-C_6H_4-Br} ?$

6. 以苯为基本原料合成下列化合物。
(1) 2,4,6-三溴苯甲酸 (2) 乙酰苯胺

7. 分析推断题。
(1) 有一化合物 A 分子式为 $C_7H_7NO_2$,无碱性,还原后得到 B 分子式为 C_7H_9N,具有碱性。在低温及硫酸存在下,B 和亚硝酸作用生成 C 分子式为 $C_7H_7N_2^+HSO_4^-$,加热 C 放出氮气,并生成对甲苯酚。在碱性溶液中,化合物 C 与苯酚作用生成具有颜色的化合物 $C_{13}H_{12}N_2O$。推测 A 的结构式,并写出各步反应。

(2) A 化合物分子式为 $C_6H_6BrNO_3S$,与亚硝酸钠和硫酸作用生成重氮盐,后者与乙醇共热生成 B(分子式为 $C_6H_5BrO_3S$)。B 在硫酸作用下,用过热水蒸气处理,生成间二溴苯。A 能够从对氨基苯磺酸经溴化反应得到。试推测 A 的构造式。

第 15 章 杂环化合物

【学习指南】

掌握重要五元杂环、六元杂环化合物的结构、命名、性质及应用；了解常见杂环化合物。

【阅读材料】

了解常见的有毒杂环生物碱。

常见的有毒杂环生物碱

第 15 章 杂环化合物

杂环化合物是由碳原子和非碳原子共同组成环状骨架结构的一类化合物。这些非碳原子统称为杂原子，主要为氮、氧、硫等。前面学过的内酯、内酰胺、环醚等均为杂环化合物，但它们的性质与同类的开链化合物类似，已并入相应的章节中学习，本章将不作讨论。本章主要讨论的是环系比较稳定、具有一定芳香性的杂环化合物，即芳（香）杂环化合物。

杂环化合物种类繁多，数量庞大，在自然界分布极为广泛，许多天然杂环化合物在动植物体内起着重要的生理作用。例如，植物中的叶绿素、动物血液中的血红素、中草药中的生物碱类和苷类、部分抗生素和维生素、某些氨基酸和核苷酸的碱基等都含有杂环的结构。据估计，杂环化合物约占已知有机化合物总数的 1/3，占有机药物总数的 1/2。因此，杂环化合物在有机化合物（尤其是有机药物）中占有重要地位。

15.1 杂环化合物的分类和命名

15.1.1 杂环化合物的分类

芳杂环化合物可以按照环的大小分为五元杂环和六元杂环两大类；也可按杂原子的数目分为含一个、两个和多个杂原子的杂环；还可以按环的多少分为单杂环和稠杂环等。杂环化合物的分类见表 15-1。

表 15-1 杂环化合物的分类、命名和标位

类别	杂环母环
五元杂环 （含一个或 两个杂原子）	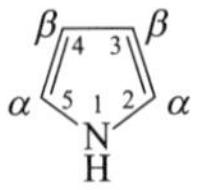 吡咯 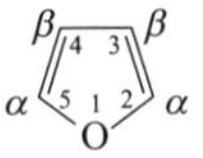　　呋喃 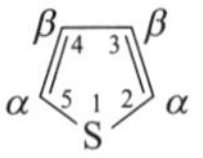　　噻吩 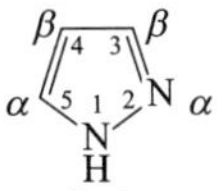 吡唑 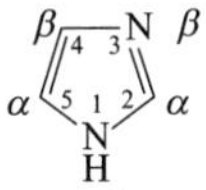　咪唑 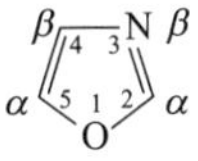　噁唑 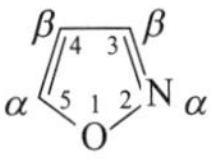　异噁唑 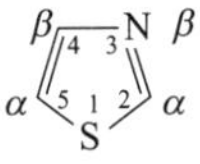　噻唑
六元杂环 （含一个或 两个杂原子）	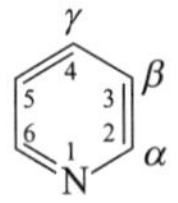 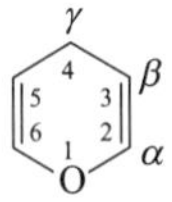 吡啶 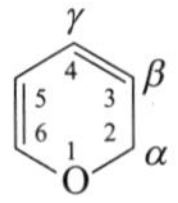　　2H-吡喃　　4H-吡喃 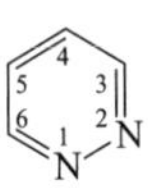 哒嗪 　嘧啶 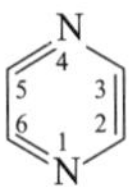　吡嗪
稠杂环 （含五元和 六元杂环）	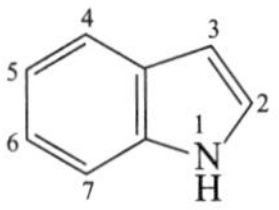 吲哚 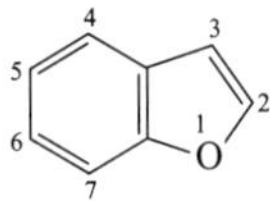　苯并呋喃 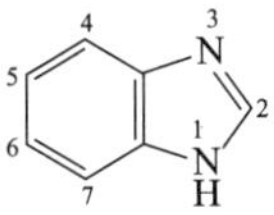　苯并咪唑 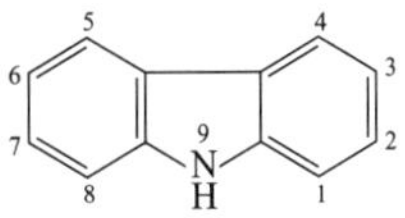　咔唑 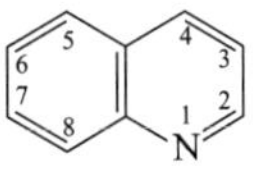 喹啉 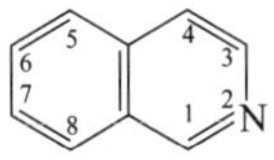　异喹啉 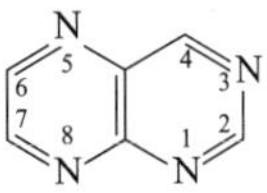　喋啶 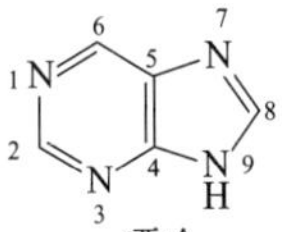　嘌呤

类别	杂环母环		
稠杂环（含五元和六元杂环）	吖啶	吩嗪	吩噻嗪

15.1.2 杂环化合物的命名

15.1.2.1 有特定名称的稠杂环

杂环化合物的命名比较复杂。现广泛应用的是按 IUPAC（1980）命名原则规定，保留特定的 25 个杂环化合物的俗名和半俗名，并以此为命名的基础。我国采用"音译法"，按照英文名称的读音，选用同音汉字加"口"旁组成音译名，其中"口"代表环的结构。杂环化合物的命名见表 15-1。

15.1.2.2 杂环母环的编号规则

当杂环上连有取代基时，为了标明取代基的位置，必须将杂环母体编号。杂环母体的编号原则如下。

(1) 含一个杂原子的杂环 含一个杂原子的杂环从杂原子开始编号。见表 15-1 中吡咯、吡啶等的编号。

(2) 含两个或多个杂原子的杂环 含两个或多个杂原子的杂环编号时，应使杂原子位次尽可能小，并按 O、S、NH、N 的优先顺序决定优先的杂原子，见表 15-1 中咪唑、噻唑的编号。

(3) 有特定名称的稠杂环 有特定名称的稠杂环的编号有几种情况。有的按其相应的稠环芳烃的母环编号，见表 15-1 中喹啉、异喹啉、吖啶等的编号。有的从一端开始编号，共用碳原子一般不编号，编号时注意杂原子的号数字尽可能小，并遵守杂原子的优先顺序，如表 15-1 中吩噻嗪的编号。还有些具有特殊规定的编号，如表 15-1 中嘌呤的编号。

(4) 标氢 上述的 25 个杂环的名称中包括了这样的含义：杂环中拥有最多数目的非聚集双键。当杂环满足了这个条件后，环中仍然有饱和的碳原子或氮原子，则这个饱和的原子上所连接的氢原子称为"标氢"或"指示氢"。用其编号加 H（大写斜体）表示。

1H-吡咯　2H-吡咯　2H-吡喃　4H-吡喃

若杂环上尚未含有最多数目的非聚集双键，则多出的氢原子称为外加氢。命名时要指出氢的位置及数目，全饱和时可不标明位置。

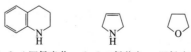

1,2,3,4-四氢喹啉　2,5-二氢吡咯　四氢呋喃

含活泼氢的杂环化合物及其衍生物，可能存在着互变异构体，命名时需按上述标氢的方式标明。

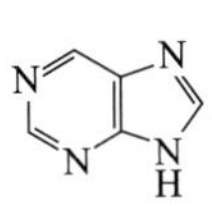

9H-嘌呤　　7H-嘌呤

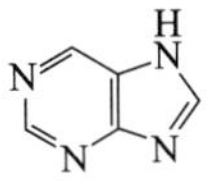

15.1.2.3 取代杂环化合物的命名

当杂环上连有取代基时，先确定杂环母体的名称和编号，然后将取代基的名称连同位置编号以词头或词尾形式写在母体名称前或后，构成取代杂环化合物的名称。

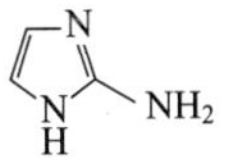

2-氨基咪唑 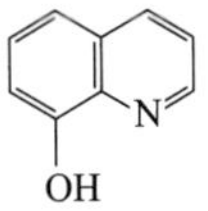　　8-羟基喹啉 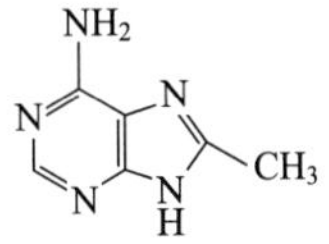　　8-甲基-6-氨基-9H-嘌呤

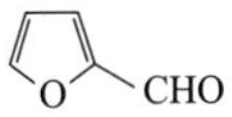

2-呋喃甲醛 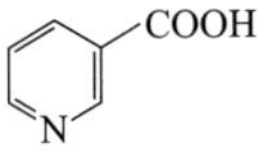　　3-吡啶甲酸 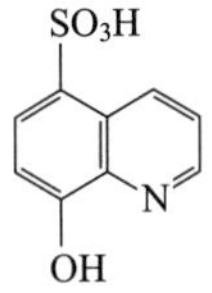　　8-羟基喹啉-5-磺酸

15.2　五元杂环化合物

含一个杂原子的五元杂环主要有吡咯、呋喃和噻吩，含两个杂原子的五元杂环主要是噻唑、咪唑和吡唑。

15.2.1　吡咯、呋喃和噻吩

15.2.1.1　电子结构及芳香性

吡咯、呋喃和噻吩都是平面型分子。碳原子与杂原子均以 sp² 杂化轨道与相邻的原子彼此以 σ 键构成五元环，每个原子都有一个未参与杂化的 p 轨道与环平面垂直，碳原子的 p 轨道中有一个电子，而杂原子的 p 轨道中有两个电子，这些 p 轨道相互侧面重叠形成封闭的大 π 键，大 π 键的 π 电子数是 6 个，符合 $4n+2$ 规则，因此，这些杂环具有芳香性。吡咯、呋喃和噻吩的 π 分子轨道示意见图 15-1。

吡咯　　呋喃　　噻吩

图 15-1　吡咯、呋喃和噻吩的 π 分子轨道示意图

吡咯、呋喃和噻吩的键长数据如下（单位 pm）：

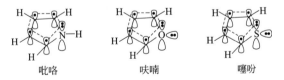

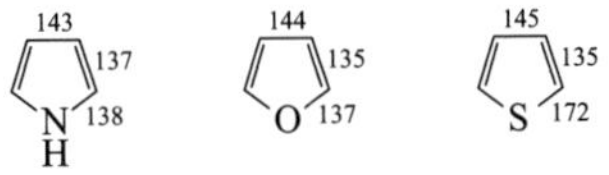

从键长数据来看，五元芳杂环键长没有完全平均化，芳香性不如苯和吡啶强，它们的芳香性由弱到强的顺序为：呋喃＜吡咯＜噻吩＜苯。

吡咯、呋喃和噻吩组成的大π键不同于苯和吡啶。由于5个p轨道中分布着6个电子，杂环上碳原子的电子云密度比苯环上碳原子的电子云密度高，所以又称这类杂环为"多π"（富电子）芳杂环。多π杂环的芳香稳定性不如苯环，它们与"缺π"的六元杂环在性质上有显著差别。

15.2.1.2 物理性质

吡咯为无色油状液体，沸点为131℃，有微弱的苯胺味，微溶于水，易溶于有机溶剂，存在于煤焦油中。

呋喃常温下为无色液体，易挥发，有氯仿气味，沸点为31.4℃，相对密度为0.9336，难溶于水而易溶于有机溶剂，存在于松木焦油中。

噻吩为无色有特殊气味液体，沸点为84.2℃，与苯共存于煤焦油中。

15.2.1.3 化学性质

(1) 酸碱性 吡咯分子中虽有仲胺结构，但却没有碱性，主要是因为氮原子上的一对电子都已参与形成大π键，不再具有给出电子对的能力，因此难以再结合质子。氮上的氢原子显示出弱酸性，其pK_a为17.5，因此吡咯能与强碱如金属钾及干燥的氢氧化钾共热成盐。

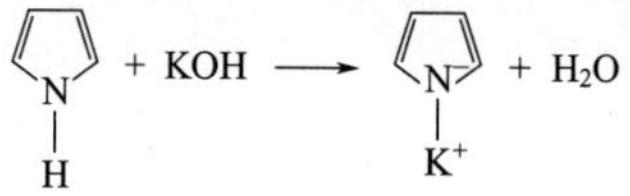

呋喃中的氧原子也因参与形成大π键而失去了醚的弱碱性，不易生成锌盐。噻吩中的硫原子不能与质子结合。

(2) 亲电取代反应 吡咯、呋喃和噻吩都属于多π杂环，碳原子上的电子云密度都比苯高，因此容易发生亲电取代反应，活性顺序为：吡咯＞呋喃＞噻吩≫苯。α-位取代时，中间体的正电荷离域程度高，能量低，比较稳定，而β-位取代的反应中间体的正电荷离域程度低，能量高，不稳定，所以，亲电取代反应产物以α-位取代产物为主。

a. 卤化反应 吡咯、呋喃和噻吩在室温下与氯或溴的反应较为激烈，需要在温和的环境下进行，否则会生成多卤代物。

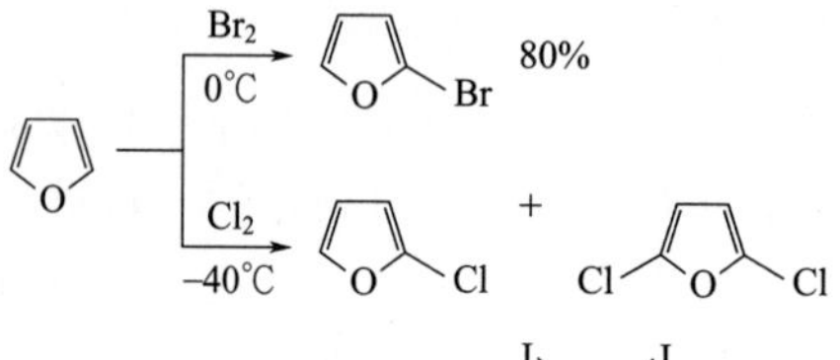

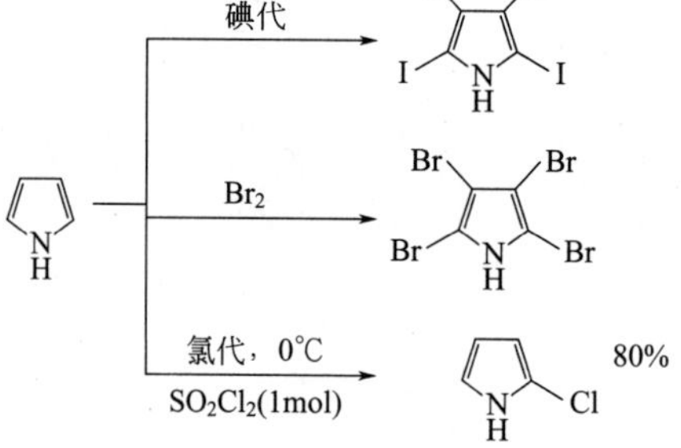

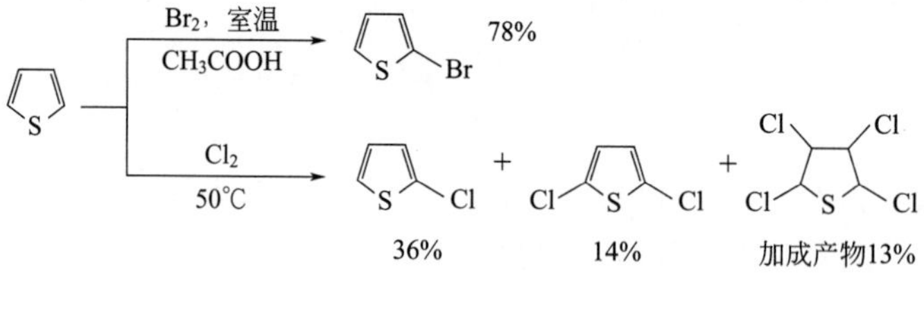

b. 硝化反应　吡咯、呋喃和噻吩发生硝化反应时，一般选用乙酰基硝酸酯作为硝化试剂，并且在低温条件下进行反应，主要是因为强酸的作用会破坏环的芳香性，分解和开环形成聚合物。

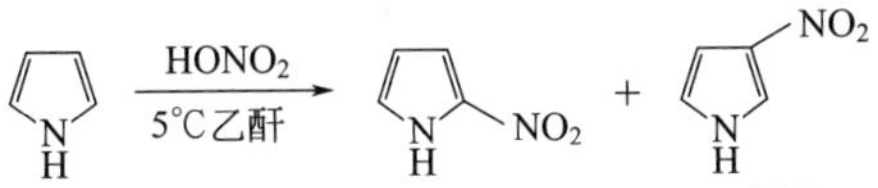

$$\text{吡咯} \xrightarrow[5℃乙酐]{HONO_2} \text{2-硝基吡咯 (83\%)} + \text{3-硝基吡咯 (11\%)}$$

$$\text{呋喃} \xrightarrow[-30\sim-5℃]{CH_3COONO_2} \text{加成物} \xrightarrow{\text{吡啶}} \text{2-硝基呋喃 (35\%)}$$

$$\text{噻吩} \xrightarrow[-10℃乙酐]{CH_3COONO_2} \text{2-硝基噻吩 (70\%)} + \text{3-硝基噻吩 (5\%)}$$

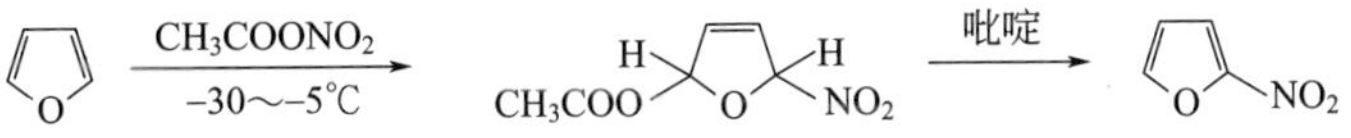

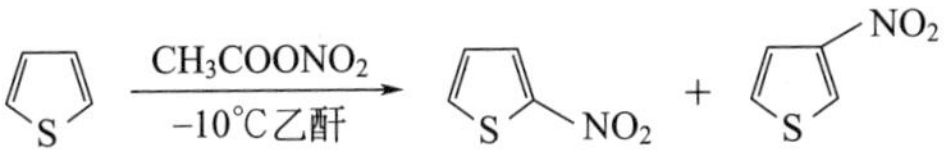

乙酰基硝酸酯是较为温和的硝化剂，用时临时制备。

c. 磺化反应　吡咯和呋喃的磺化反应也需要使用比较温和的非质子性的磺化试剂，常用的磺化试剂是吡啶三氧化硫。

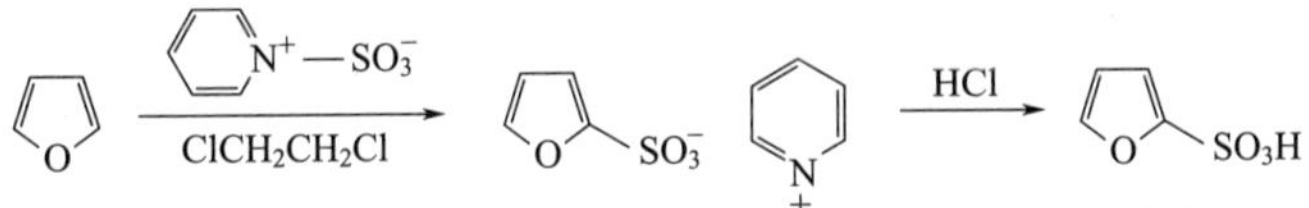

$$\text{呋喃} \xrightarrow[ClCH_2CH_2Cl]{N^+-SO_3^-} \text{呋喃-2-磺酸吡啶盐} \xrightarrow{HCl} \text{呋喃-2-磺酸 (41\%)}$$

$$\text{吡咯} \xrightarrow[ClCH_2CH_2Cl]{N^+-SO_3^-} \text{吡咯-2-磺酸吡啶盐} \xrightarrow{HCl} \text{吡咯-2-磺酸 (90\%)}$$

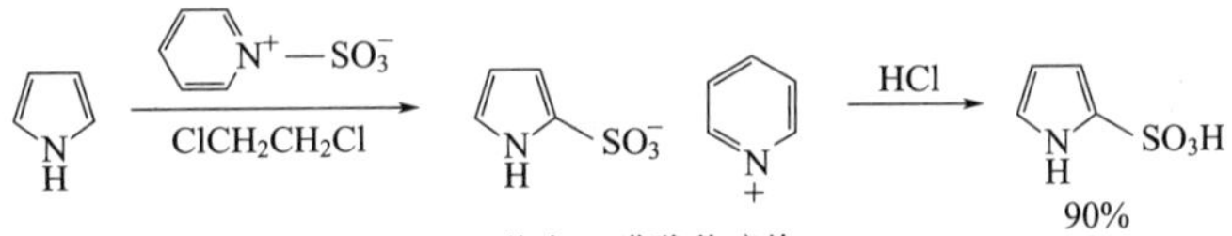

$$\text{噻吩} \xrightarrow{95\% H_2SO_4} \text{噻吩-2-磺酸 (69\%}\sim\text{76\%)}$$

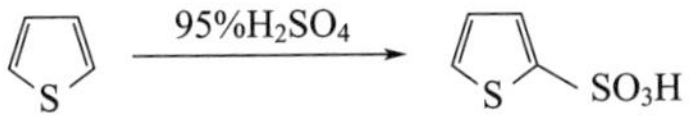

由于噻吩比较稳定，可直接用硫酸进行磺化反应。利用此反应可以把煤焦油中共存的苯和噻吩分离开来。

d. 傅-克酰基化　在催化剂作用下，吡咯、呋喃和噻吩也可以进行酰基化反应。

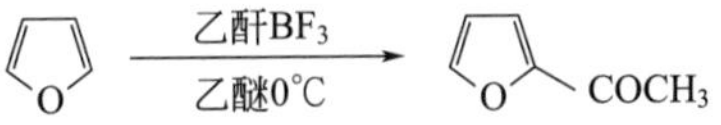

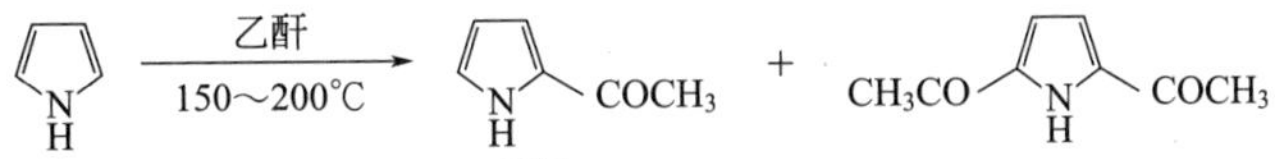

$$\text{呋喃} \xrightarrow[\text{乙醚}0℃]{\text{乙酐}BF_3} \text{2-乙酰基呋喃}$$

$$\text{吡咯} \xrightarrow[150\sim200℃]{\text{乙酐}} \text{2-乙酰基吡咯 (60\%)} + \text{2,5-二乙酰基吡咯}$$

$$\text{噻吩} \xrightarrow[H_3PO_4]{\text{乙酐}} \text{2-乙酰基噻吩 (70\%)}$$

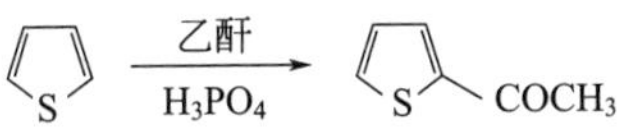

(3) 加氢反应　吡咯、呋喃和噻吩均可以进行催化加氢，被还原成饱和的杂环化合物。

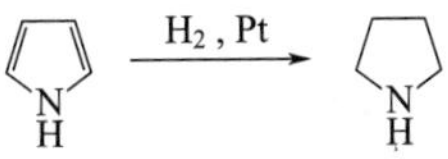

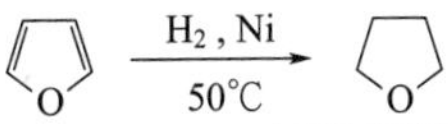

$$\text{吡咯} \xrightarrow{H_2, Pt} \text{四氢吡咯}$$

$$\text{呋喃} \xrightarrow[50℃]{H_2, Ni} \text{四氢呋喃(THF)}$$

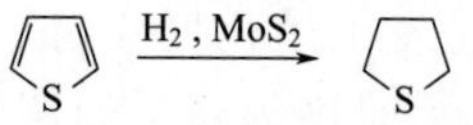

$$\text{(噻吩)} \xrightarrow{H_2, MoS_2} \text{(四氢噻吩)}$$

除上述反应外，由于呋喃的离域能较小，环稳定性差，具有明显的共轭二烯烃的性质，可以发生双烯加成类的反应（Diels-Alder 反应）。

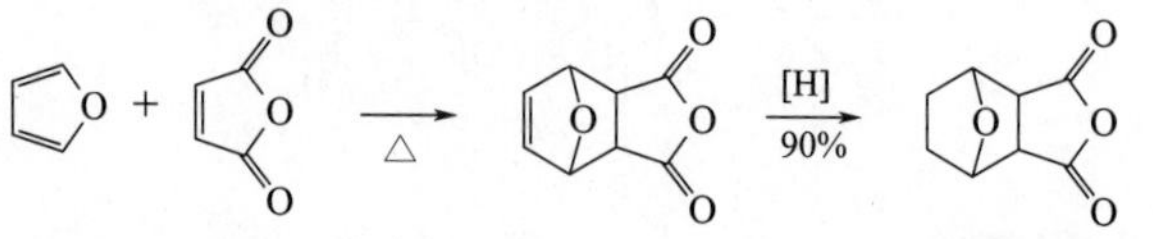

$$\text{呋喃} + \text{顺丁烯二酸酐} \xrightarrow{\Delta} \text{加成产物} \xrightarrow[90\%]{[H]} \text{去甲斑蝥素}$$

15.2.1.4 重要的五元杂环衍生物——糠醛（α-呋喃甲醛）

α-呋喃甲醛最初由米糠和稀酸共热制得，又叫糠醛。无色液体，沸点 162℃，熔点 −36.5℃，可溶于水，能与醇、醚混溶，是一种优良的溶剂，也是有机合成的重要原料。可用于精制松香，脱出色素，溶解硝酸纤维素，广泛用于油漆及树脂工业。

由农副产品如甘蔗杂渣、花生壳、高粱秆、棉籽壳等用稀酸加热蒸煮制取。

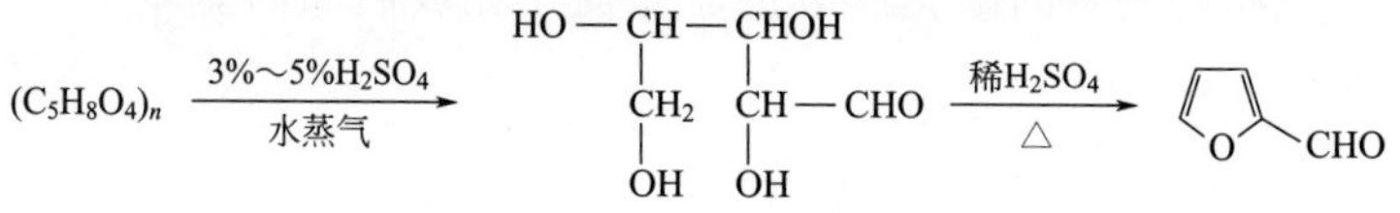

$$(C_5H_8O_4)_n \xrightarrow[\text{水蒸气}]{3\%\sim5\%H_2SO_4} \underset{\text{戊糖}}{HO-CH-CHOH\\ CH_2CH-CHO\\ OHOH} \xrightarrow[\Delta]{\text{稀}H_2SO_4} \underset{\text{呋喃甲醛}}{\text{呋喃}-CHO}$$

多聚戊糖　　　　　　　　　戊糖　　　　　　　　呋喃甲醛

糠醛中含有醛基，可以发生多种反应。

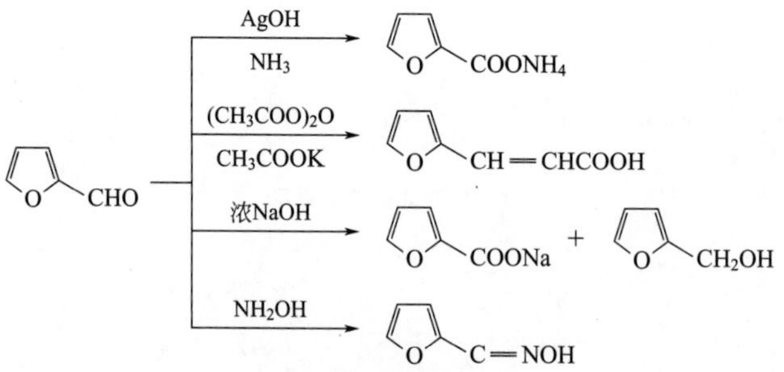

$$\text{呋喃}-CHO \begin{cases} \xrightarrow{AgOH, NH_3} \text{呋喃}-COONH_4 \\ \xrightarrow{(CH_3CO)_2O, CH_3COOK} \text{呋喃}-CH=CHCOOH \\ \xrightarrow{\text{浓}NaOH} \text{呋喃}-COONa + \text{呋喃}-CH_2OH \\ \xrightarrow{NH_2OH} \text{呋喃}-CH=NOH \end{cases}$$

15.2.2 吡唑、咪唑、噻唑、噁唑、异噁唑

含有两个或两个以上杂原子的五元杂环化合物至少都含有一个氮原子，其余的杂原子可以是氧或硫原子。这类化合物通称为唑（azole）类。含两个杂原子的五元杂环可以看成是吡咯、呋喃和噻吩的氮取代物，根据两个杂原子的位置可分为 1,2-二唑和 1,3-二唑两类。

1,2-唑：

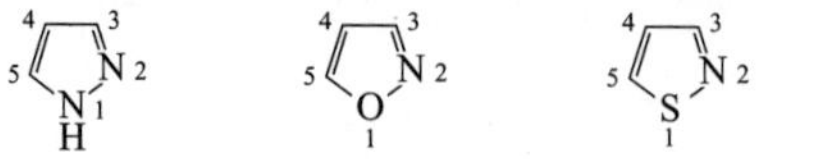

吡唑　　　异噁唑　　　异噻唑

1,3-唑：

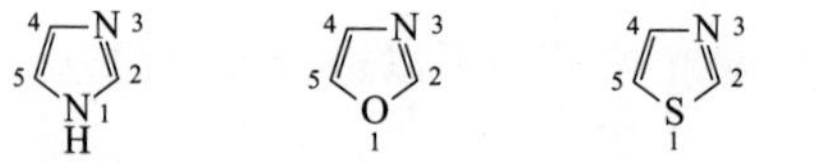

咪唑　　　噁唑　　　噻唑

15.2.2.1 电子结构和芳香性

唑类可以看成是吡咯、呋喃和噻吩环上的 2 位或 3 位的碳被氮原子所替代，这个氮原子

的电子构型与吡啶环中的氮原子是相同的，为 sp² 杂化，未参与杂化的 p 轨道中有一个电子，与碳原子及杂原子的 p 轨道侧面重叠形成六电子的共轭大 π 键，因此具有芳香性。唑类的结构见图 15-2。

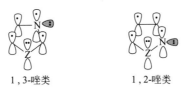

图 15-2　唑类的结构

在增加的氮原子的 sp² 杂化轨道中有一对未共用电子对，电负性大的氮原子使唑类环上的电子云密度降低，环稳定性增强。

15.2.2.2　物理性质

含两个杂原子的五元杂环化合物的物理常数见表 15-2。

表 15-2　含两个杂原子的五元杂环化合物的物理常数

名称	分子量	沸点/℃	熔点/℃	水溶解度	pK_a
吡唑	68	186~188	69~70	1:1	2.5
咪唑	68	257	90~91	易溶	7.2
噻唑	85	117	—	微溶	2.4
噁唑	69	69~70	−86	—	0.8
异噁唑	69	95~96	95	溶解	−2.03

15.2.2.3　化学性质

(1) 酸碱性　唑类的碱性都比吡咯强，除咪唑外，碱性都比吡啶弱。咪唑碱性最强，比吡啶和苯胺都强，原因是咪唑与质子结合后的正离子稳定，它有两种能量相等的共振极限式，使其共轭酸能量低，稳定性高。

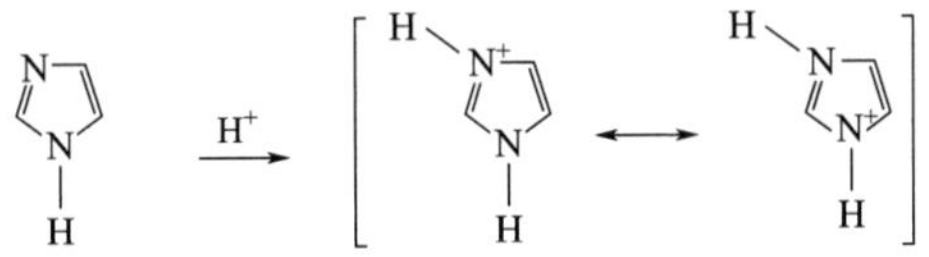

吡唑分子中有两个氮原子直接相连，吸电子的诱导效应更为显著，碱性被削弱了。异噁唑也有和吡唑类似的情况，因此其碱性也较弱。吡唑和咪唑氮上氢的酸性也比吡咯强。这是因为它们共轭碱的负电荷可以被电负性的氮原子分散，使其共轭碱更稳定。

(2) 亲电取代反应　唑类化合物因分子中增加了一个吸电性的氮原子，其亲电取代反应活性明显降低。

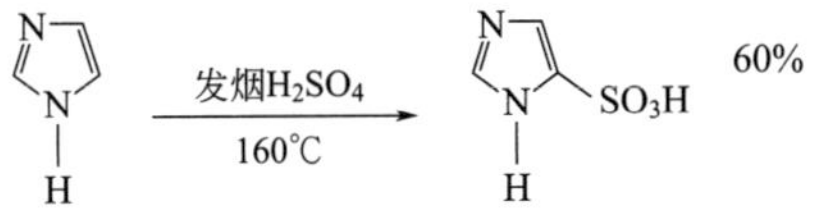

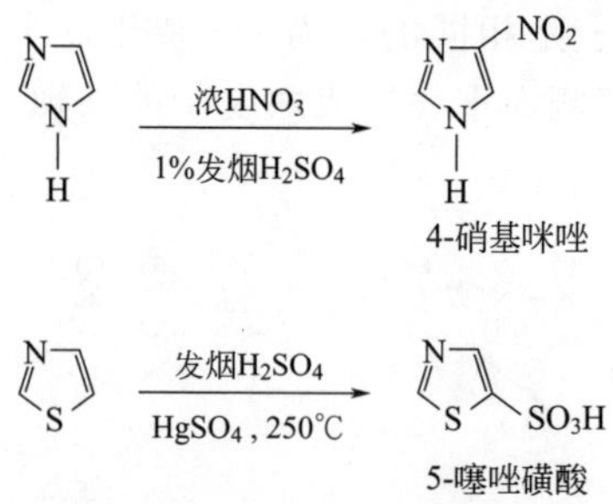

浓HNO₃
1%发烟H₂SO₄
NO₂
4-硝基咪唑
发烟H₂SO₄
HgSO₄，250℃
SO₃H
5-噻唑磺酸

15.3 六元杂环化合物

六元杂环化合物是杂环类化合物最重要的部分，主要包括吡啶、嘧啶和吡喃等，它们的衍生物广泛存在于自然界，很多合成药物也含有吡啶环和嘧啶环。

15.3.1 吡啶

15.3.1.1 电子结构及芳香性

吡啶的结构与苯相似，吡啶分子中的碳氮键长为139pm，介于C—N单键（147pm）和C═N双键（128pm）之间，而且其碳碳键与碳氮键的键长数值也相近，键角约为120°，这说明吡啶环上键的平均化程度较高，但没有苯完全。

吡啶环上的碳原子和氮原子均以 sp^2 杂化轨道相互重叠形成 σ 键，构成一个平面六元环。每个原子上有一个p轨道垂直于环平面，每个p轨道中有一个电子，这些p轨道侧面重叠形成一个封闭的大 π 键，π 电子数目为6，符合 $4n+2$ 规则。因此，吡啶具有一定的芳香性，但芳香性比苯弱。氮原子上还有一个 sp^2 杂化轨道没有参与成键，被一对未共用电子对所占据，因此吡啶具有碱性。吡啶环上的氮原子电负性较大，使 π 电子云向氮原子上偏移，氮原子周围电子云密度增高，其他原子周围电子云密度降低，尤其是邻、对位上降低显著，见图15-3。

N
0.87
1.01
0.84
1.43
1.00

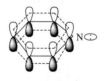

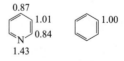

(a) 吡啶分子轨道示意图　(b) 吡啶中氮原子杂化轨道　(c) 吡啶的电子云密度

图15-3　吡啶的结构

在吡啶分子中，由于氮原子的作用，使得其邻、对位上的电子云密度比苯环低，间位则与苯环相近，环上碳原子的电子云密度远远低于苯，因此像吡啶这类芳杂环又被称为“缺 π”杂环。这类杂环较难发生亲电取代反应和氧化反应，而发生亲核取代反应和还原反应则较为容易。

15.3.1.2 物理性质

吡啶是具有特殊臭味的无色液体，沸点为115.3℃，相对密度为0.982，是性能良好的溶剂和脱酸剂，广泛存在于煤焦油中。吡啶为极性分子，能与水以任何比例互溶，同时又能溶解大多数极性及非极性的有机化合物，甚至可以溶解某些无机盐类。其衍生物广泛存在于自然界中,是许多天然药物、染料和生物碱的基本组成部分。

15.3.1.3 化学性质

(1) 碱性和成盐 吡啶氮原子上的未共用电子对可接受质子而显碱性。吡啶的 pK_a 为 5.19,比氨(pK_a 9.24)和脂肪胺(pK_a 10~11)都弱。原因是吡啶中氮原子上的未共用电子对处于 sp^2 杂化轨道中,其 s 轨道成分较 sp^3 杂化轨道多,离原子核近,电子受核的束缚较强,给出电子的倾向较小,因而与质子结合较难,碱性较弱。但吡啶碱性比芳胺(如苯胺,pK_a 4.6)稍强。

吡啶与强酸可以形成稳定的盐,某些结晶型盐可以用于分离、鉴定及精制。吡啶不但可与强酸成盐,还可以与路易斯酸成盐。

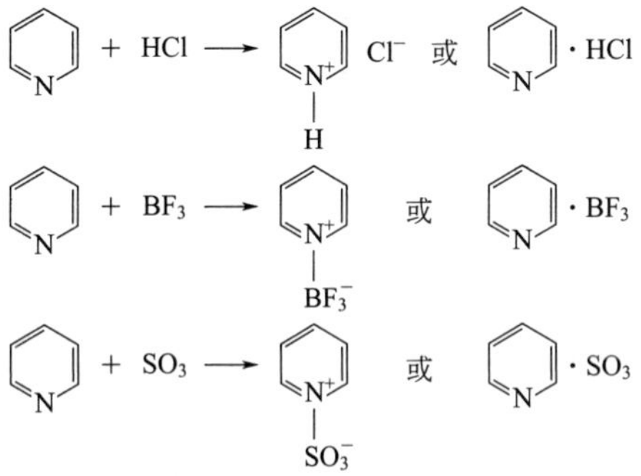

吡啶还具有叔胺的某些性质,可与卤代烃反应生成季铵盐,也可与酰卤反应生成盐。

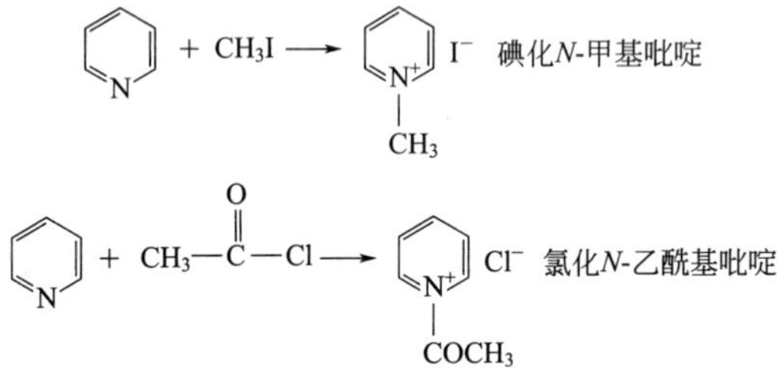

(2) 亲电取代反应 吡啶是"缺 π"杂环,环上电子云密度比苯低,因此其亲电取代反应的活性也比苯低,与硝基苯相当。由于环上氮原子的钝化作用,使亲电取代反应的条件比较苛刻,且产率较低,取代基主要进入 3(β)位。

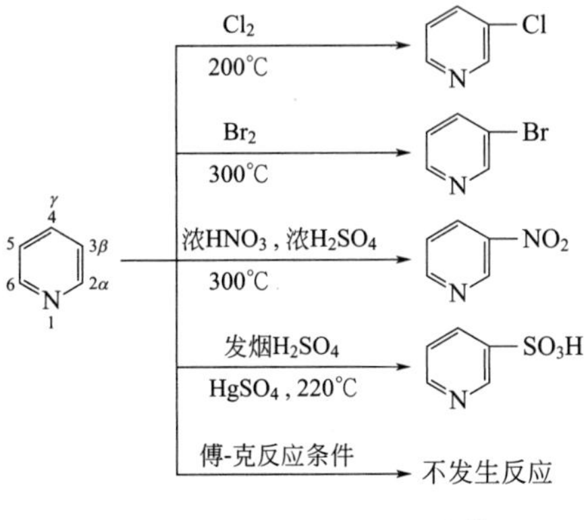

(3) 亲核取代反应 由于吡啶环上氮原子的吸电子作用,环上碳原子的电子云密度降低,尤其在 2 位和 4 位上的电子云密度更低,因而环上的亲核取代反应容易发生,主要发生在 2 位和 4 位上。

$$\text{吡啶} + \text{PhLi} \longrightarrow \text{2-Ph-吡啶} + \text{LiH}$$

$$\text{吡啶} + \text{NaNH}_2 \xrightarrow{\text{液NH}_3} \xrightarrow{\text{H}_2\text{O}} \text{2-氨基吡啶}$$

吡啶与氨基钠反应生成 2-氨基吡啶的反应称为齐齐巴宾（Chichibabin）反应，如果 2 位已经被占据，则反应发生在 4 位，得到 4-氨基吡啶，但产率低。

如果在吡啶环的 α-位或 γ-位存在着较好的离去基团（如卤素、硝基）时，则很容易发生亲核取代反应。如吡啶可以与氨（或胺）、烷氧化物、水等较弱的亲核试剂发生亲核取代反应。

$$\text{4-Cl-吡啶} \xrightarrow[\triangle]{\text{NaOH/H}_2\text{O}} \text{4-OH-吡啶}$$

$$\text{2-Br-吡啶} \xrightarrow[\triangle]{\text{CH}_3\text{ONa/CH}_3\text{OH}} \text{2-OCH}_3\text{-吡啶}$$

$$\text{2,3-二Cl-吡啶} \xrightarrow[\text{H}_2\text{O},\triangle]{\text{CH}_3\text{NH}_2} \text{3-Cl-2-NHCH}_3\text{-吡啶}$$

(4) 氧化还原反应 由于吡啶环上的电子云密度低，一般不易被氧化，尤其在酸性条件下，吡啶成盐后氮原子上带有正电荷，吸电子的诱导效应加强，使环上电子云密度更低，更增加了对氧化剂的稳定性。当吡啶环带有侧链时，则发生侧链的氧化反应。

$$\text{3-CH}_3\text{-吡啶} \xrightarrow[\triangle]{\text{KMnO}_4/\text{H}_2\text{O}} \xrightarrow{\text{H}_3\text{O}^+} \text{3-COOH-吡啶}$$

$$\text{烟碱(尼古丁)} \xrightarrow[\triangle]{\text{HNO}_3} \text{烟酸}$$

$$\text{2-Ph-吡啶} \xrightarrow[\triangle]{\text{KMnO}_4/\text{H}^+} \text{2-COOH-吡啶}$$

吡啶在特殊氧化条件下可发生类似叔胺的氧化反应，生成 N-氧化物。例如吡啶与过氧酸或过氧化氢作用时，可得到吡啶 N-氧化物。

$$\text{吡啶} \xrightarrow[65℃]{\text{H}_2\text{O}_2,\text{CH}_3\text{COOH}} \text{吡啶 N-氧化物} \quad 95\%$$

$$\text{3-CH}_3\text{-吡啶} \xrightarrow{\text{H}_2\text{O}_2,\text{CH}_3\text{COOH} \atop \text{或CH}_3\text{COOOH}} \text{3-CH}_3\text{-吡啶 N-氧化物}$$

吡啶 N-氧化物可以还原脱去氧。

$$\text{吡啶 N-氧化物} \xrightarrow{[\text{H}]} \text{吡啶}$$

吡啶环还可以发生还原反应，用催化加氢和还原试剂都可以进行。

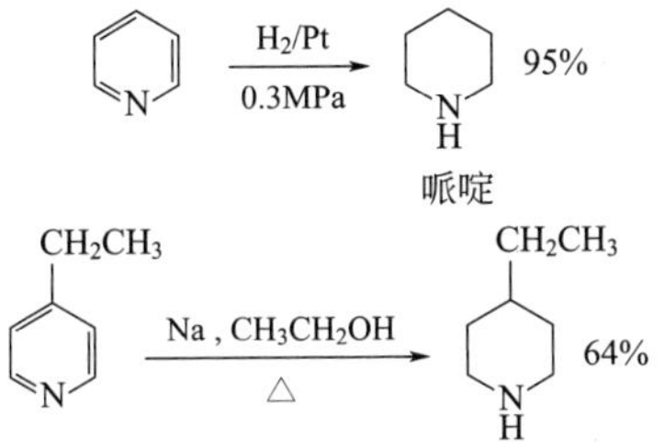

吡啶的还原产物为六氢吡啶（哌啶），具有仲胺的性质，碱性比吡啶强（pK_a 11.2），沸点 106℃。很多天然产物具有此环系，是常用的有机碱。

15.3.2 其他六元杂环化合物

六元杂环化合物中，除了吡啶以外，还有吡喃、哒嗪、嘧啶和吡嗪等。

15.3.2.1 吡喃

吡喃是最简单的含氧六元杂环，有两种异构体，2*H*-吡喃（α-吡喃）和 4*H*-吡喃（γ-吡喃）。吡喃在自然界不存在，由人工合成得到。自然界存在的是吡喃羰基衍生物，称为吡喃酮。吡喃酮的苯稠合物是许多天然药物的结构成分。

2*H*-吡喃　　4*H*-吡喃　　α-吡喃酮　　γ-吡喃酮

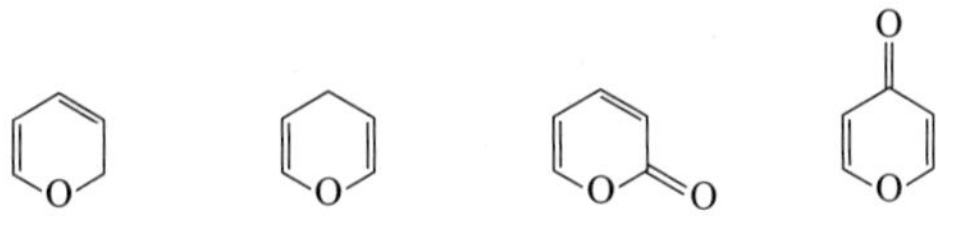

15.3.2.2 哒嗪、嘧啶和吡嗪

含两个氮原子的六元杂环化合物总称为二氮嗪。“嗪”表示含有多于一个氮原子的六元杂环。二氮嗪共有三种异构体，其结构和名称如下：

哒嗪　　嘧啶　　吡嗪

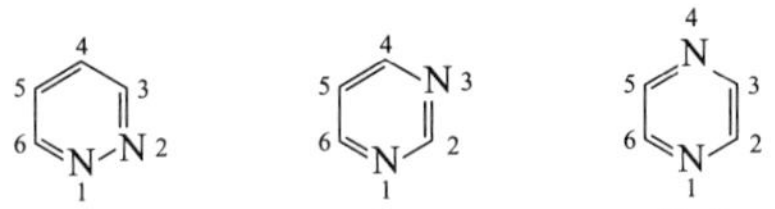

哒嗪、嘧啶和吡嗪是许多重要杂环化合物的母核，其中以嘧啶环系最为重要，广泛存在于动植物中，并在动植物的新陈代谢中起重要作用。如核酸中的碱基有三种含嘧啶衍生物，某些维生素及合成药物（如磺胺药物及巴比妥药物等）都含有嘧啶环系。

嘧啶　　胞嘧啶(C)　　尿嘧啶(U)　　胸腺嘧啶(T)

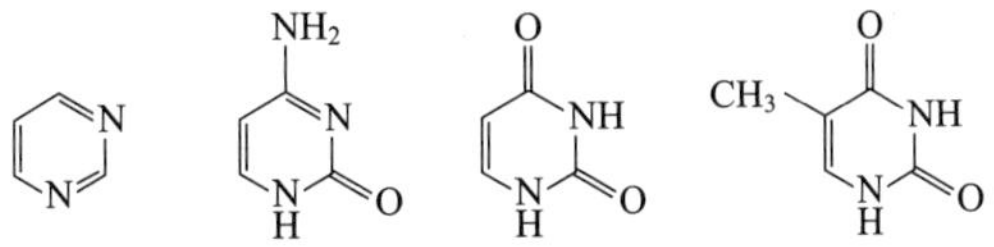

*15.4 稠杂环化合物

15.4.1 喹啉与异喹啉

喹啉和异喹啉都是由一个苯环和一个吡啶环稠合而成的化合物。

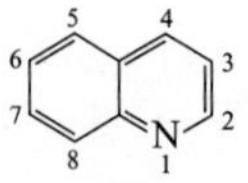

喹啉和异喹啉都存在于煤焦油中。1834 年首次从煤焦油中分离出喹啉,不久,用碱干馏抗疟药奎宁也得到喹啉并因此而得名。喹啉衍生物在医药中起着重要作用,许多天然或合成药物都具有喹啉的环系结构,如奎宁、喜树碱等。一些天然存在的生物碱,如吗啡碱、罂粟碱、小檗碱等,均含有异喹啉的结构。

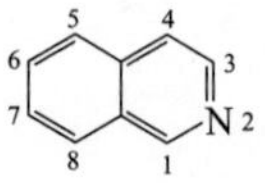

15.4.1.1 结构与物理性质

喹啉和异喹啉都是平面性分子,含有 10 个 π 电子的芳香大 π 键,结构与萘相似。喹啉和异喹啉的氮原子上有一对未共用电子对,均位于 sp^2 杂化轨道中,与吡啶的氮原子相同,其碱性与吡啶也相似。由于分子中增加了疏水的苯环,故水溶解度比吡啶大大降低。其物理性质见表 15-3。

表 15-3 喹啉、异喹啉及吡啶的物理性质

名称	沸点/℃	熔点/℃	水溶解度	苯溶解度	pK_a
喹啉	238	−15.6	溶(热)	混溶	4.90
异喹啉	243	26.5	不溶	混溶	5.42
吡啶	115.5	−42	混溶	混溶	5.19

15.4.1.2 化学性质

喹啉和异喹啉环系是由一个苯环和一个吡啶环稠合而成的。由于苯环和吡啶环的相互影响,使喹啉和异喹啉可以发生亲电取代反应、亲核取代反应、氧化反应和还原反应。

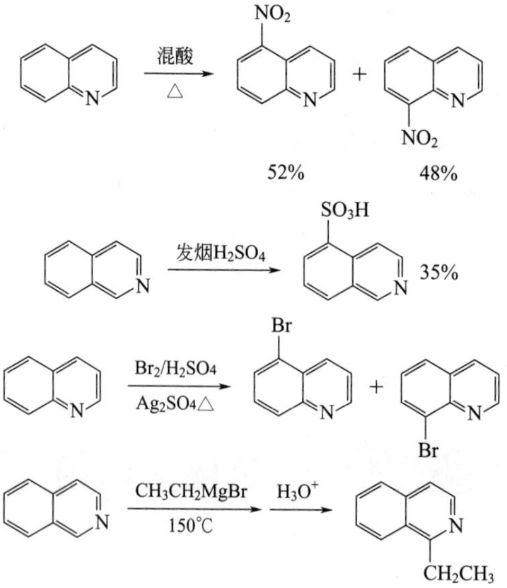

15.4.2 吲哚

吲哚具有苯并吡咯的结构,存在于煤焦油中,为无色片状结晶,熔点52℃,具有粪臭味,但极稀溶液则有花香气味,可溶于热水、乙醇、乙醚中。吲哚环系在自然界分布很广,如蛋白质水解得色氨酸,天然植物激素 β-吲哚乙酸(也是一类消炎镇痛药物的结构)、蟾蜍素、利血平、毒扁豆碱等都是吲哚衍生物。吲哚的许多衍生物具有生理与药理活性,如5-羟色胺(5-HT)、褪黑素等。

吲哚环比吡咯环稳定,其原因是与苯环稠合后共轭体延长,芳香性随之增加。吲哚对酸、碱及氧化剂都表现得较不活泼,吲哚的碱性比吡咯还弱,酸性比吡咯稍强。

吲哚环的合成方法主要是费歇尔(Fisher)合成法。用苯腙在酸催化下加热重排,消除一分子氨得到吲哚衍生物。实际上,常用醛或酮与等物质的量苯肼反应生成苯腙,然后进行重排和消除反应。

15.4.3 嘌呤

嘌呤是由一个嘧啶环和一个咪唑环稠合成的稠杂环化合物,它存在于核酸和核苷酸中。如核苷酸中的另外两个碱基就是嘌呤衍生物。嘌呤还广泛存在于动植物体内,比如具有兴奋作用的植物性生物碱咖啡因、茶碱、可可碱都含有嘌呤环系。嘌呤环类化合物还有抗肿瘤、抗病毒、抗过敏、降胆固醇、强心、扩张支气管等作用。

思政教育:中国人工全合成牛胰岛素,一段永被铭记的历史

15.4.3.1 嘌呤环的结构

嘌呤环也存在着互变异构现象(由于有咪唑环系),它有 $9H$ 和 $7H$ 两种异构体。

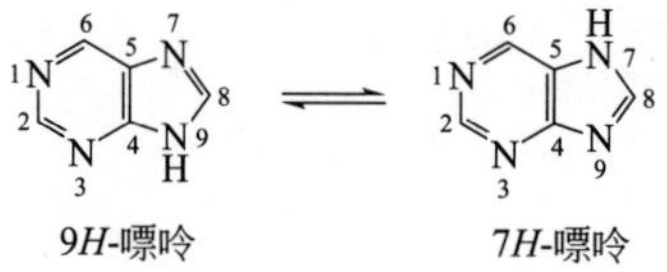

9H-嘌呤 ⇌ 7H-嘌呤

15.4.3.2 嘌呤的性质

嘌呤是无色针状晶体，熔点为 216～217℃，易溶于水，也可溶于醇，但不溶于非极性的有机溶剂。嘌呤具有弱酸性和弱碱性。其酸性比咪唑（pK_a 7.2）强，其碱性（pK_a 2.4）比嘧啶（pK_a 1.3）强，但比咪唑（pK_a 7.2）弱。

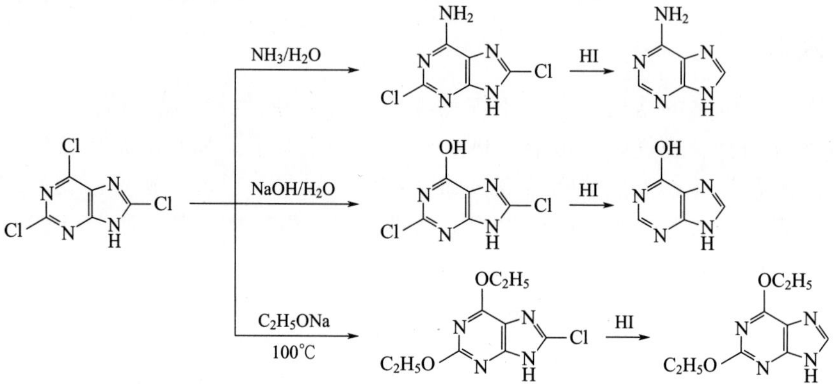

15.4.3.3 重要的嘌呤衍生物

(1) 黄嘌呤　黄嘌呤为 2,6-二羟基-7H-嘌呤，有两种互变异构形式，其衍生物常以酮的形式存在。

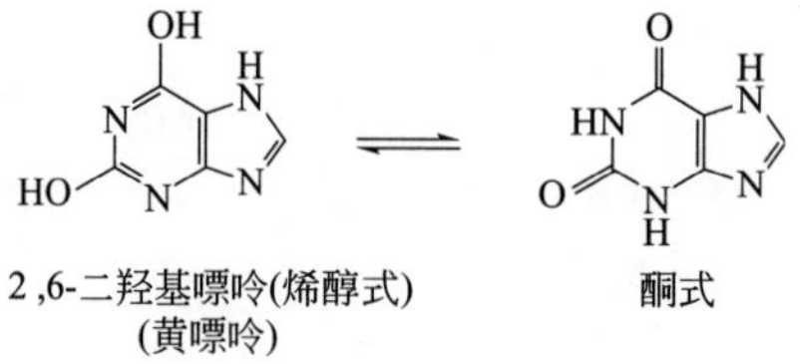

2,6-二羟基嘌呤(烯醇式)　　　酮式
(黄嘌呤)

(2) 咖啡因、茶碱和可可碱　咖啡因、茶碱和可可碱存在于茶叶或可可豆中。具有利尿和兴奋神经的作用，其中咖啡因和茶碱供药用。

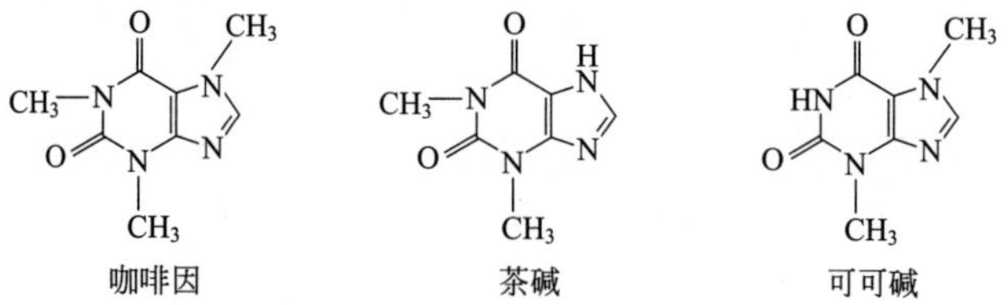

咖啡因　　　茶碱　　　可可碱

(3) 腺嘌呤和鸟嘌呤　腺嘌呤和鸟嘌呤是核蛋白中两种重要的碱基。

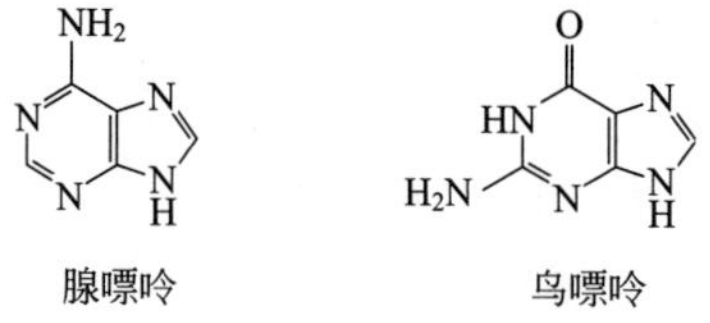

腺嘌呤　　　鸟嘌呤

复习思考题

1. 写出下列化合物的构造式。

   (1) 3-甲基吡咯 (2) 碘化 N,N-二甲基四氢吡咯

   (3) 四氢呋喃 (4) α-噻吩磺酸

   (5) 糠醛 (6) γ-吡啶甲酸

   (7) β-吲哚乙酸 (8) 8-羟基喹啉

2. 命名下列化合物。

   (1) 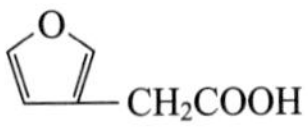 呋喃-3-基-CH₂COOH
   (2) 吡咯-3-基-CH₂NH₂
   (3) 哌啶
   (4) 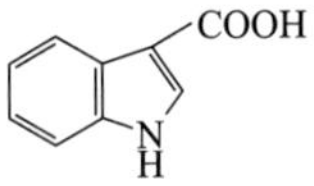 吲哚-3-甲酸
   (5) 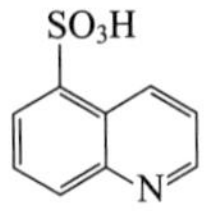 喹啉-5-磺酸
   (6) 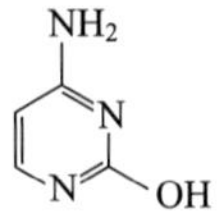 4-氨基-2-羟基嘧啶

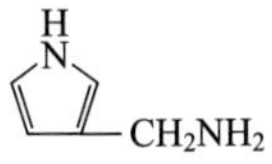

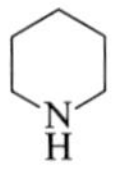

3. 将苯胺、苄胺、吡咯、吡啶、氨按其碱性由强至弱的次序排列。

4. 完成下列反应式。

   (1) 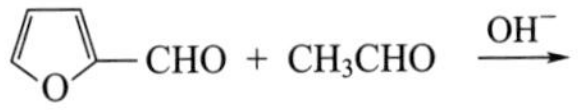 呋喃-CHO + CH₃CHO $\xrightarrow{OH^-}$

   (2) 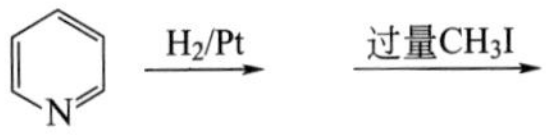 吡啶 $\xrightarrow{H_2/Pt}$ $\xrightarrow{\text{过量}CH_3I}$

   (3) 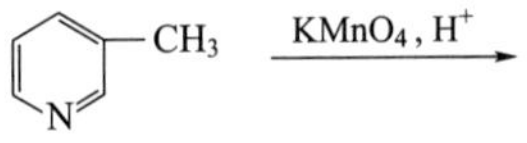 3-甲基吡啶 $\xrightarrow{KMnO_4, H^+}$

   (4) 喹啉 $\xrightarrow{\text{浓混酸},0℃}$

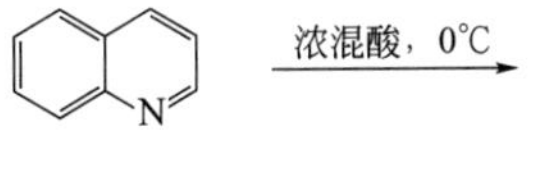

5. 用化学方法区别下列各组化合物。
   (1) 苯、噻吩和苯酚 (2) 吡咯和四氢吡咯 (3) 苯甲醛和糠醛

6. 分析推断题。

   杂环化合物 A($C_5H_4O_2$)，经氧化后生成羧酸 B($C_5H_4O_3$)，把此羧酸的钠盐与碱石灰作用，转变为 C(C_4H_4O)，C 与钠不起反应，也不具有醛和酮的性质。试推断 A、B、C 的结构式，并写出反应有关化学方程式。

第 16 章

生 物 分 子

【学习指南】

了解构成葡萄糖、果糖、二糖、多糖、油脂、氨基酸、蛋白质、核酸、酶等的结构特点和物理性质;掌握葡萄糖、果糖、氨基酸、蛋白质等的化学性质及用途。

【阅读材料】

蛋白质、脂肪、糖类是人体健康所必需的三大营养素,与颜面皮肤的美容有着密切的关系。

蛋白质、脂肪、糖类是人体健康所必需的三大营养素

16.1 糖 类

糖类物质又称为碳水化合物,是多羟基醛或多羟基酮及其衍生物和缩合物的总称。糖类是自然界分布最广、数量最多的一类有机化合物,占陆生植物和海藻干重的 3/4,存在于所有的人类可食用的植物中,为人类提供了主要的膳食热量,占总摄入量的 70%~80%。糖类是食品的重要组成成分。

糖类根据其水解情况分为三类。

(1) 单糖 不能水解的多羟基醛或多羟基酮。如葡萄糖、果糖、核糖等。

(2) 低聚糖 又叫寡糖,由 2~10 个单糖分子失水缩合而成,它根据水解后生成单糖分子的数目,又可分为二糖、三糖等。如蔗糖、麦芽糖、乳糖等。

(3) 多糖 由很多个单糖分子失水缩合而成的高分子化合物,其水解后可生成多个单糖分子。若多糖是由相同的单糖组成的,称为均多糖(或同聚多糖)。如淀粉、纤维素等。由不相同的单糖组成的,称为杂多糖(或杂聚多糖)。如果胶、半纤维素等。

16.1.1 单糖

16.1.1.1 单糖的结构

(1) 单糖的链状结构 单糖是最简单的碳水化合物,按照羰基在分子中的位置可分为醛糖或酮糖。按分子中碳原子的数目,单糖可依次命名为丙糖、丁糖、戊糖、己糖等。分子中碳原子数≥3 的单糖因含手性碳原子,所以有 D-及 L-两种构型。天然存在的单糖大多为 D-型。单糖中最重要的是戊糖和己糖,主要代表物有:葡萄糖、果糖、半乳糖、维生素 C、氨基己糖等。下面主要介绍自然界存在的重要单糖。

单糖的旋光方向与构型没有必然关系,旋光方向只能通过实验测定。从 D(+)-甘油醛衍生的一系列 D-型异构体简称 D 系列或 D-型,同样从 L(−)-甘油醛衍生的一系列 L-型异构体称为 L-型。这样,在己醛糖的 16 个旋光异构体中,有 8 个是 D-型,8 个是 L-型,其中只 D(+)-葡萄糖、D(+)-甘露糖和 D(+)-半乳糖存在于自然界中,其余均为人工合成。

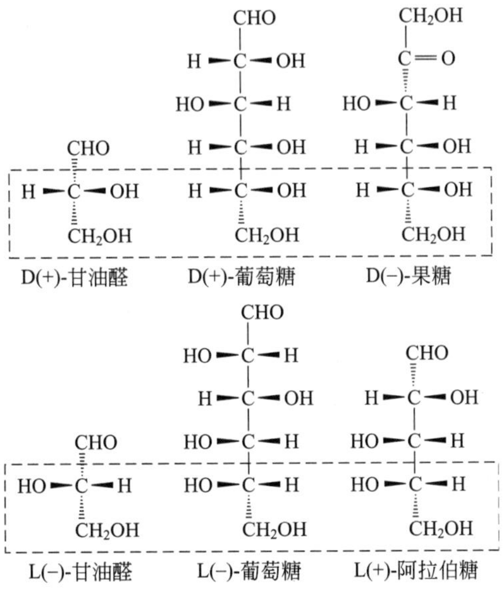

酮糖比含同数碳原子的醛糖少一个手性碳原子，所以异构体的数目要比相应的醛糖少，D(－)-果糖是自然界分布最广的己酮糖。

(2) 单糖的环状结构 单糖不仅以链形式存在，还以环状形式存在。单糖分子的羰基可以与糖分子本身的一个醇基反应，形成分子内的半缩醛或半缩酮，形成五元呋喃糖环或更稳定的六元吡喃糖环，天然糖多以六元环的形式存在，如葡萄糖可形成立体构型不同的 α 和 β 两种异构物，其哈武斯（Haworth）透视式如图 16-1。

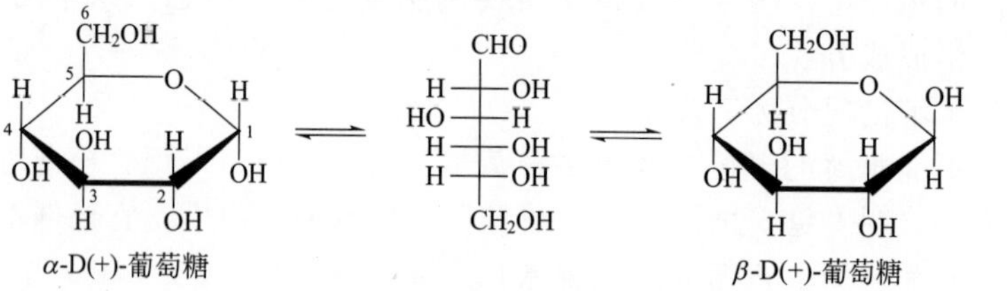

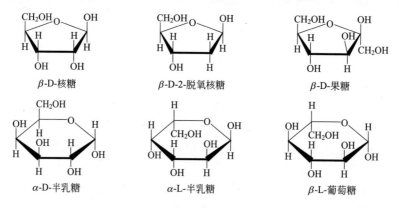

图 16-1 葡萄糖的环状结构

果糖的酮基与 C_5 上羟基加成形成五元环。几种常见单糖的透视式，如图 16-2。

图 16-2 几种单糖的 Haworth 透视式

(3) 单糖的构象式 近代 X 射线分析等技术对单糖的结构研究表明，以五元环形式存在的糖，如果糖、核糖等，分子成环的碳原子和氧原子都处于一个平面内，而以六元环存在的糖，如葡萄糖、半乳糖等，分子中成环的碳原子和氧原子不在一个平面内，有椅式和船式两种构象，其中以较稳定的椅式构象占绝对优势，例如，α-D-吡喃葡萄糖和 β-D-吡喃葡萄糖的构象如下：

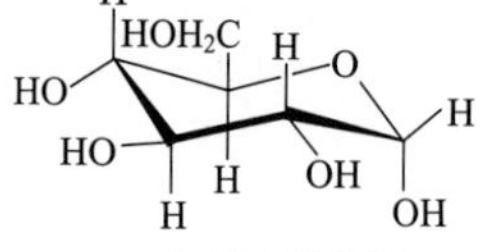

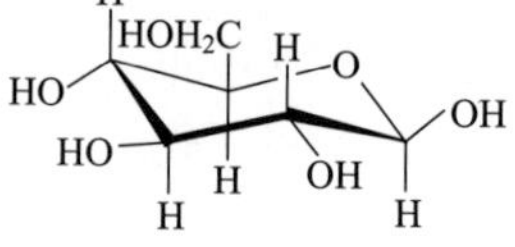

16.1.1.2 单糖的物理性质

单糖都是无色晶体，有吸湿性，有甜味，易溶于水，可溶于醇，但难溶于乙醚、丙酮、苯等有机溶剂。单糖有旋光性，大多数有变旋现象。

单糖分子间氢键较多，所以单糖的熔点、沸点相对较高。

16.1.1.3 单糖的化学性质

单糖是多羟基醛或多羟基酮,因此它具有醇、醛或酮的某些性质。同时,羟基和羰基处于同一分子中,各基团相互影响也产生一些新的性质。

(1) 颜色反应

① 莫力许(Molisch)反应 在糖的水溶液中,加入 α-萘酚的乙醇溶液,摇匀,将试管倾斜,然后沿试管壁小心滴入浓硫酸,则在两层液面之间会出现一个紫色环。所有糖类都能发生这种颜色反应,常用于鉴定糖的存在。

② 西列凡诺夫(Seliwanoff)反应 间苯二酚与盐酸遇酮糖呈红色,遇醛糖呈很浅的颜色。根据这一特性,可以鉴别酮糖和醛糖。

(2) 氧化反应

① 与托仑(Tollen)试剂或斐林(Fehling)试剂作用 单糖在碱性溶液中容易被一些弱氧化剂如托仑试剂或斐林试剂氧化。与托仑试剂反应生成银镜,也叫银镜反应。与斐林试剂反应生成氧化亚铜沉淀。把能使斐林试剂等碱性弱氧化剂还原的糖统称为还原糖。所有的单糖都是还原糖。如:

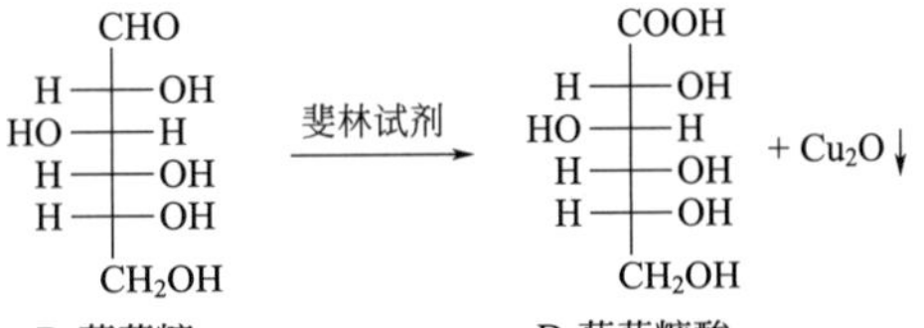

② 溴水氧化 溴水(pH5~6)能使醛糖氧化成为糖酸。例如:

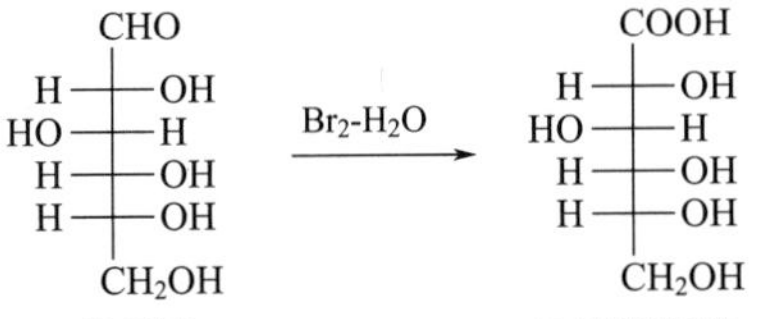

酮糖不能被溴水氧化,所以可以用溴水鉴别酮糖和醛糖。

③ 稀硝酸氧化 硝酸是强氧化剂,可把醛糖氧化成糖二酸。糖二酸在受热时可脱水生成内酯。例如:

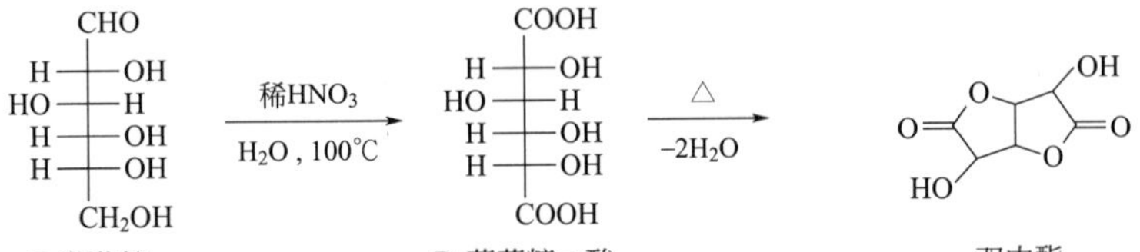

在浓硝酸作用下,醛糖、酮糖都被氧化,发生碳链断裂,产物比较复杂。

④ 高碘酸氧化 糖具有邻二醇的结构特征,当高碘酸与其作用时,发生碳碳键断裂的氧化,反应时定量消耗氧化剂:

$$HOCH_2(CHOH)_4CHO + 5HIO_4 \longrightarrow 5HCOOH + HCHO + 5HIO_3$$

与高碘酸作用是研究测定糖结构很有用的方法。

(3) 还原反应 单糖有游离羰基,易于还原。在 $NaBH_4$ 或 Ni 的作用下催化氢化,或在酶的作用下，醛糖还原成糖醇；酮糖还原成两个非对映体的糖醇。如：

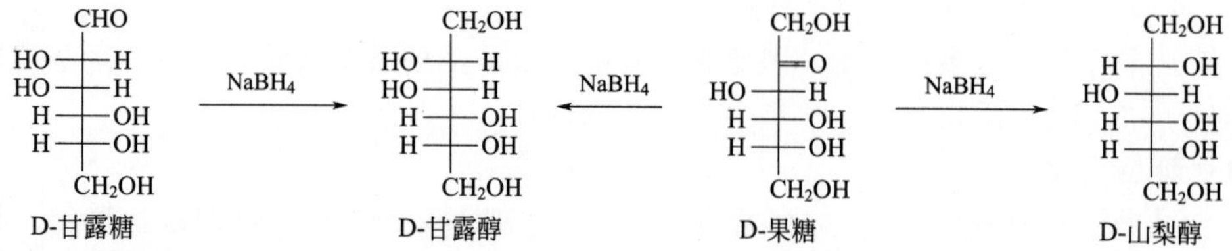

$$\text{D-甘露糖} \xrightarrow{NaBH_4} \text{D-甘露醇} \xleftarrow{NaBH_4} \text{D-果糖} \xrightarrow{NaBH_4} \text{D-山梨醇}$$

山梨醇和甘露醇广泛存在于植物体内，是化妆品和药物生产中用量较大的多元糖醇。

（4）成脎反应 醛糖和酮糖与一分子苯肼作用生成苯腙，但在过量的苯肼作用下生成糖脎。

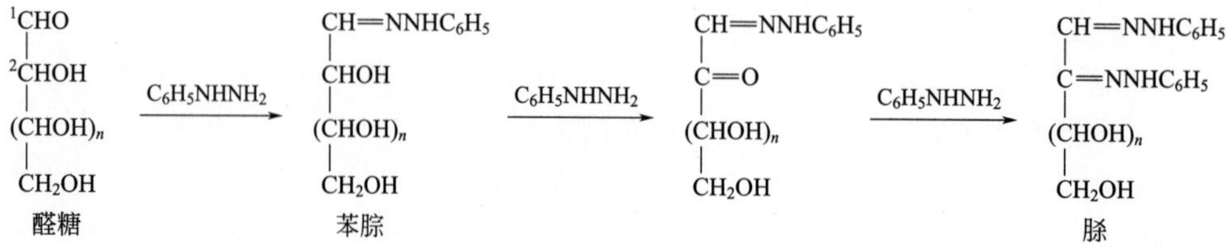

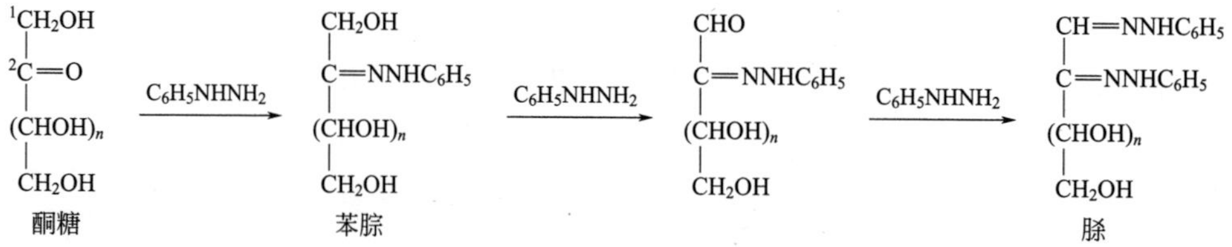

$$\text{醛糖} \xrightarrow{C_6H_5NHNH_2} \text{苯腙} \xrightarrow{C_6H_5NHNH_2} \quad \xrightarrow{C_6H_5NHNH_2} \text{脎}$$

$$\text{酮糖} \xrightarrow{C_6H_5NHNH_2} \text{苯腙} \xrightarrow{C_6H_5NHNH_2} \quad \xrightarrow{C_6H_5NHNH_2} \text{脎}$$

成脎反应只在 C_1 和 C_2 上发生，不涉及其他碳原子，因此，只有 C_1 和 C_2 不同，其他碳原子构型相同的糖，都可以生成相同的脎。例如 D-葡萄糖、D-甘露糖和 D-果糖都生成 D-葡萄糖脎。

糖脎都是不溶于水的黄色晶体，不同的糖脎，其晶型不同，熔点不同，成脎的反应速率也不相同。因此，可以根据糖脎的晶型、熔点及生成所需的时间来鉴定和分离糖。

（5）差向异构化 单糖在冷、稀碱溶液中，α-碳上的氢受羰基和羟基的影响变得很活泼，极易转到羰基上，形成烯醇式中间体，然后转为它的异构体，这种异构作用叫做差向异构化。如 D-葡萄糖在稀、冷的 NaOH 溶液中，有一部分变为 D-果糖和 D-甘露糖，成为三者的平衡混合物。D-甘露糖或 D-果糖同法处理也得该结果。

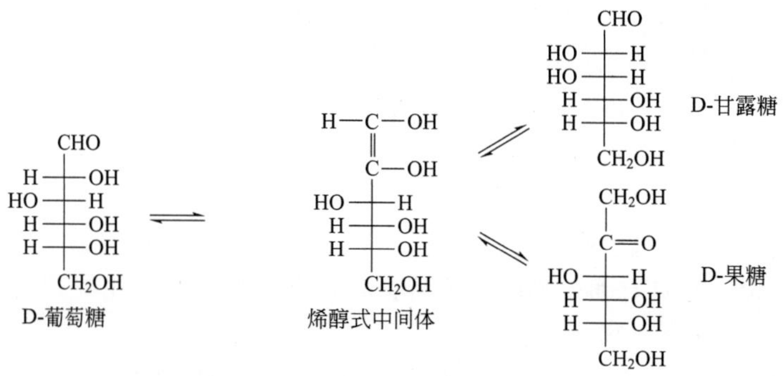

$$\text{D-葡萄糖} \rightleftharpoons \text{烯醇式中间体} \rightleftharpoons \begin{cases} \text{D-甘露糖} \\ \text{D-果糖} \end{cases}$$

（6）成苷反应 单糖的半缩醛羟基比其他醇羟基活泼，在适当条件下可与醇、胺、酚、硫醇等化合物缩合失去一分子水，生成具有缩醛结构的化合物，称为糖苷。糖苷中的非糖部分称为苷元或配基,糖部分称为糖苷基,配基与糖苷基之间的化学键称为苷键。如氧苷键、氮苷键、硫苷键等。糖苷有 α 和 β 两种构型。例如:

$$\alpha\text{-D-葡萄糖} + CH_3OH \xrightarrow{\text{干燥}HCl} \alpha\text{-D-葡萄糖甲苷} + H_2O$$

苷具有缩醛的结构,没有了半缩醛羟基,分子本身也稳定。糖苷没有还原性和变旋现象,不能成脎。糖苷在中性和碱性条件下比较稳定,但在酸性条件下或酶存在时容易发生水解,生成糖和配基。

16.1.2 二糖

二糖是由两分子单糖失水形成的,其单组成可以是相同的,也可以是不相同的,故可分为同聚二糖如麦芽糖、异麦芽糖、纤维二糖、海藻二糖等,杂聚二糖如蔗糖、乳糖、蜜二糖等。天然存在的二糖还可分为还原性二糖和非还原性二糖。

16.1.2.1 还原性二糖

还原性二糖可以看做是一分子单糖的半缩醛羟基与另一分子单糖的醇羟基失水而成的。这样形成的二糖分子中,有一个单糖单位形成苷,而另一单糖单位仍保留有半缩醛羟基,可以开环成链。所以,这类二糖具有单糖的一般性质:有变旋现象,具有还原性,能形成糖脎。比较重要的还原性二糖有以下几种。

(1) 麦芽糖 麦芽糖在麦芽糖酶作用下水解产生 2 分子 D-葡萄糖,属 α-葡萄糖苷,通过 α-1,4′-糖苷键结合而成,易溶于水,有还原性,比旋光本领为 $[\alpha]_D^{20}=+136°$。麦芽糖在自然界以游离态存在的很少,主要存在于发芽的谷粒,尤其是麦芽中。在淀粉酶的作用下,淀粉、糖原水解可以得到麦芽糖,甜度约为蔗糖的 40%,结构如图 16-3,可用于制作糖果、糖浆等食品。

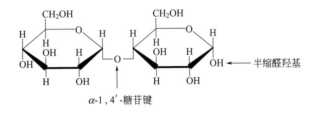

图 16-3 麦芽糖

(2) 乳糖 乳糖是 1 分子 β-D-半乳糖与 1 分子 D-葡萄糖以 β-1,4′-糖苷键连接的二糖,因分子结构中有半缩醛羟基,故具有还原性,出现变旋现象,能被酸、苦杏仁酶和乳糖酶水解。乳糖存在于哺乳动物的乳汁中,人乳中含量为 5%~8%,牛、羊乳中含量为 4%~5%,能溶于水,无吸湿性,$[\alpha]_D^{20}=+55.4°$。乳糖的存在可促进婴儿肠道双歧杆菌的生长。乳酸菌使乳糖发酵变为乳酸。在乳糖酶的作用下,乳糖可水解成 D-葡萄糖和 D-半乳糖而被人体吸收。乳糖结构如图 16-4。

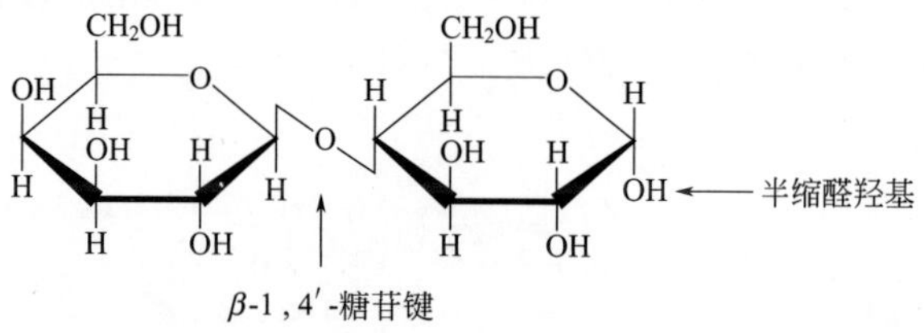

图 16-4 乳糖

(3) 纤维二糖 纤维二糖是由 2 分子 D-葡萄糖通过 $\beta 1,4'$ 糖苷键连接而成的，能被苦杏仁酶水解而不能被麦芽糖酶水解，是 β-葡萄糖苷。纤维二糖分子结构（图 16-5）中也有一个半缩醛羟基，故具有还原性，能发生变旋现象。纤维二糖在自然界中以结合态存在，是纤维水解的中间产物。

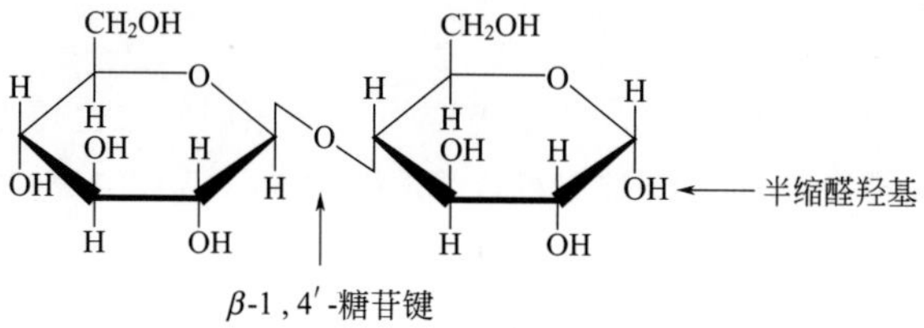

图 16-5 纤维二糖

16.1.2.2 非还原性二糖

非还原性二糖是由 1 分子单糖的半缩醛羟基与 1 分子单糖的半缩醛羟基失水而成的，这类二糖分子中没有半缩醛羟基，所以无变旋现象，也无还原性，不能成脎。重要的非还原性二糖有蔗糖、海藻糖等。

(1) 蔗糖 蔗糖是由 1 分子 α-D-葡萄糖 C_1 上的半缩醛羟基与 β-D-果糖 C_2 上的半缩醛羟基失去 1 分子水，通过 $1,2'$-糖苷键连接而成的二糖。蔗糖分子中没有保留半缩醛羟基，因此它没有还原性，没有变旋现象，不能成脎。蔗糖是无色结晶，易溶于水，蔗糖的 $[\alpha]_D^{20} = +66.5°$。在稀酸或蔗糖酶的作用下，蔗糖水解得到葡萄糖和果糖的等量混合物，该混合物的 $[\alpha]_D^{20} = -19.8°$。由于在水解过程中，溶液的比旋光度由右旋变为左旋，因此通常将蔗糖的水解作用称为转化作用。转化作用所生成的等量葡萄糖与果糖的混合物称为转化糖。

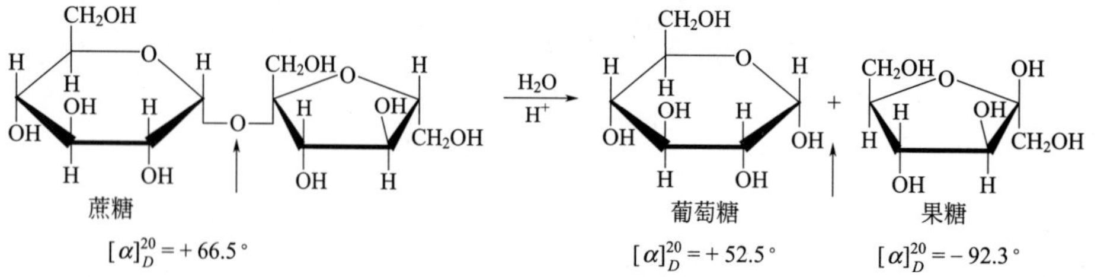

蔗糖 $[\alpha]_D^{20} = +66.5°$ 葡萄糖 $[\alpha]_D^{20} = +52.5°$ 果糖 $[\alpha]_D^{20} = -92.3°$

蔗糖是最重要的甜味剂，但近来发现许多疾病可能与过多摄入蔗糖有关，如龋齿、肥胖、高血压、糖尿病。龋齿在我国少年儿童群体发病率大于 70%。

(2) 海藻糖 海藻糖又叫酵母糖（见图 16-6），存在于海藻、昆虫和真菌体内。它是由两分子 α-D-葡萄糖在 C_1 上的两个半缩醛羟基之间脱水，通过 α-$1,1'$-糖苷键连接而成的非还原性糖。海藻糖为白色晶体，溶于水，熔点 96.55~97.5℃。

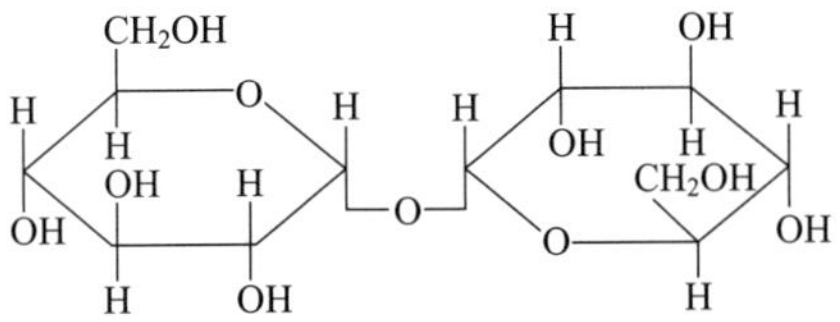

图 16-6 海藻糖

16.1.3 多糖

多糖是由多个单糖分子通过糖苷键连接起来的高分子化合物,其聚合度多在 200～3000 范围内,有的甚至更高,例如纤维素的聚合度可达 5000～15000。多糖无甜味,也无还原性。

大多数多糖是不溶于水和难以消化的,其中主要是构成植物细胞壁的纤维素和半纤维素。多糖在食品中的功能主要是能够增稠和形成凝胶,其次是能控制或改变饮料和流体食品的质构和流动性质。

16.1.3.1 淀粉

(1) 淀粉粒的特性 淀粉是大部分植物的主要贮藏物质,在种子、根和茎中含量最丰富。在所有多糖中,淀粉是唯一的以颗粒形式存在的多糖类物质,淀粉粒结构很紧密,因此在冷水中不溶,在热水中可溶胀。

(2) 淀粉的化学结构 淀粉是由许多个 α-D-葡萄糖通过糖苷键结合成的多糖,它们可用通式 $(C_6H_{10}O_5)_n$ 表示。淀粉一般是由两种成分组成的:一种是直链淀粉,另一种是支链淀粉,这两种淀粉的结构和理化性质都有差别。两者在淀粉中的比例随植物的品种而异,一般直链淀粉占 10%～30%,支链淀粉占 90%～70%。但有的淀粉(如糯玉米)99% 为支链淀粉,而有的豆类淀粉则全是直链淀粉,直链淀粉是由 100～1000 个(一般 250～300 个)α-D-葡萄糖单位通过 α-1,4'-糖苷键连接而成的长链分子,分子量范围在 3 万～10 万。结构如图 16-7。

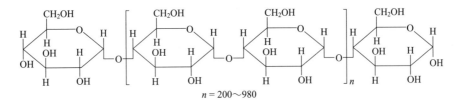

图 16-7 直链淀粉

实验证明:直链淀粉不是完全伸直的,由于分子内氢键的作用,使链卷曲盘旋成螺旋状,每卷螺旋一般含有 6 个葡萄糖单位,直链淀粉遇碘显蓝色,是由于碘分子嵌入直链淀粉的螺旋空隙中,依靠分子间引力使碘分子与淀粉松弛地结合起来(图 16-8)。现已发现直链淀粉能与磷酸、脂肪酸等生成复合物。

支链淀粉的分子比直链淀粉大得多。支链淀粉是由 1000 个以上(一般平均 6000 个)α-D-葡萄糖单位连接而成的大分子,在支链淀粉中的 α-D-葡萄糖既可通过 α-1,4'-糖苷键连接成长链,还可以通过 α-1,6'-糖苷键相互连接形成侧链,每隔 6～7 个葡萄糖单位又能再度形成另一支链结构,使支链淀粉形成复杂的树状分支结构的大分子。

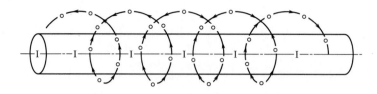

图 16-8　碘进入淀粉螺旋状结构中的示意图

直链淀粉与支链淀粉的性质概括于表 16-1。

表 16-1　直链淀粉与支链淀粉的性质

性质	直链淀粉	支链淀粉
分子量	3 万～10 万	10 万～100 万
糖苷键	α-D(1,4′)	α-D(1,6′)、α-D(1,4′)
对老化敏感性	高	低
β-淀粉酶作用产物	麦芽糖	麦芽糖,β-限制糊精
葡萄糖淀粉酶作用产物	D-葡萄糖	D-葡萄糖
分子形状	基本线型	灌木状

16.1.3.2　糖原

糖原是动物体内的多糖类贮藏物质，又称动物淀粉。它主要存在于肝脏和肌肉中，因此有肝糖原和肌糖原之分。糖原在动物体中的功用是调节血液中的含糖量，当血液中含糖量低于常态时，糖原就分解为葡萄糖，当血液中含糖量高于常态时，葡萄糖就合成糖原。

糖原也是由许多个 α-D-葡萄糖结合而成的，其结构和支链淀粉相似。不过糖原的支链更多、更短，所以糖原的分子结构更紧密，整个分子团呈球形，它的平均分子量在 10^6～10^7 之间。

糖原为白色粉末，能溶于水及三氯醋酸，不溶于乙醇及其他有机溶剂，遇碘显红色，无还原性。糖原也可被淀粉酶水解成糊精和麦芽糖，若用酸水解，最终可得 D-葡萄糖。

16.1.3.3　纤维素

纤维素是组成植物的最普遍的骨架多糖，植物的细胞壁和木材中有一半是纤维素，棉花、亚麻等原料中主要的成分也是纤维素。

(1) 纤维素的结构和性质　纤维素分子是由许多 β-D-葡萄糖通过 β-1,4′-糖苷键连接成的不溶性直链多糖。组成纤维素的葡萄糖单位数目随纤维素的来源不同而异，一般在 5000～15000 个之间。一般认为纤维素分子是由 8000 个左右的葡萄糖单位构成的。纤维素分子的结构表示如图 16-9。

纤维素的化学性质稳定，在一般条件下不被破坏，但在高温、高压的稀硫酸溶液中，纤维素可被水解为 β-葡萄糖。

(2) 改性纤维素　将天然纤维素经适当处理，改变其原有性质以适应不同行业的加工需要，称为改性纤维素。主要品种如下。

① 微晶纤维素（MCC）：由于天然纤维素分子是线性分子，因此容易发生缔合，生成多晶的纤维素束，故分子结构中含有由大量氢键连接而成的结晶区，和处于结晶区之间的无定

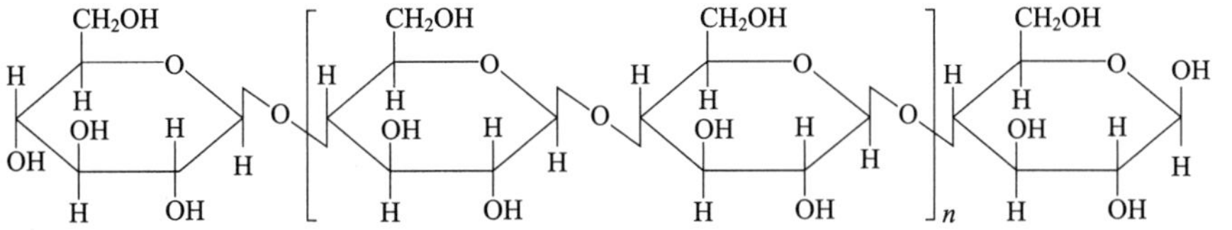

图 16-9 纤维素的结构

形区。无定形区容易受到化学试剂的作用，例如用酸处理，无定形区被水解，留下耐酸的结晶区，干燥后得到极细的粉末，称为微晶纤维素。其不溶于水、稀酸、稀碱溶液和大多数有机溶剂，可吸水胀润，可用作抗结剂、无热量填充剂、乳化剂、分散剂、组织改进剂、热稳定剂等。

② 羧甲基纤维素（CMC）：是由纤维素与氢氧化钠、一氯乙酸作用生成的含有羧基的纤维素醚，由于其游离酸形式不溶于水，故在工业中大多用其钠盐。羧甲基纤维素钠易溶于水，是应用很广的一种纤维素胶。

③ 甲基纤维素（MC）：是另一种重要的纤维素胶，由纤维素与氢氧化钠（NaOH）、一氯甲烷（CH_3Cl）反应而成，一般商品 MC 的取代度（DS）为 1.1～2.2。MC 具有增稠、表面活性、薄膜形成性和形成热凝胶等重要功能。其中尤其独特的是：甲基纤维素不同于其他胶，它显示了热胶凝性质，当溶液被加热时形成凝胶，冷却时转变成正常的溶液。

16.1.3.4 半纤维素

半纤维素是一类细胞壁多糖，与纤维素、木质素、果胶物质共存于植物细胞壁中。半纤维素一般是由 2～4 种糖基组成的杂多糖，不同来源的半纤维素成分各不相同，食品中最普遍存在的半纤维素是由 β-1,4'-D-吡喃木糖单位组成的木聚糖。

半纤维素是膳食纤维的一个重要组成成分，膳食纤维由纤维素、果胶类物质、半纤维素、木质素和糖蛋白等组成。膳食纤维具有重要的生理功能，如可促进肠胃的正常蠕动和通便，能有效预防结肠癌和便秘，能阻止机体对脂肪和胆固醇的吸收，降低体内胆固醇水平，达到预防和治疗动脉粥样硬化和冠心病的效果，能降低胰岛素的需求量，从而能调节糖尿病患者的血糖水平，以及能促使胆汁酸的消除、预防胆结石等。

半纤维素能提高面粉结合水的能力，且有助于蛋白质与面团的混合，增加面包体积和弹性，改善面包的结构，延缓面包的老化。

16.1.3.5 果胶

果胶物质一般存在于植物细胞的细胞壁和胞间层中，在水果、蔬菜中含量较多。主要是由 α-1,4'-D-半乳糖醛酸单位组成的骨架链。另外还有少量的鼠李糖、半乳糖、阿拉伯糖、木糖构成侧链。

果胶物质可分为三类：即原果胶、果胶酯酸和果胶酸，其主要差别是各类果胶的甲氧基含量不相同，随着植物的成熟，果胶物质的甲氧基含量有所下降，果胶物质甲酯化程度，可用酯化度（DE）表示。

$$酯化度(DE)=\frac{酯化的半乳糖醛酸残基数}{D-半乳糖醛酸残基数}\times 100$$

(1) 果胶酸　纯的果胶酸是由很多个 D-半乳糖醛酸通过 α-1,4'-糖苷键结合而成的线型长链高分子化合物。图 16-10 果胶酸是基本上不含甲氧基的果胶类物质。果胶酸是果胶酯酸和原果胶的基本构成骨梁。

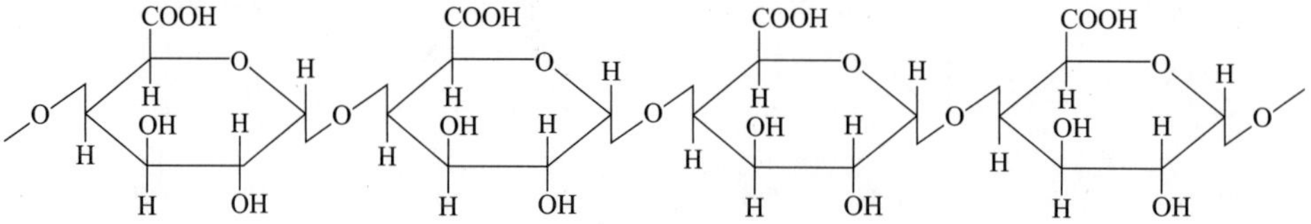

图 16-10　果胶酸的结构

(2) 果胶酯酸　果胶酯酸是指甲氧基比例较大的果胶酸。现已证实,果胶酯酸是一组以复杂方式连接的多聚鼠李糖、多聚半乳糖醛酸。它由 α-1,4'-糖苷键连接的 D-吡喃半乳糖醛酸单位组成骨架链。果胶酯酸的结构很复杂,其中有多聚半乳糖醛酸及其甲酯、甲基醚,多聚鼠李糖、葡萄糖醛酸、木糖、阿拉伯糖、半乳糖等。

商品果胶是指具有各种甲氧基含量的水溶性果胶酯酸。

(3) 原果胶　原果胶泛指一切水不溶性果胶类物质。原果胶存在于未成熟的水果和植物的茎、叶里,一般认为它是果胶酯酸与纤维素或半纤维素结合而成的高分子化合物。未成熟的水果是坚硬的,这直接与原果胶的存在有关。随着水果的成熟,原果胶在酶的作用下逐步水解为有一定水溶性的果胶酯酸,水果也就由硬变软了。

果胶的主要用途是用作制造果酱、果冻的胶凝剂,另外还可用于乳制品、冰激凌、调味汁、蛋黄酱、果汁、饮料等食品中作乳化剂和稳定剂。

16.2　油　脂

油脂存在于动植物体内,它是生物体维持正常生命活动不可缺少的物质。油脂的主要成分是高级脂肪酸的甘油酯。它的构造式如下:

$$\begin{array}{l} R_1COOCH_2 \\ R_2COOCH \\ R_3COOCH_2 \end{array}$$

如果 $R_1=R_2=R_3$,称为单纯甘油酯,而 $R_1\neq R_2\neq R_3$,则称为混合甘油酯。天然的油脂大都是混合甘油酯。

16.2.1　物理性质

油脂的熔点随烃链中碳原子数的增加而升高;随烃链的不饱和程度增加而降低。含丰富的不饱和脂肪酸的植物油脂在常温下为液态,通常称为油,如花生油、豆油、桐油等。含丰富的饱和脂肪酸的动物油脂常温下为半固态或固态,通常称为脂肪,如牛油、猪油等。一些重要的油脂见表 16-2。

油脂比水轻,相对密度 0.9～0.95,不溶于水而溶于烃类、丙酮、氯仿和四氯化碳等有机溶剂。由于天然油脂都是混合物,故熔点范围较大。

16.2.2　化学性质

油脂属于酯类,除具有酯的性质外,有些还具有双键的性质。

表 16-2 常见的重要油脂

油或脂肪	熔点/℃	碘值	皂化值	饱和脂肪酸 月桂酸	饱和脂肪酸 肉豆蔻酸	饱和脂肪酸 软脂酸	饱和脂肪酸 硬脂酸	不饱和脂肪酸 油酸	不饱和脂肪酸 亚油酸	不饱和脂肪酸 亚麻油酸	不饱和脂肪酸 桐油酸
牛油	40~46	31~47	190~200		3~6	24~32	20~25	37~43	2~3		
猪油	36~42	46~66	193~200			25~30	12~16	41~51	3~8		
椰子油	25	10	255~258	44~51	13~18	7~10	1~4	5~8	0~1	1~3	
棉籽油	-1	105~114	190~198	0~3	17~23	1~3	23~44	34~55			
橄榄油	-6	79~90	187~196			9.4	2.0	83.5	4		
花生油	-5	84~102	188~195			8.3	3.1	56	26		
大豆油	-16	127~138	185~195		0.3	7~11	2~5	22~34	50~60		
亚麻籽油	-24	179	190		0.2	5~9	4~7	9~29	8~29	45~67	
桐油	-3	168	193					4~13		8~15	74~91

16.2.2.1 加成反应

油脂中的不饱和脂肪酸可发生加成反应,如加氢和加卤素。

(1) 氢化 含有较丰富的不饱和酸的油,一般在200℃,0.1~0.3MPa压力下,用雷内镍作催化剂,加氢后可转化为饱和程度较高的半固态或固态的脂肪——氢化油或硬化油。其中氢化程度低的可作食用油,氢化程度较高的常作为制造肥皂和高级脂肪酸的原料。

(2) 碘值 油脂的不饱和程度常以"碘值"表示。100g油脂与碘加成所需的质量(单位g)称为碘值。碘值愈大,油脂的不饱和程度愈大。在油脂氢化工业中,可用碘值来测定氢化程度的高低。实际测定碘值时,采用氯化碘或溴化碘的醋酸溶液,再换算为碘的加成质量。

16.2.2.2 氧化反应

油脂在空气及细菌作用下,易氧化、水解而释放出强烈难闻气味的分子量较低的羧酸(如丁酸和己酸),以及中等分子量的醛,使油脂酸败变质,即油变哈了。将油脂冷藏或加入维生素C或维生素E等抗氧剂可抑制油脂的酸败过程。在新鲜的油脂中游离脂肪酸很少,长期贮存或酸败的油脂,则游离脂肪酸含量增加。游离脂肪酸的含量可用KOH中和来测定。中和1g油脂所需KOH的质量(单位mg)称为酸值。酸值是油脂中游离脂肪酸的度量标准。

16.2.2.3 干化

高度不饱和的油，涂成薄层，在空气中逐渐成为干硬而有弹性的薄膜。油的这种结膜特性称为油的干化。油的干化过程很复杂，主要是发生了一系列氧化聚合反应，生成网状高分子聚合物。不饱和程度愈大，愈容易干化；由多个双键形成共轭体系的更容易干化。容易干化的油常称为干性油，如桐油就是最易干化的干性油，常用作油漆。亚麻油也是干性油，但干化速率较慢，所形成的膜较软。油的干化性能是决定它们能否作为油漆涂料的主要依据。桐油盛产于我国，占世界产量的 90%。

16.2.2.4 水解与皂化值

油脂在酸（如硫酸）催化下与水共沸，则水解生成高级脂肪酸和甘油。这是工业上制取高级脂肪酸和甘油的重要方法。

$$\begin{array}{c} R_1COOCH_2 \\ R_2COOCH \\ R_3COOCH_2 \end{array} \xrightarrow{H^+, H_2O} \begin{array}{c} R_1COOH \\ R_2COOH \\ R_3COOH \end{array} + \begin{array}{c} CH_2OH \\ CHOH \\ CH_2OH \end{array}$$

油脂与氢氧化钠溶液共沸也可以发生水解，生成高级脂肪酸钠盐（即肥皂）和甘油。因此，油脂的碱性水解俗称皂化。工业上将 1g 油脂皂化时所需氢氧化钾的质量（单位 mg）称为皂化值。由皂化值可计算油脂的平均分子量。皂化值愈大，油脂的平均分子量愈小。

一些重要的油脂的性质及其高级脂肪酸组分的含量见表 16-2。

高级脂肪酸钠盐——肥皂，是一种表面活性剂。

肥皂去污是高级脂肪酸钠起作用（见图 16-11）。从结构上看，它的分子可以分为两部分，一部分是极性的—COONa 或—COO⁻，它可以溶于水，叫亲水基；另一部分是非极性的链状的烃基—R，这一部分不溶于水，叫做憎水基。憎水基具有亲油的性质。在洗涤的过程中，污垢中的油脂跟肥皂接触后，高级脂肪酸钠分子的烃基就插入油污内。而易溶于水的羧基部分伸在油污外面，插入水中。这样油污就被包围起来。再经摩擦、振动，大的油污便分散成小的油珠，最后脱离被洗的纤维织品，而分散到水中形成乳浊液，从而达到洗涤的目的。

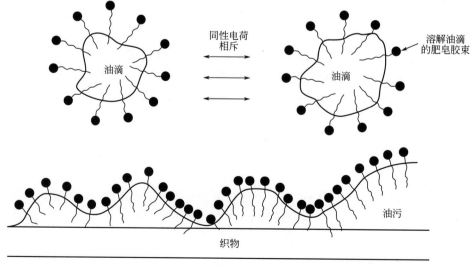

图 16-11 肥皂去污原理示意图

16.3 氨 基 酸

16.3.1 氨基酸的分类、命名和构型

氨基酸是分子中具有氨基和羧基的一类含有多官能团的化合物。

16.3.1.1 氨基酸的分类

所有物种的蛋白质本质上都由 20 多种基本氨基酸构成，20 种氨基酸通常存在于蛋白质水解物中，其他几种氨基酸也存在于自然界，并具有生物功能。蛋白质中常见的 α-氨基酸见表 16-3。

表 16-3 构成蛋白质的氨基酸

分类		氨基酸	结构式	分离用的蛋白质
Ⅰ 脂肪类	(1) 一氨基、一羧基氨基酸	1.甘氨酸	$CH_2(NH_2)COOH$	明胶
		2.丙氨酸	$CH_3CH(NH_2)COOH$	绢丝蛋白
		3.缬氨酸[①]	$(CH_3)_2CHCH(NH_2)COOH$	酪蛋白
		4.亮氨酸[①]	$(CH_3)_2CHCH_2CH(NH_2)COOH$	肌纤维
		5.异亮氨酸[①]	$CH_3CH_2CH(CH_3)CH(NH_2)COOH$	纤维蛋白
		6.丝氨酸	$CH_2(OH)CH(NH_2)COOH$	丝胶蛋白
		7.苏氨酸[①]	$CH_3CH(OH)CH(NH_2)COOH$	自体
	(2) 二氨基、一羧基酸	8.赖氨酸[①]	$CH_2(NH_2)(CH_2)_3CH(NH_2)COOH$	酪蛋白
		9.δ-羟赖氨酸	$CH_2(NH_2)CH(OH)(CH_2)_2CH(NH_2)COOH$	鱼胶蛋白
		10.精氨酸	$HN{=}C(NH_2)NH(CH_2)_3CH(NH_2)COOH$	角蛋白
	(3) 一氨基、二羧基酸及其酰胺	11.天冬氨酸	$\begin{array}{l}CH(NH_2)COOH\\ \vert\\ CH_2COOH\end{array}$	蓝豆蛋白 豆球蛋白
		12.天冬酰胺	$\begin{array}{l}CH(NH_2)COOH\\ \vert\\ CH_2CONH_2\end{array}$	麻仁球蛋白
		13.谷氨酸	$\begin{array}{l}CH(NH_2)COOH\\ \vert\\ CH_2CH_2COOH\end{array}$	谷胶蛋白
		14.谷氨酰胺	$\begin{array}{l}CH(NH_2)COOH\\ \vert\\ CH_2CH_2CONH_2\end{array}$	麦胶蛋白
	(4) 含硫氨基酸	15.胱氨酸	$\begin{array}{l}SCH_2CH(NH_2)COOH\\ \vert\\ SCH_2CH(NH_2)COOH\end{array}$	角蛋白
		16.蛋氨酸[①]	$CH_3SCH_2CH_2CH(NH_2)COOH$	酪蛋白

续表

分类	氨基酸	结构式	分离用的蛋白质
Ⅱ 芳香族氨基酸	17.苯丙氨酸①	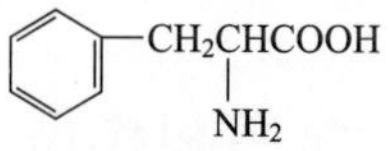 C₆H₅-CH₂CH(NH₂)COOH	羽扁豆、豆芽菜
	18.酪氨酸	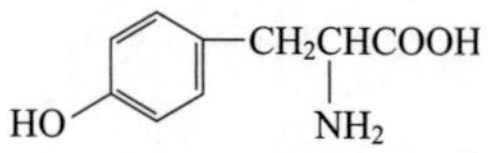 HO-C₆H₄-CH₂CH(NH₂)COOH	酪蛋白
	19.甲状腺素	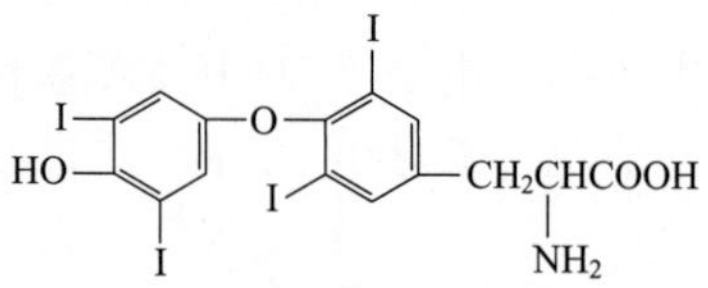 HO-(3,5-I₂-C₆H₂)-O-(3,5-I₂-C₆H₂)-CH₂CH(NH₂)COOH	甲状腺组织
Ⅲ 杂环族氨基酸	20.脯氨酸	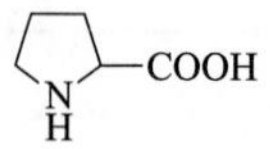 吡咯烷-2-COOH	酪蛋白
	21.羟脯氨酸	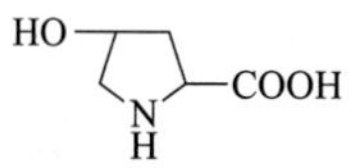 4-羟基吡咯烷-2-COOH	酪蛋白
	22.色氨酸①	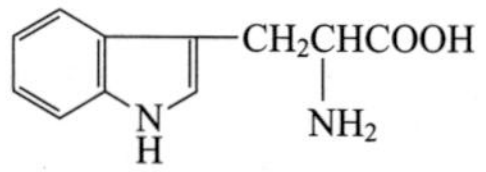 吲哚-3-CH₂CH(NH₂)COOH	酪蛋白
	23.组氨酸②	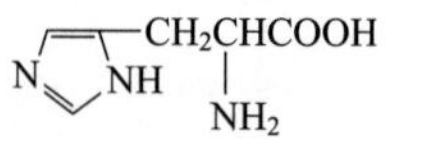 咪唑-4-CH₂CH(NH₂)COOH	各种蛋白水解物

① 为必需氨基酸。
② 为婴儿必需氨基酸。

人和动物体内所需的氨基酸，很多可以由另一种氨基酸在体内转变而取得。但是也有一些氨基酸在人体内不能合成，而只能由食物供给，被称为必需氨基酸。人体必需氨基酸有赖氨酸、苯丙氨酸、缬氨酸、蛋氨酸、色氨酸、亮氨酸、异亮氨酸和苏氨酸等八种。此外，组氨酸对于婴儿的营养也是必需的。

16.3.1.2 氨基酸的命名

氨基酸的系统命名法是以羧酸为母体、氨基为取代基来命名的。如：

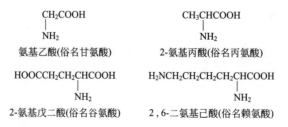

氨基乙酸(俗名甘氨酸)　　2-氨基丙酸(俗名丙氨酸)

2-氨基戊二酸(俗名谷氨酸)　　2,6-二氨基己酸(俗名赖氨酸)

但天然的 α-氨基酸多用俗名。

16.3.1.3 氨基酸的构型

氨基酸分子结构中至少含有一个伯氨基和一个羧基，天然 α-氨基酸具有以下结构：

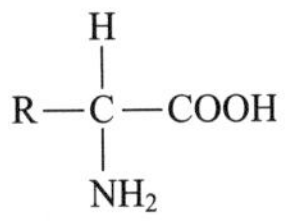

$$\begin{array}{c} H \\ | \\ R-C-COOH \\ | \\ NH_2 \end{array}$$

R 是侧链基团，脯氨酸和羟脯氨酸的 R 基团来自吡咯烷，它们并不符合一般结构。

16.3.2 氨基酸的性质

16.3.2.1 物理性质

(1) 溶解度 氨基酸一般都溶于水，不溶或微溶于醇，不溶于乙醚。但酪氨酸微溶于冷水，在热水中溶解度大。胱氨酸难溶于冷水和热水。脯氨酸和羟脯氨酸溶于乙醇和乙醚。所有的氨基酸都能溶于强酸或强碱的溶液中。

(2) 熔点 氨基酸属于高熔点化合物，许多氨基酸在达到或接近熔点时会发生分解，因此熔点不明显，一般来说氨基酸的熔点超过 200℃，个别的超过 300℃。

(3) 旋光性 除甘氨酸外，其他氨基酸分子内至少有一个不对称碳原子，因此具有旋光性。大多数天然氨基酸不对称碳的构型与 L-甘油醛相同，系 L-型氨基酸。

(4) 味感 氨基酸的味感与它的立体构型有关。D-型氨基酸多数带有甜味，甜味最强的是 D-色氨酸，可达蔗糖的 40 倍；L-型氨基酸有甜、苦、鲜、酸等不同味感。

16.3.2.2 化学性质

氨基酸分子中的反应基团主要是指它们的氨基、羧基和侧链。其中有的反应改善它们的亲水性、疏水性和功能特性，还有一些反应被用作氨基酸的定量分析。

(1) 氨基酸的等电点 氨基酸分子中含有氨基和羧基，能像酸、碱一样离解。

$$H_3N^+-CH_2-COOH \underset{H^+}{\overset{OH^-}{\rightleftharpoons}} H_3N^+-CH_2-COO^- \underset{H^+}{\overset{OH^-}{\rightleftharpoons}} H_2N-CH_2-COO^-$$

酸性　　　　　　　　　中性　　　　　　　　　碱性

氨基酸在酸性介质中，主要以阳离子状态存在，表现酸的性质，电解时移向阴极；在碱性介质中，主要以阴离子状态存在，表现碱的性质，电解时移向阳极。当介质的酸、碱度达到一定的 pH 值时，氨基酸以电中性的偶极离子状态存在，这时的 pH 值称为该氨基酸的等电点（pI）。中性氨基酸 pI 5.0~6.3，酸性氨基酸 pI 2.8~3.2，碱性氨基酸 pI 7.6~10.8。等电点时，氨基酸在水中的溶解度最小，易于结晶沉淀。

(2) 脱水成肽反应 二分子的氨基酸可由一分子的氨基与另一分子的羧基脱去一个水分子成为一个简单的二肽。二肽分子中含有的酰胺键称为肽键。

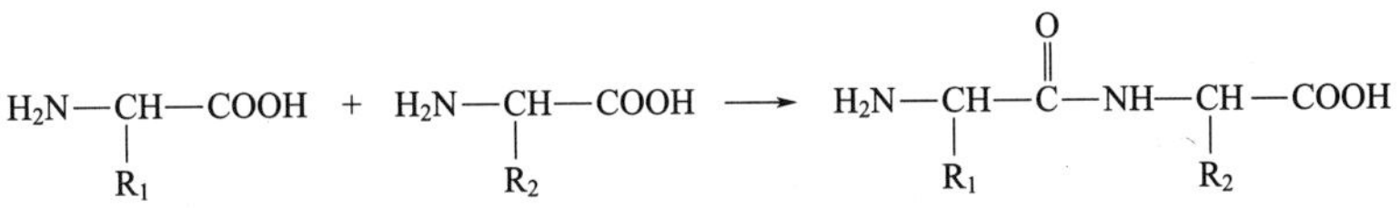

$$H_2N-\underset{R_1}{\overset{}{C}H}-COOH + H_2N-\underset{R_2}{\overset{}{C}H}-COOH \longrightarrow H_2N-\underset{R_1}{\overset{}{C}H}-\overset{O}{\overset{\|}{C}}-NH-\underset{R_2}{\overset{}{C}H}-COOH$$

二肽分子中仍含有自由的氨基和羧基，可继续与氨基酸结合成为三肽、四肽等。

（3）与金属离子的螯合作用　许多重金属离子如 Cu^{2+}、Co^{2+}、Mn^{2+}、Fe^{2+} 等和氨基酸作用产生螯合物。如：

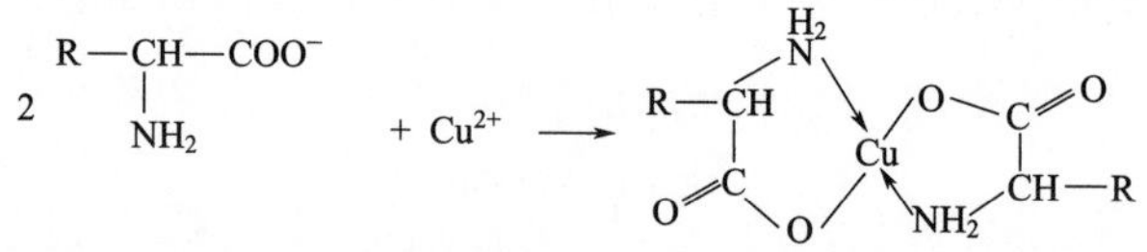

$$2\ \underset{NH_2}{R-\overset{|}{C}H-COO^-} + Cu^{2+} \longrightarrow \text{螯合物}$$

（4）与甲醛反应　由于氨基酸是两性物质，故不能用酸碱滴定法直接测定它的含量。利用甲醛与氨基反应生成羟甲基衍生物后，$-NH_3^+$ 释放出氢离子的特点，就可用酸碱滴定法测定出氨基酸的含量。

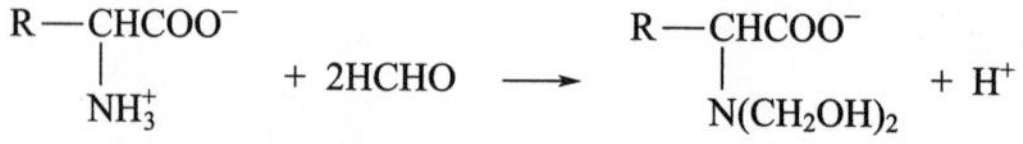

$$\underset{NH_3^+}{R-\overset{|}{C}HCOO^-} + 2HCHO \longrightarrow \underset{N(CH_2OH)_2}{R-\overset{|}{C}HCOO^-} + H^+$$

（5）脱氨基、脱羧基反应

① 脱氨基反应　氨基酸经强氧化剂或酶的作用，可脱去氨基生成酮酸。

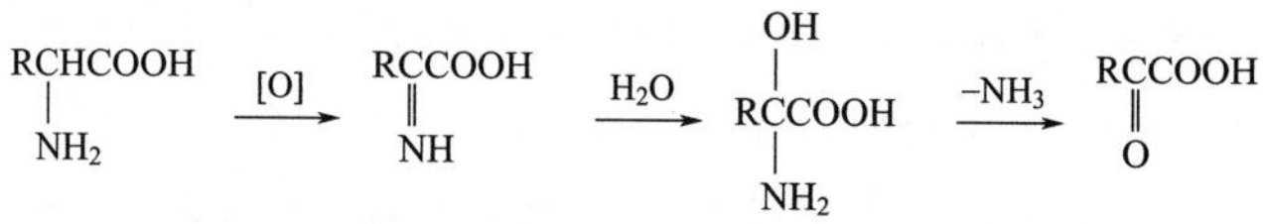

$$\underset{NH_2}{RCHCOOH} \xrightarrow{[O]} \underset{NH}{RCCOOH} \xrightarrow{H_2O} \underset{\underset{NH_2}{OH}}{RCCOOH} \xrightarrow{-NH_3} \underset{O}{RCCOOH}$$

② 脱羧基反应　氨基酸经高温或细菌作用，发生脱羧反应而生成胺。

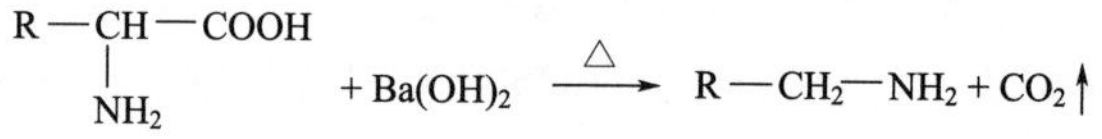

$$\underset{NH_2}{R-\overset{|}{C}H-COOH} + Ba(OH)_2 \xrightarrow{\triangle} R-CH_2-NH_2 + CO_2\uparrow$$

（6）与亚硝酸反应　α-氨基酸具有伯胺的性质，与亚硝酸反应时放出氮气。因此，利用该反应可以测定蛋白质分子中的游离氨基或氨基酸含量。

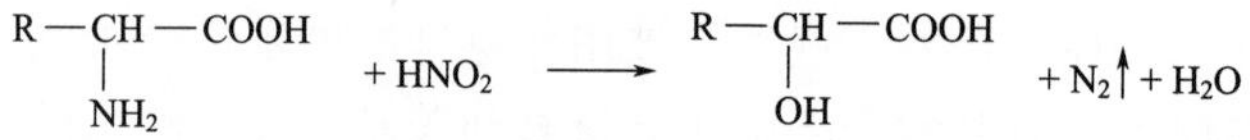

$$\underset{NH_2}{R-\overset{|}{C}H-COOH} + HNO_2 \longrightarrow \underset{OH}{R-\overset{|}{C}H-COOH} + N_2\uparrow + H_2O$$

（7）与茚三酮反应　水合茚三酮在碱性溶液中与氨基酸共热，生成复合物，大多数是蓝色或紫色。该反应常用于氨基酸的比色（包括荧光法）测定。

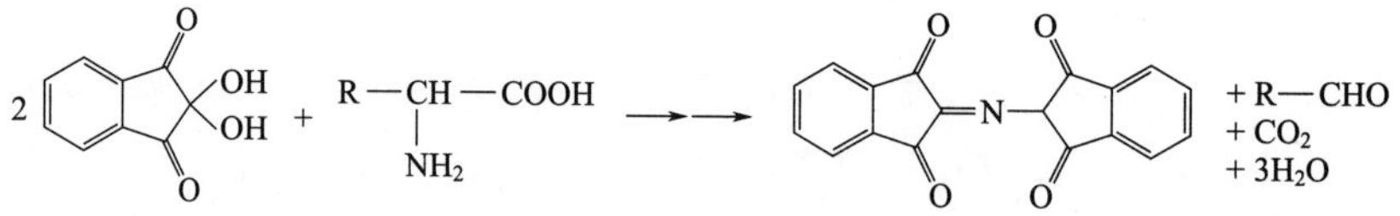

$$2\ \text{茚三酮} + \underset{NH_2}{R-\overset{|}{C}H-COOH} \longrightarrow \text{鲁曼化(Ruhemann's)紫} + R-CHO + CO_2 + 3H_2O$$

16.4　蛋　白　质

蛋白质是由多种 α-氨基酸按各种不同顺序排列结合成的高分子有机物质。它是生物体的重要组成物质之一，它不仅是构成生物体的基本材料，而且是生命活动所依赖的主要物质基础。一切生命过程和繁衍活动都与蛋白质密切相关，可以说没有蛋白质就没有生命。

16.4.1 蛋白质的分类

蛋白质的种类繁多，每种生物体各有一套自身的蛋白质，少至几千，多至几万、十几万，但各种蛋白质的基本元素却很相似，经化学分析其元素组成如表16-4。

表16-4 蛋白质元素组成

元素名称	含量/%	近似平均值/%
C	50～56	50
H	6～8	7
O	19～24	23
N	13～19	16
S	0～4	0～3
P		0～3

有些蛋白质还含有 Fe、Cu、Mn、Zn、Co、Mo 等，个别的含有 I。

按分子形状可把蛋白质分为纤维状蛋白质（如丝蛋白、血纤维蛋白原、胶原蛋白等）和球状蛋白质（如血红蛋白、酶、胰岛素等）。

按化学组成可把蛋白质分为单纯蛋白质和结合蛋白质。单纯蛋白质水解的最终产物是 α-氨基酸，如清蛋白、球蛋白等；结合蛋白质水解的最终产物除 α-氨基酸外，还有非蛋白质，非蛋白质部分称为辅基，如核蛋白、脂蛋白、血红蛋白等。

按蛋白质生理作用分为酶、激素、抗体、结构蛋白。

16.4.2 蛋白质的性质

蛋白质的理化性质一部分与氨基酸相似，如两性离解及等电点、显色反应、成盐反应等。但也有一部分理化性质又不同于氨基酸，如高分子量、胶体性、沉淀、变性等。

16.4.2.1 两性离解和等电点

蛋白质也是两性电解质，在酸性介质中以复杂的阳离子态存在，在碱性介质中，以复杂的阴离子态存在，在等电点时以两性离子态存在。

阳离子(pH<pI)　　两性离子(pH=pI)　　阴离子(pH>pI)

当蛋白质分子上的正、负电荷相等（净电荷为零）时，这时溶液的 pH 值称为蛋白质的等电点。等电点时的蛋白质，在外加电场下不再发生移动。因此，在不同 pH 值下做电泳实验可以测定蛋白质的等电点。某些蛋白质的等电点见表16-5。

表 16-5　几种蛋白质的等电点（pI）

蛋白质	等电点	蛋白质	等电点
胃蛋白酶	1.0	血红蛋白	6.7
κ-酪蛋白 B	4.1~4.5	α-糜蛋白酶	8.3
卵清蛋白	4.6	α-糜蛋白酶原	9.1
大豆球蛋白	4.6	核糖核酸酶	9.5
血清蛋白	4.7	细胞色素 C	10.7
β-乳球蛋白	5.2	溶菌酶	11.0
β-酪蛋白 A	5.3		

由于蛋白质分子中所含氨基酸的种类、数目、空间构型以及离解基团不同，所以不同的蛋白质的等电点是不同的，于是在一定 pH 值溶液和一定电场中，不同的蛋白质的电泳速率和方向也就不相同。可用电泳法把蛋白质从混合液中分离出来。

当蛋白质溶液处于等电点时，其溶解度最小。假使有两种蛋白质同时存在于溶液中，而且它们的等电点又相差较大，我们就可以将溶液 pH 值调到其中一种蛋白质的等电点，使其沉淀，借此可将这两种蛋白质分开，达到分离目的。这就是等电点沉淀法的基本原理。

在等电点时，蛋白质溶液的黏度、渗透压、膨胀性、导电能力、溶解度都降到最低点。由于蛋白质分子含有大量的酸性和碱性基团，因此，蛋白质溶液对于酸和碱都具有强大的缓冲能力。

16.4.2.2　凝胶与膨润

（1）凝胶作用　蛋白质的凝胶作用是指变性的蛋白质分子聚集并形成有序的蛋白质网络结构过程。蛋白质凝胶是蛋白质分子中氢键、疏水作用、静电作用、金属离子的交联作用、二硫键等相互作用的结果。蛋白质凝胶可以含有大量的水，如明胶凝胶含水量最高可达 99% 以上。在生物体系内，蛋白质以凝胶和溶胶的混合状态存在。

（2）膨润（溶胀）作用　当弹性凝胶和溶剂接触时，便自动吸收溶剂而膨胀，体积增大，这个过程叫膨润或溶胀。有的弹性凝胶膨润到一定程度，体积增大就停止了，称为有限膨润。例如，木材在水中的膨润就是有限膨润。有的弹性凝胶能无限吸收溶剂，最后形成溶液，叫无限膨润。例如，明胶在水中的膨润就是无限膨润。

16.4.2.3　沉淀作用

使蛋白质从溶液中析出的现象称为蛋白质沉淀。蛋白质溶液相当稳定，破坏蛋白质溶液中蛋白质分子表面的水化层就可使其沉淀。沉淀出来的蛋白质有变性的，也有不变性的。所以，蛋白质的沉淀有可逆性沉淀与不可逆性沉淀两种。

（1）可逆性沉淀　可逆性沉淀是指用无机离子使蛋白质分子失去电荷或用有机溶剂使蛋白质分子脱水，造成蛋白质分子沉淀。当上述条件失去时，蛋白质分子的沉淀又能溶解到原来的水溶液中，其特点是蛋白质分子没有发生显著的化学变化。常用的盐是中性盐类，如硫酸铵、硫酸钠、氯化钠等，它们能剥去蛋白质表面的水层，而使蛋白质沉淀下来，这种现象称为盐析。蛋白质在等电点时盐析效果更好。常用的有机溶剂有乙醇、甲醇、丙酮等。

(2) 不可逆性沉淀　不可逆性沉淀是指用化学方法（重金属、生物碱试剂或某些酸类）或物理方法（加压、加热和光照），使蛋白质发生永久性变性而形成蛋白质分子的沉淀。

常用的重金属有汞、银、铅、铜等，沉淀条件是 pH＞pI。

常用的化学试剂有苦味酸、钨酸、鞣酸、碘化钾等；常用的酸有三氯醋酸、水杨磺酸、硝酸等。沉淀条件是 pH＜pI。

16.4.2.4　蛋白质的变性

蛋白质的变性作用是指蛋白质受到外界物理或化学因素的作用，使蛋白质的物理性质、化学性质和生物学性质发生改变。蛋白质变性后，明显的变化是其溶解性降低，失去了原有的生理功能，蛋白质分子由球状趋向于纤维状，但更易被人体所消化和吸收。变性并不使蛋白质发生分解。

影响蛋白质变性的因素很多，如物理方面的紫外线照射、加热煮沸、加压、超声波、射线照射等；化学方面的强酸、强碱、乙醇、丙酮等溶剂，Hg^{2+}、Ag^+、Pb^{2+}、Cu^{2+} 等重金属盐类。

应该指出，蛋白质的变性和变质是两个截然不同的概念。变性只是蛋白质空间结构的改变，但整个分子不发生裂解。如烧煮鸡蛋、豆浆做成豆腐、牛乳变成酸乳等。蛋白质变性有时会增加食品的色香味，并有利于人体消化吸收。而变质是指蛋白质整个分子受到破坏，化学性质起了变化。如鸡蛋变坏、肉变臭等，变质的蛋白质是不能食用的。

除去变性因素之后，在适当的条件下蛋白质构象可以由变性态恢复到天然态，称为可逆变性。反之不能恢复到天然态，称为不可逆变性。

16.4.2.5　蛋白质的水解

蛋白质加酸、碱或酶（蛋白酶）后经过一系列的水解作用，最后被分解成氨基酸，这个化学变化过程是蛋白质的水解过程。

蛋白质→变性蛋白质→蛋白胨→蛋白胨→多肽→二肽→氨基酸

16.4.2.6　显色反应

由于蛋白质分子含有肽键和氨基酸的各种残余基团，因此它能与各种不同的试剂作用生成有色的产物，可以应用于鉴定和定量测定蛋白质。

(1) 黄蛋白反应（黄色反应）　在蛋白质溶液中加入浓硝酸，先生成白色沉淀，再加热时，变成姜黄色沉淀或溶液。溶液中加碱至碱性，则黄色变成橘黄色。凡含有苯环的苯丙氨酸、酪氨酸、色氨酸，其苯环被浓硝酸硝化而显色。

(2) 米伦反应（砖红色反应）　蛋白质与米伦（Millen）试剂（汞及亚汞的硝酸及亚硝酸盐混合物）作用，蛋白质首先从溶液中析出，再加热时变成砖红色。这是蛋白质中酪氨酸特有的反应，是酪氨酸分子中含有酚羟基所致。一般蛋白质均含有酪氨酸。

(3) 缩二脲反应　蛋白质在碱性溶液中与硫酸铜作用呈现紫红色，称为缩二脲反应。利用此反应可做蛋白质的定量测定。凡化合物中含有两个肽键基团，它们直接相连或通过一个碳原子与氧原子相连都能发生此反应。在蛋白质分子中含有很多肽键，所以发生上述反应。

(4) 乙醛酸反应　蛋白质中先加入乙醛酸，然后沿着试管壁加入浓硫酸，使溶液分为上下两层，结果在分界处出现红色、绿色或紫色环，摇匀后，全部混合成紫色。此反应是乙醛酸与色氨酸的缩合物的颜色。

(5) 与水合茚三酮的反应　与氨基酸相似，在蛋白质溶液中加入水合茚三酮并加热至沸腾则显蓝色。

16.5 核酸

核酸是生物细胞中的重要组成成分。它们是一类含磷的高分子化合物,结构较为复杂。在细胞内,核酸大部分与蛋白质结合成核蛋白,只有少量以游离状态存在。

核酸可根据分子中所含糖的成分不同,分为核糖核酸(RNA)和脱氧核糖核酸(DNA)。RNA 含核糖部分,主要存在于细胞质中,以微粒体中含量最多,线粒体中含量少;核内只含少量,集中在核仁中。DNA 含脱氧核糖部分,主要存在于细胞核内的染色体中,只有少量存在于线粒体内。

16.5.1 核酸的组成

核酸是由许多单核苷酸组成的,具有一定空间结构的高分子化合物。若将核酸逐步水解,首先得到的是单核苷酸;后者可水解成核苷和磷酸;核苷进一步水解时,生成戊糖和有机碱。核酸的降解过程如下:

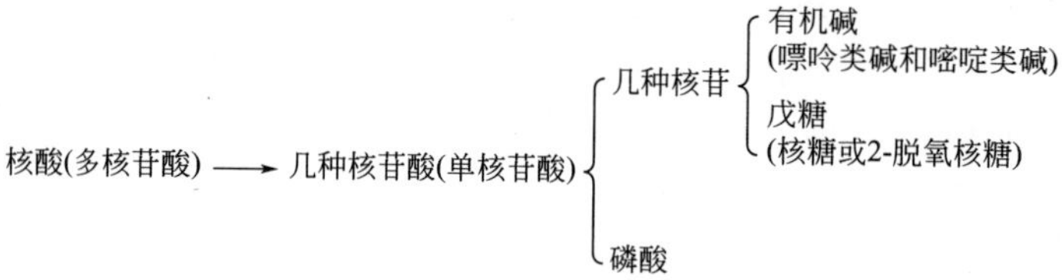

$$
\text{核酸(多核苷酸)} \longrightarrow \text{几种核苷酸(单核苷酸)} \begin{cases} \text{几种核苷} \begin{cases} \text{有机碱(嘌呤类碱和嘧啶类碱)} \\ \text{戊糖(核糖或2-脱氧核糖)} \end{cases} \\ \text{磷酸} \end{cases}
$$

16.5.1.1 戊糖

组成 RNA 和 DNA 的戊糖有核糖和 2-脱氧核糖两种。核酸就是按照其所含戊糖的种类而命名的。核糖和 2-脱氧核糖的结构如下:

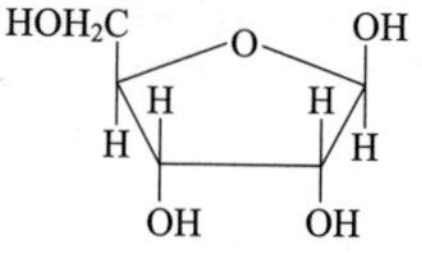

β-D-核糖 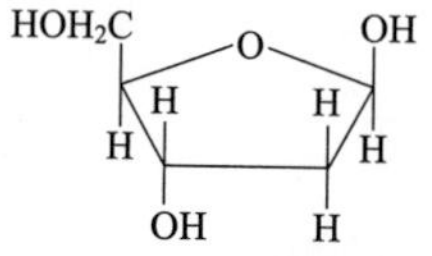　　　　β-D-2-脱氧核糖

16.5.1.2 有机碱

核酸中的有机碱称为碱基,它们是嘧啶碱和嘌呤碱。嘧啶碱主要是胞嘧啶、尿嘧啶和胸腺嘧啶;嘌呤碱主要是腺嘌呤和鸟嘌呤。

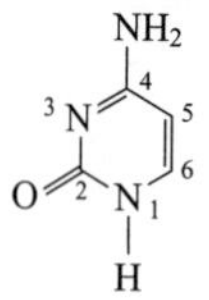

胞嘧啶(C)
(2-氧-4-氨基嘧啶)

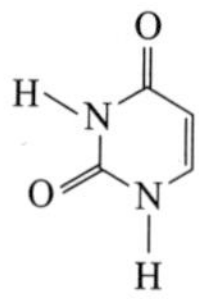

尿嘧啶(U)
(2,4-二氧嘧啶)

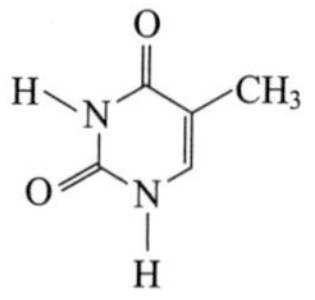

胸腺嘧啶(T)
(2,4-二氧-5-甲基嘧啶)

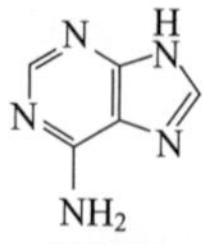

腺嘌呤(A)
(6-氨基嘌呤)

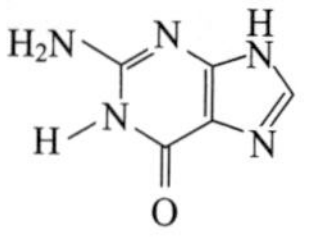

鸟嘌呤(G)
(6-氧-2-氨基嘌呤)

16.5.1.3 核苷

核苷是由一分子碱基和一分子戊糖（核糖或 2-脱氧核糖）通过 β-N-糖苷键连接而成的；它们可由戊糖 C-1′上的 β-半缩醛羟基与嘌呤碱 N-9 上的氢或嘧啶碱 N-1 上的氢缩水而成。由核糖构成的核苷称核糖核苷，如腺嘌呤核苷（腺苷）、胞嘧啶核苷（胞苷）等；由脱氧核糖形成的核苷称脱氧核糖核苷，如鸟嘌呤脱氧核苷（脱氧鸟苷）、胸腺嘧啶脱氧核苷（脱氧胸腺苷）等。

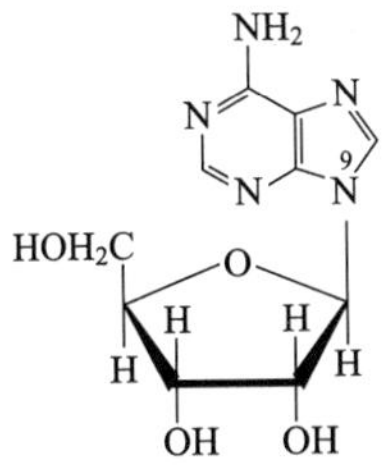

腺苷 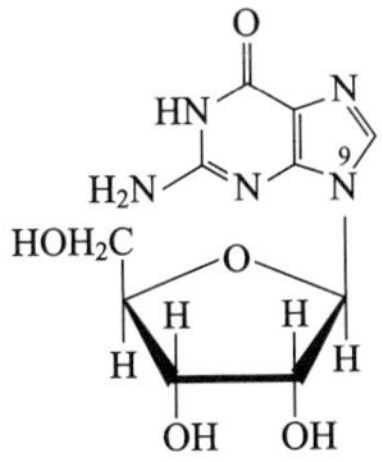　　　　　鸟苷 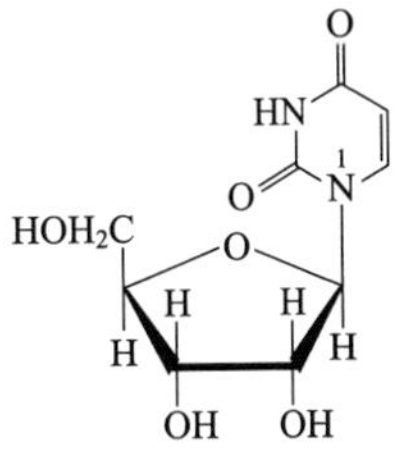　　　　　尿苷

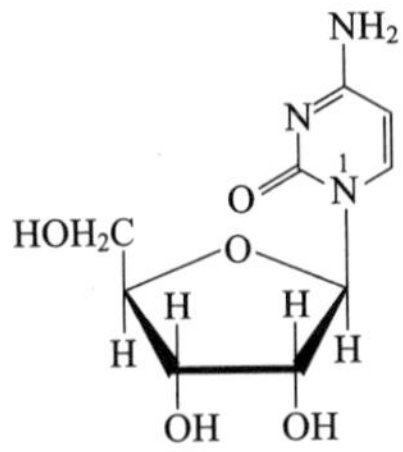

胞苷 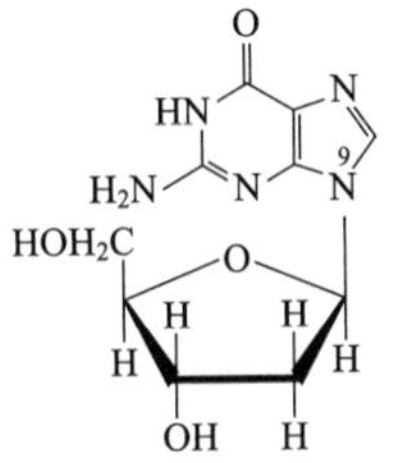　　　　　脱氧鸟苷 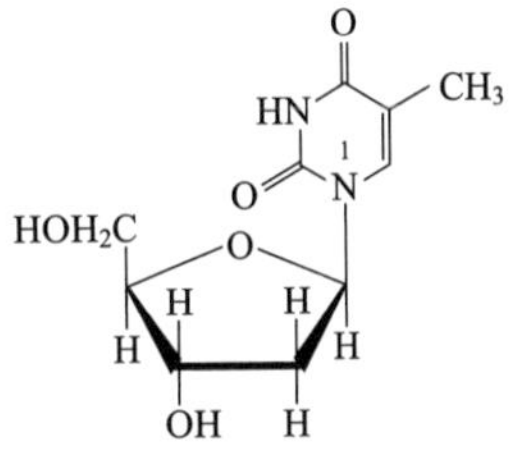　　　　脱氧胸腺苷

16.5.1.4 核苷酸

核苷中戊糖部分上的羟基经磷酸化可形成核苷酸。由核糖核苷磷酸化生成的核苷酸称为核糖核苷酸；由脱氧核糖核苷生成的则称为脱氧核糖核苷酸。它们分别是构成 RNA 和 DNA 的基本单位，故又称为单核苷酸，而把核酸称为多核苷酸。

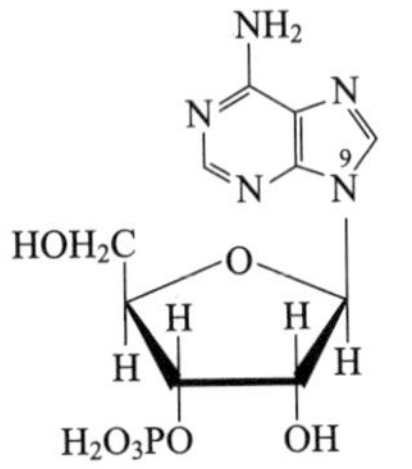

腺苷-3′-磷酸(3′-AMP) 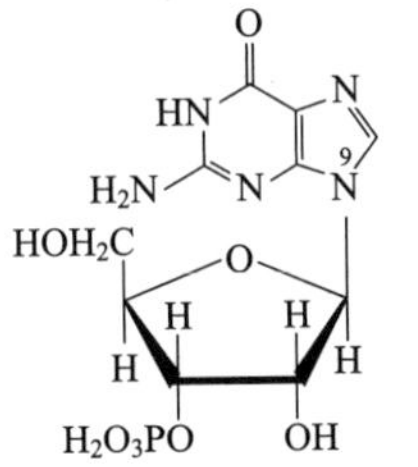　　　　鸟苷-3′-磷酸(3′-GMP)

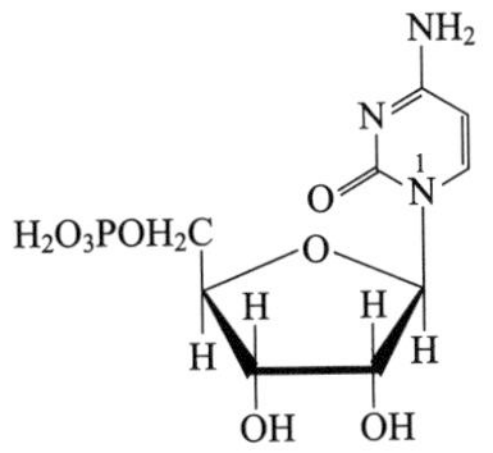

胞苷-5′-磷酸(5′-CMP) 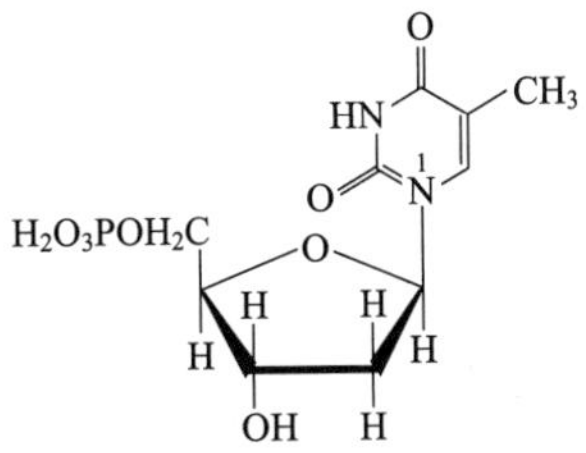　　　　脱氧胸腺苷-5′-磷酸(5′-dTMP)

16.5.2 核酸的结构

16.5.2.1 核酸的一级结构

核酸和蛋白质相似，是一类复杂的高分子化合物。组成核酸（RNA 和 DNA）的各个核苷酸通过 3′,5′-磷酸二酯键彼此相连，即一个核苷酸戊糖 C-5′上的磷酸基与另一核苷酸戊糖 C-3′上的羟基脱水缩合，以酯键相连。如此反复，单核苷酸即缩合成多核苷酸链（图 16-12）。核酸就是由一条或两条多核苷酸链组成的。

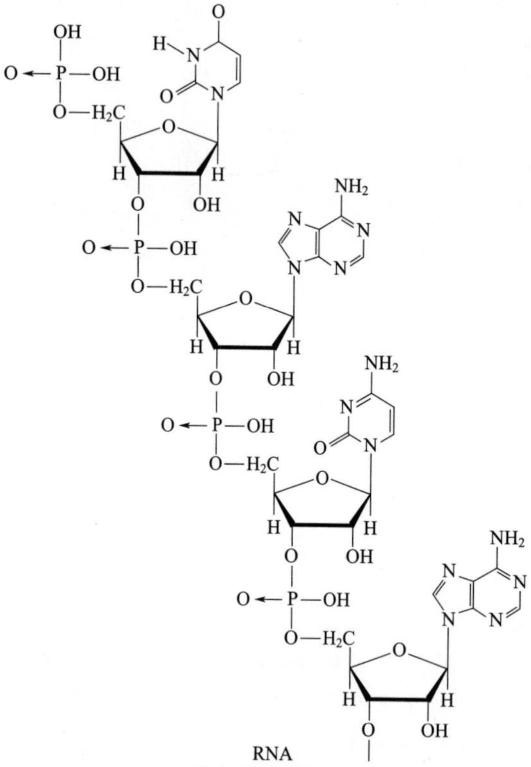
RNA
pUpApCpA-或UACA-

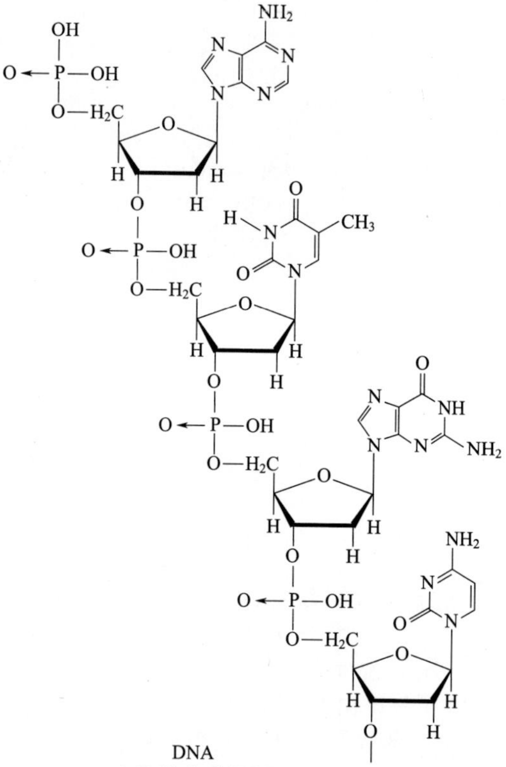
DNA
pApTpGpC-或ATGC-

图 16-12 核酸的多核苷酸链结构（一级结构）

16.5.2.2 核酸的二级结构

(1) DNA 的二级结构 天然 DNA 分子中所含的核苷酸主要有 dAMP、dGMP、dCMP 和 dTMP 四种，它们按不同规律排列组成不同的 DNA。

1953 年瓦特逊（Watson）和克利克（Crick）等在化学分析及 X 射线衍射图谱的基础上，提出了 DNA 的双螺旋结构模型，它是在核酸一级结构基础上形成的更为复杂的高级结构，是 DNA 的二级结构。

DNA 的双螺旋结构可描述如下。

① DNA 分子为两条多核苷酸链，沿同一中心轴盘绕成右手双螺旋结构。螺旋直径为 2nm，盘绕形成大、小两种沟（图 16-13）。

② 两条多核苷酸链反平行盘绕，即它们的走向相反，通常取左侧链从上至下（5′→3′），右侧链由下至上（5′→3′）。

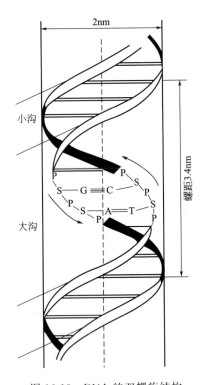

图 16-13 DNA 的双螺旋结构

P—磷酸基；S—脱氧核糖；A—腺嘌呤；T—胸腺嘧啶；G—鸟嘌呤；C—胞嘧啶

③ 两条多核苷酸链上的碱基间以氢键联系，即一条链碱基上—NH_2 的氢与另一条链上碱基的氧或氮之间形成氢键，且在 DNA 中总是 A 与 T 之间有两个氢键连接，G 与 C 之间有三个氢键连接。这种一定的匹配关系称为碱基互补或碱基配对。配对的碱基处于同一平面，并与双螺旋的中心轴垂直。由于两条链中的碱基互补，所以这两条链又称为互补链。

④ 碱基对之间氢键的键能为 $15\sim30kJ \cdot mol^{-1}$。氢键多，使 DNA 双螺旋结构稳定。碱基对之间的距离为 0.34nm，每圈双螺旋含 10 个碱基对，所以螺旋每上升一圈的高度为 3.4nm。相邻碱基对之间还存在着范德华力，能量为 $5\sim10kJ \cdot mol^{-1}$，作用范围为 0.5nm。在 DNA 的双螺旋结构中，所有的碱基对都互相平行且垂直于中心轴，这样沿中心轴堆积的碱基对之间的范德华力的总和（称为碱基堆积力）也就大了。氢键和碱基堆积力是维系 DNA 二级结构的两种主要作用力，而碱基堆积力比氢键甚至更为重要。

(2) RNA 的二级结构 根据 X 射线衍射及一些理化性质证明，多数 RNA 分子是单键。但在磷酸二酯键连接的线型多核苷酸链上，有一些区段能发生自身回折盘绕，使部分碱基间接 A-U、G-C 配对，形成短的不规则的双螺旋区。

有些区段的碱基则未配对，这些非螺旋区的核苷酸使链成小环，从螺旋区中突出，也称为突环。双螺旋和突环可能是通过碱基堆积力而变得稳定的。在 RNA 中，对 tRNA 的研究较为深入，其二级结构为三叶草形（图 16-14）。

16.5.3 核酸的生物功能

核酸的生物功能主要有两个方面：一是 DNA 分子的自我复制，二是由 DNA 分子通过 RNA 控制生物体内蛋白质的合成。

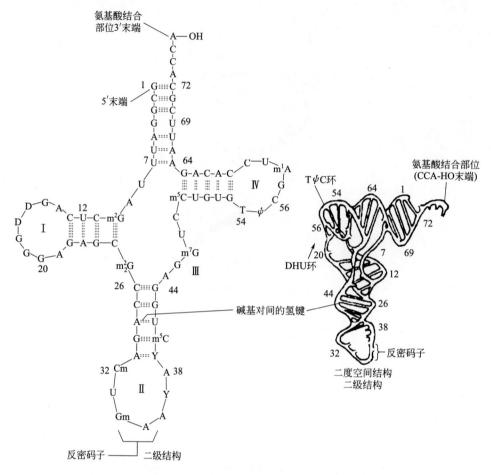

图 16-14　酵母丙氨酰 tRNA 核苷酸链的排列顺序与空间结构

m^5C—5-甲基胞嘧啶；m^1A—1-甲基腺嘌呤；m^2G—N^2-甲基鸟嘌呤；

m_2^2G—N^2,N^2-二甲基鸟嘌呤；m^7G—7-甲基鸟嘌呤；

hU(DHU)—5,6-二氢尿嘧啶；ψ—假尿苷（由核糖的 C-1′ 与尿嘧啶的 C-5 相连的核苷）

16.5.3.1　DNA 分子的自我复制问题

DNA 分子具有按照自己的结构精确复制成另一个 DNA 分子的功能。在细胞分裂的复制过程中，双螺旋从一端解开，分别到两个子细胞里，每条链根据碱基的配对规律（即 A-T、G-C），各自与细胞中已经制造好了的适合的核苷酸元件相连接而复制出一条与自己互补的新链，并结合在一起，最后形成两个新的 DNA 双螺旋。每一个新的 DNA 双螺旋各含一条新链和旧链，如图 16-15 所示。因此，在两个子细胞里所形成的 DNA 分子，必然是和母细胞的 DNA 分子一样的，遗传信息就由母代传到子代了。

16.5.3.2　核酸控制蛋白质的合成

目前认为生物体内蛋白质的合成是经过下述途径进行的：

$$\text{DNA 遗传信息} \xrightarrow{\text{转录}} \text{mRNA 合成模板} \xrightarrow{\text{翻译}} \text{蛋白质}$$

我们知道，DNA 中唯一的结构变化是它的四种碱基。因此，可以断定，DNA 分子中不

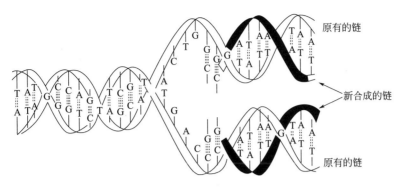

图 16-15 DNA 的复制图

同部分所携带的信息不同在于它的碱基的顺序。

将 DNA 所含信息翻译为蛋白质的过程需要三种 RNA：信使 RNA（mRNA）、核糖体 RNA（rRNA）和转移 RNA（tRNA）。它们的组成相同，但分子大小和功能上有所不同。

当 DNA 在细胞核内印记其密码的一部分于一条 mRNA 上（转录）时，建造蛋白质的过程便开始了。然后 mRNA 移动至细胞质中，并被核糖体拾起，嵌进核糖体的两个亚单位的槽沟中，像磁带录音机一样。核糖体进行逐字（逐个密码子）读译编在 mRNA 中的信息。在 mRNA 上的每一个密码子指明一特定的氨基酸，当一核糖体沿着 mRNA 移动并读译一个密码子，指明的氨基酸被其 tRNA 拾起，并带至核糖体处，这样依次地随着 mRNA 指令的正确顺序，适当的氨基酸被排列成线并结合生成多肽。当一个 tRNA 转移其氨基酸至生长着的多肽链上，它离开核糖体并可从细胞液中的氨基酸池再拾起另一个氨基酸。

当核糖体继续沿着 mRNA 移动。它最后到达一"无意义"密码子，不再去取氨基酸，这"无意义"密码子命令其停止。此时，核糖体两个亚单位分开并离开 mRNA，蛋白质的全合成即告完成。按 mRNA 指令的信息制造蛋白质的过程称为翻译。翻译的真正历程是比较复杂的，它需要几种酶、高能化合物及其他因子。

16.6 酶

自然界中的一切生命现象都与酶的活动有关系。如果离开了酶，新陈代谢就不能进行，生命就会停止。酶是蛋白质、核酸等一类具有催化作用的生物大分子。目前几乎所有的酶都来源于生物体，所以又将酶叫做生物催化剂。

16.6.1 酶的组成

绝大多数的酶是蛋白质，也有单纯蛋白质和结合蛋白质两类。结合蛋白质的辅基（或辅酶）可以是金属离子（K^+、Na^+、Mg^{2+}、Cu^{2+}、Cu^+、Zn^{2+}、Fe^{2+}、Fe^{3+} 等），也可以是小分子有机化合物。小分子有机化合物是一些化学性质稳定的小分子物质，其主要作用是在反应中传递电子、质子或一些基团。酶蛋白和辅基单独存在时，都没有催化活性，只有两者结合在一起，才能起到酶的催化作用。这种完整的酶分子叫做全酶，如乳酸脱氢酶、转氨酶。

$$\underset{\text{(结合蛋白质)}}{\text{全酶}} = \underset{\text{(蛋白质部分)}}{\text{酶蛋白}} + \underset{\text{(非蛋白质部分)}}{\text{辅基}}$$

16.6.2 酶的催化反应的特性

酶是生物催化剂，和一般催化剂比较具有如下特点。

16.6.2.1 共性

① 用量少而催化效率高。
② 不改变化学反应的平衡点。
③ 降低反应的活化能。

16.6.2.2 特性

(1) 高效的催化性 酶是高效催化剂，能在温和条件下大大加速反应。酶的催化效率相对其他类型的催化剂，反应速率提高千百万倍以上。

(2) 高度的专一性（特异性） 用酶催化时，只能催化一种或一类反应，作用一种或一类极为相似的物质。不同的反应需要不同的酶。酶的这种性质称为酶的专一性。被酶催化的物质称为该酶的底物或作用物。

酶对底物的专一性通常分为以下几种。

① 绝对专一性 这种酶只作用于一种底物产生一定的反应，称为绝对专一性。如脲酶只能催化尿素水解成 NH_3 和 CO_2，而不能催化甲基尿素水解。

② 相对专一性 这种酶可作用于一类化合物或一种化学键，这种不太严格的专一性称为相对专一性。如脂肪酶不仅水解脂肪，也能水解简单的酯类。

③ 立体异构专一性 酶对底物的立体构型的特异要求称为立体异构专一性。如 α-淀粉酶只能水解淀粉中 α-1,4′-糖苷键，不能水解纤维素中 β-1,4′-糖苷键。

(3) 酶活性的不稳定性 酶的作用要求一定的 pH、较温和的温度等条件，强酸、强碱、有机溶剂、重金属盐、高温、紫外线、剧烈振荡等条件，可使酶变性而失去其催化活性。

(4) 酶活性的可调节性 酶的催化活性受多方面控制，控制的方式很多，如抑制剂、共价修饰、反馈调节、酶原激活、激素控制等。

以上这些特性中酶的高效性和专一性是最为突出的。

16.6.3 酶的分类和命名

16.6.3.1 习惯命名法

现在普遍使用的酶的习惯名称是以下述五个原则来决定的。
① 根据酶催化反应的性质来命名，如催化水解反应的酶称为水解酶。
② 根据被作用的底物来命名，如催化淀粉水解的酶称为淀粉酶。
③ 将酶的作用底物与催化反应的性质结合起来命名，如催化葡萄糖进行氧化反应的酶称为葡萄糖氧化酶。
④ 将酶的来源与作用底物结合起来命名，如酶作用底物分别为淀粉和蛋白质，来源于细菌时，分别称为细菌淀粉酶和细菌蛋白酶。
⑤ 将酶作用的最适 pH 和作用底物结合起来命名，如酶作用底物为蛋白质，作用最适 pH 为中性的称为中性蛋白酶；最适 pH 为碱性的称为碱性蛋白酶。

酶的习惯名称使用方便，但缺乏统一的原则，会出现一酶多名或一名多酶。1961 年国际生化学会酶学委员会规定了酶的系统命名法和分类原则。

16.6.3.2 系统命名法

按照国际系统命名原则,每一种酶具有一个系统名称和一个习惯名称。系统名称应标明酶的作用底物和反应的性质。如果有两种底物,当中用":"分开标出,若其中一种底物是水,则可省略。例如,谷丙转氨酶的系统命名称为 L-丙氨酸:α-酮戊二酸氨基转移酶,催化反应为 L-丙氨酸+α-酮戊二酸——丙酮酸+L-谷氨酸。蔗糖酶称为蔗糖(:水)水解酶,催化反应为蔗糖+水——葡萄糖+果糖。

16.6.3.3 系统分类及编号

根据酶催化反应的类型,把酶分为六大类。

(1) 氧化还原酶类 指催化底物进行氧化还原反应的酶类。如乳酸脱氢酶等。

(2) 转移酶类 指催化底物之间进行某些基团的转移或交换的酶类。如转甲基酶等。

(3) 水解酶类 指催化底物发生水解反应的酶类。如淀粉酶等。

(4) 裂合酶类 指催化一个底物分解为两个化合物或两个化合物合成为一个化合物的酶类。如柠檬酸合成酶等。

(5) 异构酶类 指催化各种同分异构体之间相互转化的酶类。如磷酸丙糖异构酶等。

(6) 合成酶类 指催化两分子底物合成为一分子化合物,同时还必须偶联有 ATP 的磷酸键断裂的酶类。如谷氨酰胺合成酶等。

每一大类中又可分为若干亚类,各亚类又分为若干亚亚类并采用四位数字编号系统。

系统命名严格而科学,但名称太长,使用起来不太方便,所以酶的习惯名称仍被广泛使用。

复习思考题

1. 写出下列化合物的构造式。
(1) 氨基乙酸　　(2) 谷氨酸　　(3) 赖氨酸
(4) 葡萄糖　　　(5) 果糖　　　(6) 麦芽糖

2. 指出下列碳水化合物哪些有还原性。
(1) D-甘露糖　　(2) D-阿拉伯糖　　(3) β-D-葡萄糖苷
(4) 淀粉　　　　(5) 蔗糖　　　　　(6) 纤维素

3. 试写出果糖与下列试剂反应的主要产物。
(1) 苯肼
(2) $NaCN/H^+$
(3) $Na\text{-}Hg/H_2O/OH^-$
(4) CH_3OH/HCl
(5) $(CH_3)_2SO_4$,NaOH

4. 试写出甘氨酸与下列试剂反应的主要产物。
(1) KOH 水溶液
(2) HCl 水溶液
(3) $C_2H_5OH+HCl$
(4) CH_3COCl
(5) $NaNO_2+HCl$(低温)
(6) $LiAlH_4$

5. 用化学方法鉴别下列化合物。

(1) 纤维二糖

(2) 淀粉

(3) 纤维素

(4) α-氨基酸

(5) β-氨基酸

6. 试用简单的化学方法区分下列各组化合物。

(1) 葡萄糖与果糖

(2) 纤维素与淀粉

(3) 麦芽糖与蔗糖

(4) α-羟基丙酸与 α-氨基丙酸

(5) α-氨基丁酸与 β-氨基丁酸

(6) 核酸与蛋白质

7. 由 3-甲基丁酸合成缬氨酸，产物是否有旋光性？为什么？

8. 分析推断题。

(1) 某化合物分子式为 $C_3H_7O_2N$，无旋光性，能与 NaOH 或 HCl 成盐，并能与醇反应生成酯，与 HNO_2 作用放出氮气。推出该化合物的构造式。

(2) A 和 B 是两个具有旋光性的 D-丁醛糖，与苯肼作用可生成相同的脎。A 和 B 用硝酸氧化后都生成含有 4 个碳原子的二元酸，但 A 的产物有旋光性，B 的产物没有旋光性。写出 A 和 B 的结构式及各步反应方程式。

(3) 某三肽完全水解时，生成甘氨酸和丙氨酸两种氨基酸，该三肽若用 HNO_2 处理后再水解则得到乙醇酸、丙氨酸及甘氨酸。试推测这三肽的可能结构。

附 录

表1 酸、碱的离解常数

化合物	离解常数
H_3AlO_3	$K_a = 6.3 \times 10^{-12}$
H_3AsO_4	$K_{a1} = 6.3 \times 10^{-3}; K_{a2} = 1.05 \times 10^{-7}; K_{a3} = 3.15 \times 10^{-12};$
H_3AsO_3	$K_a = 6.0 \times 10^{-10}$
H_3BO_3	$K_a = 5.8 \times 10^{-10}$
H_2CO_3	$K_{a1} = 4.4 \times 10^{-7}; K_{a2} = 4.7 \times 10^{-11}$
HClO	$K_a = 3.2 \times 10^{-3}$
HCN	$K_a = 6.2 \times 10^{-10}$
H_2CrO_4	$K_{a1} = 4.1; K_{a2} = 1.3 \times 10^{-6}$
HF	$K_a = 6.6 \times 10^{-4}$
HNO_2	$K_a = 7.2 \times 10^{-4}$
H_2O_2	$K_a = 2.2 \times 10^{-12}$
H_3PO_4	$K_{a1} = 7.6 \times 10^{-3}; K_{a2} = 6.3 \times 10^{-8}; K_{a3} = 4.4 \times 10^{-13};$
H_3PO_3	$K_{a1} = 6.3 \times 10^{-2}; K_{a2} = 2.0 \times 10^{-7}$
H_2SO_4	$K_{a2} = 1.0 \times 10^{-2}$
H_2SO_3	$K_{a1} = 1.3 \times 10^{-2}; K_{a2} = 6.1 \times 10^{-3}$
$H_2S_2O_3$	$K_{a1} = 2.5 \times 10^{-1}; K_{a2} = 2.0 \times 10^{-7} \sim 3.2 \times 10^{-7}$
H_2SiO_3	$K_{a1} = 1.7 \times 10^{-10}; K_{a2} = 1.6 \times 10^{-12}$
H_2S	$K_{a1} = 1.32 \times 10^{-7}; K_{a2} = 7.10 \times 10^{-15}$
HCNS	$K_a = 1.4 \times 10^{-1}$
$H_2C_2O_4$(草酸)	$K_{a1} = 5.4 \times 10^{-2}; K_{a2} = 5.4 \times 10^{-5}$
HCOOH(甲酸)	$K_a = 1.77 \times 10^{-4}$
CH_3COOH(醋酸)	$K_a = 1.76 \times 10^{-5}$
$ClCH_2COOH$(氯代醋酸)	$K_a = 1.4 \times 10^{-3}$
H_6Y^{2+}(乙二胺四乙酸)	$K_{a1} = 1.3 \times 10^{-1}; K_{a2} = 3.0 \times 10^{-2}; K_{a3} = 1.0 \times 10^{-2};$ $K_{a4} = 2.1 \times 10^{-3}; K_{a5} = 6.9 \times 10^{-7}; K_{a6} = 5.9 \times 10^{-11}$
$NH_3 \cdot H_2O$	$K_b = 1.8 \times 10^{-5}$
$NH_2 \cdot NH_2$(联氨)	$K_b = 9.8 \times 10^{-7}$
NH_2OH(羟胺)	$K_b = 9.1 \times 10^{-9}$
$C_6H_5NH_2$(苯胺)	$K_b = 4.0 \times 10^{-10}$
C_5H_5N(吡啶)	$K_b = 1.5 \times 10^{-9}$
$(CH_2)_6N_4$(六亚甲基四胺)	$K_b = 1.4 \times 10^{-9}$

表 2 溶度积常数（K_{sp}）

化合物	K_{sp}	化合物	K_{sp}	化合物	K_{sp}
AgAc	4.4×10^{-3}	$CdC_2O_4 \cdot 3H_2O$	1.1×10^{-10}	K_2PtCl_6	1.1×10^{-5}
Ag_3AsO_4	1.0×10^{-22}	$Cd(OH)_2$	2.1×10^{-14}	MgF_2	6.4×10^{-9}
AgBr	5.0×10^{-13}	CdS	8.0×10^{-27}	$Mg(OH)_2$	1.8×10^{-11}
AgCl	1.8×10^{-10}	$CoCO_3$	1.4×10^{-13}	$MnCO_3$	1.8×10^{-11}
$Ag_2C_2O_4$	8.1×10^{-11}	$Co(OH)_2$	1.6×10^{-15}	$Mn(OH)_2$	1.9×10^{-13}
Ag_2CrO_4	1.1×10^{-12}	$Co(OH)_3$	1.6×10^{-44}	MnS(无定形)	2.5×10^{-10}
AgI	8.3×10^{-17}	CoS, α-	4.0×10^{-21}	MnS(结晶)	2.5×10^{-13}
$AgIO_3$	3.0×10^{-8}	β-	2.0×10^{-25}	$NiCO_3$	6.6×10^{-9}
$AgNO_2$	6.0×10^{-4}	$Cr(OH)_3$	6.3×10^{-31}	$Ni(OH)_2$	2.0×10^{-15}
AgOH	2.0×10^{-8}	CuBr	5.3×10^{-9}	α-NiS	3.2×10^{-19}
Ag_3PO_4	1.4×10^{-16}	CuCl	1.2×10^{-6}	β-NiS	1.0×10^{-24}
Ag_2S	6.3×10^{-50}	$CuCO_3$	1.4×10^{-10}	γ-NiS	2.0×10^{-26}
Ag_2SO_4	1.4×10^{-5}	$CuCrO_4$	3.6×10^{-6}	$PbCl_2$	1.6×10^{-5}
AgSCN	1.0×10^{-12}	CuI	1.1×10^{-12}	$PbCO_3$	7.4×10^{-14}
As_2S_3	2.1×10^{-22}	$Cu_3(PO_4)_2$	2.2×10^{-20}	PbC_2O_4	4.8×10^{-10}
$BaCO_3$	5.1×10^{-9}	$Cu_2P_2O_7$	1.3×10^{-37}	$PbCrO_4$	2.8×10^{-13}
BaC_2O_4	1.6×10^{-7}	$Cu(OH)_2$	2.2×10^{-20}	PbI_2	7.1×10^{-9}
$BaCrO_4$	1.2×10^{-10}	CuS	6.3×10^{-36}	$Pb(OH)_2$	1.2×10^{-15}
BaF_2	1.0×10^{-6}	Cu_2S	2.5×10^{48}	$Pb(OH)_4$	3.2×10^{-66}
$BaSO_3$	8.0×10^{-7}	$FeCO_3$	3.2×10^{-11}	$Pb_3(PO_4)_2$	8.0×10^{-43}
$BaSO_4$	1.1×10^{-10}	$FeC_2O_4\cdot2H_2O$	3.2×10^{-7}	PbS	8.0×10^{-28}
BiOCl	1.8×10^{-31}	$Fe_4[Fe(CN)_6]_3$	3.3×10^{-41}	$PbSO_4$	1.6×10^{-8}
$Bi(OH)_3$	4.0×10^{-31}	$Fe(OH)_2$	8.0×10^{-16}	$Sb(OH)_3$	4.0×10^{-42}
$BiO(NO_3)$	2.82×10^{-3}	$Fe(OH)_3$	4.0×10^{-38}	$Sn(OH)_2$	1.4×10^{-28}
$BiPO_4$	1.3×10^{-23}	FeS	6.3×10^{-18}	$Sn(OH)_4$	1.0×10^{-56}
Bi_2S_3	1.0×10^{-91}	Fe_2S_3	1.0×10^{-88}	SnS	1.0×10^{-25}
$CaCO_3$	2.8×10^{-9}	Hg_2Cl_2	1.3×10^{-18}	$SrCO_3$	1.1×10^{-10}
$CaC_2O_4\cdot H_2O$	4.0×10^{-9}	Hg_2CrO_4	2.0×10^{-9}	$SrC_2O_4\cdot H_2O$	1.6×10^{-7}
$CaCrO_4$	7.1×10^{-4}	Hg_2S	1.0×10^{-47}	$SrCrO_4$	2.2×10^{-5}
CaF_2	5.3×10^{-9}	HgS(红)	4.0×10^{-53}	$SrSO_4$	3.2×10^{-7}
$Ca(OH)_2$	5.5×10^{-6}	HgS(黑)	1.6×10^{-52}	$ZnCO_3$	1.4×10^{-11}
$Ca_3(PO_4)_2$	2.0×10^{-29}	Hg_2SO_4	7.4×10^{-7}	$Zn(OH)_2$	1.2×10^{-17}
$CaSO_4$	9.1×10^{-6}	$KHC_4H_4O_6$	3.0×10^{-4}	α-ZnS	1.6×10^{-24}
$CdCO_3$	5.2×10^{-12}	$K_2NaCO(NO_2)_6\cdot H_2O$	2.2×10^{-11}	β-ZnS	2.5×10^{-22}

表3 标准电极电位表（298.15K）

一、酸性溶液中

电对	电极反应	$\varphi_a^\ominus/V$
Li^+/Li	$Li^+ + e^- \rightleftharpoons Li$	-3.045
Rb^+/Rb	$Rb^+ + e^- \rightleftharpoons Rb$	-2.93
K^+/K	$K^+ + e^- \rightleftharpoons K$	-2.925
Cs^+/Cs	$Cs^+ + e^- \rightleftharpoons Cs$	-2.92
Ba^{2+}/Ba	$Ba^{2+} + 2e^- \rightleftharpoons Ba$	-2.91
Sr^{2+}/Sr	$Sr^{2+} + 2e^- \rightleftharpoons Sr$	-2.89
Ca^{2+}/Ca	$Ca^{2+} + 2e^- \rightleftharpoons Ca$	-2.87
Na^+/Na	$Na^+ + e^- \rightleftharpoons Na$	-2.714
La^{3+}/La	$La^{3+} + 3e^- \rightleftharpoons La$	-2.52
Y^{3+}/Y	$Y^{3+} + 3e^- \rightleftharpoons Y$	-2.37
Mg^{2+}/Mg	$Mg^{2+} + 2e^- \rightleftharpoons Mg$	-2.37
Ce^{3+}/Ce	$Ce^{3+} + 3e^- \rightleftharpoons Ce$	-2.33
H_2/H^-	$H_2 + 2e^- \rightleftharpoons 2H^-$	-2.25
Sc^{3+}/Sc	$Sc^{3+} + 3e^- \rightleftharpoons Sc$	-2.1
Th^{4+}/Th	$Th^{4+} + 4e^- \rightleftharpoons Th$	-1.9
Be^{2+}/Be	$Be^{2+} + 2e^- \rightleftharpoons Be$	-1.85
U^{3+}/U	$U^{3+} + 3e^- \rightleftharpoons U$	-1.80
Al^{3+}/Al	$Al^{3+} + 3e^- \rightleftharpoons Al$	-1.66
$[TiF_6]^{2-}/Ti$	$[TiF_6]^{2-} + 4e^- \rightleftharpoons Ti + 6F^-$	-1.24
$[SiF_6]^{2-}/Si$	$[SiF_6]^{2-} + 4e^- \rightleftharpoons Si + 6F^-$	-1.2
Mn^{2+}/Mn	$Mn^{2+} + 2e^- \rightleftharpoons Mn$	-1.18
TiO^{2+}/Ti	$TiO^{2+} + 2H^+ + 4e^- \rightleftharpoons Ti + H_2O$	-0.89
H_3BO_3/B	$H_3BO_3 + 3H^+ + 3e^- \rightleftharpoons B + 3H_2O$	-0.87
SiO_2/Si	$SiO_2 + 4H^+ + 4e^- \rightleftharpoons Si + 2H_2O$	-0.86
Zn^{2+}/Zn	$Zn^{2+} + 2e^- \rightleftharpoons Zn$	-0.763
Cr^{3+}/Cr	$Cr^{3+} + 3e^- \rightleftharpoons Cr$	-0.74
Ag_2S/Ag	$Ag_2S + 2e^- \rightleftharpoons 2Ag + S^{2-}$	-0.71
$CO_2/H_2C_2O_4$	$2CO_2 + 2H^+ + 2e^- \rightleftharpoons H_2C_2O_4$	-0.49
Fe^{2+}/Fe	$Fe^{2+} + 2e^- \rightleftharpoons Fe$	-0.440
Cr^{3+}/Cr^{2+}	$Cr^{3+} + e^- \rightleftharpoons Cr^{2+}$	-0.41
Cd^{2+}/Cd	$Cd^{2+} + 2e^- \rightleftharpoons Cd$	-0.403
Ti^{3+}/Ti^{2+}	$Ti^{3+} + e^- \rightleftharpoons Ti^{2+}$	-0.37
$PbSO_4/Pb$	$PbSO_4 + 2e^- \rightleftharpoons Pb + SO_4^{2-}$	-0.356
Co^{2+}/Co	$Co^{2+} + 2e^- \rightleftharpoons Co$	-0.29
$PbCl_2/Pb$	$PbCl_2 + 2e^- \rightleftharpoons Pb + 2Cl^-$	-0.226

续表

电对	电极反应	$\varphi_a^\ominus/V$
V^{3+}/V^{2+}	$V^{3+}+e^- \rightleftharpoons V^{2+}$	-0.25
Ni^{2+}/Ni	$Ni^{2+}+2e^- \rightleftharpoons Ni$	-0.25
AgI/Ag	$AgI+e^- \rightleftharpoons Ag+I^-$	-0.152
Sn^{2+}/Sn	$Sn^{2+}+2e^- \rightleftharpoons Sn$	-0.136
Pb^{2+}/Pb	$Pb^{2+}+2e^- \rightleftharpoons Pb$	-0.126
$AgCN/Ag$	$AgCN+e^- \rightleftharpoons Ag+CN^-$	-0.017
$2H^+/H_2$	$2H^++2e^- \rightleftharpoons H_2$	0.000
$AgBr/Ag$	$AgBr+e^- \rightleftharpoons Ag+Br^-$	0.071
TiO_2^{2+}/Ti^{3+}	$TiO_2^{2+}+4H^++3e^- \rightleftharpoons Ti^{3+}+2H_2O$	0.10
S/H_2S	$S+2H^++2e^- \rightleftharpoons H_2S(aq)$	0.14
Sb_2O_3/Sb	$Sb_2O_3+6H^++6e^- \rightleftharpoons 2Sb+3H_2O$	0.15
Sn^{4+}/Sn^{2+}	$Sn^{4+}+2e^- \rightleftharpoons Sn^{2+}$	0.154
Cu^{2+}/Cu^+	$Cu^{2+}+e^- \rightleftharpoons Cu^+$	0.159
$AgCl/Ag$	$AgCl+e^- \rightleftharpoons Ag+Cl^-$	0.2223
$HAsO_2/As$	$HAsO_2+3H^++3e^- \rightleftharpoons As+2H_2O$	0.248
Hg_2Cl_2/Hg	$Hg_2Cl_2+2e^- \rightleftharpoons 2Hg+2Cl^-$	0.268
BiO^+/Bi	$BiO^++2H^++3e^- \rightleftharpoons Bi+H_2O$	0.32
Cu^{2+}/Cu	$Cu^{2+}+2e^- \rightleftharpoons Cu$	0.337
$S_2O_3^{2-}/S$	$S_2O_3^{2-}+6H^++4e^- \rightleftharpoons 2S+3H_2O$	0.50
Cu^+/Cu	$Cu^++e^- \rightleftharpoons Cu$	0.52
I_3^-/I^-	$I_3^-+2e^- \rightleftharpoons 3I^-$	0.535
H_3AsO_4/H_3AsO_3	$H_3AsO_4+2H^++2e^- \rightleftharpoons H_3AsO_3+H_2O$	0.560
MnO_4^-/MnO_4^{2-}	$MnO_4^-+e^- \rightleftharpoons MnO_4^{2-}$	0.564
$HgCl_2/Hg_2Cl_2$	$2HgCl_2+2e^- \rightleftharpoons Hg_2Cl_2+2Cl^-$	0.63
O_2/H_2O_2	$O_2+2H^++2e^- \rightleftharpoons H_2O_2$	0.69
$[PtCl_4]^{2-}/Pt$	$[PtCl_4]^{2-}+2e^- \rightleftharpoons Pt+4Cl^-$	0.73
Fe^{3+}/Fe^{2+}	$Fe^{3+}+e^- \rightleftharpoons Fe^{2+}$	0.771
Hg_2^{2+}/Hg	$Hg_2^{2+}+2e^- \rightleftharpoons 2Hg$	0.792
Ag^+/Ag	$Ag^++e^- \rightleftharpoons Ag$	0.799
NO_3^-/NO_2^-	$NO_3^-+2H^++2e^- \rightleftharpoons NO_2^-+H_2O$	0.80
Hg^{2+}/Hg	$Hg^{2+}+2e^- \rightleftharpoons Hg$	0.854
Cu^{2+}/CuI	$Cu^{2+}+I^-+e^- \rightleftharpoons CuI$	0.86
Hg^{2+}/Hg_2^{2+}	$2Hg^{2+}+2e^- \rightleftharpoons Hg_2^{2+}$	0.907
Pd^{2+}/Pd	$Pd^{2+}+2e^- \rightleftharpoons Pd$	0.92
NO_3^-/HNO_2	$NO_3^-+3H^++2e^- \rightleftharpoons HNO_2+H_2O$	0.94

续表

电对	电极反应	$\varphi_a^\ominus/\text{V}$
NO_3^-/NO	$NO_3^- + 4H^+ + 3e^- \rightleftharpoons NO + 2H_2O$	0.96
HNO_2/NO	$HNO_2 + H^+ + e^- \rightleftharpoons NO + H_2O$	0.98
HIO/I^-	$HIO + H^+ + 2e^- \rightleftharpoons I^- + H_2O$	0.99
$[AuCl_4]^-/Au$	$[AuCl_4]^- + 3e^- \rightleftharpoons Au + 4Cl^-$	1.00
NO_2/NO	$NO_2 + 2H^+ + 2e^- \rightleftharpoons NO + H_2O$	1.03
Br_2/Br^-	$Br_2 + 2e^- \rightleftharpoons 2Br^-$	1.065
NO_2/HNO_2	$NO_2 + H^+ + e^- \rightleftharpoons HNO_2$	1.07
$Cu^{2+}/[Cu(CN)_2]^-$	$Cu^{2+} + 2CN^- + e^- \rightleftharpoons [Cu(CN)_2]^-$	1.12
IO_3^-/HIO	$IO_3^- + 5H^+ + 4e^- \rightleftharpoons HIO + 2H_2O$	1.14
Ag_2O/Ag	$Ag_2O + 2H^+ + 2e^- \rightleftharpoons 2Ag + H_2O$	1.17
ClO_4^-/ClO_3^-	$ClO_4^- + 2H^+ + 2e^- \rightleftharpoons ClO_3^- + H_2O$	1.19
IO_3^-/I_2	$2IO_3^- + 12H^+ + 10e^- \rightleftharpoons I_2 + 6H_2O$	1.19
$ClO_3^-/HClO_2$	$ClO_3^- + 3H^+ + 2e^- \rightleftharpoons HClO_2 + H_2O$	1.21
$ClO_2/HClO_2$	$ClO_2 + H^+ + e^- \rightleftharpoons HClO_2$	1.27
$Cr_2O_7^{2-}/Cr^{3+}$	$Cr_2O_7^{2-} + 14H^+ + 6e^- \rightleftharpoons 2Cr^{3+} + 7H_2O$	1.33
ClO_4^-/Cl_2	$2ClO_4^- + 16H^+ + 14e^- \rightleftharpoons Cl_2 + 8H_2O$	1.34
Cl_2/Cl^-	$Cl_2 + 2e^- \rightleftharpoons 2Cl^-$	1.36
Au^{3+}/Au^+	$Au^{3+} + 2e^- \rightleftharpoons Au^+$	1.41
BrO_3^-/Br^-	$BrO_3^- + 6H^+ + 6e^- \rightleftharpoons Br^- + 3H_2O$	1.44
HIO/I_2	$2HIO + 2H^+ + 2e^- \rightleftharpoons I_2 + 2H_2O$	1.45
PbO_2/Pb^{2+}	$PbO_2 + 4H^+ + 2e^- \rightleftharpoons Pb^{2+} + 2H_2O$	1.455
ClO_3^-/Cl_2	$2ClO_3^- + 12H^+ + 10e^- \rightleftharpoons Cl_2 + 6H_2O$	1.47
$HClO/Cl^-$	$HClO + H^+ + 2e^- \rightleftharpoons Cl^- + H_2O$	1.49
Au^{3+}/Au	$Au^{3+} + 3e^- \rightleftharpoons Au$	1.50
MnO_4^-/Mn^{2+}	$MnO_4^- + 8H^+ + 5e^- \rightleftharpoons Mn^{2+} + 4H_2O$	1.51
BrO_3^-/Br_2	$2BrO_3^- + 12H^+ + 10e^- \rightleftharpoons Br_2 + 6H_2O$	1.52
$HClO/Cl_2$	$2HClO + 2H^+ + 2e^- \rightleftharpoons Cl_2 + 2H_2O$	1.63
$PbO_2/PbSO_4$	$PbO_2 + SO_4^{2-} + 4H^+ + 2e^- \rightleftharpoons PbSO_4 + 2H_2O$	1.685
MnO_4^-/MnO_2	$MnO_4^- + 4H^+ + 3e^- \rightleftharpoons MnO_2 + 2H_2O$	1.695
H_2O_2/H_2O	$H_2O_2 + 2H^+ + 2e^- \rightleftharpoons 2H_2O$	1.77
Co^{3+}/Co^{2+}	$Co^{3+} + e^- \rightleftharpoons Co^{2+}$	1.80
$S_2O_8^{2-}/SO_4^{2-}$	$S_2O_8^{2-} + 2e^- \rightleftharpoons 2SO_4^{2-}$	2.01
O_3/O_2	$O_3 + 2H^+ + 2e^- \rightleftharpoons O_2 + H_2O$	2.07
F_2/F^-	$F_2 + 2e^- \rightleftharpoons 2F^-$	2.87
F_2/HF	$F_2 + 2H^+ + 2e^- \rightleftharpoons 2HF$	3.06

二、碱性溶液中

电对	电极反应	$\varphi_b^\ominus/V$
$Ca(OH)_2/Ca$	$Ca(OH)_2 + 2e^- \rightleftharpoons Ca + 2OH^-$	−3.03
$Mg(OH)_2/Mg$	$Mg(OH)_2 + 2e^- \rightleftharpoons Mg + 2OH^-$	−2.37
$H_2AlO_3^-/Al$	$H_2AlO_3^- + H_2O + 3e^- \rightleftharpoons Al + 4OH^-$	−2.35
$Mn(OH)_2/Mn$	$Mn(OH)_2 + 2e^- \rightleftharpoons Mn + 2OH^-$	−1.55
$[Zn(CN)_4]^{2-}/Zn$	$[Zn(CN)_4]^{2-} + 2e^- \rightleftharpoons Zn + 4CN^-$	−1.26
ZnO_2^{2-}/Zn	$ZnO_2^{2-} + 2H_2O + 2e^- \rightleftharpoons Zn + 4OH^-$	−1.216
$SO_3^{2-}/S_2O_4^{2-}$	$2SO_3^{2-} + 2H_2O + 2e^- \rightleftharpoons S_2O_4^{2-} + 4OH^-$	−1.12
$[Zn(NH_3)_4]^{2+}/Zn$	$[Zn(NH_3)_4]^{2+} + 2e^- \rightleftharpoons Zn + 4NH_3$	−1.04
$[Sn(OH)_6]^{2-}/HSnO_2^-$	$[Sn(OH)_6]^{2-} + 2e^- \rightleftharpoons HSnO_2^- + H_2O + 3OH^-$	−0.93
SO_4^{2-}/SO_3^{2-}	$SO_4^{2-} + H_2O + 2e^- \rightleftharpoons SO_3^{2-} + 2OH^-$	−0.93
$HSnO_2^-/Sn$	$HSnO_2^- + H_2O + 2e^- \rightleftharpoons Sn + 3OH^-$	−0.91
H_2O/H_2	$2H_2O + 2e^- \rightleftharpoons H_2 + 2OH^-$	−0.828
$Ni(OH)_2/Ni$	$Ni(OH)_2 + 2e^- \rightleftharpoons Ni + 2OH^-$	−0.72
AsO_4^{3-}/AsO_3^{3-}	$AsO_4^{3-} + H_2O + 2e^- \rightleftharpoons AsO_3^{3-} + 2OH^-$	−0.67
SO_3^{2-}/S	$SO_3^{2-} + 3H_2O + 4e^- \rightleftharpoons S + 6OH^-$	−0.66
AsO_3^{3-}/As	$AsO_3^{3-} + 3H_2O + 3e^- \rightleftharpoons As + 6OH^-$	−0.66
$SO_3^{2-}/S_2O_3^{2-}$	$2SO_3^{2-} + 3H_2O + 4e^- \rightleftharpoons S_2O_3^{2-} + 6OH^-$	−0.58
S/S^{2-}	$S + 2e^- \rightleftharpoons S^{2-}$	−0.48
$[Ag(CN)_2]^-/Ag$	$[Ag(CN)_2]^- + e^- \rightleftharpoons Ag + 2CN^-$	−0.31
CrO_4^{2-}/CrO_2^-	$CrO_4^{2-} + 2H_2O + 3e^- \rightleftharpoons CrO_2^- + 4OH^-$	−0.12
NO_3^-/NO_2^-	$NO_3^- + H_2O + 2e^- \rightleftharpoons NO_2^- + 2OH^-$	0.01
$S_4O_6^{2-}/S_2O_3^{2-}$	$S_4O_6^{2-} + 2e^- \rightleftharpoons 2S_2O_3^{2-}$	0.09
HgO/Hg	$HgO + H_2O + 2e^- \rightleftharpoons Hg + 2OH^-$	0.098
$Mn(OH)_3/Mn(OH)_2$	$Mn(OH)_3 + e^- \rightleftharpoons Mn(OH)_2 + OH^-$	0.1
$[Co(NH_3)_6]^{3+}/[Co(NH_3)_6]^{2+}$	$[Co(NH_3)_6]^{3+} + e^- \rightleftharpoons [Co(NH_3)_6]^{2+}$	0.1
$Co(OH)_3/Co(OH)_2$	$Co(OH)_3 + e^- \rightleftharpoons Co(OH)_2 + OH^-$	0.17
Ag_2O/Ag	$Ag_2O + H_2O + 2e^- \rightleftharpoons 2Ag + 2OH^-$	0.34
O_2/OH^-	$O_2 + 2H_2O + 2e^- \rightleftharpoons 4OH^-$	0.41
MnO_4^-/MnO_2	$MnO_4^- + 2H_2O + 3e^- \rightleftharpoons MnO_2 + 4OH^-$	0.59
BrO_3^-/Br^-	$BrO_3^- + 3H_2O + 6e^- \rightleftharpoons Br^- + 6OH^-$	0.61
BrO^-/Br^-	$BrO^- + H_2O + 2e^- \rightleftharpoons Br^- + 2OH^-$	0.76
H_2O_2/OH^-	$H_2O_2 + 2e^- \rightleftharpoons 2OH^-$	0.88
ClO^-/Cl^-	$ClO^- + H_2O + 2e^- \rightleftharpoons Cl^- + 2OH^-$	0.89
O_3/OH^-	$O_3 + H_2O + 2e^- \rightleftharpoons O_2 + 2OH^-$	1.24

表 4 某些氧化还原电对的条件电极电位 (298.15K)

电极反应	$\varphi_a^{\ominus}/V$	介质
$Ag(II) + e^- \rightleftharpoons Ag^+$	1.927	$4mol \cdot L^{-1} HNO_3$
$Ce(IV) + e^- \rightleftharpoons Ce(III)$	1.74	$1mol \cdot L^{-1} HClO_4$
	1.44	$0.5mol \cdot L^{-1} H_2SO_4$
	1.28	$1mol \cdot L^{-1} HCl$
$Co^{3+} + e^- \rightleftharpoons Co^{2+}$	1.84	$3mol \cdot L^{-1} HNO_3$
$Co(en)_3^{3+} + e^- \rightleftharpoons Co(en)_3^{2+}$	−0.2	$0.1mol \cdot L^{-1} HNO_3 + 0.1mol \cdot L^{-1} en(乙二胺)$
$Cr_2O_7^{2-} + 14H^+ + 6e^- \rightleftharpoons 2Cr^{3+} + 7H_2O$	1.00	$1mol \cdot L^{-1} HCl$
	1.08	$3mol \cdot L^{-1} HCl$
	1.15	$4mol \cdot L^{-1} H_2SO_4$
	1.025	$1mol \cdot L^{-1} HClO_4$
$CrO_4^{2-} + 2H_2O + 3e^- \rightleftharpoons CrO_2^- + 4OH^-$	−0.12	$1mol \cdot L^{-1} NaOH$
$Fe(III) + e^- \rightleftharpoons Fe(II)$	0.767	$1mol \cdot L^{-1} HClO_4$
	0.71	$0.5mol \cdot L^{-1} HCl$
	0.68	$1mol \cdot L^{-1} H_2SO_4$
	0.68	$1mol \cdot L^{-1} HCl$
	0.46	$2mol \cdot L^{-1} H_3PO_4$
	0.51	$1mol \cdot L^{-1} HCl - 0.25mol \cdot L^{-1} H_3PO_4$
$Fe(EDTA)^- + e^- \rightleftharpoons Fe(EDTA)^{2-}$	0.12	$0.1mol \cdot L^{-1} EDTA(pH=4\sim6)$
$Fe(CN)_6^{3-} + e^- \rightleftharpoons Fe(CN)_6^{4-}$	0.56	$0.1mol \cdot L^{-1} HCl$
$FeO_4^{2-} + 2H_2O + 3e^- \rightleftharpoons FeO_2^- + 4OH^-$	0.55	$10mol \cdot L^{-1} NaOH$
$I_3^- + 2e^- \rightleftharpoons 3I^-$	0.545	$0.5mol \cdot L^{-1} H_2SO_4$
$I_2(水) + 2e^- \rightleftharpoons 2I^-$	0.6276	$0.5mol \cdot L^{-1} H_2SO_4$
$MnO_4^- + 8H^+ + 5e^- \rightleftharpoons Mn^{2+} + 4H_2O$	1.45	$1mol \cdot L^{-1} HClO_4$
	1.27	$8mol \cdot L^{-1} H_3PO_4$
$SnCl_6^{2-} + 2e^- \rightleftharpoons SnCl_4^{2-} + 2Cl^-$	0.14	$1mol \cdot L^{-1} HCl$
$Sn^{2+} + 2e^- \rightleftharpoons Sn$	−0.16	$1mol \cdot L^{-1} HClO_4$
$Sb(V) + 2e^- \rightleftharpoons Sb(III)$	0.75	$3.5mol \cdot L^{-1} HCl$
$Sb(OH)_6^- + 2e^- \rightleftharpoons SbO_2^- + 2OH^- + 4H_2O$	−0.428	$3mol \cdot L^{-1} NaOH$
$SbO_2^- + 2H_2O + 3e^- \rightleftharpoons Sb + 4OH^-$	−0.675	$10mol \cdot L^{-1} KOH$
$Ti(IV) + e^- \rightleftharpoons Ti(III)$	−0.01	$0.2mol \cdot L^{-1} H_2SO_4$
	−0.04	$1mol \cdot L^{-1} HCl$
	−0.05	$1mol \cdot L^{-1} H_3PO_4$
	0.12	$2mol \cdot L^{-1} H_2SO_4$
$Pb(II) + 2e^- \rightleftharpoons Pb$	−0.32	$1mol \cdot L^{-1} NaAc$

表5 金属配合物的稳定常数

金属离子	离子强度	n	$\lg\beta_n$
氨配合物			
Ag^+	0.1	1,2	3.40,7.40
Cd^{2+}	0.1	1,2,…,6	2.60,4.65,6.04,6.92,6.6,4.9
Co^{2+}	0.1	1,2,…,6	2.05,3.62,4.61,5.31,5.43,4.75
Cu^{2+}	2	1,2,3,4	4.13,7.61,10.48,12.59
Ni^{2+}	0.1	1,2,…,6	2.75,4.95,6.64,7.79,8.50,8.49
Zn^{2+}	0.1	1,2,3,4	2.27,4.61,7.01,9.06
氟配合物			
Al^{3+}	0.53	1,2,…,6	6.1,11.15,15.0,17.7,19.4,19.7
Fe^{3+}	0.5	1,2,3	5.2,9.2,11.9
Th^{4+}	0.5	1,2,3	7.7,13.5,18.0
TiO^{2+}	3	1,2,3,4	5.4,9.8,13.7,17.4
Sn^{4+}	*	6	25
Zr^{4+}	2	1,2,3	8.8,16.1,21.9
氯配合物			
Ag^+	0.2	1,2,3,4	2.9,4.7,5.0,5.9
Hg^{2+}	0.5	1,2,3,4	6.7,13.2,14.1,15.1
氰配合物			
Ag^+	0—0.3	1,2,3,4	—,21.1,21.8,20.7
Cd^{2+}	0	1,2,3,4	5.5,10.6,15.3,18.9
Cu^{2+}	0	1,2,3,4	—,24.0,28.6,30.3
Fe^{2+}	0	6	35.4
Fe^{3+}	*	6	43.6
Hg^{2+}	0.1	1,2,3,4	18.0,34.7,38.5,41.5
Ni^{2+}	0.1	4	31.3
Zn^{2+}	0.1	4	16.7
硫氰酸配合物			
Fe^{3+}	*	1,2,…,5	2.3,4.2,5.6,6.6,6.4
Hg^{2+}	1	1,2,3,4	—,16.1,19.0,20.9
硫代硫酸配合物			
Ag^+	0	1,2	8.82,13.5
Hg^{2+}	0	1,2	29.86,32.26
柠檬酸配合物			
Al^{3+}	0.5	1	20.0
Cu^{2+}	0.5	1	18
Fe^{3+}	0.5	1	25
Ni^{2+}	0.5	1	14.3

续表

金属离子	离子强度	n	$\lg\beta_n$
Pb^{2+}	0.5	1	12.3
Zn^{2+}	0.5	1	11.4
磺基水杨酸配合物			
Al^{3+}	0.1	1,2,3	12.9,22.9,29.0
Fe^{3+}	0.3	1,2,3	14.4,25.2,32.2
乙酰丙酮配合物			
Al^{3+}	0.1	1,2,3	8.1,15.7,21.2
Cu^{2+}	0.1	1,2	7.8,14.3
Fe^{3+}	0.1	1,2,3	9.3,17.9,25.1
邻二氮菲配合物			
Ag^+	0.1	1,2	5.02,12.07
Cd^{2+}	0.1	1,2,3	6.4,11.6,15.8
Co^{2+}	0.1	1,2,3	7.0,13.7,20.1
Cu^{2+}	0.1	1,2,3	9.1,15.8,21.0
Fe^{2+}	0.1	1,2,3	5.9,11.1,21.3
Hg^{2+}	0.1	1,2,3	—,19.56,23.35
Ni^{2+}	0.1	1,2,3	8.8,17.1,24.8
Zn^{2+}	0.1	1,2,3	6.4,12.15,17.0
乙二胺配合物			
Ag^+	0.1	1,2	4.7,7.7
Cd^{2+}	0.1	1,2	5.47,10.02
Co^{2+}	0.1	1,2	10.55,19.60
Cu^{2+}	0.1	1,2,3	5.89,10.72,13.82
Hg^{2+}	0.1	2	23.42
Ni^{2+}	0.1	1,2,3	7.66,14.06,18.59
Zn^{2+}	0.1	1,2,3	5.71,10.37,12.08

注："*"离子强度不定。

表 6　金属离子与氨羧配位剂形成的配合物的稳定常数　　　　$I=0.1$　$t=20\sim25℃$

金属离子	EDTA	EGTA	DCTA	DCPA	TTHA
Ag^+	7.3	6.88	—	—	8.67
Al^{3+}	16.1	13.90	17.63	18.60	19.70
Ba^{2+}	7.76	8.41	8.00	8.87	8.22
Bi^{3+}	27.94	—	24.1	35.60	—
Ca^{2+}	10.69	10.97	12.5	10.83	10.06
Ce^{3+}	15.98	—	—	—	—
Cd^{2+}	16.46	15.6	19.2	19.20	19.80
Co^{2+}	16.31	12.30	18.9	19.27	17.10
Cr^{3+}	23.0	—	—	—	—
Cu^{2+}	18.80	17.71	21.30	21.55	19.20
Fe^{2+}	14.33	11.87	18.2	16.50	—
Fe^{3+}	25.1	20.50	29.3	28.00	26.80

续表

金属离子	EDTA	EGTA	DCTA	DCPA	TTHA
Hg^{2+}	21.8	23.20	24.3	26.70	26.80
Mg^{2+}	8.69	5.21	10.30	9.30	8.43
Mn^{2+}	14.04	12.28	16.8	15.60	14.65
Na^+	1.66	—	—	—	—
Ni^{2+}	18.67	17.0	19.4	20.32	18.10
Pb^{2+}	18.0	15.5	19.68	18.00	17.10
Sn^{2+}	22.1	—	—	—	—
Sr^{2+}	8.63	6.8	10.0	9.77	9.26
Th^{4+}	23.2	—	23.2	28.78	31.90
Ti^{3+}	21.3	—	—	—	—
TiO^{2+}	17.3	—	—	—	—
U^{4+}	25.5	—	—	7.69	—
Y^{3+}	18.1	—	—	22.13	—
Zn^{2+}	16.50	14.50	18.67	18.40	16.65

表7 原子量表

元素	符号	原子量	元素	符号	原子量	元素	符号	原子量
银	Ag	107.87	铪	Hf	178.49	铷	Rb	85.468
铝	Al	26.982	汞	Hg	200.59	铼	Re	186.21
氩	Ar	39.948	钬	Ho	164.93	铑	Rh	102.91
砷	As	74.922	碘	I	126.90	钌	Ru	101.07
金	Au	196.97	铟	In	114.82	硫	S	32.066
硼	B	10.811	铱	Ir	192.22	锑	Sb	121.76
钡	Ba	137.33	钾	K	39.098	钪	Sc	44.956
铍	Be	9.0122	氪	Kr	83.80	硒	Se	78.96
铋	Bi	208.98	镧	La	138.91	硅	Si	28.086
溴	Br	79.904	锂	Li	6.941	钐	Sm	150.36
碳	C	12.011	镥	Lu	174.97	锡	Sn	118.71
钙	Ca	40.078	镁	Mg	24.305	锶	Sr	87.62
镉	Cd	112.41	锰	Mn	54.938	钽	Ta	180.95
铈	Ce	140.12	钼	Mo	95.94	铽	Tb	158.9
氯	Cl	35.453	氮	N	14.007	碲	Te	127.60
钴	Co	58.933	钠	Na	22.990	钍	Th	232.04
铬	Cr	51.996	铌	Nb	92.906	钛	Ti	47.867
铯	Cs	132.91	钕	Nd	144.124	铊	Tl	204.38
铜	Cu	63.546	氖	Ne	20.180	铥	Tm	168.93
镝	Dy	162.50	镍	Ni	58.693	铀	U	238.03
铒	Er	167.26	镎	Np	237.05	钒	V	50.942
铕	Eu	151.96	氧	O	15.999	钨	W	183.84
氟	F	18.998	锇	Os	190.23	氙	Xe	131.29
铁	Fe	55.845	磷	P	30.974	钇	Y	88.906
镓	Ga	69.723	铅	Pb	207.2	镱	Yb	173.04
钆	Gd	157.25	钯	Pd	106.42	锌	Zn	65.39
锗	Ge	72.61	镨	Pr	140.91	锆	Zr	91.224
氢	H	1.0079	铂	Pt	195.08			
氦	He	4.0026	镭	Ra	226.03			

表 8　常见化合物的分子量

化合物	分子量	化合物	分子量	化合物	分子量
Ag_3AsO_4	462.52	$Ca(NO_3)_2 \cdot 4H_2O$	236.15	$FeCl_3$	162.21
$AgBr$	187.77	$Ca(OH)_2$	74.09	$FeCl_3 \cdot 6H_2O$	270.30
$AgCl$	143.32	$Ca_3(PO_4)_2$	310.18	$FeNH_4(SO_4)_2$	482.18
$AgCN$	133.89	$CaSO_4$	136.14	$\cdot 12H_2O$	
$AgSCN$	165.95	$CdCO_3$	172.42	$Fe(NO_3)_3$	241.86
Ag_2CrO_4	331.73	$CdCl_2$	183.32	$Fe(NO_3)_3 \cdot 9H_2O$	404.00
AgI	234.77	CdS	144.47	FeO	71.846
$AgNO_3$	169.87	$Ce(SO_4)_2$	332.24	Fe_2O_3	159.69
$AlCl_3$	133.34	$Ce(SO_4)_2 \cdot 4H_2O$	404.30	Fe_3O_4	231.54
$AlCl_3 \cdot 6H_2O$	241.43	$CoCl_2$	129.84	$Fe(OH)_3$	106.87
$Al(NO_3)_3$	213.00	$CoCl_2 \cdot 6H_2O$	237.93	FeS	87.91
$Al(NO_3)_3 \cdot 9H_2O$	375.13	$Co(NO_3)_2$	132.94	Fe_2S_3	207.87
Al_2O_3	101.96	$Co(NO_3)_2 \cdot 6H_2O$	291.03	$FeSO_4$	151.90
$Al(OH)_3$	78.00	CoS	90.99	$FeSO_4 \cdot 7H_2O$	278.01
$Al_2(SO_4)_3$	342.14	$CoSO_4$	154.99	$FeSO_4 \cdot (NH_4)_2SO_4$	392.13
$Al_2(SO_4)_3 \cdot 18H_2O$	666.41	$CoSO_4 \cdot 7H_2O$	281.10	$\cdot 6H_2O$	
As_2O_3	197.84	$Co(NH_2)_2$	60.06	H_3AsO_3	125.94
As_2O_5	229.84	$CrCl_3$	158.35	H_3AsO_4	141.94
As_2S_3	246.02	$CrCl_3 \cdot 6H_2O$	266.45	H_3BO_3	61.83
$BaCO_3$	197.34	$Cr(NO_3)_3$	238.01	HBr	80.912
BaC_2O_4	225.35	Cr_2O_3	151.99	HCN	27.026
$BaCl_2$	208.24	$CuCl$	98.999	$HCOOH$	46.026
$BaCl_2 \cdot 2H_2O$	244.27	$CuCl_2$	134.45	CH_3COOH	60.052
$BaCrO_4$	253.32	$CuCl_2 \cdot 2H_2O$	170.48	H_2CO_3	62.025
BaO	153.33	$CuSCN$	121.62	$H_2C_2O_4$	90.035
$Ba(OH)_2$	171.34	CuI	190.45	$H_2C_2O_4 \cdot 2H_2O$	126.07
$BaSO_4$	233.39	$Cu(NO_3)_2$	187.56	HCl	36.461
$BiCl_3$	315.34	$Cu(NO_3)_2 \cdot 3H_2O$	241.60	HF	20.006
$BiOCl$	260.43	CuO	79.545	HI	127.91
CO_2	44.01	Cu_2O	143.09	HIO_3	175.91
CaO	56.08	CuS	95.61	HNO_2	47.013
$CaCO_3$	100.09	$CuSO_4$	159.60	HNO_3	63.013
CaC_2O_4	128.10	$CuSO_4 \cdot 5H_2O$	249.68	H_2O	18.015
$CaCl_2$	110.99	$FeCl_2$	126.75	H_2O_2	34.015
$CaCl_2 \cdot 6H_2O$	219.08	$FeCl_2 \cdot 4H_2O$	198.81	H_3PO_4	97.995

续表

化合物	分子量	化合物	分子量	化合物	分子量
H_2S	34.08	K_2SO_4	174.25	Na_3AsO_3	191.89
H_2SO_3	82.07	$MgCO_3$	84.314	$Na_2B_4O_7$	201.22
H_2SO_4	98.07	$MgCl_2$	95.211	$Na_2B_4O_7 \cdot 10H_2O$	381.37
$Hg(CN)_2$	252.63	$MgCl_2 \cdot 6H_2O$	203.30	$NaBiO_3$	279.97
$HgCl_2$	271.50	$MgSO_4$	112.33	$NaCN$	49.007
Hg_2Cl_2	472.09	$Mg(NO_3)_2 \cdot 6H_2O$	256.41	$NaSCN$	81.07
HgI_2	454.40	$MgNH_4PO_4$	137.32	Na_2CO_3	105.99
$Hg_2(NO_3)_2$	525.19	MgO	40.304	$Na_2CO_3 \cdot 10H_2O$	286.14
$Hg_2(NO_3)_2 \cdot 2H_2O$	561.22	$Mg(OH)_2$	58.32	$Na_2C_2O_4$	134.00
$Hg(NO_3)_2$	324.60	$Mg_2P_2O_7$	222.55	CH_3COONa	82.034
HgO	216.59	$MgSO_4 \cdot 7H_2O$	246.47	$CH_3COONa \cdot 3H_2O$	136.08
HgS	232.65	$MnCO_3$	114.95	$NaCl$	58.443
$HgSO_4$	296.65	$MnCl_2 \cdot 4H_2O$	197.91	$NaClO$	74.442
Hg_2SO_4	497.24	$Mn(NO_3)_2 \cdot 6H_2O$	287.04	$NaHCO_3$	84.007
$KAl(SO_4)_2 \cdot 12H_2O$	474.38	MnO	70.937	$Na_2HPO_4 \cdot 12H_2O$	358.14
KBr	119.00	MnO_2	86.937	$Na_2H_2Y \cdot 2H_2O$	372.24
$KBrO_3$	167.00	MnS	87.00	$NaNO_2$	68.995
KCl	74.551	$MnSO_4$	151.00	$NaNO_3$	84.995
$KClO_3$	122.55	$MnSO_4 \cdot 4H_2O$	223.06	Na_2O	61.979
$KClO_4$	138.55	NO	30.006	Na_2O_2	77.978
KCN	65.116	NO_2	46.006	$NaOH$	39.997
$KSCN$	97.18	NH_3	17.03	Na_3PO_4	163.94
K_2CO_3	138.21	CH_3COONH_4	77.083	Na_2S	78.04
K_2CrO_4	194.19	NH_4Cl	53.491	$Na_2S \cdot 9H_2O$	240.18
$K_2Cr_2O_7$	294.18	$(NH_4)_2CO_3$	96.086	Na_2SO_3	126.04
$K_3Fe(CN)_6$	329.25	$(NH_4)_2C_2O_4$	124.10	Na_2SO_4	142.04
$K_4Fe(CN)_6$	368.35	$(NH_4)_2C_2O_4 \cdot H_2O$	142.11	$Na_2S_2O_3$	158.10
$KFe(SO_4)_2 \cdot 12H_2O$	503.24	NH_4SCN	76.12	$Na_2S_2O_3 \cdot 5H_2O$	248.17
$KHC_2O_4 \cdot H_2O$	146.14	NH_4HCO_3	79.055	$NiCl_2 \cdot 6H_2O$	237.69
$KHC_2O_4 \cdot H_2C_2O_4 \cdot 2H_2O$	254.19	$(NH_4)_2MoO_4$	196.01	NiO	74.69
		NH_4NO_3	80.043	$Ni(NO_3)_2 \cdot 6H_2O$	290.79
$KHC_4H_4O_6$	188.18	$(NH_4)_2HPO_4$	132.06	NiS	90.75
KIO_3	214.00	$(NH_4)_2S$	68.14	$NiSO_4 \cdot 7H_2O$	280.85
$KIO_3 \cdot HIO_3$	389.91	$(NH_4)_2SO_4$	132.13	P_2O_5	141.94
$KMnO_4$	158.03	NH_4VO_3	116.98	$PbCO_3$	267.20

续表

化合物	分子量	化合物	分子量	化合物	分子量
PbC_2O_4	295.22	$SbCl_2$	299.02	$Sr(NO_3)_2 \cdot 4H_2O$	283.69
$PbCl_2$	278.10	Sb_2O_3	291.50	$SrSO_4$	183.68
$PbCrO_4$	323.20	Sb_3S_3	339.68	$UO_2(CH_3COO)_2 \cdot 2H_2O$	424.15
$Pb(CH_3COO)_2$	325.30	SiF_4	104.08	$ZnCO_3$	125.39
$Pb(CH_3COO)_2 \cdot 3H_2O$	379.30	SiO_2	60.084	ZnC_2O_4	153.40
PbI_2	461.00	$SnCl_2$	189.62	$ZnCl_2$	136.29
$Pb(NO_3)_2$	331.20	$SnCl_2 \cdot 2H_2O$	225.65	$Zn(CH_3COO)_2$	183.47
PbO	223.20	$SnCl_4$	260.52	$Zn(CH_3COO)_2 \cdot 2H_2O$	219.50
PbO_2	239.20	$SnCl_4 \cdot 5H_2O$	350.596	$Zn(NO_3)_2$	189.39
$Pb_3(PO_4)_2$	811.54	SnO_2	150.71	$Zn(NO_3)_2 \cdot 6H_2O$	297.48
PbS	239.30	SnS	150.776	ZnO	81.38
$PbSO_4$	303.30	$SrCO_3$	147.63	ZnS	97.44
SO_2	64.06	SrC_2O_4	175.64	$ZnSO_4$	161.44
SO_3	80.06	$SrCrO_4$	203.61	$ZnSO_4 \cdot 7H_2O$	287.54
$SbCl$	228.11	$Sr(NO_3)_2$	211.63		

参 考 文 献

[1] 赵燕. 无机化学 [M]. 北京:化学工业出版社,2007.
[2] 刁凤兰. 无机化学 [M]. 北京:人民卫生出版社,2001.
[3] 李明梅. 医药化学基础 [M]. 2版. 北京:化学工业出版社,2015.
[4] 孙艳华. 基础化学 [M]. 北京:化学工业出版社,2008.
[5] 李莉. 化学基础 [M]. 北京:化学工业出版社,2010.
[6] 徐英岚. 无机与分析化学 [M]. 3版. 北京:中国农业出版社,2012.
[7] 徐宝荣,王芬. 分析化学 [M]. 北京:中国农业出版社,2007.
[8] 孙怡,吴发远. 有机化学 [M]. 北京:中国农业出版,2009.
[9] 袁红兰. 有机化合物及其鉴别 [M]. 2版. 北京:化学工业出版社,2009.
[10] 邓苏鲁. 有机化学 [M]. 4版. 北京:化学工业出版社,2007.
[11] 梁剑生. 有机化学 [M]. 北京:化学工业出版社,1979.
[12] 潘亚芬,张永士,杨丽敏,等. 基础化学 [M]. 北京:清华大学出版社,2012.
[13] 黄秀锦. 无机与分析化学 [M]. 北京:科学出版社,2004.
[14] 陈任宏. 药用有机化学 [M]. 北京:化学工业出版社,2012.
[15] 郑启芳. 医用化学(上、下)[M]. 湖北:华中科技大学出版社,2004.
[16] 袁红兰,金万祥. 有机化学 [M]. 4版. 北京:化学工业出版社,2020.
[17] 高职高专化学教材编写组. 有机化学 [M]. 2版. 北京:高等教育出版社,2000.
[18] 高职高专化学教材编写组. 分析化学 [M]. 3版. 北京:高等教育出版社,2010.
[19] 苗凤琴,于世林. 分析化学实验 [M]. 4版. 北京:化学工业出版社,2015.
[20] 李素婷,陈怡. 基础化学 [M]. 北京:化学工业出版社,2014.
[21] 李淑华. 基础化学 [M]. 北京:化学工业出版社,2008.
[22] 路树萍,石建萍. 基础化学 [M]. 北京:化学工业出版社,2014.
[23] 王宝仁,王英健. 基础化学 [M]. 2版. 大连理工大学出版社,2014.
[24] 任亚敏,王宏慧,赵俊芳. 基础化学 [M]. 北京:中国科学技术出版社,2018.
[25] 范洪琼,沈泽智. 基础化学 [M]. 重庆:重庆大学出版社,2019.
[26] 贾鑫. 化学平衡在生活中的运用 [J]. 高中数理化,2011(2).
[27] 林训忠. 酸碱度与人体健康 [J]. 科技信息,2013(2).
[28] 高延令,李青仁. 超锘元素及未来元素周期表 [J]. 松辽学刊(自然科学版),1988(3).
[29] 汪冶,文惠玲,黄刚,等. 掺假穿山甲的检定 [J]. 中医药导报,2005(8).
[30] 管融资,吴航利,王佳,等. 苯并芘污染现状及其生物毒性效应 [J]. 延安大学学报(自然科学版),2019(3).
[31] 陈运生. 化学发展简史 [J]. 西北大学学报,1981(3).
[32] 吴玮. 沉淀滴定法测定普罗碘铵注射液含量的不确定度分析 [J]. 实用药物与临床,2015,18(2).
[33] 陈延民,解庆范,黄妙龄,等. 春雨润无声:《基础化学》课程思政教育的实施策略 [J]. 教育现代化,2019,6(80).
[34] 方圆. 你会为人造肉买单吗 [N]. 科技日报,2019(20).
[35] 中国人工全合成牛胰岛素,一段永被铭记的历史 [N]. 科普中国,2019-10-25.
[36] 诺奖得主屠呦呦研制青蒿素的故事 [N]. 2019-02-14.
[37] 李莎莎,孙云娟,董立厚. SiRNA 药物研究进展及定量分析方法 [J]. 中国临床药理学杂志,2020,36(18)